后浪

[加] 伊丽莎白·阿伯特 著
Elizabeth Abbott

张毛毛 译

糖与现代世界的塑造

Sugar
A Bittersweet History

种植园、奴隶制与全球化

北京联合出版公司
Beijing United Publishing Co.,Ltd.

献给我心爱的儿子伊凡·吉布斯

这本书为你而写,在这本书里,

你将邂逅安提瓜岛和格林纳达岛的先人。

目 录

致　谢　　　　　　　　　　　　　　　　　　　i
插图说明　　　　　　　　　　　　　　　　　　iv
导　言　　　　　　　　　　　　　　　　　　　vii

第一部分　东方喜好征服西方
第 1 章　糖的统治开始了　　　　　　　　　　3
第 2 章　糖的无产阶级化　　　　　　　　　　37

第二部分　黑　糖
第 3 章　甘蔗田的非洲化　　　　　　　　　　75
第 4 章　白人创造的世界　　　　　　　　　　127
第 5 章　糖搅动宇宙　　　　　　　　　　　　158

第三部分　通过反抗和议会废除奴隶制
第 6 章　种族主义、反抗、反叛和革命　　　　205
第 7 章　血染的甜蜜：废除奴隶贸易　　　　　240

| 第 8 章 | 消灭怪物：奴隶制与学徒制 | 270 |
| 第 9 章 | 古巴和路易斯安那：北美的糖 | 298 |

第四部分　甜蜜的世界

第 10 章	糖业移民	347
第 11 章	相约在圣路易斯享受美味吧！	389
第 12 章	糖的遗产和前景	423

注　释	459
参考文献	489
出版后记	505

致　谢

这是一本很难完成的书。从某种意义上说，我一生都在写这本书，这很可能是唯一的结局。而在过去的几年中，许多人帮助我完成了这项工作。

企鹅出版集团加拿大分社编辑部主任安德烈娅·马吉亚尔接受了我的提议，助我实现了梦想。她和特蕾西·博迪安接手了这本书的编辑工作。她们能理解我的需求及意向。

经纪人海德·兰格像对待我的其他书稿一样，一直是这本书的坚定支持者。这本书是20年来我们合作最完美的一次。

文字编辑肖恩·奥克伊给予了我很多帮助。

斯特拉·佩特罗尼将自己的一生奉献给多米尼加共和国的砍蔗人。自从一起造访砍蔗人所住的棚户区起，她就一直鼓舞和激励我。斯特拉，这本书是我对砍蔗人世界的见证，他们永远是你最重要的惦念与祝福对象。

曾任多伦多大学"美国研究"项目主任、历史系教授，现为多伦多大学新学院院长的里克·哈尔彭慷慨地提供了若干信息和参考文献，并邀请我参加"记录路易斯安那的糖业，1845—1917年"项目研讨会。他还于百忙之中抽时间审阅了这本书的第9章和第 10 章。

感谢弗朗兹斯卡·奥塞格对本书提出了详细的批评意见和非常有益的建议。她为人和善，这方面和她的经济学一样出色。

万分感谢我在多米尼加共和国遇到的砍蔗人。

伊夫·皮埃尔-路易，我的挚友，你又陪我走过了几年，陪我写完了又一本书，我爱你。

我的亲妹妹路易丝·阿伯特一直理解我，分享我的快乐，并提供了技术建议。

史蒂夫·阿伯特和比尔·阿伯特是我可靠的兄弟，一直照顾我。

迪娜·迪拉韦里斯是我们家的希腊女神，她是一位母亲所能期望的最出色的儿媳。

我的堂哥菲利普·阿伯特追忆了家族的历史，提供了照片和有关安提瓜岛糖业（现已不复存在）的信息。

《国际环境研究杂志》(*International Journal of Environmental Studies*)的编辑迈克尔·布雷特-克劳瑟博士仔细阅读了我的全部手稿，给出了十分宝贵的建议，而且了解了我与糖业从业人员的内在关联。

希瑟·康威是和我一起遛狗的伙伴和朋友，她始终乐意为图片进行技术修复，也因此，书中图片讲述的故事抵过千言万语。

我的侄子格雷格·阿伯特请我吃了美味的炒拌蔬菜，并在成书的最后阶段帮助了我。

精妙的纪录片《糖业巨头》(*Big Sugar*)的导演布赖恩·麦坎纳和制片斯蒂芬·菲兹奇分享了有关凡胡尔家族，以及他们在多米尼加修建的棚户区的信息。

朋友们一如既往地支持我，我非常珍视他们：玛格丽特·贡达拉、多洛雷斯·奇克斯、克莱尔·希克斯、尼娜·皮克顿、佩基·多佛、波莱特·布儒瓦、阿妮塔·希尔-雅各布、哈丽雅特·莫里斯、谢里尔·谢达、凯茜·邓菲和艾里斯·诺埃尔。

感谢皮克顿夫妇从阿姆斯特丹历史博物馆给我带回一份以糖为主题的展览资料。

与我志同道合的邻居苏珊·罗伊正好在我写这本书时撰写她的博士论文。我们轮流做饭，互相减压，分享写作的乐趣。

感谢保罗·霍普柯克在我参观柏林的糖博物馆时热情接待我。

感谢世界自然基金会"全球性威胁"项目主任朱莉娅·兰格赠予我那本有关西莉亚·桑切斯的书。

感谢阿西姆·阿里、安娜·比尔尼-莱夫科维奇和艾达塔·罗戈夫斯卡在学术研究方面对我的帮助。特别要感谢索菲·钟，感谢她和我一起蜷缩在罗伯茨图书馆的桌子旁，仅靠芝麻饼干和学术乐趣支持着度过炎炎夏日。

插图说明

图 1	10462564 Emile Frechon/Royal Photographic Society/Science & Society Picture Library
图 2	Courtesy of the author. Photographer: Heather Conway
图 3	Courtesy of Phillip Abbott
图 4	Jean-Max Benjamin
图 5	Library of Congress, Prints and Photographs Division, LC-USZ62-65546. Public domain
图 6	Public domain
图 7	Public domain
图 8	Courtesy of Bowes Museum, Barnard Castle, County Durham, UK
图 9	Jupiterimages Unlimited
图 10	Daumier print DR Number 453, LD number 453, HD number 1088, Daumier Register Digital Work Catalogue, www.daumier.org. Public domain
图 11	Archives, Stanstead Historical Society
图 12	Photograph attributed to James Ballantyne/Library and Archives Canada/PA-131929
图 13	Robert Redord/Library and Archives Canada/C-060817
图 14	www.gutenberg.org
图 15	Photographer: Dave Ley, Wiki Media Commons, http://common.wikimedia.org/
图 16	Wiki Media Commons, http://common.wikimedia.org/. Public

图 17—20	domain Public domain
图 21	Wiki Media Commons, http://common.wikimedia.org/. Public domain
图 22	Library of Congress, LC-USZ62-65530. Public domain
图 23	Public domain
图 24	Library of Congress, LC-USZ62-97233. Public domain
图 25	National Library of Australia, Canberra, NLA. PIC-an282264
图 26	Library of Congress LC-DIG-ppmsca-07200. Public domain
图 27	Public domain
图 28	Wiki Media Commons, http://common.wikimedia.org/. Public domain
图 29	Public domain
图 30	www.gutenberg.org
图 31	Public domain
图 32	Public domain
图 33	Public domain
图 34	Public domain
图 35	Public domain
图 36	Library of Congress, Prints and Photographs Division, LC-USZC-4-6204. Public domain
图 37	Library of Congress, Prints and Photographs Division, LC-USZ62-30930. Public domain
图 38	Public domain
图 39	Library of Congress, Prints and Photographs Division, LCUSZc4-8775. Public domain
图 40	Courtesy National Library of Jamaica
图 41	by Richard Bridgens. Public domain
图 42	Library of Congress, Prints and Photographs Division, LC-USZ62-117226. Public domain
图 43	Library of Congress Stereo, 1903. Public domain
图 44	Louisiana Division/City Archives, New Orleans Public Library
图 45	National Inventors Hall of Fame
图 46	(Louisiana Division/City Archives, New Orleans Public Library

图 47	Louisiana Division/City Archives, New Orleans Public Library
图 48	Library of Congress, Prints and Photographs Division, LC-DIG-nclc-00260. Public domain
图 49	Library of Congress, Prints and Photographs Division, LC-DIG-nclc-00280. Public domain
图 50	Glenbow Museum-NA-3369 Page 306
图 51	Library and Archives Canada, C-007819
图 52	Library of Congress, Prints and Photographs Division, LC-USZ62-121292. Public domain
图 53	Wiki Media Commons, http://common.wikimedia.org/. Public domain
图 54	Public domain
图 55	Library of Congress Prints and Photographs Division, LC-USZ62-105894. Public domain
图 56	John Oxley Library, State Library of Queensland Image #60623
图 57	Glenbow Museum, NA-4026-3
图 58	Glenbow Museum, NA-4159-14
图 59	Courtesy of Bowes Museum Barnard Castle, County Durham, UK, Accession Number 1973/43/ARC
图 60	Public domain
图 61	Library of Congress, Prints and Photographs Division, LC-USW33-042520. Public domain
图 62	Library of Congress, Prints and Photographs Division, LC-USF35-440. Public domain
图 63	Wiki Media Commons, http://common.wikimedia.org/. Public domain
图 64	Photographer: Matthew Casey
图 65	Photographer: Anna Peters
图 66	Photographer: Matthew Casey
图 67	Photographer: Anna Peters
图 68	Photographer: Anna Peters
图 69	Glenbow Museum, NA-2316-7

导　言

过去，甘蔗只在远离西方世界的地方才为人知晓。它起源于波利尼西亚，后来传播到印度。当地的男女老少咀嚼甘蔗茎秆，吮吸其甜蜜的汁液。在中国，性欲旺盛的男人把它当作春药来咀嚼。但在甘蔗还不为人知的欧洲，人们用更昂贵的蜂蜜来增加食物的甜味。特权阶层还消费蜂蜜酒，这是用蜂蜜发酵而成的醉人甜酒。

数百年过去了，直到18世纪，一位英国女性做出了改变世界的举动。[1]我们权且称呼她格拉迪丝·布朗。她是一名农场工人的妻子，患有严重的咳疾，照顾3个体弱多病的孩子和做家务是她的日常生活。好不容易从繁重的日常劳作中抽身出来，歇上几分钟，格拉迪丝会无精打采地坐在火炉旁的长椅上，喝杯茶舒缓一下紧张的神经。尽管蜂蜜酒已经风靡欧洲贵族圈，但格拉迪丝同其他数百万欧洲人一样收入微薄，只能在杯子里加上一大块糖，就这样，世界人口、经济、环境、政治、文化和道德的地图被重新绘制。

格拉迪丝啜饮着加了糖的甜茶，与此同时，几代非洲男人和女人的命运被扭转，他们被带到大西洋彼岸，变成悲惨的奴隶。

她的举动预示了加勒比海地区肥沃殖民地制糖业的发展；重绘了北美地图，使得荷兰人控制的纽约和法国人控制的加拿大被英国所接管；塑造了西方饮食的特质和偏好，包括酱汁、糖果、饮料、糕点和蜜饯。把棒棒糖塞进孩子们的嘴里，也预示了如今的欧洲人和北美人不得不和肥胖症这个迫切的健康问题做斗争。这也引诱我的先人从北爱尔兰的弗马纳移民到安提瓜，他们在那里生活，种植甘蔗。

安提瓜是一个告别格拉迪丝的好地方，正好也可以快进几个世纪，直到我出生。我自出生起，血液中便流淌着糖。20世纪初，我祖父斯坦利·阿伯特从经济不景气的家乡出航去了加拿大，当时他只有十几岁。在加拿大，他私下里谈到过那个再未返回的故

图 1　像格拉迪丝一样，这些法国农妇在一杯茶中找到了慰藉。

图 2 作者的高祖父理查德·阿伯特非常珍视这两只银杯。

乡。若遇上对他的口音感到好奇的外人,他就假装是从英国布莱克浦移居过来的。

我继承了祖父斯坦利的《圣经》,那是他再也无缘相见的母亲给他的临别礼物,另外还有两只饰以精致浮雕图案的银杯。1845 年,安提瓜西部农业协会将这两只杯子颁发给他的祖父理查德·阿伯特:一只是因为"以最小的投入收获最多的糖";另一只是因为"以最小的投入获得最优质的糖"。理查德还是弗兰尼根夫人那套健谈的两卷本作品《安提瓜与安提瓜人》(*Antigua and the Antiguans*)的订阅者,这部作品于 1844 年首次出版。

我对来自西印度群岛的遗赠产生了浓厚的兴趣。我同失散的亲人重新取得了联系。在安提瓜和巴布达的首都圣约翰,我睡在

图3 从麦凯山眺望冈索普糖厂，它虽然现在已经关闭了，但曾是安提瓜最大的糖厂。这家糖厂种植甘蔗，生产糖蜜，酿造朗姆酒。工厂使用大型卧式蒸汽机来切割甘蔗，将水泵入锅炉，并驱动传送带系统。

了已故的曾祖母玛丽·约翰斯顿·阿伯特的床上。在姑奶奶米利森特·阿伯特·萨瑟兰讲述她作为一个寡妇为了养活子女，在安提瓜冈索普糖厂的甘蔗地里给种植者称重甘蔗的经历时，我听入了迷。我听了卡利普索[*]，读了加勒比文学作品。1983年，我搬到了海地。

海地加剧了我对与糖有关的故事的迷恋。我向自己保证，总有一天，我会写出一本关于糖的书。当记者时，我经常发送给报社一些以糖为主题的故事。我探寻成千上万海地人的生活和不幸命运。他们越过边境去收获多米尼加共和国的甘蔗。我踏入甘蔗田，看着人们挥汗如雨地砍下高耸的甘蔗茎秆。我采访了这些砍

---

[*] calypso，20世纪初至20世纪中叶发源于特立尼达和多巴哥的非裔加勒比音乐。——编者

图4 1987年4月10日，由于走私的多米尼加糖的价格更便宜，海地第二大雇主海地美国糖业公司被迫关闭。照片是工人们堆积的44.5万袋未售出的糖的一部分。

蔗人的妻子，有时是在屋外的院子里，有时是在他们低矮、潮湿的棚屋里。海地美国糖业公司原本巨大的仓库，被码得整整齐齐、金字塔一样的精制糖堆衬得变小了不少。我就在这种仓库里，就公司来日不多的运势采访了管理人员。我参观了隐秘的手工酿酒作坊，那里用甘蔗汁蒸馏而成朗姆酒。大多数海地人买得起这种朗姆酒。我还参观了巴尔邦古朗姆酒厂凉爽的酒窖，回到太子港的家之后，我用巴尔邦古三星黑朗姆酒调制咖啡。我还读了海地美国糖业公司一位外籍管理人员借给我的书，了解了甘蔗宿根栽培技术、水土流失和蔗糖产量的变化。

离开海地返回加拿大多年后，我访问了数百万蔗糖奴隶的故土西非。在贝宁（之前的达荷美共和国）的阿波美，我遇上一名博物馆策展人，他和我一起走过他祖先在前殖民时代的宫廷生活的遗迹。在奴隶贸易港维达，我在奴隶贸易所的旧址上哀悼。就是在这里，新捕获的奴隶被戴上手铐和脚镣，而这里现在还展示着那些已生锈的刑具。在一个晴朗的6月清晨，我走过"奴隶大道"。当戴着镣铐、被锁链束缚在一起的奴隶拖着缓慢的脚步走向等待他们的奴隶贩子时，这条漫长、令人毛骨悚然的青翠小径就是他们最后一眼看到的非洲景象了。

随着我的书渐渐成形，我如饥似渴地阅读了与糖相关的文献，还在柏林的糖博物馆和多伦多的雷德帕思糖博物馆研究历史悠久的制糖工艺。我在多米尼加共和国拜访了海地甘蔗工人居住的5个棚户区，简直不忍目睹甘蔗工人忍饥挨饿的生活和难以言表的苦难。与他们不同的是，我没有砍过甘蔗，他们告诫我："这对你来说太危险了。"我也没有因为知道永远无法逃离这个冷酷、危险和不安的世界而感到绝望。

从这项研究和这些经历中诞生的这本书，讲述的是早在数百万格拉迪丝沉迷于蔗糖的甜蜜之前，糖带给这个世界的变化。甘蔗种植破坏了原住民阿拉瓦克人和加勒比人的生活，使他们的环境退化，也创造了一个由欧洲人和被奴役的非洲人组成的新世界，后来又有数百万印度、中国和日本的契约工前来劳作。种族主义的发展为黑奴制度和契约劳工制度（不过是另一种奴役形式）辩护。

食糖贸易与工业革命建立了至关重要的经济、金融和社会联系，工业革命促进了工厂的发展，欧洲人用制成品和小饰品换来非洲奴隶，并将他们运往糖料殖民地。北美地区也参与了这一贸易，向这些殖民地提供食品和其他商品。糖业游说团体是该体系不可或缺的一部分，他们通过支持食糖优惠关税，说服立法者向济贫院的被收容者和皇家海军的水手提供糖和朗姆酒来推行贸易保护主义。

糖这种商品走出了自己的道路，征服了人们的味蕾，尽管缺乏营养价值，却以烹饪必需品的身份在数以百万计的食品储藏室占得一席之地。这导致了糖的无产阶级化。糖一度是富人的奢侈品，但后来成了数百万人辛苦劳作的支柱和乐趣。围绕着糖，发展起了各种社交仪式：精巧的糖霜婚礼蛋糕、复活节的巧克力兔子、万圣节的糖果丰饶之角、母亲节的巧克力和圣诞节的拐杖糖。糖改变了饮食的概念本身、内容、地点和对象，从而导致家庭生活发生重大变化。

蔗糖也慢慢遇到了竞争者。第一种是拿破仑和后来的希特勒钟爱的甜菜糖，这两人都渴望找到蔗糖的替代品，因为一旦开战，英国的强盛海军就会千方百计阻碍他们获得蔗糖。后来，糖精和其他大量涌现的人造甜味剂，都向糖发起了挑战，它们含有的热量很少，或者几乎没有。高果糖玉米糖浆热量虽高但价格便宜，是对糖霸主地位的新威胁。

本书的最后一章概述了现今食糖的发展状况。虽然肥胖已成为西方世界的普遍问题，但势力仍然强大的糖业游说团体还在针对健康饮食应该包含多少糖之类的问题向世界卫生组织等机构发出挑战。现今和过去一样，糖仍是快餐的主要成分，而含糖软饮料为西方人提供的糖比其他食物都要多。在许多地方，制糖业的剥削性很强，以至于它与过去几个世纪的奴隶制极为相似。

在撰写此书的漫长过程中，发生在多米尼加共和国的两起事件一直萦绕在我的脑海。第一件事是，尽管我穿着底部结实的新百伦运动鞋，但我还是从满是收割后的甘蔗茬的山坡滑了下去。就在我挣扎着站起来的时候，陪着我的一群棚户区年轻人也纷纷滑倒，他们的塑料人字拖鞋在湿滑的甘蔗地里毫无用处。当我们一个个摔到坡底之后，我们共同的不幸变成了共同的欢乐。

第二件事是在我同两名海地甘蔗收割老手访问圣多明各时遇到的。这两个人作为孩子们的父亲，之前从未离开过棚户区。当我们在公共长椅上野餐时，一个讲克里奥尔语的街头小贩拿着一盘香烟和糖果走近我们，同我们聊了起来。在我向他买了一把我的客人们买不起的巨大的风车棒棒糖之后，他透露说自己最近逃离了糖厂，为了能在城里过上更好的生活。之后，我的客人们小心翼翼地将这些棒棒糖包起来，准备留给他们的孩子。虽然他们饱受"糖"的折磨——糖尿病折磨着许多甘蔗工人，而且明知糖摄入过多的危险，但他们还是忍不住给孩子们吃这些色彩鲜艳的糖果。在我的记忆中，那些大号棒棒糖隐喻着糖在改变世界过程中的矛盾含义。

在写作的最后阶段，我突然决定联系一家专门提供DNA检测服务的公司，之前我读过有关这家公司的几篇文章。在提交了两个浸满我DNA的拭子棒几个星期后，我收到了厚厚的一封检测结果。为了确保有足够的样本，我还刮伤了自己的口腔。分析显示，我具有欧洲、撒哈拉以南非洲和东亚血统，我的西印度遗产根植于很久以前的私人谜团。无论是写糖料种植园主、奴隶，还是契约劳工，我实际上都是在写自己的祖先。

第一部分

东方喜好征服西方

第 1 章

糖的统治开始了

甘蔗胜过蜂巢

甘蔗源自南太平洋和亚洲地区。不过在它跨洲越洋之前,世人就早已知晓蜂蜜的甜美,并且沉醉其中了。起初,古人只是从野蜂的蜂巢中窃取黏稠的蜂蜜。渐渐地,他们学会了驯养这种勤劳的昆虫——养蜂业诞生了。公元前 1 世纪,罗马诗人维吉尔在《农事诗》(*The Georgics*)第四卷描写了养蜂活动,这有利于推动这项地中海技艺传播到其他热爱蜂蜜的地区。

蜂蜜吸引了两个不断壮大的宗教——基督教和伊斯兰教——的关注。基督徒用它中和药物的苦味,给食物增加香气,并且酿成令人沉醉的蜂蜜酒。中世纪时,嗜酒的巴伐利亚、波希米亚和波罗的海等地区对蜂蜜酒的消耗简直达到了"工业量级"。[1] 而有"童贞癖"的基督教神学家则声称,未分群的(即童贞的)蜜蜂生产的蜂蜜和蜂蜡是神圣的,并且要求礼拜仪式上只能使用非常纯正的蜂蜡蜡烛。于是,修道院开始从事养蜂业,生产仪式所需的蜡烛、蜂蜜酒和其他蜂蜜副产品。养蜂人有他们专属的主保圣人,包括圣瓦伦丁和米兰的"蜜舌博士"圣安布罗斯,前者的纪念日尤以甜蜜著称。

拿撒勒的耶稣和四处传教的基督教领袖们都有饮酒的习惯。与他们不同,先知穆罕默德则禁止追随者饮酒。因此,越来越多的穆斯林只得依靠无酒精饮料。《古兰经》推崇蜂蜜的药用功效;热气腾腾的薄荷茶浇上蜂蜜,亦是伊斯兰教众的最爱。

在中东地区,蜂蜜至今仍是一种重要的甜味剂,主要进口自巴基斯坦和美国。令人惊奇的是,臭名昭著的恐怖分子奥萨马·本·拉登财富的重要来源之一就是庞大的蜂蜜销售网络。他和"基地"组织同伙还在货物中藏匿毒品、武器和钱款。美国政府官员这样解释:"检查员不愿意检查那类货物,太脏乱了。"[2]

在南太平洋地区,流传着多个版本的甘蔗造人故事,那里很可能是甘蔗的起源地。相传从甘蔗中萌生出一男一女,繁衍子孙,创造了人类。其中一个版本的故事是这样的:渔夫图-卡布瓦纳和图-卡乌乌捉不到鱼,却总是捞到一节甘蔗。一次次失望之后,他们实在是懒得把甘蔗扔掉了,于是就种到了地里。甘蔗生根发芽,长成了一个女人。她嫁给其中一个渔夫,成了人类之母。所罗门群岛也有类似的传说,讲述了甘蔗茎秆如何发芽长成男人和女人,然后创造人类的故事。

新几内亚人最先驯化了甘蔗,而印度尼西亚人也有可能单独驯化了甘蔗。随着时间的推移,旅人把不同品种的甘蔗带到了地球上各个热带气候区。在印度,吠陀时期的赞美诗就描写过甘蔗。约在公元前325年,一位名叫考底利耶的政府官员提到了5种糖,包括"康达"(khanda,一种通常含有坚果的硬糖)。我们今日所说的"糖果"(candy)一词就衍生于此。有关甘蔗的知识从印度传到了中国。在中国,甘蔗加工的记录最早可追溯到公元前286

年左右。随着佛教的传播，甘蔗被带到世界各处，这是因为佛教宣讲甘蔗的疗愈功效（印度人对此早已熟知）；中国的大乘佛教文献甚至将佛陀称为"甘蔗之王"。在中国的民间信仰中，甘蔗也占有一席之地。相传灶王爷会顺着甘蔗茎秆爬上天庭，汇报每一户家庭一年来的所作所为，而甘蔗的甜蜜能让灶王爷说好话。

6世纪时，印度的甘蔗杂交品种传到了波斯。7世纪初，波斯人学会了甘蔗加工制糖技术。8世纪中叶起，埃及开始种植甘蔗。到10世纪，甘蔗已成为中东地区的重要作物。之后，阿拉伯人的征战扩张使甘蔗传遍了地中海地区。至15世纪，马德拉群岛、加那利群岛和佛得角群岛、圣多美岛，以及西非都已经出现了甘蔗种植。

所有的甘蔗均属于禾本科植物。目前已确定的甘蔗属有6个种，其中种植最广泛的是热带种，也称高贵种。这种甘蔗又高又壮，茎秆可达2英寸*粗，成熟时高达12至15英尺**。身有茎节且茎身柔软；切割后，会流出甜蜜的丰富汁水。由于土壤特性和气候的不同，甘蔗茎秆可能呈黄色、绿色或红棕色；在阳光的照射下，青甘蔗茎秆泛出一层绿光。

甘蔗是无性繁殖的，扦插时至少要用到一个甘蔗节。切下的一节埋入土中，即可重新发芽，长出新茎。甘蔗的需水量很大，需要持续浇灌。比如，在干旱的埃及，一季内需灌溉28次。甘蔗能在炎热天气下茁壮生长，但经受不住霜冻。

从首次种植算起，甘蔗在各地需费时12到18个月才能成熟，这取决于甘蔗的品种、土壤、气候、灌溉量、肥料效果、病虫害

---

* 1英寸约为2.54厘米。——编者
**1英尺约为30.48厘米。——编者

图5　1903年，黑人儿童在甘蔗地里认真地吮吸甘蔗。这幅图名为《黑人小孩的糖果铺，圣基茨岛，英属西印度群岛》。

程度，以及其他环境因素。有些情况下，甘蔗不需补种，就能再次生长。这种宿根蔗产出的糖分会逐渐减少。当产糖量抵不上种植宿根蔗的成本时，农人就会开始新一轮的栽种。

　　游客常被连绵起伏、未曾修剪的蔗田美景吸引。19世纪，一名苏格兰女性曾这样描述穿行于安提瓜甘蔗田的场景："华丽的绿毯，一阵小雨后……田野披上了可爱的绿外套。"[3] 而终日在甘蔗田里穿梭不息的工人饱受阳光炙烤，实在是欣赏不了这样闪耀的美景。然而，这些饥肠辘辘、收入微薄的工人确实十分感激甘蔗的馈赠，啃嚼它粗韧的果肉，甜美的汁水就流出来了，辛苦的工人因此能够解渴充饥，获得足够的能量补充。

　　比起刚从地里砍下的茎秆，加工过的甘蔗有很大不同。先是被榨成汁，然后被煮沸成状似蜂蜜的糖蜜，进而提纯为糖浆，最后则浓缩结晶为糖。这是一种几乎对世间所有人都充满吸引力、能够引发强烈渴望、用途远超过甘蔗汁的甜味剂。它的最终形态——白色颗粒状——和盐非常相似，以至于在烹饪时经常出现不经意间混淆两者的事故。

几乎可以肯定的是，不同社会在不同时期发展出了将甘蔗粗加工成蔗糖的技艺。所有的甘蔗加工都是先用机械压力压出甘蔗汁（这个程序往往非常简单），进而反复煮沸蔗汁，撇去杂质，直到炼成易于携带、便于烹饪的糖。另一方面，结晶蔗糖所需的更复杂的技术很可能来自一个单一来源。但正如历史地理学家乔克·加洛韦在《甘蔗糖业》(*The Sugar Cane Industry*)中指出的，目前还缺乏确证这一历史起源的证据。我们知道的是，这些技术兴起自印度北部，从那里通过贸易路线一边传至远东，一边经波斯传入西方，并最终进入新大陆。

甘蔗在各大洲和大洋间持续传播。随着时间的推移，蔗糖逐渐能够与蜂蜜抗衡，并在多地取代蜂蜜成为甜味剂的首选。蜂蜜独特的味道对某些食物和饮料来说可能太浓了。而且，在19世纪精炼工艺出现之前，蜂蜜通常含有肉眼可见，甚至令人讨厌的蜂蜡。相比之下，蔗糖则更为"中立"，它能够增加茶、咖啡、巧克力等饮料或食物的香气，但不会影响它们的口感。1633年，詹姆斯·哈特在《病患的饮食》(*The Diet of the Diseased*)中指出："如今蔗糖取代了蜂蜜，而且更受人喜爱，味道也更令人愉悦。因此，它在各地的使用频率都很高，广泛用于病人和健康人群的饮食……蔗糖不像蜂蜜那样热辣或干燥。"[4] 此外，由于蜂蜜含有过敏原，对蜂蜜过敏的人会更青睐蔗糖。

几个世纪以来，有诸多因素使得蔗糖胜过蜂蜜。随着精炼技术的发展，以及人们对蔗糖的兴趣和了解日渐升温，富于艺术感的烘焙师展现了用糖做出精致糕点的技艺，这是蜂蜜和糖蜜（未提纯的液态糖浆）无法实现的。除了性质不同，使用、供应、技术、文化和成本等相互关联的问题也都深刻影响着蜂蜜和蔗糖的较量，并且使得蔗糖获得领先地位。

历史上，糖有许多用途。在《甜与权力：糖在近代历史上的地位》(Sweetness and Power: The Place of Sugar in Modern History)一书中，人类学家和研究糖的学者西敏司讨论了糖的 6 个主要用途。以欧洲为中心，西敏司将糖描述为药品、香料和调味品、装饰材料、防腐剂、甜味剂，以及食物。研究中国科技史的学者唐立在《农用工业：甘蔗制糖技术》("Agro-Industries: Sugarcane Technology")一文中扩展了西敏司的描述：在甘蔗产区，未经提炼的甘蔗还有其他重要用途。茎秆可以编成坚固的建筑材料，叶子可以作为屋顶遮盖物或牲畜的饲料。在斐济，战士们把削尖的甘蔗秆当作长矛使用。甘蔗秆也被用来做固定断肢的夹板，加工成纸浆状还能处理伤口。在饮用水短缺的地区，甘蔗汁是很好的解渴选择。同时，它也是一种药品和提神饮料，可以用来招待客人和在祭祀仪式上使用。在传统社会中，人们相信它的力量能驱逐恶灵，并使催情药充满魔力。最后，在亚洲多地，甘蔗被视作高热量食物，与芋头和水稻一起种植。我们至今还不甚清楚，为什么很多亚洲人享用蔗糖却不会上瘾。亚洲人也用蔗糖治疗喉痛、感冒和女性生理期不适等症状。

犹如冬日里糖蜜的缓缓流动，甘蔗在世界各地的传播也是一个漫长又曲折的过程。供应往往断续零星，质量参差不齐，加工和提炼技术不可靠，甚至短缺。但几大宗教，特别是互相竞争的伊斯兰教和基督教，在传播甘蔗加工知识乃至对甘蔗的渴望上都扮演了重要角色。西敏司写道："无论阿拉伯人到达何处，他们都为当地人带来了蔗糖和制糖术，蔗糖总是伴随着《古兰经》的脚步。"[5]

在先知穆罕默德逝世（632年）后的几个世纪里，他的伊斯兰征服世界的愿景一直激励着阿拉伯的军事和经济扩张。伊斯兰帝国版图扩张到叙利亚、今日的伊拉克、埃及、摩洛哥，并于711年延伸至欧洲。在西班牙，阿拉伯人的统治一直持续到1492年。此外，阿拉伯人还和非洲人、中国人进行贸易。他们在许多方面都是真正的世界主义者，建立起了一种"伊斯兰治下的和平"。[6]无论阿拉伯人走到哪里，糖及其相关的关键加工技术、行政措施——先进的灌溉技术、建造灌溉系统所需的资金、水资源分配和土地利用政策，以及利于制糖业的国家税收安排等——都会随之而至。至关重要的是，即使在阿拉伯人战败离开后，他们引入的制糖业仍在继续发展。受过阿拉伯人精心训练的当地人保证了这一系列运作能够维持下去。

阿拉伯人尤其对灌溉技术感兴趣，而这项技术正是需水量大的甘蔗必需的。在征服四方的过程中，阿拉伯人纳入了遇到的每一项灌溉技术。它们包括水轮或戽水车，以及波斯的坎儿井。坎儿井是一整套灌溉系统，通过地下渠道输送水，从而避免水分在炎热干燥的土壤中蒸发、浪费。这些渠道建在山坡上，利用重力将水输送到甘蔗田里。后来，坎儿井在埃及和印度都有所推广。

除了技术不太精细，我们对阿拉伯人的蔗糖提纯术所知甚少。不过，在一些非常特殊的场合，他们也可以制作相当精细的蔗糖。例如，990年斋月结束时，埃及糖果商用糖雕出了树木、动物和城堡等形象。糖艺需要的蔗糖需要经过反复处理，直到非常精细、洁白、易于加工。但与欧洲数百年来一样，糖艺作品一直都是奢侈品、稀罕物。随着《古兰经》传遍各地的糖是遮掩药物苦味的最好选择，而且它本身也被当作药物使用，还是给熟肉和其他食材增加香味的香料。色浅质均的结晶糖是后来通过更为复杂的甘蔗压榨技术生产出来的，这些技术可能源于中国，而非欧洲。

我们并不清楚历史上蔗糖业的劳动力性质。糖史学家诺尔·迪尔认为："尽管伊斯兰教认可奴隶制的地位，但地中海制糖业并没有受到有组织的奴隶制的荼毒，不用遭受严厉的谴责，这种血腥无情的诅咒玷污了新大陆 400 年的制糖业。"[7] 其他学者质疑这一说法，并给出了制糖工人在摩洛哥和非洲其他地方受奴役的证据。我们确知的是，奴隶制在伊斯兰世界的糖产区较为罕见。制糖业的大部分工作是由佃农或大地主的雇工，以及自耕农在自己的小块土地上完成的。

自 11 世纪中叶起，伊斯兰统治逐渐式微，西欧基督徒开始强烈反对伊斯兰帝国的一些教义，尤其是一夫多妻制和妾侍制，并且开始反抗伊斯兰教对圣地——耶稣基督出生地——的控制。基督徒的憎恨和不安最终演变成十字军东征——一系列流血杀戮的狂欢、军事胜利和惨败，这些征战始于 1095 年，波折起伏直到 13 世纪末。进入伊斯兰地区后，十字军接触到了甘蔗。在第一次东征期间，十字军被穆斯林敌人围困，"饱受饥饿折磨"，他们靠着啃食甘蔗、吮吸甘蔗汁生存下来。[8] 在十字军占领地区，特别是塞浦路斯和西西里岛，他们掌握了包括甘蔗种植和蔗糖生产在内的整套蔗糖制作技术。

不论胜败与否，十字军都是带着被糖和其他各种香料提升了的品味回到家乡的。十字军东征本身催生了好战的宗教团体，它们的成立既源于对获取土地和政治权力的野心，也受到狂热的基督教信仰的驱使。马耳他骑士团即是其中之一，它的成员种植甘蔗。十字军东征促使欧洲人变成了制糖者；东征也为他们日后征服世界打下了基础。当这些征服行为不再以宗教为目的，而是为了世俗的利益时，欧洲人就开始寻找新的土地，这最终导致了他们发现并征服新世界。

地中海制糖业从十字军东征中幸存了下来，但土地所有权的性质随着封建领主、骑士团、天主教会乃至意大利城邦的交替接管而持续改变。为了补偿糖料种植所投入的资本开支，这些新兴地主往往在私有领地上种植甘蔗。他们引入了强迫佃农无偿工作的徭役制度，在甘蔗种植业，就是意指在甘蔗田和磨坊无偿工作。克里特岛和塞浦路斯的大部分土地都是"地主们"的私有领地，他们在那里广泛利用徭役制种植甘蔗。

14世纪中叶的黑死病夺走了欧洲约三分之一的人口，清空了城镇、商铺、农场和种植园，从而改变了欧洲的整体面貌和社会运作。除了社会机制遭到破坏，很多家庭只剩孤儿寡母，劳动力的严重短缺也赋权了幸存者获得更好的工资和劳动条件。包括甘蔗种植者在内的一些雇主开始倾向于购买奴隶——希腊人、保加利亚人、土耳其人和鞑靼人等，他们通常都是战俘。

1441年，年轻的船长安塔姆·贡萨尔维斯驾驶小船沿非洲西海岸向南行驶。为了讨好葡萄牙的亨利王子，他决定抓捕一些当地人做礼物。第一个受害者是个手无寸铁的骆驼牧人，他试图自卫时被葡萄牙人打伤。非洲史学者巴兹尔·戴维森写道："这是史上第一次记录在案的欧洲人和撒哈拉以南非洲人的小规模冲突。"[9]

葡萄牙小伙努诺·特里斯陶也参加了贡萨尔维斯的突袭行动。他们一边竭力高呼"葡萄牙"，一边袭击吓呆了的当地人，一共抓回了12个人。里斯本人突然间就需要更多的非洲人了。15世纪

40年代中期，235名非洲人被绑架到葡萄牙，"伴随着这一可悲的胜利，海外奴隶贸易可以说是真正开始了"。[10]甚至"像摩尔人一样劳作"在葡萄牙语中演变成了"工作"的同义词。

在几内亚湾的圣多美岛，葡萄牙人使用奴隶种植甘蔗。1493年，葡萄牙甚至安排2000名2~10岁的犹太儿童作为糖奴劳作。他们的父母刚从西班牙逃到葡萄牙，因为西班牙的宗教裁判所强迫犹太人皈依罗马天主教。一年后，这些儿童中只有600人幸存下来。与预期相反，他们仍拒绝改宗基督教。很快，宗教裁判所也迫使大量成年犹太人离开葡萄牙。一些人去了巴西，在那里尽管他们被认为是"刚加入基督教会的人"，但他们可以安静地遵从自己的信仰，不受教会干涉，并以制糖业为生。

此时，地中海地区的蔗糖也常常由奴隶生产。依据加洛韦的估计，这一生产模式是"种植园农业被认可的前置条件"。[11]然而，蔗糖提纯的技术仍旧十分原始，简直可以说是"技术发展迟滞"。[12]高效、强力的糖厂需要大量稳定供应的木材作为燃料。可是地中海地区的森林砍伐早在阿拉伯征服之前就已经是很严重的问题了。缺乏燃料可能是那里的制糖业未能发展出更有效的精炼工艺的原因。

实际上，糖磨坊通常使用一对磨石：下面那块固定不动，甘蔗放在其上，由上面那块磨石碾磨。另一个工具则是碾碎机，用人力或畜力拉动轮形磨石，碾磨槽中未切割的甘蔗。有时，这些磨坊也会使用压榨橄榄油或葡萄的机器榨出更多蔗汁。

碾碎甘蔗茎秆之后，下一步是高温反复烹煮蔗汁，撇去杂质并再次煮沸。16世纪，一位观察者如此描述这一过程："蔗汁在叫作'特拉派蒂'（trapetti）的房子里凝固成糖。走进'特拉派蒂'，仿佛是进入了火神伏尔甘的熔炼炉——熊熊燃烧、持续不断的烈火使蔗汁凝固。工人汗流浃背，被烟熏得通体黝黑，如同焦炭。他们已经没有人样，倒更像是魔鬼了。"[13]

这个折磨人的过程结束之后，其他也同魔鬼一样的工人把糖浆倒进倒锥形的陶器里，使其冷却，结晶成条块状。糖蜜从圆锥尖端的孔中滴下，这样糖块能变得更干、更纯。滴出的糖蜜可以糖浆的形式使用，或者再次煮沸以产出更多的糖。摩洛哥和其他甘蔗种植区会使用"黏土脱色法"，进一步精炼蔗糖。把非常湿润的黏土放置在倒锥形陶器的顶部，水就会慢慢地从糖里渗出来，清除掉残余糖蜜和杂质。最后，经过提纯的糖块顶部变得洁白，越向底部则颜色越深。

出售的蔗糖有几种形状：粉末、块状、条状，脱色或者没脱色。过去，蔗糖是一种奢侈品。13世纪，英国国王亨利三世在订购3磅*白糖时补充道："如果能有这么多的话。"但是到了14世纪，威尼斯商人开始大量出口蔗糖。1319年，尼科莱托·巴萨多纳将10万磅蔗糖和1000磅糖果运至伦敦。大宗蔗糖贸易在1374年扩展到丹麦，1390年扩展至瑞典。

当时，糖价贵得令人望而却步，而糖的主要用途是中和药物的糟糕味道。欧洲的药典里有大量药方含有动物粪便、尿液，切碎的蠕虫，阉猪的胆汁，烤过的蜂蛇皮，以及诸如毒参之类的毒物。如果没有糖，这些药尝起来至少和巴克利引以为豪的可怕止咳糖浆一样糟糕。

随着出口量的增长，蔗糖提纯技术的重大进步极大地改变了生产者和提纯者的关系。截至15世纪，人们一直尽可能在甘蔗田

---

* 1磅约为0.45千克。——编者

附近碾磨甘蔗，提炼蔗糖，因为甘蔗必须在砍下后一两天内加工，而且甘蔗的体积较大，这使得运输相当困难。但雄心勃勃的欧洲蔗糖进口商挑战了这一做法。大约从 1470 年开始，他们只进口原糖，然后在威尼斯、安特卫普和博洛尼亚的炼糖厂里进行精炼。后来，北欧各地都建立了精炼糖厂。

一方面，这种改变大大减少了因浸水而造成的精制糖损失。而且，在森林砍伐较少的北方，燃料更多、更便宜，这使得北方的炼糖成本更低。但在这一新制度下，糖的生产商实际上失去了对其商品的控制，被迫与欧洲的商业伙伴建立起一种我们今日称为殖民依赖的关系。

制糖者与炼糖者之间这种变化了的关系也在其他产糖区逐渐盛行起来。正如加洛韦的解释一样，"14—15 世纪发展起来的地中海糖业组织，预示着大西洋和美洲殖民地的糖业形态。事实上，我们可以将地中海糖业看成马德拉群岛、加那利群岛和热带美洲殖民者的一所学校……把甘蔗从新几内亚当地的园艺植物发展成今日热带世界的农用工业是其传播和发展链中的重要一环"。[14] 地中海糖业为新大陆的糖业文化奠定了基础。只差一个关键因素了：对蔗糖迫切且激增的需求将创造出一个完全屈从于糖业的社会，并将世界上大部分地区的人转变为无情、鲁莽的消费者，从此耽溺于由糖的甜蜜带来的愉悦感受。

王室和贵族是第一批沉溺于摄入过多蔗糖的消费群体。曾有波斯游客声称，1040 年，苏丹的面饼师用 16.2 万磅糖做出了实物大小的糖树和其他糖艺复制品。到了 11 世纪，糖塑在非洲北部的伊斯兰国家已经很常见了。当时的哈里发查希尔让糖艺师在伊斯兰节庆前连续忙碌数周，为他的客人制作糖塑"艺术品"。其中一项展览包括157个糖雕和7个桌子大小的城堡。15世纪初,另一位哈里发要求增加宗教主题,并下令建造糖塑清真寺。后来,他把这个独特的糖果送给了乞丐,他们狼吞虎咽地吃着清真寺的圆顶和宣礼塔。而苏丹穆拉德三世为了庆祝儿子的割礼,下令糖艺师制作由巨大的糖塑长颈鹿、大象、狮子、喷泉和城堡组成的游行队伍。[15]

欧洲的宫廷面包师也成了糖艺师。他们把糖、油、杏仁碎或其他坚果和植物树脂混合成可塑形的"黏土",之后雕刻或压模成"城堡、高塔、马、熊和猩猩"的形状,再烘烤或晾干。[16]这些装点餐桌的华丽糖艺作品被称为"精妙物",简直成了盛宴的主角。客人们欣赏过后就可以大快朵颐。1515年11月18日,英国红衣主教托马斯·沃尔西在威斯敏斯特大教堂举行就职典礼。他用极其奢华的"精妙物""香料盘"或者硬蔗糖,雕刻了城堡、教堂、野兽、飞鸟、格斗骑士和跳舞仕女,甚至还有一套精美的象棋。当时,英法两国流行用糖制作男女生殖器。甚至连教堂也不能幸免于这种粗俗幽默的影响,在1263年英国教堂禁止这种做法之前,圣餐饼通常都被烤成睾丸形状。[17]

这种甜蜜技艺后来也演变成了可食用的政治寓言或"警示物":用糖衣上雕刻的文本或糖雕,可以警告宗教异见者或骑士对手。西敏司如是解释:在客人享用"这些权力的奇异象征物"的同时,"主人的权力也得以确认"。[18]

到了16世纪,糖和权力之间的关系对于宾主双方都已经非常清晰了,因此新兴的商人阶层的餐桌上充斥着"各种古怪的混合物,且全部都加了糖,以增加甜味"。[19]王室、贵族、骑士和神职人员不再是唯一有能力购买精妙糖食的人群了。1350—1500年,

10磅糖的价格从极高的 1 盎司*黄金价格的 35% 下降到只有 8.7%。经典烹饪书显示，到了 16 世纪末，雄心勃勃的商业家族已开始要求制作有装饰糖品的蛋糕和糖果装饰品的食谱。装饰糖品有水果形状，甚至也有硬糖刀具、玻璃杯和盘子。客人可以用它们来吃喝，食毕再敲碎它们，当成餐后甜点吃下去。

经过一个多世纪，食用蔗糖的乐趣才逐渐下渗到工人阶级的生活里，当时他们已经开始大声要求享受糖的甜蜜滋味。15 世纪，蔗糖的生产得以扩大，塞浦路斯成为威尼斯糖业至关重要的原料来源地。至少有一个种植园已经大到需要 400 名工人。[20] 15 世纪末，西班牙种植者已经在殖民地加那利群岛生产蔗糖。

1493 年，40 多岁的热那亚人克里斯托弗·哥伦布回到了他坚信是亚洲或印度的新大陆。在这场航程（第二次远航）中，他带上了加那利群岛的甘蔗，以及斐迪南国王和"疯女"胡安娜（斐迪南的疯女儿，也是卡斯蒂利亚女王）签发的荒诞指令。指令知会原住民泰诺人："新上任的教皇已许可将这片海域的岛屿和土地及其内容物都赐给上述国王和女王，这已有书面证明。如果愿意，你们可以查看这些文件。"如果泰诺人对教皇处置他们家园的权力提出异议，统治者警告说："我们将奴役你们和你们的妻儿，卖掉你们或按照国王的意愿处置你们；我们必夺取你们的所有物，尽我所能伤害你们，像对待不服从命令和有所抵抗的下属那样。我们宣布，你们对由此造成的伤亡负责，免除陛下和我们自己，以及跟随我们的各位先生的罪责。"[21] 这封充满威胁言论的信函授权哥伦布向原住民——曾在 1492 年非常友善地欢迎哥伦布一行——传播

---

* 1 盎司约为 28.35 克。——编者

基督教，并在他们被征用的土地上安置欧洲人，种植欧洲作物。

哥伦布的这次抵达（第二次）与第一次大不相同。首先是他得知泰诺人被他于1492年留下的傲慢无礼的先遣移民激怒了，因而泰诺人把他们都杀了。但是哥伦布带来了庞大的增援部队：1.2万名未来的定居者（包括官员、神父、士兵、农民、农业专家和"绅士们"），以及各种家畜、种子和植物，其中就有他从岳母的马德拉糖业公司那里熟悉起来的甘蔗。而且，西班牙王室也要求所有定居者都在他们被授予的土地上种植甘蔗。

哥伦布很有策略，他把自己的新定居地命名为"伊莎贝拉"。他在伊莎贝拉监督甘蔗种植，并且惊叹于甘蔗的扎根和生长速度。他在一封致赞助人斐迪南和伊莎贝拉的信中预测："从已种植的葡萄藤、小麦和甘蔗的生长速度来看，这个地方的产能不会比安达卢西亚和西西里差。"众所周知，安达卢西亚和西西里的甘蔗甜度很高。[22]

然而，在殖民早期，西班牙人对农业的兴趣远不及对伊斯帕尼奥拉岛的黄金高。在哥伦布的命令下，原住民被迫交出金块和金粉，并付出了极大努力开采金矿。混乱和苦难接踵而至。在哥伦布残暴的领导和宗教狂热引发的一系列叛乱、流血冲突、恐怖旋涡中，殖民地的经营失败了，甘蔗种植也失败了。

原住民受尽苦难，乃至大批死去。而许多定居者也在自己被授予的土地上忍饥挨饿，最后在绝望中背叛了专制的哥伦布和他的兄弟迭戈。有关伊斯帕尼奥拉岛悲惨处境的消息传到了斐迪南和伊莎贝拉的耳朵里，他们派遣卡拉特拉瓦骑士团的指挥官弗朗西斯科·德·博瓦迪利亚前去调查。1500年8月23日，博瓦迪利亚驶进圣多明各港，迎接他的是7具摇晃的尸体——都是被绞死的西班牙反叛者。登陆后，博瓦迪利亚得知哥伦布兄弟还判处了另外17名西班牙人死刑。博瓦迪利亚接管了当地政府，并把哥伦布兄弟锁上铁链押送回西班牙。

斐迪南和伊莎贝拉宽恕了哥伦布。彼时，哥伦布穿着方济各会长袍，系着绳带，已是一个患有严重关节炎、自我膨胀的宗教狂人了。斐迪南和伊莎贝拉甚至还赞助了新航行，不过这次任命了阿尔坎塔拉骑士团的指挥官——一位真正的方济各会在俗修士——管理伊斯帕尼奥拉岛和其余多数西班牙殖民地。

这一时期，西班牙和其他欧洲国家——葡萄牙、法国、英国、丹麦、荷兰和瑞典——的探险家已在扩大哥伦布的"发现"了，并纷纷宣称发现的土地属于他们各自的君主。众所周知，征服加勒比群岛和南美大陆的过程肮脏又暴力。同样广为人知的还有教皇亚历山大六世对"非基督教世界"的惊人划分：他把整个新大陆授予西班牙，将非洲和印度授予葡萄牙。一年后，即1494年，西班牙和葡萄牙通过《托德西利亚斯条约》修改了教皇安排，将巴西纳入葡萄牙的势力范围。颇为讽刺的是，不论是葡萄牙人还是西班牙人，都没有真正理解他们草率瓜分的土地有多么广袤、原住民有何样特质。

正是欧洲人对新大陆所有权的设想，为哥伦布试图引入的糖文化创造了基础。16世纪初，殖民者从加那利引进甘蔗，开始在伊斯帕尼奥拉岛正式种植甘蔗。第一位重要的甘蔗种植园主是外科医生贡萨洛·德·韦罗萨。他引诱加那利群岛的蔗糖专家来到伊斯帕尼奥拉岛，并自掏腰包支付给他们酬劳。之后，他和塔皮亚兄弟（克里斯托瓦尔和弗朗西斯科）合伙建造了一座依靠马力的磨坊。圣哲罗姆隐修会的修士是殖民地的新管理人员，他们提供

> NIGRITÆ EXHAUSTIS VENIS METALLICIS
> conficiendo saccharo operam dare debent.

图 6 在伊斯帕尼奥拉岛,光着身子或是衣不蔽体的非洲奴隶在制糖。他们从地里收割甘蔗,熬糖,然后储存在陶器中。这幅插图选自从未去过伊斯帕尼奥拉岛的德·布里的木刻版画。

了 500 比索黄金的贷款建造磨坊,成功地促进了蔗糖生产。不到 10 年,就已经有多家工坊可以将产品出口西班牙。1516 年,殖民地的官方史学家和黄金冶炼主管(直到金矿耗尽)贡萨洛·费尔南德斯·德·奥维多·巴尔德斯,将第一批有官方记录的新大陆蔗糖带回欧洲,并以私人礼物的形式将这 6 大块蔗糖赠送给查理五世。1517 年,圣哲罗姆隐修会的修士向西班牙君主赠送了更多蔗糖。

另外两个成功的种植园主是哥伦布的儿子迭戈及孙子路易斯。他们的作物品质是伊斯帕尼奥拉岛最好的,并且非常适合远洋运输。迭戈很有谋略地娶了玛丽亚·德·托莱多——斐迪南国王的表侄女。1520 年，迭戈被任命为伊斯帕尼奥拉岛总督。他负责主持殖民地法庭的节庆活动和管理蓬勃发展的甘蔗种植园。据奥维多所记，到 1546 年，伊斯帕尼奥拉岛拥有 20 个"强有力的磨坊和 4 个马力磨坊，而且……船只源源不断地从西班牙开来，满载着蔗糖回航。光是流失掉的撒渣和糖蜜就能让一个大省变得富有起来"。[23]

随着蔗糖生产在当地扎下根来，它几乎根除了以往那里所有的事物：民族及其文明、农业，以及新大陆特有的土壤和地形。美国环境保护主义者柯克帕特里克·塞尔对哥伦布和原住民相遇的本质理解得很正确，它对于"接下来 500 年内所有重要事情的发展"起到了关键作用："资本主义的胜利……全球单一文化模式的建立、对原住民的种族灭绝、对有色人种的奴役、世界的殖民化，以及对原始环境的破坏。"[24] 在这一清单中还应当加上：主要贸易路线的建立，特别是著名的三角贸易，涉及蔗糖产地、欧洲、非洲和北美洲；新的克里奥尔语社群的创建；口味标准的重新定义，以及数百万人对于甜味和容易致病的不健康饮食的沉迷；人权话语的发展；以及对地球上动植物造成的致命伤害。2004 年，世界自然基金会的年度报告指出："甘蔗种植对野生动植物的危害，可能比地球上其他任何单一作物都要大。"[25] 这些变化中的大多数都是由欧洲人的蔗糖文化推动的。

泰诺奴隶制：新世界劳动的蓝图

数百万讲阿拉瓦克语的泰诺人和他们的生活方式遗留下来

的信息，都只能来自欧洲见证人的回忆，以及历史记录和考古侦探的叙述。以下是对已遗失的信息的简要说明。哥伦布是我们的第一个观察者。泰诺人"赤裸着身体到处走动，就像新生儿那样……他们的身材很好，体形健美，面貌端正；他们的头发粗且短，除了脑后留出的很长一撮从来不剪，像马尾一样光滑，其余头发与眉毛齐平。"他写道，他们非常聪明，"但是非常胆小"，50个西班牙人就能战胜并控制住他们。[26]

泰诺人是一年四季收获颇丰的农事专家，大部分农活都归妇女管。他们在不耗竭养分和水源的情况下耕作土壤，并通过在覆盖着落叶的高丘上堆土（conuco，当地的一种小规模传统种植模式）种植作物来保护其免受侵蚀。他们播种多样作物，以防止作物歉收，这些作物包括玉米、甘薯、山药、南瓜、辣椒和花生，以及用来制作扁面包的木薯。泰诺人利用充裕的空闲时间，用棉网捕获野味、鱼类和海鲜，以补充食物。

泰诺人住在圆形房屋内，它们围绕共同的庭院和活动场地而建。他们坐在木头椅子上，睡在棉制吊床或蕉叶垫子上。他们过集体生活，实行一夫多妻制；每个男人都和他的妻子、孩子们住在单独的一间房子里。泰诺人实行父权制，由酋长和村中长者领导。

泰诺人用石头雕刻神灵（zemi），这些石雕会呈现出蟾蜍、爬行动物或扮鬼脸的人等形象，他们用面包和其他仪式祭品来供奉这些超凡脱俗的存在。他们给自己的身体涂抹颜料，用羽毛装饰，还用小棍搔喉咙，这样他们就能吐出不洁之物。他们会举行经过精心设计的仪式，包括有节奏的击鼓。神灵通过巫师来回应人类的祈求，提供咨询，治疗疾病。

泰诺人在部落历史学家的帮助下保留了对于村庄历史的认识，

后者以史诗般的圣歌向他们传达了悠久的部落历史。村落的历史是泰诺人生活的中心特征。祖先的遗骸埋在村子的泥土里，因而他们的灵魂得以驻留在村里。泰诺人没有私有制的概念，土地就像天空和海洋一样，是神圣宇宙的一部分，属于每个人。近来，一项研究解释道："很少有欧洲人能理解这种思维方式。而土地就是印第安文化。宗教仪式，以及对充满争斗但仍旧团结一致的群落，而非野心勃勃、贪得无厌的个人的持久信念，为美洲原住民提供了世界秩序中的固定位置感。"[27]

在欧洲人到达之前，泰诺人的数量为 300 万~800 万。[28] 当巴托洛梅·德拉斯·卡萨斯于 1502 年到达时，他们的灭绝已经是可以预见的了。1514 年，据西班牙征服者的统计，幸存者只有 2 万人。1542 年，在卡萨斯的记录中，泰诺人只剩 200 人。此后，不到 20 年，伊斯帕尼奥拉岛的泰诺人就灭绝了。

卡萨斯是泰诺人命运的主要记述者。他生活于文艺复兴时期，先是天主教执事，后来成为一名神父；同时他也是甘蔗种植园主、行政长官、历史学家和人类学家。最终，特殊的经历使他成为一名人权倡导者。1502 年初，这名 18 岁的年轻人出发前往伊斯帕尼奥拉岛。在那里，他的父亲曾获得赐封地，即包括原住民在内的一大块土地，并有权向他们索取任何贡品，而且有权要求范围内的殖民者在紧急情况下服兵役，不遗余力地"基督教化"所有当地人。后来，卡萨斯帮助镇压了一次原住民起义，迭戈·哥伦布因此将自己的赐封地赏赐给了他。

泰诺大屠杀在很多层面上都是一场悲剧，因为它为奴隶制描绘了蓝图，奴隶制度摧毁了数百万被迫输入美洲种植园的非洲人，以及其他人的生活和文化。其他商品的生产者也采用了这种新形式的强迫劳动制度。这种制度遍及整个美洲，包括后来的美国。特立尼达历史学家埃里克·威廉斯总结道："西班牙的印第安政策之所以重要，是因为它事实上为西班牙在加勒比地区的继任者提供了指示，而且继任者很快就变本加厉，将其运用得更加彻底。它是加勒比地区劳动制度方面不可磨灭的耻辱印记。"[29]

与那些被迫离乡背井的非洲奴隶不同，泰诺人是在家门口失去身份和性命的。欧洲征服者征用了他们的土地，摧毁了他们的农业，种植了陌生的鹰嘴豆、小麦、洋葱、莴苣、葡萄、甜瓜和大麦。欧洲殖民者不尊重泰诺人的酋长，羞辱泰诺男子，还强奸泰诺妇女。他们蔑视泰诺人的宗教信仰、社会价值观、一夫多妻制的家庭结构和政治体制，并认为后者精心保存的历史是野蛮人的胡言乱语。他们把戴着镣铐的泰诺人扔上开往欧洲的船只，使他们沦为奴隶；哥伦布本人就曾运送500名泰诺人到塞维利亚的奴隶市场。

而那些克服了过度劳累、营养不良、残暴统治和绝望情绪等困境，艰难地生存下来的泰诺人却无法抵御欧洲的疾病。他们对天花、黑死病、黄热病、斑疹伤寒、痢疾、霍乱、麻疹和流感没有免疫力。这些疾病在远航的肮脏船只上滋生并肆虐，通过满载着的生病水手和殖民者、腐臭且爬满蝇蛆的食物、生病的牲畜、身上满是跳蚤的狗和猫，以及大批胆大的老鼠传到当地。一场流行病就能杀死半数以上的村民。1518年，天花吞噬了伊斯帕尼奥拉岛残存的90%的泰诺人。到该世纪中叶，该岛的泰诺人就几乎灭绝了。在其他殖民地，多至90%的原住民在17世纪之前消失了。例如，到1611年，只剩74名原住民在西班牙对牙买加的殖民统治中幸存下来。[30]

幸存下来的是奴隶制的暴行。卡萨斯认为,当西班牙人砍下一个泰诺人的耳朵以示惩罚时,他们的野蛮行径"标志着流血屠戮的开始,日后则血流成河。先是在这个岛上,然后蔓延到西印度群岛的每一个角落"。[31] 随后的几个世纪里,奴隶主一致保留砍下四肢这样的惩罚酷刑。

卡萨斯描述了殖民地第一次用狗来对付反叛奴隶的场景。当泰诺人试图推倒一个巨大的十字架——象征着他们在西班牙占领下的悲惨生活——时,西班牙人立时暴怒,解开了 20 只受过杀人训练的杂交獒犬的链条。这些高大的动物向当地人猛扑过去,撕开他们的喉咙或者咬出他们的内脏。西班牙人对着咆哮的犬只鼓掌欢呼,随后又进口了数百只猎犬。在双方无休止的斗争中,经过训练的强大猎犬成为殖民者征服奴工的标配武器。

卡萨斯引用了哈图埃伊酋长的话,后者警告人们不要接受基督教:"这些暴徒告诉我们,他们信仰崇尚和平与平等的神,却掠夺我们的土地,使我们成为奴隶。他们声称信仰永生和永恒的律法,却侵占我们的财产,勾引我们的女人,侵犯我们的女儿。"[32]

哈图埃伊对女性被侵犯的愤怒,将在之后的几个世纪里不断得到回响。从一开始,奴隶主随意强奸被奴役妇女的权力就是新大陆奴隶制的核心基础。奴隶制的种族维度,以及由此产生的强奸行径的种族性质同样明显,即便当时的殖民地法律明确禁止跨种族性行为。混血儿童数量的不断增加就是这种常见现象的铁证。关于第一个混血儿童的名字,我们无从得知,但是墨西哥人一般认为他是马丁·科尔特斯,1522 年出生,父母是征服者埃尔南·科尔特斯和他的印第安情妇马林切。这名土生土长的印第安贵族妇女,作为埃尔南·科尔特斯的顾问和翻译,对于他军事上的成功发挥了至关重要的作用。

这个小男孩的出生对他父母来说并不是件愉快的事。科尔特斯不再需要马林切的建议和抚慰,也担心他们之间的关系会使他失去渴望已久的贵族头衔。于是科尔特斯想将她打发走,科尔特斯向她保证,会将她嫁给上尉胡安·哈拉米略,她会受到很好的照顾,还会获得一大片土地。但是马林切的新丈夫悔婚了,并发誓说他是在醉得不省人事时被人利用了。没过几年,马林切就去世了。仅仅隔了几个星期,胡安·哈拉米略就再婚了。

直到今天,内心挣扎的墨西哥人还会通过辱骂马林切和马丁来表达他们对于西班牙征服的怨恨之情:马林切是他们的叛徒,马丁则象征着马林切在种族和性方面的双重背叛。墨西哥人会谴责其他叛徒为"马林切分子"。当《纽约时报》的记者克利福德·克劳斯探寻到马林切和科尔特斯的故居时,房子的现任主人告诉他:"如果墨西哥政府把这个房子变成博物馆,就好比日本的广岛人民为投掷原子弹的人建造纪念碑一样。"[33] 作家奥克塔维奥·帕斯称马林切为"女性状况的残酷化身。科尔特斯和马林切在墨西哥人的想象和情感中奇怪的持久存在,解释了他们其实……象征着我们至今尚不能解开的隐秘冲突"。[34] 在 20 世纪 80 年代,愤怒的示威者摧毁了科约阿坎的一座纪念碑,这座纪念碑描绘了著名的科尔特斯、马林切和马丁一家。

其他美洲印第安人,包括阿兹特克人、印加人和玛雅人,从欧洲人的征服和虐待中幸存下来。然而,这其中鲜少有加勒比人,他们是曾居住在现今被称为特立尼达、瓜德罗普、马提尼克和多米尼克等地区的勇猛战士。他们的村落建在海边,以树叶为屋顶的坚固房屋紧紧围绕着中央的火堆。和泰诺人一样,加勒比人也从事农耕和渔猎，晚上睡在吊床上。事实上，由于加勒比人有从泰诺部落绑架新娘的习俗，许多加勒比人的家庭文化很可能融合了泰诺人的文化元素。加勒比人轻蔑地拒绝了欧洲人基督教化的劝诱，坚持他们自己的万物有灵论信仰。

在其他许多方面，加勒比人都是好战勇猛的，与温顺的阿拉瓦克人不同。加勒比人经常乘坐独木舟袭击邻近的部落，恐吓阿拉瓦克人和欧洲人。1610年，他们袭击了安提瓜，据说他们掳走了总督夫人和两个孩子。1666年，他们杀了安提瓜的前总督，烤了他的头，并把它带回多米尼克。

食人习俗更是令加勒比人有别于阿拉瓦克人。加勒比人的这个习俗声名远播，由此衍生出了无数故事。例如，一位加勒比勇士声称法国人的肉比较嫩，而西班牙人的肉却比较难嚼；另一位则夸口说，相比欧洲人的肉，他更喜欢阿拉瓦克人的，因为欧洲人的肉吃得他肚子痛。加勒比人相信通过食用敌人的身体，也会相应地吸收敌人的力量、勇气或者技能，这可能就是他们食人习俗的起因。而且，这也解释了为什么他们会冒险将同胞的尸体从战场上移走，大概是为了防止被敌人吃掉。

即使在西印度群岛站稳了脚跟，欧洲人也仍旧不能奴役加勒比人。加勒比人逃跑、反击或宁愿集体自杀，也不愿被奴役。在格林纳达，40人从峭壁跳下，集体自杀。如今这座山被称为索特尔山（意为跳跃者之山）。随着甘蔗田不断扩展，加勒比人的势力范围日渐缩小。到17世纪初，他们只占据瓜德罗普岛、多米尼克岛和马提尼克岛。他们中的一些人与逃亡的黑人奴隶或其他逃奴通婚，这些人的后代被称为"加利弗那人"（Garifunas）。加勒比人经常退守山区，再从这些设防的前哨基地袭击欧洲人的定居点，烧毁种植园，杀死白人。一些学者认为，丹尼尔·笛福在1719年出版的经典作品《鲁滨孙漂流记》中的"星期五"原型是一名被加勒比人劫掠的阿拉瓦克人。

欧洲人的疾病和迫害摧毁了加勒比人，但其幸存者最终开启了新的生活方式。英国在1763年从法国手中接管了多米尼克岛，此后许多人定居在英国人分配给他们的232英亩*保护区内。今天，加勒比人仍然生活在多米尼克岛和圣文森特岛。

巴托洛梅·德拉斯·卡萨斯：糖料种植园主和有罪的证人

新大陆的奴隶制十分残酷，在其发展过程中就遭到了谴责。第一批公开批评者是1510年抵达的多明我会修士，他们过着使徒式的生活，住茅舍，睡在用树枝搭成的床上，饮用寻常的卷心菜汤，穿着粗布僧袍。这些人总共只有2个箱子，里面装满了诗篇和礼拜用具。1511年12月21日，修士安东·蒙特西诺公开谴责赐封制度，他被誉为"这个荒凉之地的声音"。该制度规定，西班牙人有权将土地，甚至整个村庄，包括其中的原住民，划归己有。西班牙"受赐者"可以向其中的原住民征收黄金或其他的贵重物品，并且要求他们受洗为基督徒。蒙特西诺修士大声斥责，赐封制使当地人处于"残酷和可怕的奴役之中"，并以闻所未闻的杀戮摧毁了"无数原住民"。他质问道："你们为什么让他们备受压迫，承担如此繁重的劳作，却不给他们足够的食物或医治他们因过度劳累而引发的疾病？他们死了，或者更确切地说，是否被你们杀死的？"[35]

---

* 1英亩约为4047平方米。——编者

年轻的卡萨斯不为所动,他依靠奴隶种植甘蔗,虽然试图同情他们,但仍旧没有停止剥削。然而,到了1514年,卡萨斯有所顿悟:对印第安人所做的一切都是非正义和残暴的。他把他的奴隶交给总督,余生致力于记录、宣讲和劝说,以反对赐封制的滥用。卡萨斯被称为"印第安人的保护者"。但在1522年,他因未能制止对原住民种族灭绝而深感气馁和沮丧,辞职后加入了多明我会。

作为多明我会的一名修士,卡萨斯专注于研究和撰写他的《西印度通史》(*Historia General de las Indias*),以及其他有影响力的历史记录和论文。这些历史记录和论文点燃了殖民政策改革的火焰。作为一个有说服力和博学的作者,他通过亲身观察西班牙人在新大陆定居点血腥殖民的戏剧性细节来支持自己的论点。

卡萨斯在教皇颁布《崇高神意》的过程中发挥了重要作用。1537年颁布的这份教皇通谕通常被誉为《印第安人权利大宪章》,是有力支持印第安人的文件,虽然从未正式在殖民地颁布过。该通谕宣称印第安人是"真正的人",他们能够成为真正的基督徒,而且无论是异教徒还是基督教徒,都有获得自由和财产的权利。

1550年,查理五世决定,只有在法律专家和神学家组成的陪审团面前进行公开辩论,才能解决被征服民族被迫皈依的焦点问题。这场智力盛宴在西班牙中部的巴利亚多利德举行,辩论会上卡萨斯与学者、人文主义者胡安·希内斯·德·塞普尔韦达对垒。德·塞普尔韦达认为,强迫改宗是合法的,并认为原住民是"未开化、野蛮和非人的天生的奴隶"。[36] 卡萨斯依据《圣经》反驳了这一论点,并主张和平皈依,因为当地人"是我们的兄弟,基督也为他们献出了生命"。[37] 陪审团无法达成共识:德·塞普尔韦达和卡萨斯都无法完全令人信服。即便如此，辩论的焦点确实是有关新大陆和原住民的待遇的。

1552年，在60多岁的时候，卡萨斯创作了他那部轰动一时的《西印度毁灭述略》（*Brevísima Relación de la Destrucción de las Indias*）。这是他对印第安人灭绝的见证，令人心碎。据他统计，有1500万原住民惨遭灭绝。他还撰写了大量关于秘鲁印加文明的著作，直到82岁去世，他一直致力于西印度群岛历史的研究。而且，他违抗西班牙宗教裁判所的命令，未经允许就出版了一些书。

卡萨斯宣扬的可以被看作是16世纪的解放神学，这种神学认为，出于人权和社会正义事业的激进主义是基督教信仰不可或缺的一部分。对卡萨斯来说，人权与实际生活中的基督教是不可分割的。圣母大学法学教授保罗·卡罗扎形容卡萨斯是"现代人权话语的促成者"。[38]

卡萨斯还提出了针对人权侵犯行为的赔偿原则。1546年，他出版了一本颇为人记恨的书——《忏悔》（*Confesionario*），这本书讲明了如何实施赔偿原则。当征服者或庄园主前来忏悔时，告解室里的神父会立即传唤公证人。忏悔者会在神父和公证人面前发誓，他的罪孽迫使他向告解神父授予委托书，以便为他做任何必要的事情来弥补过失，包括"把他的全部财产归还印第安人……不留给他的继承人任何东西"——这是重点。[39] 忏悔者还会释放他庄园里的原住民，并授权公证人撤销先前所有的遗嘱。卡萨斯对这种彻底归还世俗财产的辩护是基于神学的：教皇尤金三世曾下令，"告解神父不能赦免强盗，对上述印第安人的所有征服者都应该这样做，除非他们先归还所有偷来的东西"。

虽然卡萨斯的《忏悔》只激起了征服者的愤怒，他们中没有人愿意签字放弃自己的财产，以赔偿原住民受害者，但他提出的赔偿原则是对人权理念发展的重大贡献。这也是对正在犯下的重大罪过的明确承认。

直到晚年，卡萨斯才正视另一个重大错误——奴役非洲人以取代泰诺人和其他原住民，并承认了自己在其中的作用。在卡萨斯的故事版本中，某些甘蔗种植园主要求从西班牙购买黑奴，因为"印第安人越来越少了"。毕竟，黑奴已经在西班牙的其他很多糖厂工作了。此外，一些种植园主答应卡萨斯，如果他能安排他们引进12个黑奴，"他们就会放弃印第安人，这样印第安人就可以重获自由"。

卡萨斯欣然接受了这一提议，并成功地进行了游说，使之付诸实践。1517年，包括圣哲罗姆隐修会修士在内的西班牙官员同意在西属伊斯帕尼奥拉、古巴、牙买加和圣胡安这4个殖民地分配4000名黑奴。这是西班牙国王颁布的第一份奴隶贸易许可，而这一贸易许可证制度被巴兹尔·戴维森称作"整个西属美洲殖民事业的一个绝对必要的方面，西班牙国王以奴隶贸易为生"。[40] 卡萨斯试图解放印第安人，却为奴役非洲人提供了便利。他给予了一方人权，却夺走了另外一方的人权。

数十年后，卡萨斯慢慢意识到对非洲人的奴役和对印第安人的一样不公平，他承认自己"由于疏忽而有罪"。他为历史上最大的人口结构变革之一的开端铺平了道路：强行将数百万非洲青年运送到新大陆充当奴隶。奴隶贸易许可为奴役非洲人打开了闸门：16世纪初，只有10~12个黑人去往伊斯帕尼奥拉岛，而这时该岛上有3万多黑人，其他西属岛屿上还有10多万黑人。卡萨斯回忆道："随着糖厂的日益增多，糖厂对黑奴的需求也越来越大，因为每一个依靠水力的糖厂至少需要80个黑奴,而依靠马力的糖厂至少需要30~40个黑奴。"[41]

原本只打算进口西班牙领土内的黑奴计划很快就被抛弃了,取而代之的是从非洲直接进口。做出这一决定的原因是,在矿山和甘蔗种植园扩张的同时,非洲人也像印第安人一样迅速消亡。"我们过去认为,在这个岛上,如果一个黑人不被绞死,他永远也不会死,"卡萨斯写道,"因为我们之前从来没有见过他们死于疾病,我们确信,就像柑橘一样,他们已经找到了自己的栖息地,这个岛对非洲黑人来说比几内亚更适宜。"但非洲人被岛上的甘蔗田、磨坊和酷热的熬糖室压垮了。卡萨斯承认:"他们不得不忍受的过度劳动,以及他们所喝的由甘蔗糖浆制成的饮料,导致了死亡和瘟疫。"[42]

奴隶贩子对需求的激增做出了积极反应。卡萨斯写道,葡萄牙奴隶贩子"加速,而且每天都在加快速度,以尽可能多的邪恶方式绑架和抓获他们",部分非洲人也参与进来,他们把自己的敌人出卖给欧洲人。他总结道,"因此,我们是他们对彼此犯下之一切罪行的根源,还有购买奴隶时我们犯下的罪行",贪婪的葡萄牙人和部分无情的非洲人与我们共同承担犯下的罪孽。[43]埃里克·威廉斯认为,这种道歉不仅站不住脚,也为时已晚。他指出卡萨斯"从未成为黑人的保护者",黑人没有保护者。[44]

糖王开始掠夺

到1566年卡萨斯去世时,黑人奴隶数量之多"是糖厂发展的结果……这块土地看起来就像是埃塞俄比亚的化身或投影",一个同时代人为之称奇。⁴⁵ 随着其他欧洲国家殖民者的到来，他们不断考察并征服，之后种植甘蔗，因而甘蔗种植在整个新大陆迅速扩展开来。得益于哥伦布和科尔特斯这样的激进冒险家，西班牙人首先对伊斯帕尼奥拉、牙买加、古巴、波多黎各和特立尼达，以及从得克萨斯到巴塔哥尼亚的美洲部分地区提出了主权要求。而由于《托德西利亚斯条约》非常慷慨地将巴西划归葡萄牙，葡萄牙人获得的权益屈居第二。

1630—1660年，英国、法国和荷兰急切地加入对新大陆疯狂的土地掠夺中，并纷纷建立了自己的糖料殖民地。在这30年间，荷兰人占据了主导地位。随着殖民化进程的发展和宗主国之间的斗争，殖民地多次易手。比如，多米尼克和格林纳达在英国和法国之间几次易手；西属牙买加在1655年成为英国人的领地；法属圣文森特于1763年被割让给英国，1779年又落于法国人之手，而1783年根据《凡尔赛条约》再次归属英国。

在殖民统治最初的日子里，只有一部分土地种植甘蔗，其余土地用于牧场、森林，以及种植劳动力的口粮或其他经济作物。但是随着甘蔗种植知识的传播和利润的增加，甘蔗占领了新土地，并使加勒比地区的殖民地赢得了"糖岛"的绰号。

正如已经指出的那样，马德拉群岛、加那利群岛和圣多美岛的甘蔗种植提供了一些值得借鉴的经验和模式，西班牙在开拓新大陆的甘蔗种植方面也起到了一定作用。其他殖民模式将根据不断变化的需求来创建。

劳动力是最紧迫的问题。而且，在近一个世纪内，美洲原住民和非洲人并不是仅有的受害群体。起初，宗主国会提供一些男性劳动力，还有部分女性，他们渴望过上体面的生活，希望在服

图 7 《西印度群岛、墨西哥或新西班牙地图》。此外,还可以从图中有些地方看出西班牙大帆船和商船从一地去往另一地的贸易风向和航海路径。1732 年,影响力颇大的保守党派地理学家赫尔曼·摩尔绘制了这幅地图,1736 年在伦敦刊印。这幅地图是赫尔曼·摩尔的杰作,它将西印度群岛描绘成一个具有巨大商业潜力的地区,处于发展中的大英帝国的核心。这幅地图也有助于英国海盗掠夺西班牙船只。

役之后得到承诺的土地或 10 英镑。服务期通常是 3~10 年，身份是契约仆役；在法国殖民地，这些人被称为"契约佣工"。

而现实与契约工招聘者的承诺大不相同，契约仆役制"由法律许可的暴力镇压维持"。[46] 横跨大西洋的航行使许多移民丧命。通常的处理办法是把病人抛到船外，以免传染他们的船友。一旦进入殖民地，他们就被安排去工作，没有任何时间来休养或适应。一位 17 世纪的天主教历史学家观察到："他们过度劳动，伙食很差，经常被迫与奴隶一起工作，这比苦役更痛苦；……我认识瓜德罗普的一名种植园主，他在自己的种植园里埋葬了 50 多名契约佣工，他们都是由于过度劳累或生病时无人照顾而死去。行事如此残忍是因为种植园主只能使用他们 3 年，这使种植园主更吝惜黑人，而不是这些可怜人！"[47]

巴巴多斯的种植园主威廉·迪克森回忆说，契约仆役"只能节衣缩食，在其他方面也受到虐待"。[48] 1659 年，巴巴多斯的白人契约工向议会请求救济。他们描述说："在磨坊碾磨，烧锅炉或在这个气候炎热的岛上采掘；除了土豆，没有什么可吃的（尽管他们辛苦劳作），也没有什么可喝的，除了清洗土豆的水……从一个种植园被买卖到另一个种植园，或者像马和野兽一样为主人抵债，被绑在柱子上遭受鞭打（像对待歹徒一样），只为主人取乐，睡在猪圈里，过得比英国的猪还差。"几十年后，一切仍毫无变化。巴巴多斯的总督说道："主人嚣张跋扈，像对待狗一样驱使他们。"[49]

只要有机会，这些白人佣工就想方设法逃跑、装病、袭击主人，或者最常见的是，放火烧毁那些讨人厌的甘蔗田。那些没有反抗的人要么死于黄热病，要么在合同或刑期到期时被释放，之后他们要求获得承诺的土地。有些人当了农民，很少有人愿意继续在甘蔗种植园工作。17世纪末，蔗糖业蚕食了岛上大部分可用的土地，所以连留下做农民的激励因素也消失了。巴巴多斯总督担心贫穷的白人会成群结队地移居其他地区，剩下的少数人将"被黑人杀死"。[50]

除了契约佣工，欧洲人还把监狱里的囚犯发配到新大陆的糖厂，输出的犯人中有重刑犯，也有那些为了忍饥挨饿的家人偷窃面包的轻刑犯。到17世纪，布里斯托尔已经有了相当可观的蔗糖贸易利益；同海外种植园有利益关系的法官和地方官员通过增加刑期来解决蔗糖业劳动力短缺的问题。8年的强迫劳役判决被认为是相当合适的。

被指控或怀疑对统治者不忠的非国教徒和政治犯也被送到甘蔗田里。奥利弗·克伦威尔将1649年德罗赫达大屠杀中的爱尔兰天主教徒幸存者送到巴巴多斯。他对这一政策非常满意，因此只要有可能，他就"巴巴多斯化"自己的敌人，把苏格兰和爱尔兰男女送到巴巴多斯、牙买加和其他地方的甘蔗种植园，后来这一政策亦被他的一些继任者采用。威廉斯写道："在强迫白人劳动时表现出的不择手段，为后来强迫黑人劳动提供了良好的训练。"[51]

17世纪末，由于白人佣工逐渐消失，圣基茨、蒙特塞拉特和格林纳达的白人与黑人比例为1:2，尼维斯为1:3，安提瓜为1:4，牙买加为1:6，巴巴多斯为1:18。种植园主和驻地官员意识到，他们再也无法吸引大量白人来种植甘蔗了，而且越来越担忧由如此巨大的人口不平衡带来的安全隐患。

蔗糖是造成这种不平衡的罪魁祸首。在依赖其他作物的殖民地，例如，种植烟草的古巴，种植咖啡的波多黎各，白人的数量多于黑人。威廉斯解释道："在蔗糖为王的地区，白人只能作为所有者或监工才能生存下来。否则,他就是多余的。"[52]

截至此时,甘蔗对环境的影响也已经很明显了。密集的甘蔗种植使得土壤和地下水日渐枯竭,并带来了毁灭性的森林砍伐。欧洲牛群的过度啃食,造成了至少一种茅草的灭绝。牛、绵羊和山羊将草场踏出了沟槽,把土压得严严实实,这样雨水只能流过地表,无法下渗。历史地理学家戴维·沃茨观察到,这种沟渠造成了水土流失,而这个问题"在前西班牙时期利于环境的'堆土'体系下"是不会发生的。[53]

另一个可怕的变化是挪威鼠和屋顶鼠的到来,它们啃咬当地的农作物,捕食当地的动物,而且身上还寄生着携带致病菌的跳蚤。甘蔗这种作物虽然比较娇气,但因为数量多、容易获得,天然具有吸引力。第一批从"尼尼亚"号、"平塔"号和"圣玛利亚"号跳到伊斯帕尼奥拉岛的老鼠是这支入侵部队的先行者,它们改变了当地农业的面貌和作物的产量。例如,在如今饥荒遍地的海地,农民在干旱、易受侵蚀的土地上费劲全力生产出的作物的 40% 都被老鼠吃掉了。

正如埃里克·威廉斯哀叹的那样,"糖王开始掠夺"。[54]

第2章

糖的无产阶级化

高贵的美味

蔗糖是以贵族身份进入欧洲的,是让权贵通过糖雕相互攀比的奢侈品。蔗糖备受重视,乃至于谄媚的官员会通过赠送锥形糖块来讨好国王。蔗糖象征着财富,而且能让那些有幸得到它的人感到愉悦。

让我们一窥尼德兰摄政王匈牙利的玛丽为查理五世的儿子兼继承人腓力二世举办的一场盛会吧。1549年,为了对新大陆印第安人的人权问题采取果断行动,查理五世备感压力。那场宴会的高潮是"糖艺集锦",简直就是安排在正餐和舞会后的一场味觉狂欢。客人们眼看着食物从天而降,被放到矮桌上,这些矮桌连接着巨大的房柱,随后是闪电和雷声(模拟的),用小小的糖粒模拟的雨滴和冰雹紧接着落下来。桌子上摆满了糖果,包括上百种白色的蜜饯。令人印象最深的是一座由鹿、野猪、鸟、鱼、岩石和一棵月桂树等形象组成的糖雕。对于人为浪费如此多的蜜糖,查理五世有没有感到一丝良心上的刺痛?这个场面是否让他想起了巴托洛梅·德拉斯·卡萨斯和胡安·希内斯·德·塞普尔韦达正在筹备的巴利亚多利德辩论?

不管那天晚上查理五世是怎么想的,匈牙利的玛丽的宴会并没有为糖艺奇观定下标准。1566年,玛丽亚·德·阿维什嫁给帕尔马公爵亚历山德罗·法尔内塞时,婚宴上的糖制大浅盘里摆满了糖果,客人们用糖制的杯盘大快朵颐,用糖刀和糖叉切下大块糖球,用糖面包蘸食糖浆。甚至,连烛台都是用糖做成的。但当安特卫普庆贺他们结婚的礼物被公开时,相比之下,这场婚宴上的糖艺作品就显得非常低调了:3000多件糖艺作品,用来纪念玛丽亚从里斯本到尼德兰的旅程,包括鲸鱼和海蛇、风暴和船只,以及一路上欢迎她的城市,甚至还有一尊刻画亚历山德罗的糖雕。作为临别留念,参加婚礼的每位客人都带走了一块王家糖雕。

不过,比起英国那位嗜甜的童贞女王在1591年举办的糖果

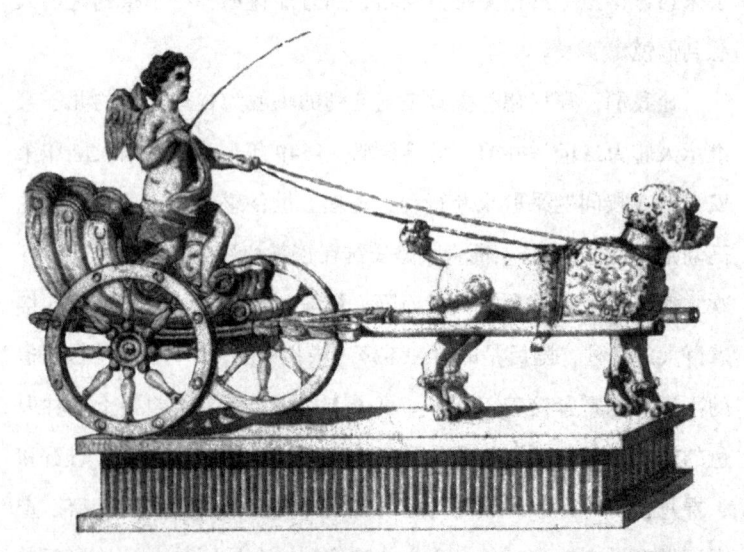

图8　19世纪初的一个糖艺装饰作品。一只健壮的法国贵宾犬拉着一辆两轮战车,这辆战车由一个手持长鞭、长有一双翅膀的胜利天使驾驶。

盛宴，玛丽亚·德·阿维什的婚宴只能算是朴实无华。童贞女王的宴会奢华至极，乃至莎士比亚都很有可能受到启发，由此创作了他的《仲夏夜之梦》。对于这场盛宴，我们也将一探究竟。这场仲夏夜之梦发生在汉普郡的埃尔夫瑟姆，一共持续了4天。曾经被囚禁在伦敦塔中的赫特福德伯爵爱德华是本场宴会热情高涨的主办者。爱德华此时正蒙受遥遥无期的政治羞辱，急需王室的偏爱，以便让他的孩子获得合法地位，他自己也能获得充分的安全感。于是，他建造了几座楼阁，为伊丽莎白女王和她的500多个朝臣提供了舒适的休憩场所。一个新月形的人工湖泊已经建造完毕，周边可以放烟火。伊丽莎白女王正坐在山腰的亭台里，随着夜幕降临俯瞰美景。

赫特福德伯爵穷尽想象，搜罗能打动高贵的王家客人的所有事物。宴会围绕这个主题，用蔗糖展现女王那些充满激情、从未圆满的爱情故事，谁让她是从不肯冒险与丈夫分享巨大王权的女王呢；还有200个绅士和100多个火炬手组成的豪华游行队伍。这支队伍中的城堡、士兵和武器等无一不是糖制成的，紧随其后的是用杏仁蛋白软糖制成的"走兽""飞禽""虫子""游鱼"。赫特福德伯爵担心过于低调的展示可能会冒犯女王陛下，因而他下令像摆瑞典式自助餐那样陈列了一大堆糖果美食，其中包括果冻和果酱、坚果和种子、蜜饯，甚至还有鲜果，这种行为在当时那个恐惧水果的时代算是极其大胆了！

面对这样的美食，伊丽莎白不得不费劲啃咬，因为她酷爱甜食，以致蛀牙严重。难怪肖像画家都是用描绘女王嘴唇紧闭的画作来讨好她。此时，伊丽莎白虽然已经年近60岁，但是依然风采照人，气场强大。而她的牙齿确实已经变黑，至少有一位外国朝臣提到这点,这大概是由于她过度沉迷糖果。

嗜糖的伊丽莎白统治着一个嗜糖的国家。含糖小吃或点心恰到好处地起源于英国,因为英国以其风味糟糕的菜肴而出名。食物历史学家罗伊·斯特朗写道,含糖点心代表了"餐饮史上,英国饮食中首次出现了新颖独特的美食"。[1] 到了17世纪,含糖点心促成了"间隙"(void),而"间隙"又演变成了甜点。

"间隙"是指两道菜之间或宴会后的短暂空闲时间。此时,仆人过来整理或清空餐桌。讲究的主人会用装饰华丽的糖雕和鲜花、坚果、香料、蜜饯打发这段时间,并伴以甜葡萄酒佐食。起初,客人们会离桌站起,好让仆人能够做自己的工作,后来演变为主客前往另外一间单独的屋子。"间隙"成了肆意享受糖果,而非关注饮食营养的娱乐活动时段,其独创性和费用在很大程度上决定了主人的地位。研究文艺复兴的学者金·F. 霍尔写道:甜食是"一种炫耀性消费,从贵族精英"慢慢发展至无贵族身份的商贾巨富。[2]

16世纪中叶,蔗糖已逐渐向下流入中产之家。家庭手册或者菜谱可以帮助中产阶级做出令人欣羡的贵族料理。烹饪书的问世是一种新现象,它们不仅大量出版,而且以通俗易懂的本地语言编辑。霍尔写道,它们的受欢迎程度,可与《圣经》媲美。例如,1651—1789年,法国共出版了230种食谱。欧陆烹饪书主要针对男性厨师,但是英国的男性作家则专门为女性编写食谱,例如,1684年出版的《女王般的橱柜》(The Queen-Like Closet, or Rich Cabinet);1690年出版的《百里挑一的菜谱》(Rare and Excellent Receipts)。这些食谱使得识字的英国女性能够给家人提供与贵族无异的餐食,而最受欢迎的食谱就介绍了如何制作甜食。

图9 这幅木版肖像画中的伊丽莎白一世小心翼翼地露出微笑,大概是想要掩饰她那一口破坏气场的黑牙。

可口的甜食也出现在了欧洲其他地区的餐桌上。在法国，两位出生于意大利的美第奇王后对法国饮食产生了深远的影响。1533年，当时仅有14岁的凯瑟琳·德·美第奇嫁给了亨利二世，并引进了一些意大利"大师"管理宫廷厨房，这些人特别擅长制作含糖甜点和宴飨。贪吃又嗜糖的凯瑟琳，应被认为是推广了"甜食是宴会高潮"理念的历史人物。

1600年，玛丽·德·美第奇嫁给了法王亨利四世。亨利四世讨厌这个相貌平平的金发妻子，以至于身边的侍臣们也受其影响，嘲弄玛丽是"肥胖的银行家"。面对充满敌意的婚姻和并不友善的周遭环境，玛丽选择用食物，尤其是甜食安慰自己。她将美第奇家族制作甜食的师傅乔瓦尼·帕斯蒂利亚带到了法国宫廷。在那里，他做出来的精致甜食不仅安抚了玛丽王后，也取悦了法国人。法式精致小糖果（bonbon，意为味美的、好的）一词，就来源于王室儿童对他甜品的昵称，而帕斯蒂利亚制作的球形水果味糖果（pastille）得名的由来也与此相似。

随着甜点向外扩散，关于糖的各种知识也在不断传播。糖通常呈块状，可以被精炼成白色颗粒状。正如霍尔所写："当时，对于糖的相对纯度分类和产地的重视程度是今天所罕见的，比如，黑糖、漂白蔗糖、精炼糖、双重精炼糖、马德拉糖、巴巴多斯糖。"[3] 而巴西糖的品质被认为低于从巴巴多斯和牙买加进口的糖。家庭主妇珍藏的食谱介绍了贵族生活的秘密，它们不仅教育了她，也提高了她的生活标准。

1678年出版的《烹饪的艺术与奥秘》（The Art and Mystery of Cookery）就是一个极端的例子。它详细介绍了如何制作一个糖艺世界，它包括带有炮塔和护城河的城堡、有大炮和旗帜的舰船，还有动物四处游荡的开阔森林。如此豪奢的糖制品会用塞有鲜活青蛙和活鸟的馅饼佐食。当客人揭开饼皮时，"有的青蛙会跳出来，引发女士们跳起和尖叫，接下来……小鸟出场了，它们凭着本能在灯光下飞翔，有时会弄熄蜡烛。因此，有了飞翔的鸟儿和跳跃的青蛙，一方在上，另一方在下，将会给整场宴会带来许多乐趣"。[4] 以现代人的标准来说，这未免太凌乱、太不卫生，也太不人道了。但是，对于苦苦思索独特的甜点创意、雄心勃勃的17世纪主妇来说，这确实是不错的灵感！

糖逐渐成为英国中产阶级生活方式的基本组成部分。英国人加糖不是稍微调和味道，而是为了让食物明显变甜，这也是英式甜点的存在理由。不像法国人那样把糖局限在甜点里（在主菜中很少放糖），英国人简直嗜糖如命。1603年，一个英国人说，西班牙代表团惊讶于"英国男女老少对糖的喜爱"，并得出结论，"他们只吃加糖的食物，通常伴着葡萄酒一起食用，并用糖给肉调味"。[5] 许多欧洲语言中的常见说法认为，"糖从不会糟蹋汤""什么肉都不会因为糖而变质"。爱吃肉的英国人对此深信不疑。

布丁是糖的主要载体。M.米森惊叹道："愿上帝保佑发明布丁的人，它简直是天赐美味，俘获了各类人的味蕾。"他肯定是少数几个对英国饮食赞不绝口的法国游客之一。[6] 布丁是新发展出来的购买力的直接表现。糖使整个新世纪——18世纪——变得更加甜蜜，此时糖大约每磅6便士，相当于一张邮票的价格。过去，为了勉强维持微薄的供应，人们习惯于从糖块或者杂货铺的整个糖锥上刮下珍贵的一点糖末，而现在人们似乎显得有点奢侈，大把大把地使用糖。人们不再像以前那样抠抠搜搜地在馅饼上撒一点点糖粒，而是把糖作为配料使用，这就是布丁的源起。

布丁起初不是甜点，它可能是第二道菜或第三道菜的一部分，一般包括鱼、肉和蔬菜，甚至馅饼、果馅饼或水果。18世纪初，布丁由面粉和动物板油混合而成，动物板油即牛羊肾和腰部周围的硬脂肪组织。当时，这种重口味混合物需要用干果和糖来增甜，并用鸡蛋、低度啤酒或酵母发酵和黏合。食物历史学家伊丽莎白·艾尔顿写道，这是数百种布丁的基础，"即使是将将生活在贫困线以上的家庭最朴素的晚餐，如果没有布丁，也是不完整的。热布丁、冷布丁、蒸布丁、烤布丁、馅饼、果馅饼、奶油糕、模具布丁、法国水果奶油布丁、屈莱弗布丁、奶油果泥、奶油甜酒、艾菊蛋糕、乳制品甜点、牛奶布丁、牛油布丁：作为一个通用名词，'布丁'涵盖了英国烹饪术的许多传统菜肴"。[7]布丁也成了一道甜点，英国人通常每天至少吃一次。

1747年，家庭主妇汉娜·格拉斯出版了她最为畅销的一部经典菜谱《烹饪之道让生活轻松起来》(The Art of Cookery Made Plain and Easy)。格拉斯夫人认为她的书是为"下层人士"，即家仆而设计的有用之作。没有这本书，这些人士的雇主就只能浪费宝贵的时间来指导他们。她清楚地，甚至饶有趣味地列出了972份食谱，其中有342份是从其他书抄录的。最有趣的甜点之一是英式刺猬蛋糕，用含糖的黄油面团雕刻而成，边上还有用杏仁碎片装饰而成的棘刺。格拉斯夫人建议，如果配料再考究点，这个甜点亦可作为头盘。

1760年，在《甜品大全》(The Compleat Confectioner)一书中，格拉斯夫人对大众的甜点食谱需求做出了反馈。她甚至还加入了如何摆放餐具的指导内容："每一位年轻女士都应该知道如何制作各种甜食，以及装饰甜点……但对乡村妇女来说，做甜食和装饰甜点是相当有趣的事,因为这完全取决于想象力,花费很少。"[8] 她建议提供各式甜食,包括不同颜色的冰激凌——"适用于所有甜点的百搭甜品"。[9] 在指导家庭主妇学习甜食技艺时,格拉斯夫人和其他烹饪书的作者都在教授,甚至宣扬糖带来的乐趣。

冰激凌是另一种呈现糖之美味的食物,糖通常占其配料比重的 12%~16%。喜爱吃冰激凌的人越来越多。它在欧洲大概起源于 17 世纪的意大利,之后传到法国,1671 年传至英国。查理二世在当年的圣乔治节宴会上享用了这一美味。1718 年,冰激凌配方出版了,不过,正是格拉斯夫人的广大读者群(到 18 世纪末已发行 17 版)推动冰激凌进入了大众视野。

冰激凌在 18 世纪中叶传到了北美。1742—1747 年,马里兰总督托马斯·布莱登用"非常棒的冰激凌,配以草莓和牛奶"来招待客人。一位客人赞赏道:"非常美味。"[10] 冰激凌在纽约城很受欢迎。1774 年,菲利普·伦齐告诉他的顾客,几乎每天都能在他的糖果店里买到冰激凌。美国的开国元勋们在乔治·华盛顿的餐桌上享用冰激凌;1790 年夏,华盛顿的家人和客人吃掉了价值 200 美元的冷饮。这种由奶油、鸡蛋和糖混合冷冻而成的冰激凌,可能是玛莎·华盛顿从自己珍藏的格拉斯夫人的食谱中改良而来。另一方面,托马斯·杰斐逊从法国学到了相当复杂的冰激凌制作方法,他还喜欢用酥皮包着吃。

自从詹姆斯·麦迪逊总统的妻子多利在 1813 年丈夫的就职舞会上以冰激凌招待客人之后,冰激凌就更加广为人知了。据说,多利是在特拉华州威尔明顿市的一间茶室里第一次品尝到冰激凌的。这间茶室由贝蒂·杰克逊经营。贝蒂是黑人,据说那款冰激凌是由她的儿媳萨莉·萨德发明的。19 世纪 20 年代末,美国黑人厨师奥古斯塔斯·杰克逊辞去了白宫的工作，转而到费城从事餐饮业，在那里他把冰激凌卖给了街头小贩。18世纪末，一个逃离大革命的法国人在纽约街头出售冰激凌。一位法国游客曾说："没有什么比看着女士们品尝冰激凌时露出的傻笑更有趣的了。她们不明白冰激凌为何能一直保持这样低的温度。"[11] 而据英国海军上校兼小说家弗雷德里克·马里亚特报道说，到1837年，"吃冰激凌在美国已成为一种享受……即使在最热的季节……冰激凌也普遍存在，甚至很便宜"。[12] 英国人对冰激凌的接受过程相对较慢，直到19世纪中叶才开始有街头小贩售卖冰激凌。在气候更为寒冷的加拿大，19世纪中叶，托马斯·韦布第一次在多伦多出售冰激凌。1893年，威廉·尼尔森开始了冰激凌的商业化生产。[13]

糖的苦味伴侣：茶、咖啡和巧克力

虽然冷热甜点和给食物增甜的习惯都导致了糖消费的激增，不过，要等到欧洲人引入3种苦味的提神舶来品——茶、咖啡和巧克力，而且发现糖可以把它们变成天堂佳酿之后，糖的消费革命才算正式启动。

欧洲人在17世纪中叶第一次邂逅了来自中国的茶（一般指绿茶）。起初，他们像中国人那样喝茶，不加糖。在之后的几十年里，甚至在红茶流行之前，英国人喝茶开始加糖了。这很可能是受英国水手的影响，他们向国人介绍了印度甜茶，这促使许多人开始喝茶。1662年，查理二世与布拉甘萨的凯瑟琳公主结婚。凯瑟琳公主将葡萄牙人的饮茶习惯带过去了，她在英国宫廷里以茶待客，而非提供那些"从早到晚使人们头脑发热或昏昏欲睡"的酒精饮料。[14] 茶饮在英国宫廷贵妇中很受欢迎，一些廷臣也逐渐接受了这种饮品。凯瑟琳公主成了深受英国民众爱戴的王后，人们总是将她和她最喜欢的饮料联系在一起。诗人、政治家埃德蒙·沃勒这样赞美她：

> 维纳斯的香桃木，阿波罗的月桂树，
> 都无法与王后赞颂的茶叶媲美。
> 我们由衷感谢那个勇敢的民族，
> 因为它给了我们一位尊贵的王后，
> 和一种美妙的仙草，
> 并为我们指出了通向繁荣的道路。

关于人们究竟是什么时候开始喝茶加糖的，我们不得而知，但是茶叶专家罗伊·莫克塞姆认为，在英国人们向来如此。到17世纪末，在茶中加糖已成为一种流行风尚。饮茶的风尚很快从贵族阶层向下层民众传播。既提供茶又提供咖啡的咖啡馆的出现，使得这些饮料前所未有地流行起来。（茶馆直到19世纪末才出现。）和饮茶的习惯一样，顾客喝咖啡时也加糖。往茶和咖啡里加牛奶的饮用方式则是更久以后才流行起来的。17世纪，法国的潮流引领者塞维涅侯爵夫人就在茶汤中加了牛奶，但直到一个世纪过后，牛奶与茶或咖啡的组合才变得普遍起来。

1652年，第一家咖啡馆在伦敦开业，到17世纪末，伦敦的咖啡馆非常密集，到了每千名伦敦人就可以享有一家咖啡馆的程度。咖啡馆在英国各地和欧洲大陆迅速增多。一名去伦敦游玩的法国人赞许地写道："在咖啡馆里，你可以听到各种各样的新闻；

你可以坐在舒适的火炉旁,想坐多久就坐多久;享用一杯咖啡,和朋友见面,处理一些事情,如果你不想另外花钱的话,所有这些只需要1便士就够了。"[15]

咖啡馆成为人们进行商业交易和讨论政治问题的场所,塞缪尔·巴特勒认为它们类似于"某种雅典学院"。政治家和对政治感兴趣的人为了获取最新的新闻、观点和八卦,纷纷涌向咖啡馆。在18世纪的巴黎,伏尔泰、狄德罗、卢梭、孔多塞和其他启蒙思

图10 一个骗子在咖啡馆里喝茶时讲述了他近来操纵的股市骗局。他开口道:"前几天,我又成功地使出了一个巧妙的诡计。"这句话在一定程度上暗指拉封丹的寓言故事《狐狸和乌鸦》。

想家都喜欢去普罗科佩咖啡馆,那里有伏尔泰最喜欢的巧克力和咖啡混合的饮料。

因为茶和咖啡的价格相对低廉,收入中等的商人或工匠也能经常光顾咖啡馆。这种新的包容性令精英阶层的许多顾客感到不快。一名不满的观察者评论道:"就好比单子上的各种饮料那样,咖啡馆里的人也是如此。因为每个人都试图表现得像是一个平等主义者,自行排列和分类……不考虑等级或秩序,所以你常常会在咖啡馆里看到可笑的花花公子和令人崇敬的法官、牢骚满腹的赌棍和严肃的市民、可敬的律师和游荡的扒手,以及可敬的不墨守成规者和伪善的骗子……所有这些人混杂在一起,造成了一连串无礼的现象。"[16]

这些饮料本身也引起了人们强烈的反响。反对茶的声音最为喧闹。曾有评论家警告说,喝茶会损害女人的容貌,以至于"连你的女仆,也会因为喝茶而导致皮肤丧失光泽和活力"。饮茶也不适合好战的英国人,他们有可能会因此变成"地球上最柔弱的民族,即中国人,他们是饮茶最多的民族"。[17]

另一方面,那些提倡戒酒的人称赞茶是使人"感到愉悦却又不会喝醉的饮料"。茶和咖啡的支持者争辩道,它们创造了非常重要的新的海外商业机会,而且能为人增添欢乐和活力。批评者则指责说,茶和咖啡与现有的农业和酿造业竞争,会腐蚀人的牙齿,还会引发疾病。

糖与科学

糖在蜕变成甜味剂,甚至食物之前,一直被用作香料和药物。

医学作者描述了糖是如何通过产生胆汁（此处的胆汁指的是一种体液，与愤怒和热性相关，与现代意义上的胆汁不同）来改变身体的体液平衡，从而使身体变暖和起来，以及糖是如何与其他药物相互作用，从而提高药效的。许多医生认为，即使是大量饮用，茶也是有益健康的。因此，能让茶水变得更适合口味的糖，同样具有积极功效。

到了17世纪末，专业人士对糖的态度变得更加消极。一些危言耸听者声称，爱吃糖的西印度群岛人和那些从进口的糖块上切割小块糖的杂货店店员似乎特别容易患坏血病。医生托马斯·特赖恩和托马斯·威利斯对糖持有严重的疑虑态度。特赖恩是素食主义者，他撰写的广受欢迎的指南手册鼓励人们在饮食上要有节制，并且要持有同情心。他认为少量食糖对身体有益，而且人们对糖的喜爱是"甜味本质上是健康的，也是必需的"证据。但特赖恩提醒人们，如果过量摄入糖，尤其是与黄油等油脂一起发酵或混合后食用是危险的。特赖恩反对食用糖的最令人不安的原因在于它的生产。他曾参观巴巴多斯的一个糖料种植园，在糖的生产过程中目睹了那里的糖奴是如何遭受折磨的。他写道，糖奴遭到野蛮的对待和强力压迫，这本身就足以成为抵制奴隶生产的糖的理由。

托马斯·威利斯是17世纪最伟大的医学思想家之一，他阐述了我们现在认为无可辩驳的反对过量摄入糖的论点——糖与糖尿病的联系。1674年，威利斯在《合理药学》(*Pharmaceutice rationalis*)一书中表明糖尿病患者尿液中有甜味，他给这种疾病起的绰号"尿魔"成了英语世界的流行语词。尽管在诸多世纪之前，这种疾病在中东和亚洲已为人所知，但糖尿病和血糖之间的联系要到一个世纪之后才能被人们清晰理解。不过，威利斯已能凭借足够的直觉，对过量摄入糖提出了警告。

另一位医生弗雷德里克·斯莱尔挑战了威利斯的观点，并且可能影响了许多人的看法。1715年，弗雷德里克·斯莱尔发表了专著《为糖辩护，驳斥威利斯医生、其他医生和常见偏见的指控：献给女士们》(A Vindication of Sugars Against the Charge of Dr. Willis, Other Physicians, and Common Prejudices: Dedicated to the Ladies)，在这本专著里，他赞美糖是洁牙粉、护手霜、治愈小伤口的药粉，以及最重要的用途是婴儿和"女士们"必不可少的享受，他的著述就是献给这两类人群的。由于这两类人群的味觉比男性更敏感，他们没有受到烟草和其他粗劣物质的影响，在日常生活中他们对于糖的使用日益增长，对此斯莱尔表示赞赏。他尤为肯定将糖加入早餐饮品中，比如加了糖的茶、咖啡或巧克力，他认为这些饮品中的每一种都"具有非凡的益处"。[18]

随着有关糖的争论日益激烈，欧洲人对糖和茶、咖啡、巧克力的组合摄入也越来越多了。在钟爱啤酒的德国，约翰·塞巴斯蒂安·巴赫的《咖啡康塔塔》在莱比锡的齐默尔曼咖啡馆上演，它展现了一个沮丧的父亲和他沉迷咖啡的女儿丽思根之间的矛盾。丽思根颤声说道："如果我不能每天喝三次咖啡，我将会在痛苦的折磨下变得像烤山羊一样干瘪。"巴赫很清楚，许多人都和丽思根一样离不开咖啡。咖啡馆生意兴隆，雄心勃勃的商人们则积极寻求和加勒比签订蔗糖合同，与中国、稍后的印度签订茶叶合同，与非洲签订咖啡合同，与南美签订可可豆合同。

1650—1675年，巧克力在欧洲各地普及，也成了咖啡馆的主要饮品。征服者科尔特斯将它带回了西班牙老家。巧克力特尔

（Chocolatl）是阿兹特克的一种苦味饮料，即将落败的阿兹特克皇帝蒙特祖玛用金杯盛装这种饮品，毕竟，它是供奉给神的食物。西班牙人本不喜欢这种苦涩的饮品，直到科尔特斯在巧克力里加了糖，调和了它的口味，西班牙人才逐渐接受。加了糖，后来还加了香草、肉豆蔻、肉桂和其他香料的巧克力，加热后成为备受人们喜爱的饮料，据说具有激发性欲和治疗某些疾病的特性。科尔特斯的办公桌上总是少不了一整壶巧克力。

西班牙人特别珍视自己的巧克力壶，他们在壶中加入磨成粉末状的可可豆，接着加水，再加入糖、肉桂和香草调味，制作出相当诱人的饮料。要是喝不上一杯巧克力，西班牙女性就拒绝参加周日弥撒，因此神职人员不得不就巧克力的性质发表意见。它是天主教徒在斋戒期间必须戒绝的食物，还是因为液体不会打破斋戒，所以在此期间可以继续享用的一种调味液体？很多神父都宣布巧克力只是一种液体，他们在教堂常备巧克力，以此吸引信徒。这个问题呼应了13世纪有关糖的争议。当时，托马斯·阿奎那通过宣布糖是一种药物解决了这个问题，即使是加了香料的糖："尽管糖与香料本身确实含有营养，但是食用它们不是为了获取其中的营养，而是为了促进消化，因此，它们就像服用其他药物一样，不会破坏斋戒。"[19]

西班牙人最初并没有和其他国家分享巧克力的制作方法、饮用习惯。直到一个世纪过后，两位西班牙公主才将它带到了其他地方，这一秘密才得以公开：奥地利的安妮（嫁给法国国王路易十三）和西班牙的玛丽亚·特雷莎（嫁给法国国王路易十四）将巧克力传入法国。（深知后者的王室婚姻内情的廷臣讥笑说，巧克力是玛丽亚唯一热爱的事物。）和征服西班牙人一样，巧克力也很快就征服了法国人。像茶、咖啡一样,巧克力很快在咖啡馆里风靡起来,尽管它的价格更高。17 世纪末,巧克力的价格是茶和咖啡的两倍多,在左岸,一杯巧克力大概要 8 苏*。

巧克力可以给人带来愉快的享受,但也会引发恐惧。一名耶稣会会士坚称,在墨西哥,巧克力引发了"多起西班牙女性主导的谋杀案,印第安妇女诱导她们用巧克力和恶魔沟通"。[20] 在法国,塞维涅侯爵夫人警告怀孕的女儿:"去年,科埃特洛贡侯爵夫人怀孕的时候喝了太多的巧克力,结果她生出了一个肤色黑得像魔鬼的小男孩,而且这个小孩出生没多久就死了。"(其他人怀疑,这个孩子肤色这么深,更多是因为科埃特洛贡侯爵夫人卧床休养时,给她送巧克力饮料的年轻非洲黑奴太俊美了。)那些危言耸听的话语未能吓退人们由此远离巧克力,巧克力反而越来越受欢迎。与此同时,糖的消费量也随之上升。

茶饮进入了家庭

继咖啡馆之后,家庭正逐渐成为茶的第二个消费场所,而在较低程度上,家庭也是咖啡和巧克力的消费场所。这三者都是糖的载体。一些评论者担心,苦味饮料是人们沉迷糖的一种借口,而其他人则担心过量摄入甜食。英国是糖消费量最惊人的国家:1700 年,它进口了 1 万吨糖,而一个世纪后则增长到了令人咋舌的 15 万吨。

糖逐渐在家庭茶饮中占有重要地位。布拉甘萨的凯瑟琳带来

---

* sou,法国在大革命前的一种货币单位,是辅币,1 法郎约为 20 苏。——编者

的饮茶仪式先是被上层阶级所模仿,然后进入了中产阶级家庭。到了 18 世纪,茶饮(的习俗)已经变得很稳固了,这些茶饮可能也包含咖啡、巧克力,或几者兼而有之。茶园在普及茶饮习俗方面发挥了非常重要的作用。伦敦的拉内拉赫圆形大厅和花园在 1742 年开业,它收取半克朗入场费,提供茶、咖啡、面包和黄油,这些是那个时期的标准配套服务。(据说,给小费的习惯就起源于茶园。在茶园里,每张桌子上都放着一个上了锁的小木箱,上面贴着"保证及时服务"的小条,以此鼓励或者可能是强迫客人捐赠几枚硬币。)女性在这些茶园聚会,边喝茶边聊天。不久,这些人也开始在家里聚会,边喝茶边聊天。

茶饮在 19 世纪演变成"下午茶"(afternoon tea)和"低茶"(low tea,下午茶的一种,特指中上流阶层享用的传统意义上的精致下午茶,他们一般坐在舒适的沙发上,茶饮和茶点摆在低矮的茶几上)之前,可能最初是给早晚餐之后的女士安排的,早晚餐结束后,男士和女士会分开,进入不同的房间,这样男士就可以自由享用葡萄酒或白兰地了。英国食物历史学家菲利普·莫顿·尚德写道:"这种由一杯茶演变为'简便点心'的纯粹女性化的发展,可能被视为对古老的法国午后点心习俗(goûter)的模仿。在法国的下午茶时间,男女可以一起喝甜酒……吃饼干和小点心。"[21] 随着时间的推移,男女在餐后不再分开,他们一起在客厅(drawing room,其实应是"withdrawing room",因为是女性在餐后退出餐厅、聚在一起休息的屋子)享用餐后茶和酒。

在 17 世纪的前 30 年里,茶饮里加满了糖,通常还会加牛奶或奶油,一般搭配从黄油面包到精致的美味糕点等各色点心,这已经成为英国和荷兰中上层家庭的一种仪式。茶叶和糖的进口量也相应大幅增加。1660年，英国从"糖岛"进口了3000大桶糖（1大桶约等于63加仑*），消费了1000大桶。1730年，英国进口了11万大桶糖，消费量高达10.4万大桶。²²

茶饮发展出了一系列配套用品。一套完整的纯银茶具包括茶壶、热水壶，通常还得有配套的咖啡壶，以及糖罐和小奶壶，只有十分富有的家庭才能拥有。即使是特别富有的主人，也会要求客人自带餐具，客人会随身携带一种优雅的盒子，它是专门被设计用于装刀叉的，直到18世纪末，茶饮所需的一整套用具一直被认为是十分奢侈的物品。也有不那么花哨和昂贵的茶具，比如陶器。自法国国王路易十五的情妇安托瓦妮特·普瓦松，即蓬帕杜夫人为塞夫勒王家瓷厂设计茶具之后，市面上也开始流行华丽的洛可可风格陶瓷茶具。不久，塞夫勒王家瓷厂的茶具风靡整个欧洲，法国大使经常将它们作为国礼赠送给他国。

不管是用塞夫勒王家瓷厂制造的茶具细品，还是用咖啡馆的普通茶具大声啜饮，茶饮已经在英国、荷兰，以及后来的其他欧洲国家流行开来。（德国迈森皇家瓷器制造厂成立于1710年，也生产出了非常受欢迎的陶瓷茶具。）茶饮还是身份的象征，被视为一种体面的社交行为，它加强了参与其中的家庭圈子和客人的地位。茶饮与糖的仪式，即知道如何调制甜茶、使用适当的容器呈上成品，可以展现高雅的品位和修养。适当的礼仪和行为举止在这一过程中至关重要。历史学家伍德拉夫·D.史密斯解释说，这个仪式"在某种程度上成了对青少年的一种教育和训练，并且……也能提醒成年人在更广泛的世界应该如何行事"。²³值得注意的是，女

---

* 1加仑约为4.55升（英制），美制略有不同。——编者

性不仅在茶饮的准备过程,还在茶饮仪式中都发挥核心作用。

茶饮也是节制的表现,因为它会配以健康分量的糖(而不是贪食的量);而且它也是戒酒行为的体现,因为茶饮替代了酒精饮料或葡萄酒。而且,茶饮还是一种爱国行为,因为糖和茶叶(而非咖啡和巧克力)现在以垄断的形式来自英属殖民地。"加了糖的茶和咖啡……是18世纪欧洲最重要的消费品动态组合之一,"史密斯总结说,"并且因此成了西欧首选的'软性毒品',因为它们提供了通向体面和资产阶级地位的途径。"[24]

与晚餐后的茶饮不同,下午茶的习俗直到19世纪初才逐渐形成。据说,第七代贝德福德公爵夫人安娜坦承自己在丰盛的午餐和轻淡的晚餐之间漫长的数个小时里有一种"下沉感",其实数

图11 7名身着聚会盛装的小女孩正等待享用茶饮和生日蛋糕,她们假装不悦地盯着摄影师。从左数第三个是埃莉诺(杜迪)·鲍尔(曼苏尔),她是亨丽埃塔·班廷的妹妹,亨丽埃塔的丈夫是弗雷德里克·班廷,他和查尔斯·贝斯特一起提取出了胰岛素。

第 2 章　糖的无产阶级化　57

图 12　1892 年 10 月 10 日，芭布丝·奥加拉和乔·奥加拉在渥太华附近与莉莉·巴兰坦一起举行户外茶会。令人难过的是，莉莉几年后死于肺结核。

百万人都有这种感觉。为了缓解这种感觉，公爵夫人命人准备茶饮和一些甜食，并送到沃本庄园她的房间里。享用完这些后，她感觉精神焕发，便开始邀请友人与她共享茶饮。朋友们通常下午 5 点到来，在客厅里和公爵夫人一起享用茶饮和点心。公爵夫人用欧式茶具招待客人，在饮茶间隙，还配以黄油三明治、精致的小蛋糕和其他甜点。公爵夫人的茶会气氛非常融洽，于是她经常举办这类聚会。很快，其他家庭的女主人也开始举办自己的茶会，因而下午茶或者说"低茶"就诞生了。

之所以被称为"低茶"，是因为它的摆放位置较低，一般被放在客厅低矮一些的桌子上，高度与现代咖啡桌相当。"低茶"具有准餐食的特点,有"小蛋糕……真正的诱惑……饮茶只是吃东西的借口……一种休息,是对单调的漫长时光的一种挑战,它'为日常生活带来了变化和乐趣……'另一个优点是它的时间安排很灵活,可以在下午4点到6点半之间随意安排"。[25] 女主人端上一壶茶,再用端来的另外一个水壶续开水。(在遥远的俄国,饮茶仪式围绕一个带有水龙头的俄式金属大茶炊展开。这种茶炊很大,可以盛下几十杯加了糖或蜂蜜的热茶。一些俄国人习惯于先将糖含在齿间,再端起茶水通过正在溶解的糖块流入口中。)在1870年茶叶商人开始提供标准化的茶叶品种之前,颇有抱负的女主人会自己调配茶叶,茶叶混合配方一直是各家女主人精心守护的秘密。除提供餐食、牌类游戏和八卦之外,女主人还经常(在饮茶时)配以大键琴或钢琴演奏来娱乐。

图13 大家都喜欢下午茶。1889年7月1日,14名钦西安妇女、4名儿童和1名男子在梅特拉卡特拉的一个披棚里享受下午茶,那里离辛普森堡不远,他们也许是在庆祝自治领日。

最关键的是，茶叶比咖啡便宜，而且茶饮的准备和享用方式相对灵活。这样一来，在整个17世纪，越来越多的中下阶层成员，然后是工人阶级，最后甚至是最低下、悲惨的阶层都开始喝茶，只要他们能拼凑出差不多的成分即可。在革命的时代，这项看似不具威胁性的家庭活动已然不自觉地带有革命性了。

"高茶"与工业革命

18世纪下半叶发生了两项根本性的社会和经济变革——工业革命，以及被裹挟其中而促成的糖茶革命。以英国为首的工业革命将原本以农业为主的欧洲重新塑造为日益城市化的工业社会，这些社会由资本主义、海外贸易、不断增长的消费和不断变化的习俗所驱动。技术创新，尤其是轧棉机、珍妮纺纱机和蒸汽机，改变了英国棉布的生产方式。历史学家戴维·兰德斯做了这段富有说服力的总结："这些创新的数量太多了，种类也足够多样，几乎难以一一汇编入册，但它们可以按照以下三原则归类：用机器替代人类的技能和劳动，而且快速、有规律、精确、不知疲倦；用无生命的能源替代有生命的能源，特别是将热能转化为功的发动机的引入，为人类开创了一种新的、几乎无限的能源供应；使用新的、更为丰富的原材料，特别是用矿物替代植物或动物材料。这些改进构成了工业革命。"[26]

工作的性质发生了变化。家庭手工业，即家庭成员在家中生产商品的行业开始衰退。工厂如雨后春笋般涌现，在那里，工人们为了挣工资，与陌生人一起劳作。标准化成了常态：劳动时间、生产率、工资和工作条件都受到控制。社会生活也发生了巨大变化。

1760—1830年发布的一系列圈地法案迫使农村劳工离开土地拥入城市，数量之多几乎令这些城市难以容纳，贫困亦迫使妇女和儿童进入工厂成为工人。在动荡不安、肮脏、无情但也令人兴奋的城市里，家庭生活不断解体又重组，这些地方有时也会发生一些奇迹。

英国人口几乎翻了一番。数百万男女老少从早上6点工作到晚上7点，甚至更晚，他们几乎没有休息时间。工作空间充斥大量灰尘和污物。因机械不具备安全特性而受伤的工人会被解雇，且得不到任何补偿；许多工人因为工伤而去世。工人们从事重复而繁重的劳动，冒着损害健康的风险，疲惫不堪、肢体残疾。监工对待工人往往十分残暴，他们殴打手下的工人，并对迟到早退、随意交谈或犯错等违规行为处以罚款和其他惩罚。大多数工厂都是令人恐惧和充斥暴力的地方。

家庭生活对于筋疲力尽的父母和体弱多病、营养不良的孩子来说很难称得上避难所。儿童死亡率飙升，5岁前儿童的死亡率上升到了将近50%。幸存者通常在五六岁时就进入工厂，一些愿意雇用童工的工厂主还会特意寻找他们。19世纪的一名改革者解释说："小孩子的手指很灵活，他们也更容易养成履行自己职责的习惯。"[27] 1833年，英国通过了改善童工状况的法律，但数十年过后，这些法案才覆盖到所有工作场所并得到有效执行。

在最黑暗的伦敦——英国最大也是最糟糕的城市，居住着一位历史学家所说的"庞大、悲惨、难以管理的沉沦人群"。[28] 在所有的工业城市，用于出租的简陋屋舍租金高昂，且都十分拥挤、卫生条件堪忧，冬天寒冷、夏天酷热。用水和厕所设施不足，几条街共用一个水龙头。疾病盛行，环境萧条。街上很危险，到处都是扒手。妓女在各个角落徘徊，她们通常是缝纫女工或女售货员,为了补贴微薄的工资,被迫出卖自己的身体。

在以前度过的农业生活中,大多数劳动者可以在菜园里种植蔬菜和水果,饲养家禽,甚至是一头奶牛。而在城市里,甚至在受圈地法案影响的农村地区,工人们不得不购买食物,他们经常根据价格和供应情况改变饮食。他们第一次吃上了非欧洲食物,这些食物以前只有特权阶层才能享用。很快地,土豆、大米、玉米、茶叶、咖啡、巧克力、糖和烟草就成了英国饮食的主要组成部分。经济史学家卡罗尔·沙马斯写道,这些发展结合起来表明了,"这是一个消费水平和饮食习惯发生巨大变化的时代"。[29]

糖比以往更便宜、更容易获得,它对工人阶级的饮食影响最大。到 1680 年,糖的价格只有 1630 年的一半。到 1700 年,进口食品的比例,特别是茶叶、咖啡和糖,增长了一倍多,从 16.9%增加到 34.9%,其中红糖和糖蜜最受欢迎。这些进口商品推动了糖的消费量,1700—1740 年糖的消费量大概增长了 3 倍,1741—1775 年又翻了一番多。大约在同一时期,即 1663—1775 年,英格兰和威尔士的糖消费量增长了 59 倍,尽管他们的人口数量甚至尚未翻倍。因此,多年来,人们消费的糖和相关产品(糖蜜、糖浆和朗姆酒)远远多于面包、肉类和奶制品。[30] 历史学家诺尔·迪尔估计,1700 年,人均糖消费量为 4 磅,到 1729 年增至 8 磅,到 1789 年,即法国大革命爆发那一年增至 12 磅,到 1809 年则是 18 磅。[31]

让我们来看看糖在工人阶级饮食中的地位。工人阶级的饮食通常包括面包、豌豆、其他豆类,也许还有萝卜、卷心菜、啤酒和(劣质)茶叶,再加上少量但极受欢迎且昂贵的肉类(烟熏咸肉和咸鱼或腌鱼)、黄油和奶酪。水果被认为对儿童有害,是不健康的,因此通常被排除在外。随着饮用水的价格降低和更易获得,啤酒和茶成了工人最倾向于选择的饮料。到了 18 世纪，茶的受欢迎程度超过了啤酒。人们用糖给一切食物增甜，尤其是茶。沙马斯写道："糖的消费量达到了前所未有的程度，这是迄今为止最重要的发展，因为糖使小麦、燕麦或大米制成的布丁更加可口……茶是糖的革命的另一个副产品，两者共同改变了早餐和晚餐的构成。啤酒、奶酪和黑面包让位于新的饮料（茶）、新饮料的甜味剂（糖）和白面包配黄油。"[32]

如果工资太低或失业了，面包和茶就成了工人的主食。事实上，1795 年，戴维·戴维斯牧师写道："面包是所有贫困家庭的主要食物，几乎是……一大家子的全部食物。"[33] 面包又干又硬实，如果没有酵母的话，就是未经发酵的。毫不意外，工人们很乐意放弃这种面包，转而购买由精制面粉做成的口感更轻盈、湿润的白面包。燃料成本的上涨使得从面包店里购买白面包往往比在家烤制黑面包更便宜，而且节省了宝贵的时间。工人们将白面包视为地位的一种象征，并将它本身的白色与上层特权阶级联系起来。同样，比起红糖或糖蜜，他们更喜欢精炼的白糖，只要有能力购买，他们就一定会选白糖。

当时，关心公众事务的医生詹姆斯·菲利普斯·凯描述了一个棉纺织工人的日常：他早上 5 点起床，早餐囫囵吃一碗燕麦粥或面包配茶，然后匆忙赶往工厂。午餐是用猪油或黄油调味的土豆，也许还有咸肉油脂。晚上回家后，晚饭大多是土豆、面包或燕麦粥，可以就着加了糖的淡茶下咽。[34] 有时候，他的茶叶是已经被用过一次的——他通常从有商业头脑的富家仆人那里购买茶叶，这些仆人出售雇主茶壶里的茶渣。因而，所谓的"茶叶"也可能是用热水冲泡过的几片烘烤焦了的叶片而已，冲泡出来的可

图14 黎明时分,绅士汤姆和鲍勃漫步于伦敦臭名昭著的德鲁里巷贫民窟。他们看到一个名为"真诚茶摊"的摊子,为"勤劳"和衣衫褴褛的路人提供"有益健康的饮料"。他们了解到穷人的茶经常掺假,"湿润的糖就是用最好的红沙做成的"。

以说是一种可悲的仿制饮料了。但是添加的糖是真的,它能改善这种茶的口感,甚至能变得美味可口。

到了18世纪,中世纪一天两餐的习惯已被一日三餐所取代,即使是在寄宿学校、医院和为穷人设立的济贫院,也是如此。与此同时,在家烹饪的餐数变少了。妇女要出去工作,很少有时间做饭,她们也缺乏食材和燃料,最后,她们失去了在中世纪的壁炉上慢炖肉汤和炖菜的技能。女人每天都下厨做饭之类的事变得不寻常起来。取而代之的是,如果买得起的话,她用买来的面包应付一餐,如果还负担得起的话,再配些冷切肉或奶酪。吃这些都是配啤酒或加了糖的茶,茶里有时也会加牛奶。

在工业革命期间,城市供水不稳定,还经常受到污染。泡茶必须要用煮沸的水,这样一来,在加热水的过程中净化了水质。

（然而，牛奶出了名地不纯净，经常掺杂不洁的水。）啤酒饮用起来较为安全且营养丰富，但日益高涨的禁酒运动大力抨击它在工人阶级饮食中的流行。另一方面，茶具有提神醒脑的作用，加了大量糖后，能为营养不良的工人阶层提供急需的热量。1826—1850年，供水的改善和物价的下降促使茶成了英国最受欢迎的饮料。糖在推动这一趋势的过程中发挥了巨大的作用。正如英国历史学家德里克·J. 奥迪指出的那样，"自18世纪晚期以来的主要变化是糖的消费量逐渐增加。到19世纪中叶，糖的消费量已经达到了每人每周0.5磅"。[35]这样的消费量已经是挺大的了，而接下来的几十年里，它还将不断增加，直到19世纪末，每周人均消费量超过了1磅。[36]

但这些数字具有误导性，因为它们暗示家庭成员的糖消费量是相等的。事实上，在一个家庭里，由于没有足够的营养食物供应每个人食用，妇女和儿童消费更多的糖，而男人则消费更多的肉、牛奶和土豆。19世纪的卫生官员爱德华·史密斯多次听闻："丈夫赚取面包，必须占有最好的食物。劳动力几乎每天都吃肉或熏肉，而妻子和孩子可能一周才吃一次，而且……他及其家人都认为这种做法是必要的，以保证他拥有充足的体力从事劳动。"[37]

即使这样表述，也不能说明整个情况，因为史密斯的消息来源暗示只有男人工作。然而，其他调查发现，即使是在工厂做工的妇女，也是靠面包、糖和脂肪，并辅以一些肉类（从排骨到牛蹄、羊蹄、猪耳朵或红鲱鱼）和相当于她们的丈夫食量四分之一的土豆生活。[38] 1895年，医学期刊《柳叶刀》(*The Lancet*) 里的一篇文章《辛劳者的饮食》("The Diet of Toil") 证实，工厂女工的饮食主要是面包配果酱或糖蜜，以及加糖的茶；接受调查的女性每周摄入的糖为 21 盎司（即每年约为 68.25 磅），而男性则为 15 盎司（即每年约为 48.75 磅）。[39] 这种贫乏却可口的食物就是典型的低收入家庭的日常饮食。1901 年，西博姆·朗特里在《贫困：城市生活研究》(Poverty: A Study of Town Life) 一书中写道："我们看到的是许多有妻子和三四个孩子的劳动者虽然每周只挣 1 英镑，但保持健康，拥有出色的工作技能。我们没有看到的是，为了给他提供足够的食物，妻子和孩子习惯性地节衣缩食，因为妻子知道一切生计都得指望丈夫的工资。"[40]

令人惊讶的是，这些量少、营养不均衡且糖分过高的饮食不仅养活了工人阶级，还推动了工业革命，它是由他们的劳动促成的。几十年后，随着英国的温饱问题逐渐得到改善，人民的生活水平提高了，热量摄入增加，食物的选择也变多了。随着工人消费的增加，他们也"提升"了自我，有时会满足果腹之外的其他渴望，比如获得自尊和体面。

学者西敏司之前已经撰写著作介绍了糖是如何与这些发展联系在一起的。糖远远不只是一种甜味剂。糖像烟草一样，数个世纪以来一直是富人的奢侈品，此时成了"所有阶级的普遍慰藉"，尤其是"新兴的无产阶级，他们在矿井和工厂劳作时发现，糖和类似的药用食物能带来深刻的慰藉"。[41] 一个典型的事例是 18 世纪一个洗衣女工的故事，"一个衣衫褴褛的女人带着两个孩子走进一家商店，她当时觉得有些恶心……她要了价值 1 便士的茶叶和价值 0.5 便士的糖，并说她每天不喝加了糖的茶活不下去"。[42] 到了 1750 年，"糖已成为茶不可分割的伴侣，最贫穷的家庭主妇也能拥有糖"。[43] 还记得格拉迪丝吗？糖作为一种慰藉——终极安慰食物，赋予了自身超越味道和热量的心理维度。工薪阶层购买这种过去无法企及的奢侈品的能力与"工作和消费的意愿"联系在了一起。穷苦的工人现在可以像富人长久以来所做的那样尽力满足自己。

工人阶层家庭可以通过"高茶"仪式实现这一点。"高茶"与上流阶层的"低茶"截然不同,它是一种简便的新式餐食。"高茶"一般安排在餐厅的高桌上,而不是客厅沙发和椅子旁边的矮桌上。"高茶"成了家里的晚餐,是工人阶层的父母下班回来后才做的。

对于筋疲力尽和劳累过度的女工来说,"高茶"比较容易准备。它节省了金钱和燃料,而且不需要冷藏。短期而言,它足够令人满意,可以取代真正的晚饭。"高茶"一般包括加糖的茶、涂满黄油的面包、果酱、腌菜、冷切肉、奶酪或鸡蛋。实际上,无论是哪些食物,只要配上甜茶,哪怕是最稀淡的甜茶水,都能变得更美味、口感更丰富。伍德拉夫·D. 史密斯写道:"茶、咖啡和糖对于展示行为来说是非常重要的,它们对于自我感知的体面更是重要,而这反过来又被视为资产阶级意识中一个非常重要,甚至可能是决定性的组成因素。"这就是为什么加了糖的茶和(稍次之的)咖啡成了西欧"首选的'软性毒品'……它们提供了通向体面和资产阶级地位的途径"。[44]

糖能快速提供热量,支撑着工人度过乏味而艰辛的日子,在短暂的休息时间,他们抓紧时间大口喝下一杯糖茶。西敏司强调了加糖的茶是"最早的工作间歇食物之一"具有的重要意义。[45]这些可以喝甜茶的工作间歇被证明是工厂管理和激励工人的关键因素。西敏司解释说,这些可以喝甜茶的工作间歇具有许多功能。它们之所以出现,是因为新的工业化生产方式改变了无产阶级的工作作息,将茶歇纳入其中,给工人阶级提供了"新的品尝机会和新的吃喝场合"。[46]

在这种情况下，加了糖的茶促使工人获得了自尊，甚至是向上流动的错觉。它在为工人提供热量的同时还使他们提升了受欢迎的能量，工人在茶歇后重新焕发活力，投入到新一轮的工作中去。这样的茶歇激发工人们更加努力工作，赚取更多的钱，从而负担更多的糖茶和其他消遣。这种动力将他们转变为想要消费更多的消费者。西敏司认为这一点具有双重意义，因为它代表了"现代饮食习惯演变的重要特征"，即吃什么、怎么吃。茶和糖最初是新奇的舶来品，是支付不起的食物，但很快它们就变得不可或缺，以它们为代表的茶歇也是如此。茶和糖也是早餐的主要组成部分，对工人的妻子和孩子来说，它们还是午餐和晚餐的主要内容。

工人们不仅接受了这些食物，还变得依赖它们，很快地，这种情况就促成了进食它们的场合变化，工人们很容易就适应了在工作中，而非在家里吃饭的新习惯。这有助于他们适应其他重大变化：新的工作作息、新的劳动种类，以及不可避免地由所有这些变化塑造出来的全新的生活方式。

糖扮演了"人民的鸦片"这一罪恶角色。它是一种在心理上容易令人上瘾的物质，它能提供能量，并带来愉悦感；它还能抑制食欲，缓解饥饿感；它为所有人，不只是特权阶层，开辟了新的消费可能性和社会体面观念。

糖果就是这些可能性中的一种，经过煮沸硬化，糖果具有独特的风味和形状，并且美味可口。到了19世纪40年代，新的技术允许大规模生产硬糖，糖果历史学家蒂姆·理查森写道，这些硬糖"质量上乘、规格统一、供应可靠、价格实惠……都有包装并印有制造商的商标，而不是在街上或市场手推车上随意出售的散装食品"。[47]工人阶级不再被排斥在糖果带来的快乐之外，他们可以愉快地从数百种不同类型的糖果中挑选，以满足自己越发强烈的嗜甜喜好。

这些可能性也扩展到了英国女王陛下的海军水手身上。到19世纪中叶，他们每天分到2盎司糖，即每年有45磅。即使是被关在闲人莫入的济贫院里的赤贫穷人，每年每人也能分到23磅糖。纳克顿济贫院的穷人非常喜欢吃糖，他们请求取消日常的豌豆粥晚餐，用省下来的饭钱购买更薄的面包片、黄油、糖和茶叶。一位关切的观察者指出，多亏了加糖的茶，这份寡淡的饭菜成了"他们最喜爱的晚餐"。[48]19世纪下半叶，英国最贫穷的人群是赤贫者和劳工，他们吃下的糖甚至比富人还要多，他们使英国成了世界上糖消耗量最大的国家。

在整个欧洲，由于其他国家也进行了城市化和工业化，同样的转变模式随之而来。工厂吸纳了工人，改变了他们的餐食和用餐时间，以适应新的工作时间表。以前在家吃饭的工人逐渐习惯在工作场所或附近的商业设施里吃饭。他们的菜单也发生了变化，里面包括更多的加工食品，比如面包、冷切肉、果酱、腌菜，他们消耗了更多的糖。

反思糖在资本主义和工业革命的推动下，从一种难以获得的奢侈品变成了日常必需品的深层含义时，西敏司总结了是什么使糖成为如此理想的事物："糖……使忙碌的生活显得没那么不堪；在工作间歇，糖使人感到放松，或者说看起来像是缓解了从工作到休息来回转换带来的疲累感；比起复合碳水化合物，它能更快地提供饱腹感或满足感；它很容易和其他许多食物搭配，而且很多食物本身的制作也用到它（比如茶和饼干、咖啡和小圆面包、巧克力和果酱面包）……难怪权贵和富豪都如此喜欢它，也难怪穷人学会了去热爱它。"[49]

朗姆酒的故事

还有另一维度体现了糖的巨大影响力，它被统称为"糖业利益集团"，在以下篇幅里简称为"利益集团"。它囊括了西印度群岛的种植园主、贩卖糖奴的奴隶贩子、运送甘蔗的船主、担保其生产的银行家，为其保险的保险商、负责销售的进口商、批发商、杂货商，甚至是与之有关联的代理商、码头工人、面包师和糖果商。利益集团的影响力如此之大，乃至于它的影响力延伸到了国家的政策制定层面，朗姆酒（由糖的副产品糖蜜制成）被纳入了英国海军的供给。

直到 17 世纪中叶，英国海军的主要配给饮料仍然是啤酒，有时辅以白兰地。1655 年，在英国征服牙买加之后，许多船只用牙买加糖蜜蒸馏出的朗姆酒替代了白兰地。[17 世纪，"朗姆酒"（rum）一词首先在巴巴多斯被创造出来。它也被称为"恶魔杀手"，一名游客说它是一种"地狱般可怕的烈性酒"。][50] 1731 年，这种地狱般的酒精饮料成了《英国皇家海军海上服役条例和指示》的一部分。

要求喝朗姆酒的水手每天都会获得定量的朗姆酒供应，容量从 17 世纪的半品脱*到 19 世纪的八分之一品脱不等。军官们需要

---

* 1 品脱约为 0.57 升（英制），美制略有不同。——编者

采取措施，以避免酗酒和狂饮，这些行为会破坏纪律，甚至导致水手从桅杆上摔下来。朗姆酒每天发放两次，中午一次，下午4点半一次，用每个水手都配备了的金属杯盛装。因为"烈性酒"需要用水稀释，所以朗姆酒通常与水或酸橙汁一起发放。不过，军官们喝到的都是纯朗姆酒。为了确保公平，伴随着《南茜·道森》（"Nancy Dawson"，这首曲调也用于歌曲《我们绕过桑树林》《我看到三艘船驶过》）欢快的曲调，3名军官负责监督朗姆酒的稀释和分配。勤俭、节制的人可以报名加入禁酒名单，这样每天可多挣3便士，作为放弃朗姆酒的回报。为了保持清醒，朗姆酒的配给量逐渐减少，后来变成每天只供应一次。[51] 1970年，禁酒支持者在英国议会的"朗姆酒大辩论"中胜出，此后海军的朗姆酒配给被彻底取消了，这一天被叫作"黑色托特日"（Black Tot Day）。

自从1805年英国海军指挥官霍雷肖·纳尔逊的遗体被放进这种琥珀色的液体中保存以来，英国海军配给的朗姆酒就多了一个奇怪的绰号。故事是这样的，纳尔逊在特拉法尔加战役中粉碎了拿破仑的舰队，使英国免受法国入侵，但最后他遭到了致命一击。思维敏捷的军官们想出了一个主意，即用纳尔逊上校"胜利"号上的朗姆酒酒桶保存他的遗体。而思维更敏捷的水手则撬开酒桶，喝掉了用于防腐的朗姆酒。从那以后，英国海军的朗姆酒就被称为"纳尔逊之血"。

海军的朗姆酒有好几个用途。它能杀死储水桶中的细菌，不然的话，在几周时间里细菌就能让储存的水变质。它能提供热量，弥补食物供应的不足，人们认为它具有营养价值。虽然令许多水手上瘾，变得疯狂和恼怒，但它也使其他人平静下来，至少是暂时鼓舞了他们。(当然，任何酒精都能达到这些效果。)归根结底，海军配给朗姆酒的主要受益者是西印度群岛的甘蔗种植园主。朗姆酒配给制为他们滞销的糖蜜提供了稳定的销售渠道，它代表一个重要的商业机会，也是对白兰地的一种胜利，因为种植葡萄的法国人像西印度群岛推广以糖为基础原料的朗姆酒一样，也在孜孜不倦地推广白兰地。

糖业利益集团推动了他们令人成瘾的产品在全球的传播。这些利益相关者还确保在大西洋彼岸，数百万被奴役的非洲人在甘蔗地里辛勤劳作，终身被束缚于满足英国人对糖的需求。食物历史学家玛格洛娜·图桑-撒玛称赞了人们在追求甜味方面的烹饪天才，但也哀叹了甜味背后人类付出的代价："为糖流了这么多眼泪，按理说它应该已经失去了甜味。"[52]

第二部分

黑 糖

第 3 章
甘蔗田的非洲化

中央航路

　　让我们见一见阿蓬戈王子,他是无数个砍甘蔗并将它们加工成糖,从而使欧洲人的茶水变甜了的非洲人中的一员。18 世纪中叶,在牙买加,甘蔗田已经严重非洲化了。[1] 像其他许多非洲人一样,阿蓬戈吃尽了苦头,懂得了与欧洲奴隶贩子亲近是相当危险的。他曾是海岸角城堡总督约翰·科普的座上客。在这座城堡中,有 1500 名奴隶挤在黑暗、潮湿的地牢里,他们竭力透过只有 10 英寸见方的通风口呼吸空气,直到被迫穿过不祥的"不归门"(Door of No Return)踏上运奴船。阿蓬戈王子与科普坐在楼上,一定听到了地下传来的狂乱的尖叫声和呻吟声,就连镇上的居民也在抱怨这些噪声。而且,这两人绝对无法避开人类排泄物发出的恶臭,这些气味从地牢一直往上飘散。

　　这座城堡臭名昭著,因此阿蓬戈带着 100 名全副武装的护卫前往此地。后来,他在森林里打猎时被俘获,他要么被关押在这座城堡的地牢里,要么被关押在更西边的维达。维达关押奴隶的临时禁闭处结构更简单,但条件同样恶劣,与海岸角城堡不同的是,它

图15 海岸角城堡是一个重要的奴隶贸易据点,也是英国殖民政府在当地的行政中心。这里提到的约翰·科普日后成了牙买加的甘蔗种植园主,他曾与阿蓬戈王子进行过会谈,后者之后成了牙买加甘蔗田里的一名奴隶,他们会谈的地点就在地牢上方。地牢里关押着的就是将被运到新大陆种植园里终生为奴的非洲人。

与运奴船还有一段距离。登船时,一列列被锁链绑在一起的奴隶拖着令人心碎神乱的脚步,在翠绿的乡村风景中穿行,去往港口。

在牙买加,阿蓬戈从未忘记自己的王室身份,也从未屈服于自己被奴役的处境。不过,他似乎已经宽恕了约翰·科普,约翰·科普之前与人合谋俘获了他。彼时,科普已经退休,在牙买加经营甘蔗种植园。阿蓬戈甚至还设法参观了他的种植园,像过去一样,据说科普为阿蓬戈"摆了一张桌子,铺上一块餐布,等等"。后来,科普的儿子(也是一名种植园主)声称,他的父亲曾计划买下阿蓬戈,并将他送回非洲。这要是能发生在1760年之前，阿蓬戈就不会成为塔基起义的领头人了。在这场起义中，有60名白人和400名黑人丧生，阿蓬戈就是其中之一。

阿蓬戈王子是沿着塞内加尔至安哥拉3400英里*的海岸线被售卖的数百万非洲人之一。在4个多世纪的时间里，国际奴隶贸易使得至少1300万非洲人背井离乡，超过200万非洲人因此而丧命。在1100万被运送到异国做奴隶的非洲人之中，糖料种植园消耗的奴隶数量是最多的，共600万人。[2]

这些非洲人通过中央航路穿越大西洋来到新世界，进而变成奴隶走进甘蔗田时，早已被折磨得伤痕累累。奴隶贸易竞争激烈，涉及巨大的经济利益。考虑到从一个大陆收购奴隶，再将他们运到另一个大陆所需要的资本金额，奴隶贸易的风险也很高，赚钱或赔钱都有可能。因此，人们制定出了有关船舶设计和管理、人口货物，以及与非洲贸易商关系的种种规则。非洲人穿越中央航路时的经历能反映所有这些因素。

奴隶贩子根据买家对年龄、身体条件、性别，甚至种族的需求挑选非洲人。糖料种植园主偏爱15至30岁强壮健康的男性，但对于哪个部落最适合当奴隶意见不一：许多人认为阿坎人叛逆但能力强，伊博人温顺但容易自杀。非洲人原有的职业并不重要，奴隶贩子会抓捕他们能抓住的所有人，无论是农民、渔夫、猎人、工匠、商人、家仆、巫师、抄写员、酋长，还是贵族。曾有两位王后被卖为奴隶，一位是由于继子猜忌，另一位是因为丈夫猜疑。奴隶贩子偶尔会收到"特别订单"，例如牙买加糖料种植园主约翰·科普的妻子莫莉曾特别指明要购买"一个大约12岁的伊博女

---

* 1英里约为1609米。——编者

孩，小脚，不弓形腿，牙没被锉过，手小而长、手指细长，等等，用作缝纫女工（原文如此）"。[3]

这些非洲人在登船之前会经历一个分拣过程，这决定了他们的命运。船上的外科医生或其他船员会对俘房进行检查，看看他们是否有断牙、皮疹或其他疾病症状等缺陷。如果四肢畸形或手指缺失，那么这些（幸运的）俘房可能就会被拒收和释放。

这种检查的目的既是挑选，又是羞辱。赤裸的奴隶被迫跳跃和进行其他运动。外科医生会命令他们张开嘴巴，并且"会用最细致的眼光去检查男女的隐私部位"。一名检查人员将被俘的非洲人推来扭去，还不时戳刺几下，"毫不留情地挤压胸脯和腹股沟"[4]，据说这样做是为了排除那些睾丸下垂的奴隶。奴隶贩子经常掩饰自己的商品，比如遮掩年纪大一些的奴隶灰白的头发或干裂的皮肤，因此被剃光毛发并涂了油脂的睾丸是可疑的。通过分拣的奴隶会被烙铁打上烙印，然后被赶到等候的运奴船上。

男性奴隶占了整船人口货物的三分之二。他们被铐起来，推入甲板下方空气窒闷的货舱里。前奴隶奥劳达·埃基亚诺回忆说，这些舱室是"绝对致命的"。[5]无论是"紧密地挤在一起"，还是"松散地挤在一起"，奴隶们都被限制在极其狭小的空间内。官方规定的运奴船为每个奴隶提供的"空间大小"是"5英尺长、11英寸宽、23英寸高"。在大多数运奴船上，奴隶被迫待在满是呕吐物、尿液和粪便的船舱里，像勺子一样紧贴着彼此睡觉。妇女和儿童不用戴上镣铐，他们被另行关押。而受到粗暴对待、营养不良的水手还会虐待和强奸妇女。

在奴隶们处于如此悲惨困境的情况下，船长们追求的是最大利润，这意味着他们的货物要能够存活并处于适合销售的状态，

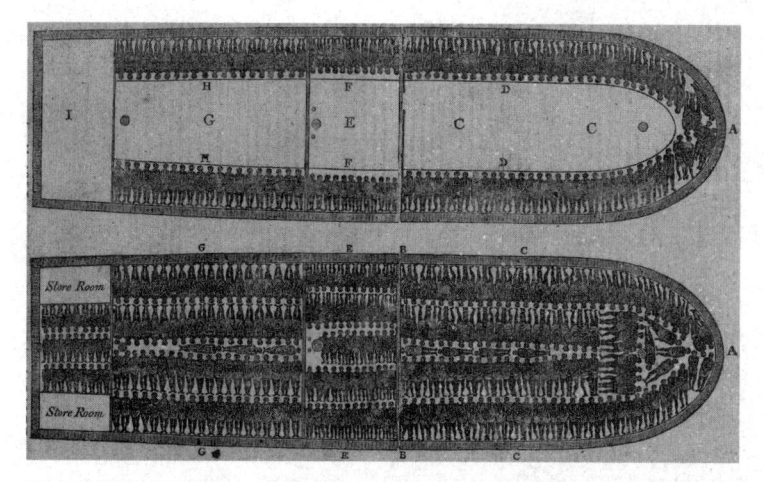

图16 奴隶们挤在像"布鲁克斯"号这样的运奴船上肮脏的货舱里,痛苦地忍受中央航路这段跨大西洋的旅程。幸存者会将"船伴"视为血亲。

死去的奴隶意味着损失。为了避免这种情况,他们试图实施所谓的卫生和健康措施,这些措施都是由一名手持九尾鞭的奴隶监工监督执行的。卫生措施包括强迫奴隶刮掉污迹、冲洗肮脏的船舱。保证健康的方式是将奴隶赶到甲板上,强迫他们锻炼和跳舞,这些活动往往是荒诞不经的。

中央航路这段旅程没有任何卫生和健康可言。食物和水总是供应不足,尤其是当船只为了满载奴隶要等上几个月时。这些非洲人痛苦又绝望,或者病得厉害,经常拒绝进食。水手们会采取强迫喂食的方式,哪怕在此过程中会弄断奴隶的牙齿或者使他们被食物噎住。疾病、自杀和暴行造成至少200万人死亡。在有些船上,一小部分人死去;其他船只抵达时则满是奄奄一息的奴隶,死者早已被抛到了船外。[6]曾有船长运送700名非洲奴隶,抵达时有320人丧生,他诅咒这些奴隶是"一群比猪还恶心的家伙"。[7]

除喂养、供水、锻炼和以其他方式维持奴隶存活的挑战之外，船长们还需面临奴隶暴动的威胁。有超过100万人参加反叛，每10艘奴隶船中就有1艘发动起义。一名船长指示说，"让（奴隶）一直戴着镣铐，双手要捆住，以防他们暴动或跳海"。[8] 运奴船成了由武装水手看守的"浮动的监狱"。水手们将自己的人口货物视为充满敌意和危险的。

非洲妇女在运奴船航行途中发动的反叛中发挥了显著作用。这些妇女没有被捆绑，有时还能从强奸她们的水手那里获取有用信息，她们鼓励、提醒反抗的男性首领，并向他们提供重要情报。这些暴动从非洲海岸就陆续发动了，持续整段航程。历史学家戴维·理查森了解到485起暴动，其中93起是非洲人从岸上袭击运奴船，392起是船上的奴隶起义。手无寸铁的反抗者很少能获胜，但每一次起义都是反抗和仇恨的宣言，为奴隶的新生活定下了基调。

一段时间（从五周到两三个月不等）后，新的生活开始了。奴隶贩子会清洗和修饰他们的货物（奴隶），准备售卖，比如给过于瘦弱的人喂食，给他们刮胡子，给年纪大一些的奴隶涂抹油脂，尽可能掩盖坏血病、疥疮和梅毒造成的破坏，甚至堵住感染了痢疾的奴隶的肛门。有些奴隶贩子会让自己的商品穿上廉价的衣服，另一些奴隶贩子则任由奴隶们赤身裸体。

潜在的买家会戳刺或挤压奴隶的四肢，检查他们的生殖器和身体上的每一处孔口。他们会仔细查看奴隶的口腔内侧，看看这些人的牙龈或嘴唇是否显得异常苍白，牙齿是否被磨尖了，白人普遍不太喜欢这种非洲风俗，他们认为这种风俗非常野蛮。巴巴多斯的种植园主臭名昭著，因为他们检查时偏好抓握大胸脯的女奴。

在船上或者岸上的临时奴隶囚笼里展开的奴隶买卖是中央航

路阶段的恐怖高潮。奴隶们通常是以"争抢"或"燃烛式拍卖"的形式被卖掉。埃基亚诺描述了当买家冲向或"争抢"自己选中的奴隶、尖叫着并抓住他们时奴隶经受的恐惧。在"燃烛式拍卖"中,买主不停竞价,直到蜡烛烧短一英寸。黑人和白人目击者永远都不会忘怀奴隶们被买走,不得不与家人、朋友分离时令人心碎的哀号。

甘蔗田

奴隶们经历的严酷苦难的下一阶段是"适应"。新奴隶此刻感到前路迷茫,对自己的处境悲痛欲绝,表现出了"人在饱受创伤、脆弱崩溃的情况下的所有行为特征"。[9] 为了消除他们的自我认同,粉碎他们残存的精神,主人会给他们重新起名字:阿蓬戈王子变成了韦杰;奥劳达·埃基亚诺成了古斯塔夫斯·瓦萨。接下来,主人会给他们分发一模一样廉价、难看的粗麻布衣服,再给他们打上烙印,也就是将代表奴隶主私人财产的标志烙到他们的脸颊或肩膀上。牙买加监工兼奴隶主托马斯·西斯尔伍德的标志是一个内含"TT"字母的倒三角,而《圣经》传播协会的标志是"Society"。

接下来就是拖着镣铐前往种植园的悲惨旅程。抵达之后,新来者被安置在克里奥尔奴隶那里。克里奥尔奴隶可以大致教会他们在种植园如何生活,说不定还能减缓他们中间普遍存在的反抗情绪。白人监工则用鞭子、嘲笑和羞辱来迎接他们,对于女性来说,还有性侵。

非洲人不容易"适应"这种过程。据估计,每7个人中就有

2 人因疾病和绝望而死亡。幸存者拒绝被奴役，他们猛烈反击工头和监工，然后逃跑。他们终日哀悼失去的生活、亲人和往日的家园。选择自杀而非被奴役的非洲人数量惊人。沮丧又愤怒的种植园主诉诸鞭子和其他刑罚，强迫他们劳作并遵守种植园的规则。奴隶是他们最大的资本投资，必须具有高效的生产能力。

甘蔗种植园的规模和结构因时间和地点而异，但无论是在巴西、墨西哥、牙买加、安提瓜、巴巴多斯、古巴、马提尼克，还是在法属圣多曼格（后来的海地），种植园都具有由作物的性质、食糖消费者的需求和种植园主的目标决定的共同特征。

种植园是自给自足的庄园，拥有数十栋建筑，包括磨坊、熬煮室和固化室，通常还有朗姆酒蒸馏室，修理和维护设备的棚屋，存放甘蔗及其副产品（比如甘蔗渣）、其他供应品的仓库和谷仓，以及牲口棚。有一栋很大的房子供种植园主或其代理人居住，而监工、技师和其他白人雇员的住房则相对简朴一些。奴隶的营舍区远离白人的住所，建成营房状或一排排铺有茅草屋顶的棚屋。在巴西，种植园主会为常驻的神职人员提供一个小教堂和住所，但在其他地方，这种情况不多见。大多数种植园都有奴隶"医院"和"监狱"或地牢。

种植园周围环绕有数百至数千英亩的甘蔗田，还有牧场、林地（可用于燃料），以及可种植奴隶食物的田地。甘蔗田靠近磨坊，被分割成长方形，四周由车道来界定边界。车道可通行牛车，同时也可用作防火隔离带。有远见的种植园主会采用轮换种植的方式，以确保甘蔗产量和奴隶劳动力的数量、磨坊的生产力匹配。

甘蔗种植园最典型的特征是工厂化的时间管理和工作专业化。西敏司提出，种植园是最早实行流水线生产的。大多数奴隶，即

"糖料种植园的核心力量"[10]，被分成若干甘蔗田班组——大组、第二组，有时还有第三组，每组都有自己的工头。其他奴隶则担任锅炉工、修桶匠、机械工、轮匠、木匠、铁匠、泥瓦匠、车夫、装卸工、骡子手、仓库保管员、厨师、割草工、捕鼠工、看护、保姆、渔夫和看守。由儿童、上了年纪的人和残疾人组成的"猪肉组"则主要负责为牲畜寻找食物、除草，以及其他一些杂事。管家、厨师、洗衣女工、保姆和其他家仆负责料理种植园主的大房子。

这些班组的成员都经过了种植园主的精心挑选，以保证他们的力量、能力与分配的工作相匹配。[11] 大组是规模最大、工作最辛苦的。第二组是大组的较小版本。第一天在大组干得筋疲力尽的奴隶第二天可能会被安排在第二组工作；而第一天不那么疲累的第二组奴隶第二天可能就会被安排在大组辛苦劳作了。第三组，如果有的话，可能包括青少年，还有年纪较大、身体虚弱无法跟上大组、第二组工作强度的奴隶。在大多数庄园里，这些奴隶会被分配到"猪肉组"，这一组也包括四五岁到十一二岁的儿童奴隶。[12]

年龄是奴隶主最看重的因素。历史学家 B. W. 希格曼指出，"主人在很大程度上基于年龄来评估奴隶作为财产和人力资本的价值"，14 至 40 岁的奴隶被认为是主要的劳动力。[13] 在奴隶制的最初几年里，男性奴隶的数量是女性奴隶的两倍，而后来女性奴隶在田间劳动队伍中占多数。男性奴隶有更多的工种选择。他们可以受训成为箍桶匠、泥瓦匠、锅炉工、机械工，或者学着从事所有不对女性开放的行当。女性奴隶可以成为酿酒工或工头，这是她们唯一可得的晋升机会。"猪肉组"的工头通常是一个"细心的年长妇人"。[14]

肤色在工作分配中扮演了重要角色。混血奴隶通常不会被分配到田间干活，有时送他们到田里去通常只是一种惩罚措施。例如，1790年，行为不端的马童内德（黑白混血儿）"被剥掉了制服，降级为田间奴隶。在6个月的惩罚期内，他一边身上绑着50磅的重物，一边负责挖掘甘蔗坑、除草、砍甘蔗"。[15] 种植园白人管理人员的"黑白混血情人"被发现与黑人奴隶偷情，结果她"被套上锁链，送到地里干活去了"。[16] 只有在1807年奴隶贸易被废止之后，由于劳动力短缺，种植园主才将更多的浅肤色奴隶送到甘蔗地里干活。

大组的工作繁重而危险，在脾气暴躁的工头催逼和比工头更暴烈的太阳炙烤下，无人不觉得身体疲累而虚弱。七八月里，奴隶们除草烧荒，为种植甘蔗做准备。这项工作需要技巧，最好是在无风的时候完成。即便如此，奴隶们也可能被挥舞的砍刀割伤，吸入烟雾，被火燎伤，或者被逃窜的蛇和老鼠咬伤。就算是在甘蔗田状况最好的时候，甘蔗田里也有成群的老鼠对未收割的甘蔗造成巨大破坏，以至于种植园主称老鼠为"他们最昂贵的敌人"。在牙买加马修·刘易斯的种植园里，负责捕鼠的奴隶不到6个月就抓到了3000只老鼠，而捕鼠的猫更是抓到了无数只。

下一步是整饬土壤，以便种植甘蔗梢头，这一步是最困难的。很少有种植园主愿意让土地休耕以改良田地，因为这样做会在短期内减少蔗糖产量。而干旱和急速侵蚀的影响教会了他们将甘蔗种在坑里，而不是沟渠里。挖甘蔗坑是一项乏味且极其劳累的工作。白人监工将土地精确地划分成5英尺见方的地块，然后在甘蔗行之间拉起系有结的绳。奴隶们在每个绳结处挖一个浅坑，深6英寸到9英寸，长2英尺到3英尺，再用挖出来的土在每个坑周围堆出土垄。

每个奴隶都配备了锄头，两人一组一起劳作，有时"会按照体形和力量相匹配的方式划分"[17]，有时则是将强壮的奴隶与体弱的奴隶配对。每个甘蔗坑里插入3根甘蔗梢头。很多种植园会在甘蔗覆土前先填充入粪肥、海藻或者湿泥。[18]（曾有马提尼克岛上的种植园主估算过，施了肥的甘蔗产糖量会增加31%，而施了肥的宿根蔗的产糖量能增加36%。）[19] 40个奴隶一天可以种植一英亩或大约3500个甘蔗坑。[20] 到了18世纪中叶，在牙买加，即英国最重要的糖料殖民地，种植园的平均面积超过1000英亩。每个奴隶每天的工作配额是100个甘蔗坑。在法属安的列斯群岛较为松软的土地上，奴隶的标准工作量是每小时挖掘28个甘蔗坑。未完成的奴隶会遭到鞭打，这是甘蔗种植园主的标准激励手段。在安提瓜，一名年轻军官观察到"一个壮硕的工头无情地鞭笞着一名年老的黑人妇女，她看起来已经被悲惨的生活和艰苦的劳动压垮了……她在班组里……在热带正午的烈日下和其他成员一起拿着铁锹干活"。[21]

奴隶们有自己的激励手段。尽管一直受到白人的监视，但他们还是会通过唱歌来表达自己的愤怒与痛苦。"猪肉组"吟唱道："艰苦的劳作杀死了黑哥们儿，啊，亲爱的，他肯定得死 / 一个周一的早上，他们命令我躺下 / 在我屁股上打了三十九下。"一些奴隶会唱一些宣泄性的歌："一，二，三 / 都一样 / 黑，白，棕 / 都一样 / 都一样 / 一，二，三。"[22] 天还没亮，古巴的奴隶就下地了，他们用"拖长音的野蛮哭号声"[23]吵醒种植园主的客人们；煮糖工冲着司炉工大喊大叫，"啊——吧啦！""咦——喳！咦——喳"，组里的奴隶在装车或填充甘蔗坑的时候唱着"野蛮、不成调的歌"。[24]

有时，奴隶们也沉默不语。在法属圣多曼格，瑞士旅行家朱斯坦·吉罗-尚特朗斯观察到，在太阳炙烤下，汗流浃背的奴隶们赤身裸体或者衣衫褴褛，他们挖着甘蔗坑，"甘蔗田里死一般地寂静……种植园里的管事冷眼巡视着奴隶，若干工头手持长鞭分散在奴隶中间，随时给那些看起来疲累得无法跟上工作进度的奴隶来上几鞭子……如果这些奴隶跟不上进度，谁也逃不过噼啪作响的鞭子"。[25]

挖甘蔗坑需要大量劳动力，因此许多监工会雇用临时工队以补充劳动力。临时工队通常是属于一个或多个从事奴隶出租业的白人殖民者的财产；临时工队也有可能属于小农场主，他们希望能够利用这些奴隶在收获季的间隙赚点零钱。在残酷的奴隶制度下，临时工是最辛劳、最受虐待的。种植园主拥有的奴隶是他们自身最大的资本投资，哪怕只是因为这一点，这些奴隶也值得活下去。牙买加种植园主马修·刘易斯承认，挖甘蔗坑"虽然对于受雇的黑人临时工来说也是件苦差事……但至少减轻了我的奴隶负担"。[26]

糖奴非常害怕被派去挖甘蔗坑，以至于受雇来挖甘蔗坑的临时工队的报酬比妓女或糕点师的还要高。在异国他乡的甘蔗田里，临时工队（几乎都是非洲男性）在对他们的福祉毫不关心的监工的注视下超负荷工作，忍受鞭打、饥饿，晚上也只能露天睡在地里。一旦成为临时工，他们的预期寿命估计不到 7 年，19 世纪的一名观察者哀叹道，他们像"过度劳累或受到过度驱使的马"一样死去。[27]

在接下来的 12 个月里（宿根蔗需要 15 个月），奴隶们用堆土加固生长中的甘蔗，并且要在数千行甘蔗坑之间除草，去除干茎。当土壤干裂时——西印度群岛常常如此，奴隶们就得灌溉土地。随着甘蔗的生长，奴隶们还得为甘蔗整枝。许多种植园会错开种

图17 威廉·克拉克的《安提瓜岛十景》系列画作展示了制糖的过程，以及被雇用的黑人在田间、锅炉房和酒厂劳作的情况，1823年。这幅图片描绘了在韦瑟雷尔的庄园里，一群以男性为主的奴隶在戴着一顶黑帽的监工监督下正在挖甘蔗坑，这项工作既辛苦又要求精准。另有一个女奴和两个孩子站在拥挤的牲畜围栏边上。

图18 在博德金的庄园里种植甘蔗：两队奴隶在两名工头的监督下劳作。牛在远处吃草，修士山军事基地（又称乔治堡）的轮廓十分显眼。这座堡垒是为了保护安提瓜免受阿拉瓦克人和法国人的攻击。

图 19 德拉普斯庄园里的甘蔗砍伐场景：一群奴隶在戴着棕色帽子的工头的监视下收割甘蔗。包括妇女和儿童在内的另一群奴隶正捆束砍下来的甘蔗，把它们运到等候的马车上。骑马的白人监工正和一个奴隶说话。

图 20 在德拉普斯庄园的一间酿酒厂里，奴隶们将桶装的甘蔗糖浆倒进黄铜缸里。在他们对面，一名白人不顾酷热穿着正装、戴着高顶礼帽，检查蔗糖质量。

植，这样磨坊就能持续不断地得到成熟甘蔗的供应。但对于奴隶们而言，这意味着在完成一项繁重的劳动后，不得不在毗邻的土地上重复同样辛苦的劳作。

除了辛苦劳作、物资匮乏和残酷惩罚，田间的女奴还必须应对怀孕、分娩和最艰辛的养育子女的问题。糖料种植园主认为，儿童奴隶（以及老年奴隶）是造成种植园资金流失的一大因素，因此他们对大月份孕妇也毫无怜悯之心。从两周到两个月大，存活下来的婴儿像在非洲那样被母亲绑在背上，带到田里去劳作。有些妇女整天都这样劳作，她们在婴孩小小身体的重压下弓背弯身。另一些人则不得不把婴儿放在"粗树藤下的托盘里"或软布、羊皮垫上，他们看起来"像蝌蚪"，赤身裸体地躺在那儿，暴露在酷烈的天气和蚊子面前。他们顶多能吮吸一块甘蔗，由一个年老女奴（产婆或者保姆）看守着。[28] 在一些种植园里，几个哺乳的母亲轮班照看婴儿，每人两个小时，然后回到田里继续劳作。"工头在她们喂奶时咒骂她们及其哭闹的婴孩。"[29]

在断奶或者母亲不被允许在甘蔗田里哺乳之后，这些婴儿依靠一种被称为"帕拉达"（parrada）的食物生存，即由面包、面粉和糖捣成的糊状物。在甘蔗地里照顾这些蹒跚学步的小孩子，既困难又危险。大多数母亲会将他们留在住处，放在"托儿所"里，其实这只是一种委婉说法，那里尘土飞扬，大龄儿童和年老体弱的女奴负责照看他们。在一些种植园里，意志坚定的母亲会"忍受幼儿像圣乔治骑马那样跨骑在自己身上的痛苦，继续弯腰"除草或挖甘蔗坑[30]。

古巴的大型种植园会将奴隶生下来的婴儿关在阴暗的奴隶营舍区的"育婴室"里，但允许母亲每天从地里回来给他们哺乳两到三次。一名美国女性发现这些小家伙"异常安静和温顺"[31]，而一名白人男性访客则形容他们为："小黑孩儿、赤身裸体的小罪人，他们彼此追逐嬉戏，玩得十分开心"。[32]

甘蔗的仆人

随着甘蔗的生长，奴隶们还需照料玉米地和其他农作物以喂养人畜，他们也得修路、修墙，整饬各种建筑和设备，并完成上一季蔗糖的装运任务。甘蔗成熟后，奴隶们熟练地用大砍刀、弯刀或被称为"钩镰"（bills）的柴刀来砍收甘蔗。在5个月的收割季里，奴隶们夜以继日地劳作。砍下的甘蔗约4英尺长，需要立即捆扎起来，必须在两天内压榨，任何延迟都会导致甘蔗变干，糖分含量变低。

将沉重的甘蔗秆装载到等待的货车上之后，奴隶们驱使着发出低吟、负重的牛奋力将满载的甘蔗秆拉到磨坊去。抵达磨坊后，奴隶们从卸载甘蔗秆那一刻起就毫无喘息的时间。从地里运来一车又一车的甘蔗，奴隶们不停地装车和卸车。与此同时，轮匠和铁匠负责紧急修理出故障的手推车，木匠则负责修补木制设备。

砍下的甘蔗会经由流水线完成一系列工序。先是在磨盘里碾碎，挤出甜美的汁液，这道工序非常危险。磨坊里的奴隶（其中有很多女奴）每天都要劳作18到20个小时，太过劳累，以至于在往大滚筒里喂甘蔗时经常已经累得昏昏欲睡或摇摇晃晃。大滚筒轻而易举就能吞噬一只粗心的手，进而将它的主人拖进去碾死。这种情况经常发生，许多监工都会就近备一把短柄斧头或马刀，以便随时能砍掉拖进去的肢体，挽救奴隶的生命。在巴西和法属圣多曼格，失去胳膊、手或手指的女奴很常见。被卖到巴西的特里萨（曾经是非洲某国的王后）缺失双臂，因为她的两条胳膊先后都被卷进了滚筒，为了保命，只能被切掉。在巴巴多斯，两个负责填料的女奴受罚被铁链锁在一起。其中一个的胳膊被吃进了滚筒，"试了所有能想到的法子，想让滚筒停下来，但这是不可能的，而这时另一个女黑奴被拖拽到了离那些滚筒很近的地方，以至于最终被切掉了脑袋"。[33] 海地的黑奴马坎达尔出生于非洲，他就是在出了手指被砍断的事故之后逃离种植园的。在伏尔泰的小说《老实人》（Candide）中，一个残疾的苏里南奴隶解释了他为什么失去了一条胳膊和一条腿："我们在糖厂里给磨石碾去一个手指，他们就砍掉我们的手；要是想逃，就砍下一条腿，这两桩我都碰上了。我们付了这代价，你们欧洲人才有糖吃。"

在古巴，引人注目的蚁丘种植园（Ingenio Hormiguero）占地3000英亩，它在磨坊内部设有一间客厅。磨坊主的妻子们坐在摇椅上做着针线活，注视着"滚筒间通过的每一根甘蔗……和整个磨坊内部的情况……女士们……可以准确地判断甘蔗出汁的比例、设备的运转是否平稳，以及最后一队新骡子是否表现良好"。[34]

甘蔗被磨碎后，榨出的汁液顺着长长的木制沟槽输送到煮糖间，进入一系列铜制容器，这些容器被称为"牙买加列车"，第一个容器是最大的。在靠骡子驱动的磨坊里，驱赶骡子的人抽打着骡子走了一圈又一圈。在难以忍受的高温下，奴隶们铲起木柴或干甘蔗渣给锅炉添火。加热甘蔗汁时，奴隶们会加入石灰，以澄清甘蔗汁。奴隶们不停地撇去汁液中的杂质，然后用长柄勺将甘蔗汁倒进小一些的蒸煮锅。最后一个也是最小的煮锅中的甘蔗汁已变成黏稠如太妃糖那样的糖浆。甘蔗汁的澄清过程同样很危险，

图 21 一个奴隶向两名欧洲人解释他肢体残疾的原因,并补充道:"我们付了这代价,你们欧洲人才有糖吃。"这幅插图出自伏尔泰的《老实人》一书。

精疲力竭的奴隶经常被沸腾的液体烫伤。

煮糖间的奴隶必须具备娴熟的技能，他们如果犯了错误，就可能毁掉糖。种植园中领头的煮糖工在某种程度上可以说是它最宝贵的资产。他必须辨别送来的甘蔗品质：品种，是新种的还是宿根的；生长在什么样的土壤中，浇水和施肥的频率；是否受到害虫或老鼠的啃食，以及生长了多久、收割时的成熟度如何。根据这些信息，他将决定使用多少石灰和熬煮甘蔗汁的时长，100磅甘蔗需要的石灰量从2盎司到3磅不等。领头的煮糖工实际上决定了种植园主出口到欧洲的糖的品质：是否配得上贝德福德公爵夫人的下午茶，还是格拉迪丝能负担得起的粗糖？牙买加监工托马斯·西斯尔伍德从邻近的种植园雇来了"知名煮糖工"威特，他对威特的工作非常满意，因此奖励给他4个分割币（相当于半个西班牙银元）和两瓶朗姆酒。这可是他给与自己发生性关系的女奴的两倍，和送给自己迷恋的那些女人的一样多。[35]

下一步是冷却糖浆，并按照第1章所述的程序进行处理。从糖桶中滴下的一些糖蜜被收集起来重新熬煮。许多种植园还蒸馏朗姆酒，将等量的糖蜜与第一次煮沸蔗汁时撇出的汁液一起发酵，再蒸馏两次，生产出标准酒精度的朗姆酒（按容量来计算，酒精含量占到一半）。酿酒厂中的劳力大多是女奴，她们甚至有可能晋升为酿酒师，因为种植园主认为女性通常不太可能偷喝制成的朗姆酒。

在大型种植园里，收割、压榨、熬煮、蒸馏等工作会日夜不休地循环5个月之久。那条农业-工业流水线上的每一个环节都依赖前一个环节，因此每个奴隶都要适应紧急需求。具体来说，他们不得不劳作超长时间，这一点实在毫无人性。在波多黎各，法国废奴主义者维克托·舍尔歇观察到,"人们看到黑人凌晨三点就到达磨坊,一直工作到晚上八九点,而他们唯一的补偿就是能吃甘蔗。一年之中,他们甚至不曾拥有一整天的喘息时间"。[36] 在古巴,一名访客询问监工:只睡3个小时是否会缩短奴隶的寿命?监工回答:"毫无疑问,肯定会。"

要不是受生理的限制,种植园主估计会强迫他们的奴隶工作更长时间。事实上,他们放宽了规则,为了激励精疲力竭的奴隶,他们允许奴隶们品尝热腾腾、甜丝丝的甘蔗汁,有时还会给奴隶们喝一小杯加了糖的朗姆酒。得到能量补充和抚慰后,奴隶们加倍努力以完成制糖工作。

"黑人的音乐是皮鞭声":糖奴的劳作生活

当马提尼克岛的皮埃尔·德萨勒宣称理性"是黑人无法理解的语言,黑人的音乐是皮鞭声"时,他简直是说出了成千上万甘蔗种植园主的心声。[37] 在每片奴隶营房,这样的音乐开启了奴隶们一天的劳作,还产生了"破晓"(the crack of dawn)这样一种说法,工头会挥动鞭子以叫醒奴隶去上工。(有些监工则改吹海螺壳或是敲响铃铛。)在古巴,种植园主和殖民官员都认为,"为了受到奴隶的爱戴,他必须震慑得住奴隶"。[38] 一名美国访客描述了"岛上的可怕之处,在那里,一天24小时中只有4个小时听不到皮鞭声。那里的蔗糖简直可以说是闻起来都有奴隶的血腥味"。[39]

在赶往甘蔗田之前,奴隶们在种植园周围还有一些杂务要做。这些"黎明前的工作"包括清理牲畜粪便、为牲畜寻找饲料等繁重任务。完成这些任务后,他们带着锄头和食物去往田里,在那里集合，等待点名。迟到的人都会遭到鞭打，其中甚至有那些照看婴儿的母亲。尽管如此，有些奴隶仍旧每天早上都迟到。[40] 点名后，奴隶们饿着肚子，在地里工作将近两个小时，直到上午10点，他们才停下来吃之前讨要到并带过来的食物。奴隶们每时每刻都感到饥肠辘辘。在甘蔗成熟的季节，他们冒着被鞭打的风险偷吃甘蔗来缓解饥饿。手起刀落，切下的甘蔗就变成了能再支撑他们艰辛劳作数小时的便捷快餐。工头如果发现奴隶偷吃，就会施以严酷惩罚。托马斯·西斯尔伍德会用"德比的配料"来惩罚偷吃的奴隶，也就是强迫奴隶德比在偷吃的菲利、埃吉普特、赫克托、乔和波莫纳等人的嘴里排便。

吃完早饭，奴隶们又得不间断地完成一大段劳作。日头升得最高时，奴隶们才能停下来吃午饭和休息，时长两个小时。这时田野里热浪滚滚，而奴隶们已经劳作了6到8个小时，疲倦不堪。然而，午餐时间通常是园艺劳作的一种委婉说法，因为许多奴隶更愿意在这个时候去照料分配给他们自己的田地，这也是他们唯一的食物和收入来源。在这段时间里，他们也会用孩子们采集来的草和植物喂养鸡和猪。很快，啪啪的抽鞭子声或沉郁的海螺壳声将他们召回到甘蔗田里。

下午的劳作会一直持续到日落。大组、第二组，有时甚至是第三组都沿着排列紧凑的甘蔗行辛苦劳作。白人监工在田里巡视，检查作物并监视奴隶。"卑鄙的工头大多是性情最恶劣的黑人或混血儿"，他们迈着大步，在奴隶身边走来走去，威胁并鞭笞奴隶，直到耗尽奴隶的最后一丝精力。对奴隶毫无怜悯之情的苏格兰访客珍妮特·肖描述了圣基茨岛上甘蔗田里的情景："每十个黑人就有一个工头走在他们身后，手里拿着一根短鞭子和一根长鞭子……奴隶们无论男女，都赤裸上身，把衣服褪到腰间，你能很清楚地看到他们哪里挨了鞭子。"[41]

甘蔗田里的工头几乎都是男性，他们属于种植园里最重要的劳动力之列。工头是"被正式授权的暴君"，赢得了手下受驱使的奴隶的尊重，或者说至少是畏惧。种植园主或监工要确保自身和工头在监督奴隶工作的过程中存在利害关系。只要工头的工作效率够高，一些监工和种植园主会容忍工头对女奴的性掠夺。有些种植园主走得更远，甚至向工头征求关于新奴隶的意见，乃至将他们一起带去奴隶拍卖会。工头往往也是田间奴隶的丈夫、兄弟和父亲，这使奴隶的家庭关系变得非常复杂。

玛丽·普林斯曾是安提瓜的一名黑奴，她听到黑人工头亨利在教堂里忏悔"自己对奴隶非常残忍，但是他只能这样做，因为必须要服从主人的命令……他说……有时候不得不鞭打自己的妻子或姐妹，这真的很可怕，但如果他的主人命令了，他就必须这么做"。玛丽补充道，更糟糕的是，他不得不剥光她们的衣服，即便是"生过孩子的女奴，也得在光天化日下遭受羞辱"！[42] 一名卫斯理会传教士目睹"一名看起来明显有40多岁的妇女趴在地上，衣服被极其无礼地翻了起来，有两个人摁住她的手，另有一人抓住她的脚……工头用鞭子一下又一下抽打她"。[43]

工头这样做，肯定是得到监工批准的。监工和种植园主绝不允许工头有任何仁慈举动。在收割的季节，愤怒的皮埃尔·德萨勒惩罚了一名工头，因为那个工头说"他没有杀人的习惯"。德萨勒"将三根木桩打入地下，然后将那个工头绑在木桩上，鞭打了50下……但他还是坚称要像以往那样行事。所以我给他戴上了铁项圈"。[44] 大多数工头都服从命令，当奴隶故意或由于疾病、残疾和缺乏技能而表现不佳时，他们就会遭到工头的愤怒惩罚。

在收获季结束，需要装运的成品糖都已准备妥当，而新的耕种季节尚未开启时，疲惫的奴隶们得以享受一段短暂的欢庆喘息期。种植园主和监工会奖励给他们朗姆酒、糖，有时还有食物。西斯尔伍德记录道："从桶里给奴隶们倒出15夸脱朗姆酒，再盛两大杯糖让他们开心一下，现在收割季已经结束。"[45] 奴隶们开始期待这类表示感激的奖励，如果这些期待未被满足，他们就容易发生反叛。

人与牲畜

甘蔗田是每个甘蔗种植园的核心区域，但制糖需要的不只是甘蔗。牲畜对设备的运转至关重要，特别是在使用畜力驱动磨坊的种植园里。法属安的列斯群岛的大型庄园平均而言需要35至50头牛和骡子，较小的庄园可能需要25头或更少。牛和骡子都很辛苦，要运输甘蔗和拉磨。它们的粪便也是甘蔗的绝佳肥料。

尽管对蔗糖生产很有价值，种植园主对待牲畜和他们对待奴隶（在庄园账簿中，他们将奴隶记录为人形牲畜）一样，只提供最低限度的食物、不充分遮蔽的居所、残酷的对待，并且鲜有照护。种植园主将不适宜种植甘蔗的地方围成了牲口棚，也不管那些地方是否有良好的牧草和充足的水源。牲口棚的搭建通常欠考虑，连棚顶都没有，这使得营养不良、过度劳累的牲畜在雨季也得不到保护。甘蔗种植区鲜少有或者根本没有兽医，医疗照护不过是临时凑出来的，或者根本就不存在。种植园主对牲畜和奴隶表现出同样的冷酷，他们依靠鞭子抽打出来的疼痛，迫使牲畜和奴隶使出巨大的力量和耐力，完成赫拉克勒斯式的壮举。结果是，糖料种植园里的骡子平均寿命只有 6 至 8 年，牛只有 4 至 6 年，连其潜在寿命的一半都达不到。

除了过度劳累、营养不良和残酷的待遇，种植园体系奇特、违背直觉的动态使田间奴隶与他们本应养育的牲畜对立起来。可以预见的是，奴隶们将这些牲畜作为打击目标，使它们变跛，还残害、饿死或毒死它们，偷窃它们的饲料喂养自己饲养的动物，或者偷偷出售，甚至屠宰并享用它们。监工和种植园主则不断阻止奴隶的这种蓄意破坏行为。

由于监工要求极度劳累的田间奴隶组还要为牲畜提供饲料，这个问题变得更加严重。在田野里劳累了一天的奴隶们不得不拖着沉重的脚步走到牧场或其他地里，在夜晚为牲畜采割分配到的草料份额。即使是在星期天，即奴隶们获准去打理自己的农作物，甚至一些幸运的人可以去当地的市场出售多余的红薯或大蕉的日子，也需要优先考虑牲畜饲料。玛丽·普林斯回忆起安提瓜的一个糖料种植园："星期天早上，每个奴隶都要出去采集一大捆草。他们把草料带回来之后，不得不坐在管理人员的门口等他出来。他们经常要在那里饿着肚子等到 11 点多。"[46] 在得到管理人员的批准后，奴隶们才能去吃饭、料理菜园和做生意。

奴隶们讨厌收集草料。一篇又一篇回忆录都强调了他们对这项任务耗费了太多时间感到不满，以及穿行在荒凉、多石的田地里搜寻牧草和杂草以便喂养牲畜的艰辛。加勒比群岛的历史学家埃尔莎·戈韦亚写道："在最好的情况下，'在围栏周围、山上、休耕地和荒地'搜寻草料也令人精疲力竭。而在干旱天气，这成了几乎无法忍受的负担。"[47]

当时，作为当地甘蔗种植的观察者，神职人员詹姆斯·拉姆齐和克莱门特·凯涅斯特别关注收集草料这件事，他们认为这是一项极其艰难的任务，艰难的程度甚至到了需要立法干预的地步。凯涅斯谴责它是"一种不必要和可恶的习俗，但和其他所有习俗一样，没有任何理由可以根除这种现象"。[48]他和拉姆齐都声称，因为没采到足够的草料会受到惩罚，成群结队的奴隶为了躲避这样的惩罚而逃跑了。

与此同时，尽管奴隶们付出了巨大的努力，牲畜还是经常喂养不足，以至于虚弱无力，无法从事劳作，随后这些工作就落到了奴隶身上。当牲畜没气力、无法劳作时，奴隶们不得不头顶着满满一篮子的肥料，摇摇晃晃地爬到山坡上给田地施肥。凯涅斯认为，这样吃力的负重行走是"奴隶胃痛的根源，比种植园里其他所有的劳作加起来造成的病痛更折磨人且无法治愈"。[49]此外，在攀爬陡峭的山坡时，种植园主常常选择将重物转嫁给奴隶，以此来保护牲畜。奴隶法规通常得不到切实执行，比如在圣基茨岛"有一条法规规定，不准让奴隶做牲畜能完成的工作"。最引人注目的例子就是出了名艰辛的挖甘蔗坑的工作，牙买加种植园主布赖恩·爱德华兹断言，"（用牛拉犁）做这项工作比（人力）用锄头效率更高、速度更快"。[50]但事实是，可怜的奴隶们用锄头挖坑，挖了一英亩又一英亩。

奴隶们忙于照料种植园里的田地和牲畜，以至于难以找到足够的羊草、杂草、甘蔗梢头和其他植物残渣来喂饱自己的畜禽。他们担心饥饿会驱使自己饲养的牛或猪闯进庄园主的牧草地去吃草。一旦发生这种情况，监工就会惩罚闯祸的畜禽主人，甚至会宰杀那些乱跑的畜禽。

甘蔗班组

畜栏奴隶专门负责饲养家畜,"猪肉组"会协助他们。和接受军事化管理的田间奴隶形成鲜明对比的是,畜栏奴隶劳作时相对独立,而且劳作内容也稳定、有规律。他们的日常任务包括收集和分发牲畜草料、种植羊草和玉米、清扫、修理篱笆、粘贴标牌。当时的人普遍认为,畜栏里的劳作要容易得多。种植园主有时会安排年轻的女奴去畜栏劳作,因为蔗田里的辛苦劳作会降低生育率。种植园主西蒙·泰勒认为:"对于黑人来说,畜栏无疑比甘蔗田更适合他们繁衍后代,因为甘蔗田里没有轻松的任务提供给黑人妇女。"[51]

畜栏奴隶会通过虐待主人托付给他们的牲畜,故意破坏主人的财产。为了避免损失,一些监工会用小额金钱贿赂畜栏奴隶。当牲畜死亡,哪怕是由于未确诊的疾病,以及牛、骡子腿瘸了或者走丢了时,畜栏奴隶都会受到惩罚。

儿童奴隶被称为"小黑鬼"(pickaninnies),此词是由西班牙语"pequeños niños"(意为小孩)衍生而来的变体。四五岁时,儿童奴隶的童年就结束了。之后,正如一位外居的牙买加种植园主在实地考察自己的庄园为何不再赢利后报告的那样,这些儿童奴隶"被安排去做清理道路、给厨房搬柴火等活。一个男孩监工挥舞着小棍或白色枝条,监督他们完成各种任务"。[52] 大约9岁时,男孩和女孩就被编入"猪肉组",负责采集草料、饲养牲畜和做其他杂务。随着他们的成长,种植园主或监工逐渐将他们分配到成年奴隶的班组。在种植园里,将12岁的女孩送到甘蔗地里并不罕见。

一名前往古巴的英国游客为甘蔗压榨间外面看到的五六十个孩子感到心痛。他们把甘蔗堆放在一台起卸机上，机器将甘蔗送到压榨轮上："这些可怜的小家伙在炙热的阳光下为了生存辛苦劳作，他们一直盯着身边站着的黑人手里挥舞的那条可怕的牛皮鞭子，那个人随时准备在他们试图偷闲或偷吃甘蔗的时候，用鞭子抽打他们赤裸的背部。"[53]

"猪肉组"不仅要干各种杂活，还得负责教导小孩子适应成为合格的奴隶。一些女奴以晋升成为"猪肉组"的工头为荣，但主人不过是将她们视为奴隶制度中的教导者而已。一位"仁慈的"法国种植园主期望女工头"能够教导手下的孩子出色地完成所有任务……她还必须教导他们无条件服从命令，及时制止他们之间的争吵……由于年幼，孩子们很容易接受别人的教导。因此，他们能否成为好奴隶，很大程度上取决于塑造他们的权威人物"。[54]

糖奴很少有长寿的，但有些人依然克服了巨大的困难，活到五六十岁，有的甚至更久。年老没有给他们带来多少喘息的机会。种植园主指派年老的女奴照看小孩，在厨房或奴隶医院帮忙，或采集草料。种植园主会派年老的男奴到甘蔗地里捆装甘蔗，田间最年长的甘蔗收割工也有可能被指派去完成这一任务。捆装工站在货车旁，其他奴隶不断地将砍下来的甘蔗运过来。然后他们捆好又重又湿的甘蔗秆，把它们拖进车里。这项任务繁重而不间断，对老年人来说是非常困难的。

种植园里经常失窃，许多年老的男奴成了种植园里的看守。每个看守都有自己负责的区域：大宅、畜栏、磨坊、煮糖间、大谷仓和储藏室、田地、菜园。看守不得不忍受蚊子肆虐的夜晚，还得与困意抗争。如果潜入的偷窃者得手了，负责的看守将面临严厉的惩罚，这些偷窃者可能是他熟识的奴隶、其他种植园的叛逃奴隶或寻求补给的黑奴。西斯尔伍德"发现许多玉米秆被连根拔起，玉米被偷，于是狠狠鞭打了看守庞佩"。[55]

一些年老的奴隶实在无法工作。有几个种植园主会给他们一些大蕉吃，但大部分种植园主不管他们，要么其他奴隶供养他们，要么他们根本没有食物。许多种植园主会在作弄一番后释放年老的奴隶，将他们赶出庄园，任他们自生自灭。在巴巴多斯，老田奴"爬行"到布里奇敦乞讨，"人们经常在街上能看到他们，在人生悲惨的最后阶段，他们赤身裸体、饥肠辘辘、疾病缠身、孤独无助"。[56]赶走老奴隶或残疾奴隶的恶习非常普遍，乃至于殖民地出台法规，禁止此种做法，但这些法规并未得到执行。18世纪，一个残忍的种植园主干脆将他最年老的奴隶扔下了悬崖。

家内奴隶

家内奴隶在距离奴隶营舍较远的主人大宅里干活。大多数肤色较浅的女奴，包括种植园主自己的混血后代，都是家内奴隶。受宠或有技能的黑奴也是如此，比如熟练的厨师或手指灵巧的女裁缝。尽管家务劳动不像甘蔗田或畜栏那样繁重，但白人不断出现在身边，令家务劳动变得紧张起来，甚至夜间也无法逃避命令。家内奴隶必须随叫随到，而且经常被禁止出入奴隶营舍。这些男奴和女奴只能睡在大宅里——橱柜、厨房和楼梯间。许多奴隶只能在打鼾的主人的卧房地板上尽可能休息一下，以便听到主人一个响指就马上爬起来倒水、拿出便器或者赶走讨厌的蚊子。

家内女奴成为性侵害目标，她们"在体罚的痛苦下，被迫无条件屈服于主人的意愿"。[57]西斯尔伍德"占有"了数十名女奴，包括家内奴隶和田间奴隶，而且看到他喝醉的雇主也这样做。"科佩先生昨晚大发雷霆，"他指出，"在厨房强行侵犯了埃吉普特·苏珊娜，科佩先生大半个夜晚都像个疯子，等等。"大多数敢于反抗白人侵犯者的女奴都因"粗鲁无礼"而受到惩罚。[58]科佩曾因埃吉普特·苏珊娜和另一名女子拒绝与他和一名好色的访客发生性关系而鞭打她们。

在糖料种植园的奴隶中，家内奴隶除了致力于种植园主或其代理人的福祉和舒适生活，对蔗糖生产不起任何作用。种植园主的大宅拥有数量惊人的仆人。一名观察者指出，"20到40个仆人"做5个或6个人的活，"并不稀奇"。[59]圣基茨岛的居民克莱门特·凯涅斯是奴隶制度的批评者，他反问道："奴隶们是否有必要在我们的房子里等待，并且贴身侍候我们?"他接着回答道："不，这没必要，但已经这样做了。"[60]这是体现糖奴制核心的扭曲逻辑的绝佳例证。

这个过剩的家内奴隶群体填补了相当多的职位：管家、马车夫、男仆、助理、仓库管理员、侍者、女佣、洗熨女工等，其中权力最大的是厨师、保姆、女裁缝和女管家。厨师不会毒害主人，备受主人信任，保姆不会伤害白人的小继承人，裁缝也不会通过歪斜的接缝而破坏进口布料。女管家，通常是主人的情妇，是所有职位中最重要的，只要她能保持自己的性魅力和忠诚，并且能巧妙应对与主人妻子同住的困难，主人的妻子则一直监督着她。

与田间奴隶相比，家内奴隶拥有更多更好的衣服，其中包括白人家庭不要了的旧衣服，他们还可以佩戴首饰，吃得也更好些。白人不希望自己的屋檐下出现衣衫褴褛、肮脏的男奴和女奴。一些家内奴隶会收到小费，他们用来买小饰品或存起来。尽管有这些好处，大多数家内奴隶都是做着吃力不讨好的辛苦活计，他们害怕降级到甘蔗地里去。不安全感普遍存在，而且他们不停地被调派去做其他工作。一名观察者认为，他们是"我们所拥有的最悲惨的生物，也是最腐败、最危险的"。[61]

监 工

在大宅之外，糖奴生活中出现最多的白人就是监工了。与种植园主，甚至是那些不外居的种植园主不同，监工会在田间待很长时间，而在甘蔗种植或收割季节，他们会长时间待在磨坊和煮糖间里。他们是种植园里的全职居民，在种植园主不在时，常常充当实际的主人。只有律师能超越监工的权威，但由于经常要监管多个种植园，律师更有可能去走访，而不是长住在任何一个种植园里。

监工既有克里奥尔人，也有旅居异国的白人。他们要么是希望在殖民地改变命运的小儿子，要么是在苏格兰或爱尔兰前途渺茫但有抱负的年轻人。监工刚开始工作时往往对甘蔗的种植知之甚少，而甘蔗种植又是最复杂、最严格、风险最大、资本最密集的经营活动。他们走遍了糖岛的各个角落，建立联系，交流信息，获得经验，寻求工作。受聘后，他们协商下来的年薪从 50 英镑到 300 英镑不等，外加食宿和其他津贴。

监工通常是单身汉，许多种植园主"拒绝雇用已婚男子，因为他们认为，已婚男士的家庭会比单身汉消耗更多的糖，而且需要更多仆人"。[62]尼维斯岛的外居种植园主约翰·弗雷德里克·平尼怀疑已婚的监工会"因懒惰而忽视我的产业，早上和中午都赖在床上（克里奥尔人经常这样做），要么就是出去串门或者在家接待访客"。[63]尽管未婚，监工通常并不禁欲，他们因强奸女奴、包养女奴情妇和生下黑白混血儿而臭名昭著。西斯尔伍德详细记录了自己的每一次性接触，这对后世很有帮助，证实了这种刻板印象的准确性。皮埃尔·德萨勒不断抱怨的监工也是如此。

监工是种植园里纪律的主要执行者，通常与对奴隶的暴行联系在一起。他们基本上无所畏惧，只要工作效率够高，种植园主很少责备他们。种植园主生活在对奴隶起义的恐惧中，因而认为与其他白人团结一致很重要。而且，许多白人身边都是受压迫、受剥削和贬低的黑人奴隶，他们过着几乎孤立的生活，因此笃信严厉的镇压是保证安全的最佳对策。所以，大多数种植园主只有在监工的暴行危及奴隶的合作，从而影响蔗糖生产和整体安全时，才会介入其中。

1824年，德萨勒曾介入干预过一次。当时，由于愤怒的奴隶们长时间的劝说，德萨勒解雇了监工。一个刚刚遭受鞭打的奴隶自杀了，这件事打破了原有的平衡，促使德萨勒下定决心。那个名为塞泽尔的奴隶大叫一声："跟希尼亚克先生打个招呼，告诉他再也打不了塞泽尔了。"说完，他就从磨坊的轮子顶部跳了下去。其他奴隶警告德萨勒："你的黑奴陷入了绝望，没有什么能使他们开心，他们没心思打扮自己。一想到希尼亚克先生，医院就人满为患，他们纷纷走向死亡。"尽管德萨勒认为，"必须受我们掌控的人种是邪恶和危险的"，但他还是以"我们所有的不幸都是因为奴隶对希尼亚克的仇恨"为由，解雇了监工希尼亚克。[64]

监工西斯尔伍德十分严厉，但他仍然谴责另一个监工表现得

"像黑人中的疯子一样,鞭打达戈、普里穆斯等黑人,且都没有充分的缘由"。"某个夜晚",另一个监工"喝醉酒回家后,和自己包养的非洲奴隶南妮发生了争吵,并向她开了几枪,其中一枪打在她头顶附近,另一枪击中了她的脚踝。两颗子弹似乎都嵌入了她的体内",因此西斯尔伍德解雇了他。[65]

监工是惩罚奴隶的煽动者或执行者,他们的决策和性格直接影响了奴隶的生活。西斯尔伍德的日记持续了36年,记录了他对家内奴隶和田间奴隶的一连串暴力惩罚,他的日记也是其他糖料种植园生活的如实写照。

和大多数监工一样,西斯尔伍德对待逃跑的奴隶尤为残忍。西斯尔伍德用一种带有足枷的长条形铁镣将逃奴哈扎特的双脚束缚住,堵上他的嘴,还将他的双手锁在一起,然后用糖蜜涂抹他的身体,让他整个白天都裸露在苍蝇面前,晚上则在没有火光的情况下任蚊子叮咬。西斯尔伍德狠狠地鞭打了另一个逃奴,"接着用盐卤、酸橙汁和鸟眼辣椒汁揉搓后者全身"。殖民当局处决了逃奴罗宾后,将他的头送了回来,西斯尔伍德将罗宾的头插在一根杆子上,以便其他奴隶能够看到这一幕,进而反思罗宾的命运。一名年老的奴隶由于在罗宾即将逃走时与他一起吃了饭,遭到了西斯尔伍德的鞭打。当逃奴波特·罗亚尔被抓回来之后,西斯尔伍德"狠狠地鞭打了他,也用盐卤好好腌制了他一番"。[66]

西斯尔伍德也因其他各种违规行为而鞭打奴隶,比如偷吃甘蔗、吃泥巴(现在已知是钩虫病的症状),没有抓到足够的鱼,"辱骂和打扰到了威尔逊先生""让牲畜闯进号角树底下,在夜里喝醉酒,还发出我听过的最可怕的噪声""恶行和疏忽""昨晚击鼓"。他曾用砍刀砍掉了一个奴隶的耳朵、脸颊和下巴,因为这个奴隶偷了玉米。[67] 19世纪，在马提尼克岛，皮埃尔·德萨勒用鞭子、铁链、铁环、脚镣，以及棺材状的地牢来惩罚奴隶犯下的类似的过错。他认为偷食物是一项严重的罪行，对此施以严厉惩罚，他记录道："我惩罚他们在星期六只能休息半天，因为他们偷了我三串香蕉。"[68]

在延续了数个世纪的糖奴制下，奴隶们艰难度日，并且时常死于诸多残忍且荒唐的惩罚：他们被活活烤死、剥皮致死、绞死、肢解、活埋。牙买加种植园主汤姆·威廉姆斯"用一根玉米棒堵住一名腹泻女奴的肛门"，结束了她的生命。[69]其他惩罚包括阉割、残害生殖器，截肢或切掉部分肢体（比如被抓回来的逃奴会被砍掉半只脚），以及在奴隶的脖子上套上铁环或用金属马刺塞住嘴巴。虐待奴隶的行为甚至令一些铁石心肠的监工都感到震惊。1790年，英国皇家海军上校霍尔简要地证实了种植园奴隶受到的待遇是"相当不人道的"，他可是对水手受到的粗暴待遇毫不动摇的人。[70]

营舍：收工后的生活

即使在奴隶的营舍，即他们自己的世界里，甘蔗也主宰着奴隶的生活。社会学家奥兰多·帕特森观察到，"这些男女老少是一个独特项目的主力军，是人类社会为实现一个明确定义的目标，即通过生产蔗糖来赚钱，而人为创造出来的罕见案例之一"。[71]

数个世纪里，那里的人类社会饱受战争和叛乱、政治和废奴主义、飓风和干旱的冲击。受到的最有力的一击是奴隶贸易被废除，以及其后50年里奴隶制被分阶段废除。然而，尽管如此，蔗糖世界的核心仍然没有多大变化，以至于一名17世纪的巴西甘蔗收割工很容易就能理解19世纪的牙买加同行是如何生活的，18世纪的牙买加监工在法属圣多曼格也照样能过得如鱼得水。由于糖奴生活中的共同特性，以下对于奴隶营舍生活的概述展示了糖奴创造的世界是非常相似的，即便这种概述反映了多样的经历。

奴隶的营舍远离主人的大宅（通常的距离为0.5英里），以便将他们的声音、气味和活动与大宅区分开来，但又离监工足够近，好方便他监视奴隶们的一切活动。典型的奴隶小屋是用泥墙和枝条简单搭建而成的，有独立的，也有营房样式的，基本上都是茅草屋顶、压实的泥土地面。许多小屋只有一道门和一扇无遮挡的窗户，而像法属圣多曼格等地的小屋根本就没有窗户，致使奴隶们在热带的高温里无法通风。如果种植园主提供刷墙的石灰水，墙壁会被涂成白色；种植园主不提供的话，墙壁就会呈现出刷墙的泥水颜色，比如淡黄色、红色或者灰色。大部分小屋都很低矮，高个子的奴隶在里面直不起腰来。这些屋子都很小，每个小屋的一两个房间里住了好几个奴隶。

这些住处配备有睡垫、炊具，也许还有一张小桌子、几把矮凳子，以及一套为特殊场合预备的珍贵衣物，比如舞会或葬礼。许多奴隶直接睡在地上，以至于白人讽刺说，奴隶都不"上床睡觉"，而只是"去睡了"。在丹属西印度群岛，奴隶们"像牲畜一样杂乱无章"地躺在地上。[72]在雨季，屋顶漏雨，地面成了淤泥滩。这些棚屋十分闷热，蚊虫滋生，简直是毫无隐私可言。外面的地面充当厨房，附近的树林充当厕所，远处的小土丘和田野则是男女幽会之地。

享有一些特权的奴隶拥有更大、更坚固的房屋，比如轮匠、木匠、修桶匠、铁匠、泥瓦匠和机械工,以及夜间一些能从大宅的工作中解放出来的家内奴隶,这些房子反映了他们的地位,并容纳了他们的财产,包括几套换洗的衣服。其中一些奴隶自费铺设了地板,购置了家具,白人观察者认为这些家具非常舒适。少数几个人能用上蚊帐,以阻挡夜间的蚊虫袭咬,蚊虫叮咬折磨着营舍里剩余的每个人。

古巴的大型糖料种植园将奴隶安置在"专门的收容所里",即阴森、肮脏、不通风的木制或水泥建造的营房。逃奴埃斯特万·蒙特霍描述了他逃离的收容所:"那个地方到处都是跳蚤和扁虱,导致几乎所有劳动力都感染了疾病……总有一些愚蠢的狗四处嗅来嗅去寻找食物。人们不得不待在房间里……房间!那些房间实际上就是熔炉……奴隶收容所非常肮脏,内部空荡荡的,令人感到非常孤独。一个黑人是无法适应这种……奴隶们在收容所的角落里……排泄……完事之后,不得不使用野甘菊和玉米芯等东西来擦拭。"[73]

古巴的糖奴已经够悲惨的了,他们晚上还要被锁起来,由两名看守监视,以报告任何可疑活动。美国游客朱莉娅·伍德拉夫描述了她造访奴隶收容所的情景,她对此深感不安:"我们参观了一些房间,怀疑是否值得在如此鄙陋的条件或微薄所得中生活下去。一张粗糙的木板床,上面有条毯子,两个凳子,几个锅碗瓢盆,墙上挂着两三件粗布衣服,偶尔还有一个小小的十字架或圣母像。仅此而已!……仅仅是一个吃饭、睡觉的地方,奴隶们……每晚都像绵羊一样被赶进圈里,锁在里面,直到早晨的劳动号声响起,才被放出来。"[74]

奴隶的饮食

在大多数日子里,精疲力竭的奴隶们从田间匆忙回到家,烹饪好他们能够得到的任何食物,然后陷入迫切需要的睡眠。奴隶们总是处于饥饿状态。历史学家斯图尔特·施瓦茨在谈到巴西的奴隶时写道:"从糖业经济开始到殖民时代结束,一直有证据表明奴隶未得到足够的配给。"[75] 各地的糖奴均是如此。

对于如何供养奴隶,各个种植园主有着截然不同的措施。除了提供微薄的口粮,许多种植园主希望奴隶们通过在"供应地"种植蔬菜和饲养动物来补足食物,这些土地本也是为此目的而供应给奴隶的。有些种植园主只提供供应地,希望奴隶自给自足。另一些种植园主不允许奴隶们有任何空闲时间,因此会直接提供给他们食物。还有一些种植园主既不供应给奴隶食物,也不提供任何供应地。1702年,海地最富有的种植园主之一说道:"黑人晚上偷东西是因为他们的主人没有提供食物。"80年后,一名观察者估计,"75%的种植园主不给奴隶提供食物"。[76] 巴巴多斯的许多种植园主采取了同样的对策,不给奴隶提供食物,并且假定他们的奴隶可以通过"夜里尽其所能在邻近的甘蔗种植园里偷东西吃来维持生计"。[77]

种植园主欺骗了奴隶,他们没有按照殖民地奴隶法规定的口粮数量和质量向奴隶提供食物。在古巴,奴隶法规定每日饮食为6至8根大蕉或同等量含淀粉的块茎、8盎司肉或鱼,以及4盎司大米或面粉。事实上,食物补贴从两顿到三顿吝啬的饭菜不等,即一顿咸牛肉干早饭和一顿大蕉、玉米晚饭,或者还有一锅甘薯浓汤。和其他很多地方一样,古巴种植园主提供给奴隶的供应地简直就是奴隶的救星。前奴隶蒙特霍回忆说:"它们就是院子里的一小片土地……非常靠近奴隶的住所,几乎就在屋子后面,在那里,他们什么都种,比如甘薯、南瓜、秋葵、玉米、豌豆、马豆、利马豆、酸橙、丝兰和花生。他们还饲养猪崽。"[78] 那些猪崽靠吃土豆维生,等它们长大后,奴隶们会吃掉或卖掉它们。

在巴巴多斯、安提瓜、圣基茨和尼维斯,以及后来被称为英属圭亚那的地方等殖民地,绝大部分土地都种上了甘蔗,奴隶不得不依赖主人供给的口粮,并在他们棚屋周围被称为"波林克"(polinks)的小菜园里尽可能地种一点食物。他们分到的口粮很少,淀粉含量很高,如果煮成糊状的话,有时含有的颗粒太粗,令奴隶们直犯恶心。而且,食物种类也很单一。一名奴隶抱怨道:"主人给我吃太多玉米了,今天是玉米,明天还是玉米,每天都是玉米。"[79] 除此之外,奴隶饮食的主要组成部分,即咸鳕鱼,经常是腐败变质的,"除了奴隶,它们不适合给任何人吃"[80],而咸鲱鱼含有的营养"和浸泡它们的盐水一样少"。[81] 1788年,圣基茨岛上的奴隶据说每周能获得4至9品脱面粉、玉米、豌豆或其他豆类,以及4至8条咸鱼。当甘蔗酒作为食物补充分发时,他们得到的食物数量就更少了。技术娴熟的奴隶能得到双倍口粮,孩童则减半。

在大多数种植园里,偷窃食物,尤其是最易获得且好吃的甘蔗,是大部分奴隶的真实日常生活。在安提瓜、巴西和其他糖料殖民地,"奴隶们会吃自己能弄到手的任何食物。奴隶们除了供给的口粮,还通过哄骗、乞求和偷窃等手段获得额外的食物"。[82] 令人难以置信的是,一些主人会分发大量廉价的朗姆酒,却不补发食物,结果是可以预见的:一些奴隶卖掉了朗姆酒,去买食物,但许多人将酒喝掉,很快就饿了,接着为了生存只能偷盗。

没有供应地的奴隶则是最饥饿和最不幸的。他们的主人通常将几乎所有的土地都用于种植有利可图的甘蔗,并依靠进口食物为生,它们通常来自北美殖民地。在战争或经济混乱时期,这些奴隶实际上只能挨饿。美国独立战争的爆发切断了进口食品的供应,在安提瓜和其他糖岛,数百名奴隶因饥饿而死亡。

供应地能提供给奴隶更多更好的食物,但这对劳动负担本已十分沉重的奴隶来说代价很高,他们不得不把宝贵的空闲时间用来照料作物,而不是休息或放松。就像在马提尼克岛上一样,奴隶的供应地在边缘之地,供应地替代配给,奴隶们不得不为了生计而苦苦挣扎。通常的做法是让他们有时间去照料菜地,一般是星期六半天和星期天。在许多庄园里,奴隶们在午休时间放弃休息和吃午餐,匆忙赶到园子里去种地。如果养了小鸡和其他小型家畜,他们也得照料它们。

尽管存在明显的困难,奴隶们还是更喜欢这个制度,他们的主人也是如此。经济史学家戴尔·托米赫写道,从一方面来看,这"直接使主人受益,因为维持奴隶人群的费用给他带来了沉重的经济负担。维持生活的负担直接转移到奴隶身上……只是为了获得基本的生活必需品"。[83] 如果刮飓风、土地贫瘠、动物或其他奴隶的劫掠、干旱、疏忽等情况导致农作物歉收,种植园主也很少主动提出去补充奴隶的口粮,即使后者正在挨饿。

供应地带来的不只是食物。比起奴隶制度的其他方面,它给予了奴隶希望,尤其是对辛勤种植的女奴而言。如果努力耕种,土地也配合,她就可以做出美味的饭菜,这些饭菜是克里奥尔菜和记忆中的非洲菜肴临时混合而成的。她可以出售一些甘薯、大蕉、椰子、南瓜、香蕉、阿开果、秋葵、菠菜和其他食物,或者是在农闲时期饲养的鸡,按照自己的意愿用赚来的钱买些品质更好的鱼或肉、鸡蛋、儿童用品、烟草、布料、炊具或小饰品。

通常,女奴最好、最稳定的客户是她的主人,如果他和其余大部分种植园主一样,将几乎所有的土地都种上了甘蔗的话。这样做的一个缺点是,种植园主或他的妻子会利用自身的权力来压秤和压价。另一个问题是,在农作物歉收时,主人和奴隶都没有食物,只能靠进口。到了19世纪,随着一系列改善法案的出台,奴隶也拥有了畜栏,它成为奴隶畜禽肉的主要来源。

随着时间的推移,奴隶扩大了客户群。他们不再只是向主人和邻近的白人出售商品,还在附近的城镇市场上"讨价还价"或兜售商品。市场是奴隶通往希望的生命线,"那是欢庆和娱乐的日子,整个黑人群体似乎都活动起来了"。[84]从天亮到午后,当朗姆酒馆开门时,市场上挤满了黑色、棕色、白色等肤色的叫卖者及其顾客。奴隶们离开后,会将赚到的钱或购买的商品藏在安全的地方。但有些人还是会屈服于诱惑,沉浸在朗姆酒中借酒消愁,或者参与赌博,输掉了挣来的钱。然而,不管奴隶们如何支配自身的收入,市场日仍然改变了他们对于生活的看法,并激发了自由的梦想:有些人存了足够的钱,就会为自己赎身,成为自由人。

供应地不仅孕育了蔬果,还孕育了传统。在英属殖民地的许多种植园里,奴隶们有权拥有自己的供应地,并将之遗赠给继承人,许多主人尊重这种做法。牙买加的糖料种植园主威廉·贝克福德指出:"黑人绝对尊重长子继承权,父亲去世后,长子立即继承了他的所有财产。"[85]奴隶主还通过这些供应地来惩罚奴隶,即剥夺他们的自由时间,使他们没有时间种植,或者拒绝给他们提供通行许可证,也就是市场日那天不允许奴隶离开种植园前往指

图 22 安提瓜圣约翰的市场,黑人在这个市场上买卖农产品。一名端庄的老妇人佩戴着豆串项链,手里拿着几样东西,好像是鱼干和烟斗。这幅图显示了蓄奴时期市场的喧闹和兴奋的人群。

定的交易地点。

奴隶小贩并不总是只出售农产品。讽刺的是，最赚钱的商品之一是蔗糖，因为平日里任何肤色的城镇居民都很难获得蔗糖。富有事业心的奴隶小贩很快就满足了这一需求，从种植园的仓库里窃取了他们毕生奉献但不曾占有的蔗糖，把糖藏在葫芦里运到市场上贩卖。他们还能偷来顾客急切需要的其他任何东西。同时，他们也售卖大家不屑使用的东西，比如每年发放一两次，给他们用来做衣服的粗布。

奴隶的家庭生活

糖奴创造的世界拥有其他任何一个移民社会都具有的所有紧张关系。在最初的日子里，所有奴隶都是非洲人，部落差异分化了他们。随着克里奥尔人逐渐增多，并占据优势，直到奴隶贸易结束时，非洲人约占奴隶队伍的40%。从此，随着非洲人的减少，大多数奴隶都是克里奥尔人了。那里存在一些常见的冲突。一些克里奥尔人嘲笑新来者是"跨大西洋而来的黑人""来自几内亚海岸的奴隶"，还嘲笑他们的部落文身、磨尖了的牙齿，以及努力尝试使用新语言交流的尴尬。与此同时，他们尊重并羡慕非洲人具备的知识，后者拒绝接受奴隶制度的束缚，也不承认庄园经济的社会结构。尽管非洲人穿着一样的奴隶衣服，但他们在充满敌意的新大陆是外来者。

在奴隶营舍，还存在其他的紧张关系。种植园里存在等级制度，最底层是田间奴隶，而技术熟练的奴隶则处于高层，这部分奴隶拥有相对来说好一些的房舍和更精致的衣物，以及更多享受美好生活的机会。甚至,他们在奴隶市场上的售价也更高,约是田间奴隶的两倍。这些享有特权的奴隶会期望同伴给予一定的尊重。例如,研究海地史的学者卡罗琳·菲克写道:"一个熟练技工的女儿绝不会考虑与一个田间奴隶结婚或形成伴侣关系。"[86]

出入奴隶营舍的家内奴隶为种植园里的社会关系增添了另一层复杂性:他们吃得最好、穿得最好,说话最得体,同化程度最彻底,但也是最为主人的大宅及其生活方式束缚的。大多数家内奴隶也是肤色最浅的,其肤色暴露了他们与白人,以及生下他们的黑人妇女之间的特殊联系。

奴隶们穿行于自身社会种种紧张的关系。对他们住房安排的分析揭示了他们是如何组建家庭和伴侣关系的。最常见的社会单位是简单的核心家庭,且大部分独自生活。较小的家庭可能会和单身男女或者分派给他们的季节性奴隶共享住所。年长的单身女性,通常是寡妇,会和年轻的单身男性住在一起,她们大多会为这些男性做饭和打扫卫生。有些房间住着独居者,通常是非洲男性和老妇人。[87]

当然,也存在很多扩展的家庭,尽管由于奴隶居住的房屋空间过小,他们常常无法在同一屋檐下生活。儿子们经常离母亲较近,而女儿们则会搬走,通常会靠近婆婆居住。扩展的奴隶家庭还可能包括领养而非血亲的姐妹、兄弟、姑姑和叔伯。同船走过中央航路的人会将对方视作亲人。

奴隶制的复杂性促使一些奴隶进入多配偶关系。最常见的情况是,被卖到另一个种植园的男奴会在当地和另一个女奴结成伴侣。但是,如果他能获得通行证或造访之前家庭的临时许可,他就会恢复和原先的妻子的婚姻关系。

随着情况的变化，奴隶婚姻的性质也发生了变化。在制糖业发展初期，大部分奴隶都是男性，男女性别比例差不多是2∶1。很多男性找不到伴侣，对女性的需求非常大。到达古巴的访客经常会记录庄园里很少有，甚至没有田间女奴的情况，"那些可怜的劳动者连野兽都不如，只是人形机器，一直劳作并被监视。在那里，即使是（有些残缺的）家庭关系和家庭环境也不能减轻生活和肢体上的痛苦压力"。[88]

即使随着奴隶的人群克里奥尔化，性别失衡的情况有所缓解，奴隶们也不能随心所欲地结婚。种植园主会干预和管理他们生活中最私密的一面，就像干预和管理其他所有方面一样。糖料殖民地的所有种植园主都不认可奴隶的性道德观念，但无法确定婚姻是否是此问题的适当解决方案。婚姻涉及很多利害关系。承认奴隶的婚姻，特别是遵循基督教仪式的婚姻，很容易给奴隶们带来一种观念，即上帝面前人人平等，这一点为种植园主所不喜。奴隶婚姻也可能引发棘手的财产问题。不同主人的奴隶，奴隶和自由黑人或其他有色人种的通婚都很复杂。夫妻双方都想去看望对方。他们会要求不要被分开贩卖，而谴责夫妻分离、骨肉分离的天主教和其他基督教教会一般会支持他们。与此同时，未婚奴隶就可以被毫无顾虑地出售或出租。

鉴于这些顾虑，种植园主中有反对奴隶婚姻者，也有支持奴隶婚姻的人，他们的呼声一样强烈。背风群岛的立法者试图达成妥协，他们反对奴隶完成婚姻相关的宗教仪式，但是鼓励种植园主在奴隶中间促成一夫一妻制关系，因为这能产生种植园急需的奴隶子女。

奴隶们对婚姻有自身的看法和习俗。即使有信奉天主教的主人鼓励他们以基督教婚礼结合，也很少有奴隶会这样做。他们没有经济利益需要考虑，毕竟自身就是他人的财产。如果现存的关系无法令他们获得幸福，他们的习惯做法是结束关系，之后独自生活或再次尝试缔结新的关系，所以他们对基督教式的承诺——保持结合关系直至死亡，持怀疑态度。他们也拒绝接受有关婚姻道德的说法。当时有人记录说："众所周知，明智的黑人反对将婚姻道德作为庄严的契约。他们说，无论在英国还是在这里，许多白人婚前婚后都一样糟糕。"[89] 同样，奴隶们也害怕进入脆弱的婚姻关系，这种关系很可能因为一方被售卖而终结。

与此同时，奴隶们也会坠入爱河，从而组成从终身伴侣到短暂插曲长短不等的关系，后者往往随着新的激情萌发或者配偶一方被卖给远方的新主人而结束。许多主人要求奴隶申请获准关系许可。他们特别不愿意允许家内奴隶结婚，因为不想失去他们的服务，比如夜间照顾婴儿等。西斯尔伍德允许附近一个庄园的奴隶库乔"拥有"阿巴，她是西斯尔伍德经常寻求性行为的对象，而且在库乔"拥有"她之后，西斯尔伍德还是经常与她发生性关系。另一方面，皮埃尔·德萨勒则是虔诚的天主教徒，他认为婚姻有助于提升奴隶的道德感、稳定性和生育能力，因此倾向于准许那些征得他同意的奴隶结婚。德萨勒解释道："我给他们提供的优势将转为我们自身的利益，并且重建奴隶的道德。在我看来，这是抵御邪恶和不良意图的唯一途径。"[90] 德萨勒描述了，在要求手下一个奴隶的妻子回到她的原主人那里时，那个奴隶的妻子感到十分痛苦。她"泪流满面，不断恳求我留下她，因此我决定买下她"，使这对夫妇能继续在一起。[91]

奴隶主安排了许多奴隶的婚姻，但奴隶们对此并非没有反抗。

瓜德罗普岛上的一名"新娘"在仪式开始时告诉神职人员，她不愿意嫁给对方，她的结婚对象是由主人安排的。她说："我不想嫁给这个人或其他任何男人。我已经够痛苦的了，没有必要再将孩子们带到这个世界上来承受更多痛苦。"[92]

和许多奴隶主一样，西斯尔伍德和德萨勒记录了奴隶之间的婚姻，之后会根据他们各自的伴侣来识别奴隶。他们也记录了奴隶婚姻关系的结束，这些婚姻往往是在公然的不忠行为之后解体的。在性别失衡的时代，女性往往是不忠的一方。正如一个被戴了绿帽子的巴西奴隶对主人要求的那样："如果庄园里男人那么多，而女人那么少，怎么能指望后者在婚后保持忠诚呢？为什么主人会有那么多男奴，而拥有的女奴又那么少呢？"[93]西斯尔伍德提到了许多这样的例子。"科韦纳将朗登和罗莎娜捉奸在床（奴隶朗登的床上），罗莎娜是科韦纳的妻子。我听说朗登为此挨了一顿好打。"西斯尔伍德经常介入这种事，鞭答不忠的伴侣，比如"玛丽亚给索隆戴绿帽子……挑起争吵，等等，林肯和维奥莱特一起给维奥莱特的伴侣约布戴绿帽子"。[94]

在所有社会中，生育和抚养子女都是婚姻与家庭概念的必要组成部分。然而，糖奴的生育率普遍较低。不过在奴隶贸易结束，生育成为新奴隶的唯一来源之前，很少有种植园主关心这一点，而且许多种植园主还积极阻止田间女奴怀孕。即便在制糖业早期，种植园主也会严厉惩罚育有孩子的白人契约田间劳工，惩罚理由是母亲的身份使她们"丧失了劳动能力"，而且养育她们的"私生子"会花费主人的财产。[95]当非洲人在甘蔗田里取代白人时，种植园主仍然持这种态度。以18世纪中叶的巴伊亚种植园主为例，那里的种植园主估算，只需要3年半的时间，一个奴隶的劳动价值就可以抵偿购买他的成本和每年的养护费用,因此购买非洲人比养育奴隶的婴儿（一位耶稣会奴隶主指出,抚养奴隶的婴儿"花费巨大"[96]）,甚至比维持成年奴隶的生命都要便宜。

18世纪,随着奴隶贸易的废除迫近,以及奴隶人口每年减少约3%至4%,种植园主不得不采取新的策略。他们将奴隶的低出生率归咎于后者滥交、堕胎和杀婴。此时,他们也默认恶劣的工作和生活条件是造成奴隶低生育率的原因,并且开始通过提供稍好的生活条件和医疗保健,并给予孕妇和哺乳的母亲优惠待遇等措施鼓励生育。

死亡对任何年龄的奴隶而言都如影随形,死亡也是导致奴隶生育率如此之低的艰苦条件造成的后果。比起年轻女奴,甘蔗种植杀死了更多的男性、孩童和40岁以上的奴隶。一般来说,糖料种植园越大,奴隶的死亡率越高,尤其是男性。与其他形式的奴隶制相比,糖料种植园的奴隶制是最致命的。人们经常听到德萨勒抱怨"种植园里的疾病越发严重了",这场疾病在8个月内夺走了他10个奴隶的生命。[97]

在甘蔗田的人间地狱里,奴隶们持续过度劳累和营养不良,这导致了月经初潮推迟、体重下降、闭经,以及显著的低生育率等问题。此外,有很大比例的婴儿活不过童年期。例如,直到1813年,在特立尼达,只有不到一半的儿童奴隶活到了5岁。在法属殖民地,种植园主往往在新生儿死亡时惩罚助产士和母亲,指控她们谋杀了孩子。

种植园日志中满是关于死去儿童的记录。1771年1月,种植园里最多产的奴隶阿巴的6岁儿子约翰尼死于破伤风杆菌引起的牙关紧闭症。西斯尔伍德写道:"他的母亲几乎失去了理智,她似乎疯了，听不进任何道理。"同年10月，阿巴生下了一个女儿，可能是西斯尔伍德的后代，一周后女孩夭折了。1774年，她的儿子内普丘恩在抱怨"浑身疼痛后死去。他得了非常严重的感冒，我想是因为水从她家流过，把地面弄湿了"。1775年6月，阿巴生下一个儿子，一周后他夭折了。另一个奴隶南妮接连失去了几个孩子，其中包括5岁的菲芭，她饱受寄生虫病和雅司病的折磨。[98]

杀死父母的疾病同样也能杀死孩子。一项对1807—1834年牙买加教区的研究发现，由破伤风杆菌引起的牙关紧闭症是主要的致死原因，尤其是对婴儿来说，其次是一系列疾病，比如全身虚弱、雅司病、百日咳、发热、寄生虫、疟疾、黄热病、惊厥、肺水肿、痢疾、中风、痉挛、腹胀、胸膜炎、肺结核、钩虫病、麻风病，以及含糊不清的"上帝的惩罚"或"肠道疾病"。成年奴隶还死于性病、妊娠并发症和产后感染。在收获时节，奴隶们也因过度疲劳而死亡。例如，1816年，巴西奴隶弗朗西斯科太累了，以至于被一大桶沸腾的糖浆绊倒，不慎掉入其中而死。[99]

种植园主有责任为长期患病的奴隶群体提供医疗护理，并在奴隶"医院"中分配这些护理，那里有奴隶护士、助产士和医生照顾病人。一些种植园主的妻子也会到访奴隶营舍和医院，帮助生病的奴隶。在古巴，奴隶"医院"其实就是一个简陋的房间，里面用厚木板做床。美国访客朱莉娅·伍德拉夫报道说："病人们就躺在这些床上，穿着他们通常的衣服，如果他们愿意，身上还可以盖一条毯子。""躺在那些床上的病人面容茫然、表情呆滞、毫无生气，他们真是令人同情！"[100]通常来说，护理的质量较差。例外情况是那些努力提供更好设施的种植园主的庄园，在那里，他们指导女奴做好清洁，洗涤和喂养病人，禁止未经授权的访客。

一些种植园主雇用白人"医生"来照顾他们的奴隶,但这些人是庸医,往往没有资质,他们的无能导致许多人丧生。[101] 那些受过医学训练的人会用水蛭吸血法为病人放血,或者做催吐清肠等治疗。患有慢性淋病的西斯尔伍德详述了自己的 44 天疗程,其中包括放血、24 颗含有水银的清肠丸、盐、清凉爽身粉、香脂滴剂,以及由草药和其他较不友好的成分混合而成的药物。此次治疗还要求他每天用新鲜牛奶清洗两次阴茎,并用特制的细蜡烛痛苦地导尿。根据当时的医疗操作,奴隶们经常接受放血、用水银清肠、服用药物、汗蒸和按摩等治疗。尽管如此,他们的死亡人数依然很多,以至于种植园主指控他们与死神合谋。

大宅阴影下的奴隶生活

拥挤、潮湿、黑暗的营舍迫使奴隶去往户外活动,除了睡觉的时候。他们在外面闲聊、吵架、调情、梳理头发、讲述民间故事并创作出新的故事。他们在外面伸展身体、闲逛,打扇子给自己降温。他们也聚集在一起玩记忆中的非洲游戏。他们还在户外崇拜古老的神灵,通过歌舞嘲笑和哀叹自己的悲惨生活。他们谈论自己在炎热且看似平静的甘蔗田里,以及在煮糖间能吃人的机器旁和难以忍受的高温里度过的日子。在甘蔗田里,成千上万的老鼠啃吃尚未收割的甘蔗,他们分享关于哪些老鼠吃得最多最饱的故事。他们讨论主人、监工和工头,也谈论彼此,并密谋反叛那些奴役和剥削他们的人。他们会分享由家内奴隶传回来的消息和八卦,家内奴隶会将大宅里发生的一切都传回奴隶营舍。

奴隶营舍的一个奇特之处在于来来往往的白人,其中,男人是来寻找性爱的，女人是来提供医疗护理的，男女访客围坐着观看奴隶的舞蹈和庆祝活动。他们将所见的这些活动视作娱乐，并在事后加以嘲笑，然而，在外国观察者之中，白人对奴隶生活的迷恋并不总是带有轻蔑之意。法国马克西米利安·德·温普芬男爵写道："人们必须听听，这些白天阴沉寡言的生物拥有怎样的热情、怎样的思想精确度和怎样的判断准确性，他们现在蹲在火堆前讲故事、说话、打手势、推理、发表意见，赞成或谴责主人及其周围所有的人。"[102] 奴隶们围坐在篝火旁，烤着玉米棒子、蔬菜，有时还有肉，用树叶包裹着玉米浆或木薯浆放到火堆里烘烤成面包。他们摆脱了阴沉的苦力身份，展现出自身有思想、有感情，并有判断力的一面。

奴隶们也有假期，包括圣诞节（在一些殖民地是为期3天的法定节假日）、复活节和圣灵降临节，在主人的生日及其孩子的婚礼等事件时也会庆祝。主人通常会分发给奴隶金钱、衣服、特别的食物或朗姆酒。有一次，皮埃尔·德萨勒给了田间劳工一头被宰杀的牛，并且在他的22位白人客人吃完后，也允许奴隶们吃了一顿"丰盛而美味的"大餐。[103] 餐后，奴隶们在点了火把的院子里跳舞到深夜。而经济条件更有限的托马斯·西斯尔伍德给奴隶们分发了朗姆酒和大块的肉，以便他们庆祝圣诞节。多年来，奴隶们已将这些节日礼物重新定义为自己应享有的权利。一旦种植园主不能提供这些礼物，奴隶们就会变得暴躁和叛逆。

各个年龄段的奴隶去参加奴隶聚会和舞会时都会穿上自己最好的衣服，他们会受到热烈欢迎。白人以嘲弄的语气，称这些聚会为"舞会、集会和咖啡宴飨"。[104] 白人旁观者惊讶地看到，这些衣衫褴褛的苦力转变成了精神饱满、爱调情的人，他们的装束—

尘不染、引人注目。尤其是女性，她们不惜花费巨大的努力和金钱来打扮自己。她们有限的资源和想象力催生出了巧妙的时尚。有些人穿着主人不要了的旧衣服；其他人则付钱给奴隶裁缝，用从市场交易中赚取的钱购买的布料，通常是进口的，设计出迷人的礼服。克里奥尔观察者莫罗·德·圣梅里说："人们发现，一名女奴的花费是难以捉摸的。"[105] 这应该很容易理解。当沐浴过后涂了香膏的蔗田女奴穿上令人惊艳的礼服时，她不仅脱掉了肮脏且汗渍斑斑的破衣烂衫，还摆脱了自己所受的屈辱，也重申了自己的人性和女性特质。当她佩戴耳环，用新风格或记忆中的非洲风格系头巾时，或者当她用大宅里流行的软帽、丝带或珠子即兴装扮时，她在表达自己的个性，拒绝奴隶制下奴隶统一穿戴的衣服。

奴隶们的舞蹈欢快而随意，狂欢者大多数光着脚，随着鼓声、用掏空的雪松树干或树枝制成的打击乐器的节拍旋转。在古巴，有些舞蹈非常复杂，只有男性才能表演；马尼舞（mani）对女性来说太暴力了，她们在一旁观看并为他们加油，这些男人互相鞭打，以赢得跳舞的权利。这可能是对甘蔗田和糖厂残忍暴行的一种怪异曲解，或者是一种驱魔仪式。

假期和娱乐活动有助于奴隶们理解自身的生活。前奴隶蒙特霍回忆说，在男奴为主的古巴，奴隶们被吸引到用木材和棕榈叶搭建而成的"酒馆"里，那里的退伍军人允许他们赊购高价的朗姆酒、大米、牛肉干、豆类、饼干和点心。他们也玩游戏："薄脆饼干"和"罐子游戏"是最受欢迎的两种游戏。前者是一场生殖器力量的较量，奴隶用阴茎攻击薄脆咸饼干，打碎放在木板上的饼干，即赢得了比赛。后者是测量阴茎的长度，参赛选手将阴茎

图23 阿戈斯蒂诺·布鲁尼亚斯在西印度群岛生活了数十年,他的画作被大量复制,它们传达了一种错误的形象,即奴隶的生活是无忧无虑的。在这些画中,奴隶们在跳舞,而一个白人男人则在向一个精心打扮的混血女人求爱。鼓手和铃鼓手在演奏音乐。

插入底部铺有灰烬的罐子里,然后抽出。获胜者可以通过阴茎上沾到的灰烬,证明它确实触及了罐子的底部。在一个力求从社会、法律和心理维度阉割男奴,并且在相对年轻时就杀死了他们中大多数人的社会里,男奴们通过任何可能的方式,强调自己的男性气概,以此作为反抗。

设想和计划逃离奴役给了奴隶们生活的期望。有些人成功了,实现的方式包括自己赎身、释放、抵抗、逃跑(成为逃奴)或自杀(这些是第 6 章的主题)。大部分人在宗教中找到了精神的寄托和意义,他们尽力回忆非洲的宗教仪式,这些仪式也因结合了天主教的圣人崇拜和相关仪式而变得丰富。他们信奉的宗教推崇万物有灵论,融合了自然和超自然的世界,以及岩石、树木与灵魂。伏都教(在法属殖民地)、奥比巫术(在英属殖民地)、圣特里亚教(在西属殖民地)和坎东布莱教(在巴西)都是非等级制的疗愈性宗教,它们的巫师或男女祭司通过祈祷和咒语、献礼和祭品召唤神灵。

这些仪式不像奴隶舞蹈那样令白人觉得有趣,相反,它们令白人感到不安和恐慌。这是因为能够召唤超自然力量的特殊男女还具备其他技能:他们可以激励自己的奴隶同胞起来反抗压迫者。白人非常恐惧他们的力量,并通过殖民地法律来压制他们。《1792 年牙买加统一奴隶法案》(The 1792 Consolidated Slave Act of Jamaica)就是一个很好的例子:"任何奴隶,如果是为了推动叛乱而声称拥有任何超自然力量,一经定罪,将被处死、流放或遭受其他惩罚。"蔗糖世界的总体现实是,白人的繁荣、安全,甚至生存,都取决于对奴隶营舍里奴隶身体(如果不是灵魂的话)的持续控制。

第4章

白人创造的世界

大 宅

　　大宅和奴隶营舍保持的距离具有战略意义和象征意义。在大宅里，种植园主及其家人，还有他的合作伙伴创造了一个截然不同的世界。大宅不仅是特权阶层的住所，还体现了克里奥尔白人社会的价值观、意义和与奴隶世界二元对立的隐喻。它也是对困扰糖料殖民地的飓风和地震的结构性挑战，一位18世纪的作家警告说，"我们不能在这里寻找建筑之美"。[1]

　　典型的大宅十分宽敞，离地面很高，通常只有一层，因为任何更高一些的建筑都很难抵御"地震的冲击或风暴的猛烈袭击"，而且大宅一般是用石头或砖块牢固建造而成。[2] 宽阔的石阶通向长长的通风廊道——也被用作大客厅，廊道两边则是卧房。大宅的设计理念是为了阻挡使人虚弱不堪的酷热。百叶帘或百叶窗挡住了耀眼的阳光，同时又不阻挡受欢迎的微风吹进来。只有后部房间的窗户是完全关上的，因为这些房间更容易遭受暴雨的侵袭。大宅的地板用桃花心木或其他硬木铺成，上面不铺地毯，而且非常光亮。家具也流行用硬木制成。地下还有几个储藏室。这就是大宅完整的结构了。

期望看到庄园式大宅的欧洲人往往会对此感到震惊和失望。英国驻牙买加总督尊贵的妻子玛丽亚·纽金特夫人觉得这些房子极其丑陋。经常外居的牙买加种植园主马修·刘易斯认为,自己继承的康沃尔大宅"看起来很可怕",尽管在令人透不过气的牙买加热浪里,他也忍不住赞赏这座大宅凉爽宜人的内部环境。[3]

大宅的设计也考虑到了安全因素,它能为白人提供安全防护,针对总令他们感到不安的黑人群体,远离奴隶营舍,而离地较高,则可以防范突发的奴隶袭击。在古巴,种植园主埃德温·阿特金斯建造了密不透风的外墙,厚达数英尺。在圣克罗伊岛,惠姆种植园里的大宅墙壁厚达3英尺,是用石头、珊瑚和糖蜜砌成的。其他大宅一般也拥有地下避难室,这是大宅里的常见配置。

与黑奴隔开的那段距离,还有厚厚的墙壁和地下室,都突出了大宅生活中的根本对立。白人依靠黑人生产蔗糖,将后者视为自己最大的资本投资,奴役和虐待他们,并诋毁他们的种族,还对他们进行性侵犯或是与他们相爱,依赖他们,在他们的围簇下生活。任何一所大宅都有一支人手过剩的家内奴隶队伍,纽金特夫人评论道:"黑人、男人、女人和儿童,跑来跑去,在房子的各个地方躺着,典型的克里奥尔风格。"[4]大多数大宅还会养一两个可爱的儿童奴隶,像是宠溺宠物那样。等到他们进入青春期,变得不再可爱,他们就会被驱逐到奴隶营舍和甘蔗田里。和奴隶营舍一样,大宅实际上也弥漫着恐惧和紧张的气氛。

奴隶制是个大问题。居住在种植园里的种植园主及其家人不得不在奴隶制(尤其是它残酷不堪的一面)和基督教道德之间做调和。他们自诩为糖料世界里的有地绅士,并渴望(或者至少他们声称）追求上流社会文雅精致的生活。然而，他们过分沉迷于炫耀性消费，以至于(经常是心怀嫉妒的)欧洲人谴责他们粗俗、令人反感，完全是靠压榨奴隶得来的财富，还创造出了"如克里奥尔人一样富有"等表示蔑视的说法。玛丽亚·纽金特对克里奥尔白人的描写回应了很多人的认知："懒惰、不太活跃，除了吃饭、喝酒和放纵自己，什么都不管。"[5]

大宅里食物丰盛，而奴隶营舍里食物少得可怜，以至于奴隶们总是忍饥挨饿，两者形成了荒诞的对比。当糖奴靠微薄的"供给"勉强维生时，他们的白人主子正享用大量美食：早餐是富含油脂的鱼、冷盘小牛肉、馅饼、蛋糕、水果、葡萄酒、茶和咖啡；晚餐有20多道菜，佐以大量葡萄酒，外加含有丰富糖分的甜品和水果蜜饯。纽金特写道，克里奥尔人"吃得像鸬鹚，喝起酒来像海豚"。[6]

富裕的苏格兰人珍妮特·肖拥有广泛的人脉。1774年，她对安提瓜及其周边岛屿进行了长时间的访问。一开始，她对克里奥尔人奢华生活的看法与纽金特一样，但不久之后，她也屈服于这种诱惑。肖感到疑惑："我们为什么要责备这些人过得太奢侈呢？"[7]

珍妮特·肖的提问其实是反问，因为她已经给出了答案：我们不应该责怪这些人。她为克里奥尔人的奢侈生活方式所做的辩护反映了蔗糖世界巨大的诱惑力，似乎任何被这一世界欣然接受的人都无法抗拒这种诱惑。肖对自己在糖岛旅居经历的早期报道表明她怀疑自己所见的一切。然而，没过多久，她便开始合理化自己的经历了，直到她将当地白人的无节制行为视作慷慨，将他们的炫耀视为气派，并将对她的善意理解为热情好客的表现。有许多人既嘲笑当地白人的无节制生活和粗俗，又将克里奥尔人的社会描述为基本上是彬彬有礼、热情好客的，肖女士也是其中一员。

种植园主首先指出，这些价值观是影响他们社会心理的部分因素。而且，他们还借由种族主义论断来证明自身的豪奢生活与奴隶的穷困之间的鸿沟是合理的。种植园主解释说，黑人天生有着野蛮和淫荡的倾向，是幼稚的下等人，他们得益于基督教的道德教化；他们和种植园主的关系就像孩童与仁慈的主人的关系。种植园主还争辩说，与欧洲工人阶级相比，奴隶所过的生活更好，而他们认为欧洲工人阶级更勤奋、高效和诚实。种植园主指出，他们肩负沉重的管理和营销责任，而且为种植园里的基础设施建设支付了巨额资金；而奴隶们从来不用担心这些问题，这些足以成为种植园主应该过上奢华生活的理由。

尽管珍妮特·肖不同意纽金特的观点，即克里奥尔人的生活不符合品味标准，但这两位女士对奴隶制道德的判断是一致的：不论是珍妮特·肖在安提瓜的所见所闻，还是纽金特在牙买加的所见所感，都未能说服她们奴隶制是错误的，相反，她们都重申了种植园主群体对于蔗糖经济的核心制度所做的辩护。

注视的眼睛与倾听的耳朵

其他成千上万的目击者对克里奥尔白人文化的解读大相径庭。他们就是大宅里的家内奴隶，和甘蔗田里的奴隶一样，他们是此种生活方式不可分割的一部分。与来访者不同的是，家内奴隶的观察是专家级别的，因为他们对自己的观察对象，即克里奥尔白人的生活有深入的了解。对于主人而言，家内奴隶无处不在，是熟悉的存在,所以他们很少注意到这些人,也懒得在家内奴隶面前刻意噤声。

主人如此缺乏克制的态度令访客倍感惊讶。曾有传教士对此表示不赞同:"他们引入自己最喜欢的话题,即黑人的行为,尤其是他们对黑人的管理。与黑人有关的一切可以被随意讨论,比如殖民地的法规,对黑人家庭生活的观察,刊登在这个岛公共出版物上的对黑人的观察和评论,以及任何违反法律、出现在地方法庭、由地方法官审判的案件,等等。难道我们不知道家内奴隶也有耳朵和眼睛,就像我们自己一样吗?"[8]

这个观察是完全正确的。在每天漫长的服务时间里,家内奴隶都会将主人的餐桌对话和其他无意间听到的言谈储存起来,之后,他们会和其他奴隶一起反复琢磨这些言论,对其进行修饰和解释,并形成他们自身对糖料种植园主的世界的看法。

奴隶们需要处理的信息量非常庞大。他们听说蔗糖生产最重要,位列首位。他们还听到一位植物学家反复说一句俏皮话,即"牛排和苹果派准备好了,可以长在树上,结果它们被砍下来,腾出地方种甘蔗"。[9]他们听说奴隶制是合理的,因为黑人难管、不诚实、奸诈、懒惰而无用,像小孩一样沉迷于"短暂而幼稚的娱乐"。[10]他们也听说,有些黑人是"忘恩负义的恶棍",并且黑人"普遍顽固不化、肆意妄为"。他们甚至还听说,"除非黑人有兴趣讲真话,否则他们总是说谎,以此来练习自己的舌头"。[11]

他们听说,田间奴隶只有在分给自己的供应地里干活时才会振作精神,并且通过出售农产品,令人震惊的是,还有他们主人的蔗糖,赚取了相当可观(更不用说数量惊人了)的钱财,之后由于"轻率和缺乏远见",他们将收入浪费在小饰品和朗姆酒上,

图 24　一名典型的种植园主的生活。他周围一直有黑奴存在。图中这名巴西女性正在做针线活，她的女儿在一旁读书。三个成年黑奴在她们身边工作，还有两个黑人婴儿在地上玩耍。一旁，一只穿衣服的猴子似乎在照看摇篮里的婴儿。

"到了周末……到主人的仓库里去讨一点吃的"。[12] 他们听说，"可怜的黑人"是糟糕的管家。

他们听到白人争论惩罚的相对优点，白人认为惩罚对于管理黑人是必不可少的。他们听说，"当一个人更了解黑人的本性后，对他们的恐惧就会消失。按理说，惩罚带来的最大痛苦并不是身体上的，而是心理上的，而对于黑人来说，惩罚主要是身体上的……他们的痛苦并不伴随着羞耻感，也不会延续到当前的时刻之外"。[13] 他们听说，"缓慢施刑要比快速或者暴力施刑更能令人印象深刻。15分钟内有停顿地鞭打25下比5分钟内鞭打50下更能让黑奴记住，而且这样对他们健康的危害也更小"。[14]

家内奴隶听到主人向其他白人吐露说，他们的种植园行将破产，其他抵押的地产也要被拍卖给出价最高的人。他们听说了一个种植园主的计谋，他靠出卖奴隶以欺骗债权人，"这样，奴隶们就不会被算在他的财产评估里了"[15]，还有蔗糖的价格正大幅度下跌。马提尼克岛上最富有的种植园主之一的家内奴隶听到主人抱怨说："我们比以往任何时候都更加贫穷，我们的糖毫无价值。"[16]他们听说，监工因为工资又被拖欠了，正在生闷气。他们的主人通过驱使奴隶生产更多不值钱的蔗糖，设法从自己的产业中榨取更多的收入。端上烤猪、烤鸭、火腿、鱼肉、海龟肉、小牛肉、

图25 鞭笞通常都是公开展示的，因为这样能警示其他奴隶。黑人工头必须在白人的监督下鞭笞他的同胞。

鸡肉和其他所有配菜时,家内奴隶听到主人说,他们最不愿意供养奴隶,要尽可能地减少这项开支。

家内奴隶听说,白人对于奴隶起义和攻击是多么担忧和愤怒,以及他们是多么害怕大宅里反叛的家内奴隶。他们听白人说起奴隶下毒的故事:15岁的米内特是牙买加一个糖料种植园里的家内奴隶,她在主人睡前喝的那杯兑水白兰地里下了毒,然后站在主人床边"目睹他的痛苦,没有表现出一丝惊讶或怜悯"。[17]他们还听说有一位备受尊敬的种植园主逃过一劫,因为他大方地将自己的咖啡送给簿记员喝了,然后惊恐地看着他们倒下死去。

家内奴隶听说了那些所谓的高人一等的白人是多么粗俗:比如,当牙买加的老种植园主汤姆·威廉姆斯看到一个奴隶正在打扫一间已经很干净的房间时,"他在里面拉了屎,然后告诉她有东西要清理"[18],还有伍德姆先生"前几天喝醉了,打了他的妻子"。[19]他们听说年轻的种植园主约翰·科普"拿走了科普太太的所有瓷器、玻璃杯……使尽全力将它们扔到地板上,砸得粉碎",因为他怀疑那些瓷器是她的昔日情人送的。[20]

家内奴隶还听说了做了主人情妇的女仆的命运。种植园主欧文因嫉妒而谋杀了自己的情妇;监工弗朗西斯·鲁卡斯尔将自己的混血情妇殴打致死。他们听说,为托马斯·西斯尔伍德工作的监工哈里·威奇因为嫉妒,"几乎贴着鼻子切掉了混血情人的上嘴唇,因为他说,不再有黑人可以亲吻他曾经亲过的嘴唇"。[21]

他们也听到了一些鼓舞人心的消息。在马提尼克岛上,一位颇受欢迎的市长允许"自己的私生子,即那些小混血儿"在房子里自由奔跑。一名陆军上尉将全部财产赠予自己的黑皮肤"红颜知己",以及他们的私生子。巴巴多斯的种植园主雅各布·海因兹将大笔财产留给了自己和3个黑人奴隶所生的孩子,他在遗嘱中隐晦地说道:"我应该称他们为我的孩子,但那是不为法律允许的,因为我从未结过婚。"[22] 他们听说,尽管有些不太体面,一些白人女性还是决心与黑人男子同甘共苦,共同生活。他们听说,"不止一两个白人女士……尽管已婚,却生下了黑人的孩子"。[23]

有些家内奴隶会从白人那里获取社交线索,模仿他们的表情和行为举止,甚至学得如同玛丽亚·纽金特或皮埃尔·德萨勒一样势利,这部分奴隶听说了,一个富有的种植园主的宠物小黑猪在晚餐时不停地哼哼;还有白人把脚放在餐桌上,好让黑奴挖掉他脚上的恙螨(这种寄生虫无差别地折磨着黑人和白人)。他们还听说,在种植园里长大的巴西克里奥尔人受教育程度很低,只能谈论狗、马和牛,而女性几乎都不识字,白日里就慵懒地躺在吊床上,让女奴用指甲给她们抓头发里的虱子。

在仅限男性参加的克里奥尔晚宴上服侍的家内奴隶会听到白人有关商业和性剥削的粗俗对话,甚至包括不雅的性病细节(性病既折磨黑人,也折磨白人)。他们听到一个老种植园主讲笑话,他喜欢"和情妇一夜交合两次,先是把大腿放在她身上,让她期待,令她高兴,然后,当她承受不住他的体重之后,再放下来,又让她高兴一次"。[24] 他们听到马提尼克岛上的种植园主皮埃尔·德萨勒抨击年轻一代的异端邪说:"耶稣基督只是一个了不起的人;一个人不开心时自杀是一件非常简单自然的事情。引诱同一个家庭的两姐妹,与另一个男人的妻子私奔,这一切都被认为是非常美好的。"[25]

家内奴隶还不断听到对于蜈蚣、蝙蝠和老鼠的抱怨,以及蚂蚁和蟑螂不断啃咬椅子、沙发、水果篮、书籍和衣服的故事。他们听说，亨利·科斯特在看书前，会先把书"猛烈地合上，以便压碎任何可能在书页间爬行的东西"。[26] 他们听说，"无数的蚊子，几乎吸尽了我们的血，肯定有损我们的美貌……而且整夜折磨我们……尽管有玻璃罩子，数不清的虫子仍旧弄熄了蜡烛"。[27] 他们听说了残酷的气候和秋天的"多病时节"，还有酷热、狂风，而在雨季，则有暴雨和寒湿。他们听说了"沼泽地"和它的有毒气体，还有"恶心的青蛙"和"成群的蚊蝇"。[28] 他们听到这些，想起了自己在大宅忙于拍打那些打扰白人睡眠的生物的夜晚，以及在奴隶营舍狭窄、通风很差、无防护的棚屋里度过的无数不眠之夜。

他们经常被提醒，飓风是如何令白人感到惊恐万分，以及大自然的野蛮行径是如何经常毁掉人们的财产的，哪怕是最富有的人。他们听说，1780年的飓风对格罗夫种植园造成了极大的破坏，以至于巴巴多斯的种植园主威廉·森豪斯"一看见灾后种植园里的情景就病倒了"，此次飓风还导致他的6个奴隶丧生，在岛上其他地方更是造成上千人死亡。他们还听到糖料种植园的继承人哀叹自己的未来，比如巴巴多斯人沃尔特·波拉德的绝望喟叹："瞧！致命的飓风！它将我们的财产、过去的辛苦所得，以及下一代的希望全都埋到尘土里去了。"[29] 不过，任何谈话都有可能被白人婴儿急需保姆喂奶的哭闹声打断，黑人保姆得过去站着或坐在椅子上哺育小主人。在场的女士没准会去为女奴分泌母乳助一把力，正如一名访客回忆的那样，"以一种非常不得体的熟悉程度去拍打、挤压、摇晃和玩弄奴隶长而黑的乳房"。[30] 家内奴隶还有可能会听到白人男性嘲笑黑人保姆膨胀的乳房，也许他们还会重复那句俏皮话，即当看到那些赤裸上身的田间女奴弯腰挖甘蔗坑时，他们说的话："你还以为她们有6条腿呢！"[31]

偶尔，如果饭菜不尽如人意，家内奴隶会听到或看到自己的同伴遭受惩罚。比如，曾有法属圣多曼格的厨师在炽烈的火炉里被活活烤死。在马提尼克岛，厨师"菲利普喝醉了，我们的晚餐表明了这一点"，之后，他吃了几下鞭子。[32] 随后，白人会继续中断的讨论，或许其间还会掺杂对奴隶惩罚效力的反思。

外居是罪恶之源

从任何角度来看，蔗糖世界都充满了矛盾，但种植园主外居通常被认为是最严重的问题。长期有大批种植园主逃到欧洲去，可能是20%，而且许多人会留在那里。在古巴和巴西，外居的种植园主会躲到优雅的殖民城市，或者到纽约的第五大道，将他们的资产留给律师管理，只是时不时回去探访一下。

只有那些最富有的种植园主，才能承担得起外居的代价，他们拥有的土地面积最大、奴隶数量和资本投资最多。外居者说，他们这样做是为了逃离殖民地世界的各种恐怖现象：高温和潮湿，令他们觉得自己似乎"成了浓汁肉块"[33]；突如其来的致命疾病；热带风暴和飓风带来的毁灭性破坏；文化荒漠一般的克里奥尔世界的尴尬声誉；以及对数量远超他们的黑奴不断发动攻击的恐惧。最重要的是，他们希望能够逃离早逝的命运：白人的死亡率高得"可怕"，甚至比奴隶还要糟糕，很少有人能寿终正寝。[34]

奥兰多·帕特森认为，种植园主外居是"牙买加奴隶社会的基本特征，也是主要特征……对整个社会秩序至关重要……它是这个体系所有罪恶的根源，所以我们可以将牙买加白人社区描述为一个外居者社会"。[35] 牙买加地区的种植园主普遍叛逃，蔗糖世

图 26 《牙买加的豪华舞会!或者克里奥尔人在西班牙殖民城镇举办的舞会》(伦敦,1802年)。这幅画讥讽了克里奥尔社会的堕落:克里奥尔女性以淫荡的舞姿,吸引身穿红色外套的地方民兵,奴隶们穿梭其间呈上酒水,或者从楼梯两翼观着。这幅画旁有一段辛辣的话:"再见,姑娘们!唉,真可惜!妈妈对红外套民兵的脉闪表示难过!但是很快,每个被遗弃的姑娘都会深深懊悔自己曾跳过这种舞了!你将变得毫无魅力,无论是个性、面容、还是眼神,年轻时无趣,年老时也将无用地死去!"

界的其他地方也是如此。留下来的人很少是可靠的居民。例如，在安提瓜，总督休·埃利奥特叙述了"余下不多的白人居民是管理者、监工、自封的律师、自学成才的医生和投机商人，他们鲜少有实体资产，信用状况也较为糟糕"。[36]

种植园主纷纷外居，这带来了严重的后果。它减少了潜在公职人员的数量，对殖民地的行政管理产生了不利影响。有些人脉关系很厉害的外居者仍然担任殖民地的职务，这有损殖民地的发展。种植园和以黑人为主的居民遭受的损害最大，因为被聘用来取代外居的种植园主的雇员除了保住自己的工作，与种植园主事业的成功没有什么利害关系。正如富有的巴巴多斯种植园主亨利·德拉克斯所指出的那样，外居"对种植园里的所有事务都是非常不利的，当主人在家时，每个人都更加勤奋地工作，尽管主人根本不曾离开自己的房间……因此，必须要遵守一项规则，即你永远都不要离开种植园，除非在必要的情况下"。[37]

但很少有富有的种植园主遵从德拉克斯的建议。相反，他们还是选择了离开，并且不断地要求殖民地的种植园汇款给他们，以维持他们在欧洲的奢侈生活。为了满足他们的要求，受雇经营种植园的律师、代理人或监工不得不过度耕种业已贫瘠的土地和过度驱使已经精疲力竭的奴隶。在古巴的奥兰达种植园，由于外居的主人超支生活，种植园负债累累，律师只能榨干地力，近乎逼死奴隶。一名访客报道说，那里的奴隶看起来"疲惫不堪、无精打采、神情呆滞、憔悴瘦弱"，穿着由粗麻布制成的破衣烂衫，生活在"连野兽都不适合住"的棚屋里。[38]

老板既然已经平安地跨过大西洋，到达了欧洲，白人雇员就承袭了大宅里的生活方式。单身监工搬进了空置的大宅，或者极尽奢华地布置原本朴素的屋舍。他们中的大多数人在住所安置了奴隶情妇，甚至有的称得上后宫的程度。他们模仿种植园主的饮食标准，食用大量肉类、葡萄酒、酒精类饮料及其他美食，也以此标准招待访客。例如，西斯尔伍德举办的一次晚宴就包括木瓜酱鹅、烤猪肉和西蓝花、烤鸭、炖猪肉、柚子、西瓜、橙子、马德拉葡萄酒、波特啤酒、潘趣酒、格罗格酒和白兰地。

这些人往往都是鲁莽和素质低下的雇员，却被委托管理大量资产。许多监工和律师优先考虑自己的社会和金钱目标。他们转移奴隶、土地和其他各种资源，将它们据为己用，甚至不惜损害种植园的利益，尽可能使自己的土地和牲畜创收。借由压榨种植园的资源，他们积累了足够的金钱来购买奴隶，最终购置了自己的种植园，通常是从破产的种植园主手里买来的。

被雇员榨干资源的外居种植园主鲜少能获得他人的同情。批评者指责说，如果当初留下来，他们的命运会有所不同。可是，留居当地的种植园主收到的评价更多是关于他们的缺点和不足，而不是说他们拥有良好的判断力、高效的管理技能、农业专业知识和其他综合能力（从购买肥料到改善设施等）。相反，他们因为以牺牲种植园的需求为代价，来满足自己的奢华生活而臭名昭著。

无论是经营破产，还是在欧洲城市里炫耀奢华生活，外居者都在消磨和破坏蔗糖世界刚刚起步的社会发展。他们推卸自己的责任，将领导权下放给那些被自己鄙视为劣等人的人。他们没有为正在建设中的新世界提供支持、调高品位或者给予赞助，相反，他们用脚投票，选择了在文化、社会和物质方面都更为优越的欧洲大都市。他们在面对糖料殖民地的苦难时退缩了，而不是试图减轻或应对它们。而且由于比留居当地的种植园主更凶狠地榨取

1. 英国艺术家透纳以1783年"桑格"号运奴船惨案为背景，在1840年创作了这幅画作。画面中，死鱼和奴隶的尸体混杂在一起随波逐流，运奴隶的船则逐渐远去。这幅画作现存于美国波士顿美术馆（本书彩图来自维基百科公共领域）。

2. 法国艺术家弗朗索瓦-奥古斯特·比亚尔在约1833年绘制了一幅关于奴隶贸易的画作。

3. 尼日利亚巴达格里的一座收藏奴隶贸易遗迹的博物馆里陈列了许多用于奴隶受刑的刑具。

4. 1932年，英国马丁银行位于利物浦的总行在新址开业，它所在大楼的入口处刻有两个非洲男孩拿着钱袋的浮雕，这座大楼之前属于巴克莱家族，此浮雕表明该家族与奴隶贸易有着密切的联系。

5. 这些图（彩图5至9）也属于威廉·克拉克的《安提瓜岛十景》系列画作。这幅图描绘了奴隶们驱赶着牲畜，从田间地头将砍下的甘蔗秆一车车拉到磨坊，压榨成甘蔗汁。

6. 这幅图描绘了奴隶们在晚上也忙着卸载一车又一车从地里运来的甘蔗秆，几乎没有喘息的时间。

7. 这幅图描绘了热气腾腾的煮糖间内,奴隶们忙着熬煮糖浆。

8. 这幅图描绘了煮糖间及周边区域的奴隶们忙着拾柴、添柴、驱赶牲畜、检查蔗糖质量。

9. 这幅图描绘了收获季结束后,奴隶们将成品糖装运上船。

10. 这幅版画展示了加工甘蔗的场景,这个场景很可能发生在西印度群岛,画面中一个白人监工正在指挥奴隶操作压榨机和熬煮工序。

11. 1816 年，英国探险家兼作家亨利·科斯特在巴西旅行时绘制了一幅关于当地糖厂的画作。

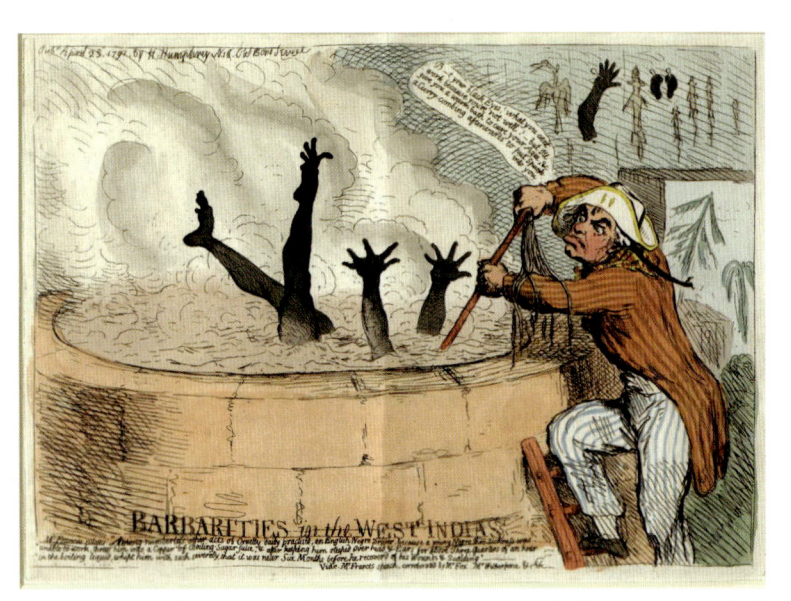

12. 英国知名讽刺漫画家詹姆斯·吉尔雷在约 1792 年绘制了漫画《西印度群岛的野蛮行为》。

13. 英国艺术家理查德·牛顿在 1792 年绘制了一幅讽刺奴隶制的漫画。画面内容是在加勒比地区，两名奴隶被绑在棕榈树上，正遭受黑人工头的鞭打，而一位衣着华丽的白人女性在一旁观看。

14. 这幅版画由艺术家安东尼·卡登刻绘，描绘了安提瓜喧闹的星期日市场。在市场上，黑人摊贩坐在地上，周围摆放着他们的商品，包括各种农产品和牲畜。被奴役的非洲人、自由的非洲人和白人在摊贩之间穿行。

15. 在苏里南的一个甘蔗种植园里，奴隶们正在举行某种仪式性的聚会。艺术家德克·瓦尔肯堡在约 1707 年绘制了一系列有关苏里南甘蔗种植园的画作，这是其中一幅。

钱财，外居者加剧了殖民地的环境退化和居民的堕落。在这样的情况下，极少数留下来的富裕种植园主和成千上万没钱离开的人不得不承担起运转种植园和相关产业的责任，也因此塑造了蔗糖世界核心的种族意义。

大宅里的性关系

蔗糖新世界错综复杂的社会结构根源于白人对黑奴的情感困惑：白人既信任黑奴，向他们倾诉秘密，乃至爱上他们，同时却又痛恨、怀疑、欺辱、殴打和背叛他们。尤其是白人身边的家内奴隶，白人往往和他们有或多或少的亲缘关系，比如白人男性和黑人女性结合生下的黑白混血儿，以及随着混血阶层的壮大出现的混血女性的后代。

这些性关系是大宅家庭关系中的雷区。如果奴隶情妇是家内奴隶，而白人妻子察觉到，甚至只是怀疑她和主人有关系，她就会惩罚这个女奴，因为她无法惩罚自己的丈夫。在一个宽容男性勾搭女性的父权制社会里，白人妻子几乎没有办法来约束拈花惹草的丈夫。

想想莫莉·科普，她是糖料种植园主约翰·科普的妻子，很年轻，才十几岁。奴隶向莫莉吐露，约翰和他的客人轮奸了伊芙，她是一名家内奴隶。莫莉偷偷调查后，发现床单"不对劲"，但她能做什么呢？她只能假装没有注意到约翰酗酒，以至于错乱，然后强奸家内奴隶和田间奴隶，还"养了"小米贝尔做情妇。[39] 莫莉本人显然是白人的后代，是她父亲与肤色不太白的情妇伊丽莎白·安德森的女儿。像其他所有克里奥尔人一样，莫莉知道，正如玛丽亚·纽金特在牙买加逗留期间很早就发现的那样,"各种类型的白人,无论已婚还是单身,都和他们的女奴隶过着放荡的生活",而且"这里没有一个男人没有情妇"。[40]巴巴多斯总督乔治·波因茨·里基茨甚至将自己的黑白混血情妇安置在总督府邸。

富有同情心的访客记述了黑白混血儿或有四分之一黑人血统的混血儿(通常是白人和黑白混血的后代,祖父母中有一个是黑人)的出生所引发的情感破坏,这些婴儿带有主人的特征,甚至还可能承袭他的名字。这些特别的小家伙的存在使白人妻子、她的母家和白人孩子感到悲伤和愤怒。在马提尼克岛,未婚的阿德里安·德萨勒令父亲蒙羞,因为他承认了自己有四分之一黑人血统的混血女儿帕尔米雷,他称女儿为德萨勒小姐,还和她一起用餐。[41]在巴巴多斯,访客震惊地发现,一个在用餐时服侍两位年轻女性的英俊的14岁混血少年不是别人,正是这两位女性的"亲兄弟,因为他与她们的父亲非常相像"。[42]

丈夫与奴隶的私情羞辱并时常伤害到他的妻子,减弱了她对家内奴隶本应具有的管理权威。有时候,忽视这种私情是最容易的解决方式,莫莉·科普显然就是这样做的。其他女性则会抗议、缄默不语,乃至绝望。一些女性的解决之道是和其他家内奴隶结成联盟,或者完全专注于抚养子女,有了奴隶保姆的帮忙,这项工作轻松了不少。许多被背叛的妻子只能将愤怒和沮丧发泄到她们厌恶的黑奴情妇身上。巴西人耳熟能详的一类故事是曾有愤怒的妇人挖出了漂亮的混血奴隶的眼睛,然后将它们做成果冻,鲜血淋漓地端给她的丈夫。没这么有创意的夫人们会令情妇毁容或者残废。巴西历史学家吉尔贝托·弗雷雷如此写道,这些暴行的动机"几乎总是对丈夫移情别恋的嫉妒,即性敌意,女性与女性

图27 蕾切尔·普林格尔是巴巴多斯一个黑白混血自由人,她是一位黑人女性与其苏格兰主人所生的女儿。在托马斯·罗兰森所绘的画像(1796年)中,时年36岁的普林格尔坐在自己经营的皇家海军旅馆兼妓院门前,这个地方在白人精英群体中颇受欢迎。来访的威廉·亨利王子,也就是后来的威廉四世,就是其中一位熟客。

之间的竞争"。[43]

即使没有因爱生妒，蔗糖世界中的精英阶层女性也可能和精英阶层的男性一样残酷成性。在她们的权威之下，家内奴隶的日常生活变成了彻头彻尾的折磨。西斯尔伍德记录道："奥尔伍德夫人或称奥尔伍德医生的妻子，又将一个女仆鞭打致死，然后将她埋在了黄油储藏室，据说，这是她杀死的第三个女孩了。"[44] 爱德华·朗曾记述有白人女性用滚烫的蜡油浇淋刚遭受鞭打的奴隶，还有女人迫使左手拇指上紧紧夹着拇指夹、手上已血迹斑斑的奴隶做刺绣。在白人糖料种植园主的世界里，很少有证据能证明，姐妹情谊能够克服种族主义，后者在这个社会居于核心地位。

性侵害的影响扩大到了黑人男子，他们因为自己的女同胞被侵犯而感到愤怒。有时，尽管他们在法律和社会层面上无能为力，但他们还是采取了激烈的行动。由于西斯尔伍德的白人酿酒师哈里·麦考密克不停地侵占女奴，男奴愤怒了。为了报复，他们砍倒了一棵树，树倒下来，压死了麦考密克。马修·刘易斯非常清楚性虐待可能会引发暴力，因此他扬言，如果他的白人雇员向任何"一个女奴求爱，而后者众所周知是我的某个黑奴的妻子"，那么他会解雇这名白人雇员。[45]

但是，如果白人一方是有权势的种植园主，或者女奴欢迎他的求爱，那么她的黑人伴侣几乎没有反击的办法。由于这种关系会带来好处，许多女性会选择和白人主子保持亲密关系。为了证明她们的爱和忠诚，也为能留住主人的爱，她们"在主人外出时表现得非常忠诚和有用，对其他人则视而不见"。[46] 她们收获了很多好处，包括宽松的工作条件，以及收到的服装、珠宝、香水、朗姆酒或金钱等礼品。如果这种结合生出了孩子，白人父亲可能会给他们提供职业培训，甚至是解除其奴隶身份。情妇也有可能被释放。

如果聪明又有抱负的女奴成了单身白人的情妇，她有可能成为单身白人的管家，这可是一个既有声望、责任又重的职位。她不得不做出牺牲，尤其是婚姻。刘易斯从白人男性的视角描述了这一点："棕色皮肤的女性……很少嫁给同样肤色的男性，而是倾尽全力去吸引某个白人。白人打着管家的旗号，将她们当作情妇。"[47]

以上关系被称为"肉豆蔻关系"，这些关系，以及越来越多的混血孩子对糖料种植园奴隶制的意识形态基础形成了挑战。没有什么能完全掩盖那些超越了种族界限的爱和纽带，而那些爱和纽带则削弱了奴隶制种族合理化的基础。

另一重困难则是肤色较浅的儿童在成年后构成了一个单独的种姓。有时，它是介于白人和黑人之间的一座桥梁，但更多的时候，它是两者之间的一个深渊。在这个种族主义十分严重的社会，有太多需要权衡的利益。牙买加种植园主爱德华·朗观察到："黑白混血儿，不管自由与否，没有一个愿意重回黑人的行列。"[48]

为了定义和控制他们创造出来的新"种族"，白人想出了奇怪而复杂的分类方式。黑人与白人的后代被称为黑白混血儿，即"穆拉托人"（mulatto）。黑白混血儿与黑人的后代被称为"桑博人"（sambo）；桑博人和黑人的后代仍然被称为黑人。黑白混血儿与白人的后代被称为"夸德隆"（quadroon）；夸德隆和白人的后代被称为"梅斯蒂"（mustee）；梅斯蒂和白人的后代是"梅斯蒂菲诺"（musteephino）；梅斯蒂菲诺和白人的后代是"昆特隆"（quintroon）；而昆特隆和白人的后代则是"奥克特隆"（octoroon）。大多数昆特隆和奥克特隆都能成功地被视为具有白人的属性，因此算得上是白人。巴西，以及法国和西班牙的糖料殖民地都有种族区分，多达 128 种，涉及原住民和白人的混血儿、原住民和黑人的混血儿、"梅斯蒂索"（mestizos，这部分人的祖先拥有欧洲和原住民血统），以及穆拉托人。例如，在巴西，黑人和原住民的后代被称为"卡布拉"（cabra）；而肤色较浅的黑白混血穆拉托被称为"帕尔多"（pardo）。

这种种姓结构决定了个人在社会中的地位，且作用日益加剧。考虑到遗传的不确定性，只有家谱才能真正区分一个肤色较深的穆拉托人和一个肤色较浅的桑博人。因为整个社会都承认这些细微的差别，种姓制度逐渐固化成了社会和人事的工具。马修·刘易斯建议他的黑奴丘比纳和一名非常漂亮的女奴玛丽·威金斯结婚，结果丘比纳非常震惊："哦，主人，我是黑人，玛丽是个桑博，我和她结婚是不被允许的。"刘易斯写道："克里奥尔人之间因肤色的细微差别而进行的区分和印度的种姓隔离制度一样严格。"[49] 同样，穆拉托人和肤色较浅的奴隶被认为不适合在甘蔗田里干活，而被分配去做不太繁重的劳作，通常是在大宅里；肤色较深的奴隶则被安置在甘蔗田里或糖厂去干重活。

这种对白人肤色的偏爱使大宅里的家内奴隶人满为患，而且也让很多潜在的劳动力被排除在甘蔗地之外。这大大增加了肤色较浅的奴隶被释放的可能性，而黑人获得这种机会的可能性很小。大部分黑人获得自由的方式只能是自己为自己赎身，或者等到年老才被释放，比如皮埃尔·德萨勒的保姆，还有他的混血孩子。历史学家埃尔莎·戈韦亚写道："整个社区的社会秩序取决于构成它的种族之间确立的区别。这……在西印度群岛的历史发展中非常有影响力，且效力持久。"[50]

1807年奴隶贸易被废除,此后糖奴的生育率及其婴儿的存活率长期偏低,这意味着如果没有非洲大陆的进一步补充,甘蔗田里的劳动力将开始大幅萎缩。与此同时,对肤色较浅的奴隶的释放还在继续,其中有将近三分之二是45岁以下的女性。这一趋势进一步扭曲了原本已十分复杂的社会秩序,并且进一步给社会注入种族主义。许多观察者评论说,获得自由的有色女性"从小在白人中间长大,……学会了欧洲人的所有习惯和恶习,瞧不起无知、未开化的同胞"。[51]

尽管克里奥尔家庭中的紧张气氛带有种族色彩,但那些生活在偏远的种植园里、身边日夜围绕着大批家内奴隶的白人女性还是习得了奴隶的"习惯和恶习"。玛丽亚·纽金特尖刻地描述道:"许多没有在英国受过教育的女士说的是一种蹩脚的英语。她们说话时懒洋洋地拖着语调,即使听起来算不上惹人憎恶,也非常令人厌烦。"一名克里奥尔女性提到凉爽的天气时,对纽金特说:"是的,夫——人——,真——的很清——新。"[52]她们分娩时由奴隶助产士照护,渐渐地,克里奥尔人将非洲人的一些盲目崇拜纳入了女性的分娩过程。她们会偷偷求助于奴隶治疗疾痛和情感问题的方法。克里奥尔女性会用非洲风格的头巾裹头,她们几乎还没意识到自己在做什么,就已开始模仿家内奴隶的仪态和举止。

这样的文化借用并没有软化多少白人的心。白人的种族优越论始于童年。曾有观察者感叹:"在黑人孩子中间长大的白人儿童天生傲慢……甚至在只有两岁时,黑人小孩就已经在白人小孩面前表现得畏畏缩缩了。而白人小孩可以随便抽打黑人小孩,并以此为乐,或者拿走他的玩具,黑人小孩没有丝毫反抗的迹象。"[53]布拉兹·库巴斯回忆自己小时候在巴西生活时,仅仅因为黑奴女孩拒绝给他吃椰子糖,就砸了她的头。他曾经常常让奴隶普鲁登西奥扮成马,库巴斯骑在他身上,一次又一次地用力鞭打他。如果普鲁登西奥发出呻吟,布拉兹·库巴斯就会大声呵斥他:"闭嘴,畜生!"[54] 年轻的母亲纽金特对牙买加克里奥尔儿童的受宠溺程度深感震惊:"他们整天尖叫……被允许吃任何不合适的食物,乃至于伤害到了他们的健康。他们完全被宠坏了,变得非常不友善。"[55]

等到克里奥尔孩童成年后,他们欺负家内奴隶,对后者发号施令,还批评后者懒惰。不过,讽刺的是,种种情状都没有逃过欧洲访客的眼睛,他们记录了克里奥尔白人拉伯雷式的胃口、无节制的性放纵,以及奴隶遭受的残酷对待。种族、奴隶制和性别等力量之间的持续角力,给克里奥尔蔗糖世界的白人社会留下了不可磨灭的印记。

镇压奴隶同样也是一项集体努力,整个蔗糖世界是高度军事化的。白人种植园主组织和掌控着殖民地民兵。民兵的主要职能是监督奴隶和镇压奴隶的反叛。最终,作为白人社会分而治之策略的一部分,民兵队伍也招募了一些他们信任的黑奴。在所有的糖料殖民地,民兵组织形成了巴巴多斯历史学家希拉里·比克尔斯所说的"新世界控制奴隶的最发达的军事和霸权结构"。[56]

蔗糖世界的种族含义与性欲

人们是怎样应对种种错综复杂的社会规则的?面对诸多限制、规定和奴隶法规,他们是如何管理自己的日常生活和相互关系的?接下来的故事给出了一些答案。

我们已经认识了牙买加监工托马斯·西斯尔伍德,他是英国人，是约翰·科普雇来管理甘蔗种植园的。他的主要工作是购买、调教和惩罚奴隶，他也和奴隶发生性关系，并像记录他的白人同伴、同事、雇主和下属那样，详细记录奴隶的生活。尽管他过度纵欲、淋病缠身（都被他用拉丁文的缩略形式记录了下来），他还是和女奴菲芭（是黑人和当地白人所生）一同度过了33年，他喜爱菲芭，视她为自己的妻子。

他们并非一见钟情。在抵达埃吉普特糖料种植园几个月后，西斯尔伍德严厉鞭笞了菲芭，因为菲芭藏匿了一名试图谋杀他的奴隶。18个月后，西斯尔伍德和菲芭发生了性关系。此后不久，菲芭成了他的情妇。

让我们回到那时候吧。1754年，菲芭20多岁了，是科普家的女管家和厨房管事，她深爱自己的女儿库芭。菲芭聪明、口齿伶俐，有抱负，了解糖料种植园里的复杂情况。她和熟识的白人保持友好关系，并且只和白人男性发生性关系，其中包括在西斯尔伍德之前担任监工的人。在厨房里，菲芭的地位至高无上。田间奴隶也很尊敬她，有时她试图在西斯尔伍德面前为他们争取更多利益，但西斯尔伍德并不买账。他写道："我斥责了菲芭，因为她干涉我与田里黑人之间的事情。"[57]

菲芭拥有明确的目标。她想要财产，包括牲畜、土地和奴隶，以及她作为拥有特权的家内奴隶和西斯尔伍德的情妇所应享有的精美服饰。菲芭还想要金钱和权力，这样就能帮助在另一个种植园里被奴役的姐妹南希，以及她的女儿和朋友。她希望穆拉托孩子能被释放。她想要获得安全感，想要成为西斯尔伍德唯一的情人，怀孕后期除外，其间她为西斯尔伍德选择了另一个奴隶，"在她待产时充当情人"。[58]菲芭是完全忠诚的，通常都很可靠，尽管西斯尔伍德曾甚为嫉妒地发现她有时会和约翰·科普发生性关系，而且她在晚年似乎对某个英俊的穆拉托小伙特别感兴趣。

菲芭并不依靠情欲来束缚西斯尔伍德，尽管他们的性生活相当火热，在第一年里就有234次。之后，他65%的性生活伴侣是菲芭。[59] 当她生气时，她会拒绝性行为，什么也不说，从他的床上愤然离去："菲芭一整天都没有和我说话。"[60]

菲芭很早就成了这个易怒、残忍、勤劳又孤独的男人的帮手。她是西斯尔伍德与奴隶的联络人。菲芭倾听他的担忧，并给他建议。当奴隶难以管控时，她会给出惩罚建议，比如扒光逃跑的奴隶，给他全身抹上糖蜜，整宿绑在室外喂蚊子。她确保西斯尔伍德随时都能了解种植园里的种种动向。当西斯尔伍德手头紧时，菲芭会借钱给他，之后他也会信守承诺，还钱给她。

当西斯尔伍德接受了管理另一个种植园的更好职位时，菲芭面对的最严峻的挑战到来了。西斯尔伍德写道："菲芭非常难过，昨晚我难以入眠，非常不安。"他"苦苦恳求"科普夫人将菲芭租给他，但莫莉·科普拒绝了。他哀叹道："可怜的女孩，我同情她，她活在悲惨的奴役之下。"[61] 这种类似顿悟的认识使西斯尔伍德对奴隶制的本质有了新的见解。菲芭为即将失去西斯尔伍德而难过和哭泣。西斯尔伍德也是如此，不过他很快就在新种植园的奴隶那里得到了性安慰，这是菲芭最恐惧的事情。

菲芭拒绝任由自己与西斯尔伍德的关系消亡。她给西斯尔伍德送去了乌龟、螃蟹、鸡蛋、饼干、菠萝和腰果等礼物，给了他一枚金戒指，还设法去新种植园看望他。西斯尔伍德带她参观了新家，还把她介绍给新奴隶。她则给西斯尔伍德带去埃吉普特种植园的各种消息和八卦。当她回去后，西斯尔伍德非常想念她。

这种不尽如人意的安排持续了6个月，在此期间，菲芭为西斯尔伍德返回埃吉普特进行了种种斡旋，充当他和科普夫妇之间不知疲倦的中间人。终于，两人在平安夜重聚，共度良宵。

1760年，菲芭和西斯尔伍德生了一个孩子，即约翰。科普夫妇释放了约翰。西斯尔伍德承认他是自己的儿子，并且与菲芭一同抚养他。西斯尔伍德给约翰买书，因约翰没做完作业而训斥他，还会责备菲芭对他太过溺爱。约翰受过教育，当过木匠的学徒，并被征召到一支由有色自由人组成的民兵队。可惜，菲芭对儿子的厚望在后者20岁时破灭了，约翰因高烧而神志不清，继而死亡，他可能是被心怀嫉妒的情人毒死的，这名女奴曾与他发生性关系，后来还怀孕了。西斯尔伍德为此很伤心。他写道："我感到非常沮丧，还精神不振、口干舌燥、内心极度烦躁。"[62]

在这个时候，西斯尔伍德再次离开了科普夫妇，他买下了一家小型牲畜农场。这一次，科普夫妇允许他雇用菲芭。西斯尔伍德在自己的土地上耕种、饲养牲畜，还在甘蔗收获季节对外出租自己的奴隶短工队。菲芭则负责买卖牲畜、做针线活、烤面包、去市场上做些小买卖，不断地攒钱。菲芭也拥有奴隶，只不过是非正式的，法律并不允许她这样做，因为她自己就是奴隶。她也耕种自己的土地，西斯尔伍德划给她一些土地，认为这些土地归属于她，并且为她的土地设立了围栏。借助作为西斯尔伍德的情妇所能获得的机会，加上自身的不懈努力，菲芭成了"女主人"，也就是历史学家特雷弗·伯纳德所说的"'原始的农民'——从事独立生产、能自给自足的农民"。她也"表现出对家庭繁荣的关注"。[63]

菲芭和西斯尔伍德之间有着情感的羁绊，这应该就是爱情了。他们参与了彼此生活中最微小的事情，包括慢性疾病。西斯尔伍德"起来照顾她……整晚都不曾休息"[64],菲芭也同样关心他。西斯尔伍德尊重菲芭和她完成的事情。他将库芭和菲芭的其他家人视为自己的家人,而且再也没有回过英国。他对奴隶变得不那么残忍了,尽管他从来就不是一个仁慈的主人。他关心奴隶们的健康,为他们提供像样的医疗服务,也不像其他许多种植园主那样总是认为他们在装病。

西斯尔伍德在遗嘱中为菲芭做了安排,他给科普夫妇留下了足够的钱,以便替菲芭赎身。6年后,科普夫妇释放了菲芭。西斯尔伍德还给菲芭留下了钱财去买地建房,以及获得自由后合法获得自己的女奴和儿子的所有权。在西斯尔伍德死后,菲芭成了一个拥有财产、蓄奴的自由女性。

菲芭了解奴隶制是如何运作的,在这样的背景下,她制定了自己的目标,并且实现了它们。她知道白人拥有很大权力,因此希望自己的孩子能够拥有一些白人的特质,她在平时的生活中也更偏好结交肤色较浅的朋友。她知道,如果没有奴隶的配合,不论是她,还是西斯尔伍德的工作,都将无法推进,所以她会惩罚违抗自己权威的奴隶,并帮助西斯尔伍德也这样做。菲芭以家庭团结、友谊、富裕和勤劳为自己的核心价值观。她肯定将自己的生活视为个人的一种胜利。这也是对奴隶制的胜利,并且是对以存在劣等种族为前提来支持奴隶制的控诉。

瓜德罗普的甘蔗种植园主纪尧姆-皮埃尔·塔韦尼耶·德·布洛涅和他的塞内加尔奴隶情妇纳农的故事始于1739年的圣诞节,这一天,15岁的纳农生下了一个男婴,也就是后来的圣乔治骑士约瑟夫·德·布洛涅。[65]这个婴孩成长为一个高大健壮、优雅且相貌出众的男孩。父亲教给了他有关蔗糖生产的各种知识,而母亲则向他展示了黑人陋街,也就是奴隶营舍,那里既充满了苦难,又有音乐。后来他们搬到了法属圣多曼格,因为那里的蔗糖生产成本更低。看到监工鞭打奴隶,约瑟夫试图干预,却被监工鞭打,之后纪尧姆-皮埃尔就将母子俩转移到了法国。在法国,纪尧姆-皮埃尔意识到纳农是自己走向成功的绊脚石,因此离开了她,但给了她很大一笔补偿金,接着纪尧姆-皮埃尔娶了一个白人。

这个故事的重点开始转移到了约瑟夫身上。纪尧姆-皮埃尔一直致力于将他培养成一名贵族,而纳农也一直精心照料儿子。这个男孩在各方面都很出色。他被评为法国最优秀的击剑手;他能独臂游过塞纳河;他是出色的骑手和优雅的舞者;他也是一位音乐天才,会弹奏阿马蒂提琴(尼科洛·阿马蒂是斯特拉迪瓦里的老师)来取悦宾客,这把提琴是父亲送给他的礼物,父亲为他感到骄傲。对于他来说,只有婚姻是难以实现的。白人女性都很爱慕他,但碍于他的肤色,不能和他通婚。根据市井流言,他的枕头里塞满了情人的头发。

图28　约瑟夫·德·布洛涅,圣乔治骑士。

他英语化的名字"圣乔治"在法国音乐界声名鹊起。他成了一流管弦乐团的首席小提琴手,后来成了指挥。他为法国王后玛丽·安托瓦内特表演,还教她音乐。他为一系列乐器创作协奏曲,包括弦乐器、管乐器和铜管乐器。路易十六任命他为歌剧院总监后,他成了一场种族丑闻的焦点。在三位歌剧女主的压力下,路易十六撤销了对他的任命,但拒绝再任命任何总监。

作为作曲家,圣乔治越发成熟,演奏莫扎特和海顿作品的管弦乐队和独奏者也开始演奏他的作品;评论家也视他是这两位音乐大师的同辈人。他委托海顿,即一位和莫扎特一样苦苦挣扎着的音乐家,创作6首重要作品,它们被合称为《巴黎交响曲》,圣乔治在革命性的18世纪80年代将这些作品呈现给巴黎公众。

然而,非凡的才能并没有保护圣乔治免受种族仇恨的伤害。思想家伏尔泰觉得"到底非洲人是猴子变的,还是猴子是非洲人变的"是句俏皮话,由于圣乔治是黑白混血儿,伏尔泰不喜欢他。种族偏见和个人对自身身份的不确定困扰着圣乔治。他成了雅各宾派成员,将象征贵族身份的"德"字从他的名字中删除,并担任一支由黑人和黑白混血儿组成的革命军团的指挥官。后来有人告发了他,他在监狱里苦熬了一年才获得赦免,几年后他去世了。

残酷的种族偏见掩埋了圣乔治的音乐成果,音乐界直到20世纪末才欣喜地重新发现了他的音乐。他母亲也面临同样的种族歧视,种族主义扭曲了他母亲的生活,也毁掉了他的。在当时只有数千黑人居住的法国,艺术家将他们描绘成猴子般的恶魔。他们无法逃脱同甘蔗一起输出的种族歧视。

马提尼克岛上的种植园主皮埃尔·德萨勒对奴隶和奴隶制的种族基础持有的态度相当典型。[66]他是一名虔诚的罗马天主教徒，关心奴隶的精神和道德问题，但他从不怀疑奴隶是低等生物。他鼓励他们结婚，以此来纠正他们"放荡"的行为，并结束因性冲突引发的混乱。他也认为，已婚奴隶会为他的甘蔗田生育更多奴隶。

德萨勒和妻子安娜育有两儿两女，这些儿女通常居住在法国。德萨勒有时会去法国看望他们，在法国时，他总是很不高兴："看在上帝的分上，我们为什么要来巴黎？吃得不好，还受各种煎熬？……（在马提尼克岛）一年到头都有新鲜水果吃，每天都有新鲜果酱，每餐都有奶油炖蛋。"[67]

德萨勒真正怀念的是马提尼克岛上尼凯斯的陪伴。尼凯斯是个穆拉托。德萨勒爱他胜过爱自己的白人孩子，更是绝对胜过爱自己的妻子，德萨勒经过精心计划，一步一步使妻子远离马提尼克岛。德萨勒非常关心尼凯斯，因而安娜对丈夫的这股热情心怀愤恨一事不难理解，尼凯斯要么是他的爱人，要么是他的儿子，后者的可能性更大。

作为一个政治保守派，德萨勒坚定地认为种族"不纯"与合法性水火不容，他从未承认过尼凯斯，但他喜爱尼凯斯，并且偏爱尼凯斯，还自怜地原谅了后者没完没了的违法行为。他承认，他关心尼凯斯，"就像他是我的孩子一样，我给予他无限的信任……我决定将这个年轻的奴隶当作自己的一部分"。

德萨勒希望尼凯斯能够停止行骗、撒谎和偷窃，并"向他倾诉自己最隐秘的想法"。作为回报，他给了这个年轻人很多"漂亮的东西"，为了表达信任，还将自己的仓库钥匙和钱给了尼凯斯，并向尼凯斯吐露"他的事情，以及家人给他带来的别样痛苦"。显然，德萨勒对自己与尼凯斯的关系有着非同寻常的期望。

尼凯斯是德萨勒的男仆和忠实伙伴；在革命和废奴运动期间的动荡岁月里，尼凯斯是最受他信任的副手。他们经常一起吃晚餐，晚上尼凯斯就睡在德萨勒的房间里。但是，德萨勒仍然为尼凯斯在他视线之外的所作所为而烦恼。"我希望他对自己的身份有更好的认识。既然我待他很好，他应该知道自己不能再和其他黑人那么亲近了。我并不是说他应该在他们面前高傲无礼，但我希望他能更注意自己的身体，保持清洁。毕竟，他睡在我的房间里，不应该到处乱蹿。如果我能使他的品位高雅起来，摆脱那些在悲惨的奴役下沾染来的恶习，我会非常高兴。"

德萨勒充当了尼凯斯婚姻的媒人，并对这位年轻人的性生活表现出了"只能说是过分好奇的兴趣"。（德萨勒注意到，家内男奴"天生就拥有巨大的器官"。）他写道："尼凯斯有点挥霍无度，喜欢放荡的聚会，所以我总是担心他会染上恶心的疾病。他向我保证，他不会追求女人，但我能相信他吗？"

德萨勒带着尼凯斯长途旅行到达巴黎，给了他在这座城市里自由行动的权限，并尽自己最大努力使他免受法国种族主义的偏见和安娜·德萨勒的伤害。安娜有一次拜访马提尼克岛，她要求丈夫离开尼凯斯。德萨勒写道："她声称尼凯斯对种植园的利益不利，他像主人一样对待其他黑人。当然，每个人都嫉妒他。"但尼凯斯依然留在她丈夫身边。

后来，这名易于冲动却又优雅的年轻人还是结婚生子了。他让自己的孩子受洗成为基督徒，一生侍奉德萨勒，甚至在德萨勒释放他之后仍然如此。尼凯斯为德萨勒鞭打不听话的奴隶，借钱给他，帮助他度过奴隶制废除前后的艰难时期。他认同德萨勒的利益，疏远了其他混血儿。1850年尼凯斯去世，他临终时德萨勒陪伴在旁。德萨勒一直为失去尼凯斯感到哀伤不已，直到 7 年后他自己去世。

无论是出于性欲还是父爱，德萨勒对尼凯斯的深厚爱意都坚定不移，且得到了回报。这种情感本应减弱德萨勒对于奴隶制的种族假设，并挑战他对于白人统治和非白人为他们服务的世界观。然而，在生命的大部分时间里，德萨勒都在通过推诿、重新安排婚姻生活、疏远家人，以及从不允许自己清晰地审视内心，来遏制自己内在的意识形态冲突，因为他恐惧内心真正所想。

白人和黑人男女之间充满激情和矛盾的关系证明了糖业奴隶制的核心不合逻辑。但在蔗糖世界，最紧要的是出售蔗糖，以及扩大与四大洲都有关联的相关产业的财富，这些产业对帝国主义经济至关重要。

第 5 章

糖搅动宇宙

欧洲制糖业

越过大西洋，在连接新旧大陆桥梁的另一端，那些大都市与殖民地的命运紧密相连。尤其是英国，其糖业殖民地和民众嗜甜的口味都应该要感谢不断扩张的大英帝国。连同变甜了的茶和咖啡，糖成为大英帝国最重要的基石之一。18世纪的法国神父雷纳尔则更进一步，他感叹地说道："那些被鄙视的糖岛……令整个欧洲的活力加倍，甚至增至三倍。这些岛屿可以被视为搅动宇宙，进而导致它快速运动的主要原因。"[1]

奴隶贸易-糖业的复合体制遍及各个方面。它将田间奴隶、煮糖的奴隶与殖民地的马车夫和码头工人联系起来；将海员、船长、船上的会计与货运代理人、保险代理人和海关代理人联系起来；将港务官员、码头装卸工、马车夫同精炼商、食品商、糖果商联系起来；将在茶里加糖、在面包上涂果酱的人同精炼商、包装商和面包师联系起来；将造船工程师、船厂工人和经纪人、商业代理人联系起来，这些都是构成这一体制的要素。

糖业和奴隶贸易交织在一起。奴隶贸易是门大生意。它支持诸多重要产业：建造运输奴隶的船只和供应船上物资，以及制造与非洲人交易的物品。运奴船及其水手还会大量订购填塞船只漏缝的绳圈、绳子、制服布料、帆布、制作旗帜用的丝绸、锁具、牛油和其他数百种物品。

非洲贸易催生了更多的生产。1787年，一船典型的货物包括下列物品，它们全部由英国工人制造或由英国公司进口：粗糙的蓝色和红色毛织品、羊毛帽、棉麻制品、褶边衬衫、粗纺帽子和精致礼帽、珠子和玻璃小饰物、枪支、弹药、铁条、军刀、锡器、铜制和铁制的锅碗瓢盆、五金制品、玻璃器皿、陶器、皮革箱子、金银珠宝、朗姆酒和烟草。[2]

尽管海员的工作是出了名地报酬少，而且饱受压迫，但奴隶贸易和非洲贸易仍然创造了许多就业机会。以1787年为例，689艘船由13,976名海员操纵着，在英国和西印度群岛之间的大西洋上航行，这些海员约占英国总人口的八分之一。经历了严酷的旅程、肆虐的热带疾病和虐待幸存下来的海员则被视为"经验丰富"的老水手。当欧洲国家对彼此的殖民地发动战争时，这部分老水手被征召入海军，这些殖民地代表了巨大的资本投资和经济生产。

糖业奴隶制提供了制作铁环、手铐、脚镣、压舌板和球链（最初是为中世纪的刑房设计的）的工作机会，这些物品是每个种植园都必备的武器。糖厂需要为煮糖间配备黄铜用具，还需购置铁制糖炉、甘蔗碾轧辊、铁制锄头和其他农具、小刀、砍刀、大小木桶和桶板，为监工和其他管理人员准备会计账簿、钢笔、墨水和大量纸张，以及为奴隶购买成卷的低档粗棉麻布和廉价棉布、鞋子、花哨饰品、丝带、纽扣、线和其他小商品。

种植园里的大宅对家具、地毯、钢琴、书籍、杂志和报纸、时尚服装、帽子和鞋子、珠宝和医药的需求永无止境,这为欧洲大城市里的制造商和工匠提供了就业机会。克里奥尔白人还订购大量的精制糖,他们支付的价格是欧洲消费者的二至四倍,这些糖都在欧洲精炼好再运过去。他们也是各种牲畜的忠实买家,他们对待牲畜就像对待奴隶一样太过残酷,以至于它们无法自行繁殖,必须从外部得到补充。

奴隶贸易-糖业的复合体制沿着三角贸易路线,在欧洲的大城市、非洲的奴隶海岸和糖料殖民地之间往来运作。具体而言,欧洲大城市用制成品交换非洲奴隶,这些奴隶被运往西印度群岛的殖民地,然后这些殖民地向欧洲大城市供应糖和其他热带商品,而欧洲大城市向这些殖民地供应精制糖、布料、工具和其他制成品。这个三角贸易满足了重商主义的要求,重商主义是后中世纪一种以黄金积累为前提的经济体系,通过有利于大城市及其工业的贸易差额来实现,以牺牲从属殖民地及其原材料为代价。

重商主义政策的一个重要结果是英国禁止其殖民地精炼当地生产的蔗糖。航运利益集团激烈捍卫这种不合逻辑的做法,因为他们通过运输体积大得多的原糖获得了更多的收入。在欧洲,精炼糖厂和相关行业为此也获利颇丰。另一方面,糖料殖民地在经济上仍处于初级阶段和依赖状态。为了确保它们不会反抗并建立精炼糖厂,欧洲大城市对精制糖征收重税。

就英国而言,重商主义的三角贸易能够获得北美殖民地和糖料殖民地之间往来运作的一条额外的非重商主义贸易路线的补充。北美殖民地的民众以食物和牲畜来换取糖、糖蜜和奴隶,并从这种贸易中获得足够的利润,以便从英国日益发展的工业中心购买制成品,这有利于缓和欧洲大城市对北美偏离经济模式行为的抱怨。糖料种植园主为这种交易大声辩护,他们向人们宣称,如果没有北美的小麦、玉米和咸牛肉,他们的奴隶很可能会饿死,如果没有骡子和牛给锅炉和磨坊提供动力,他们的糖厂将处于闲置状态。

有时,还会出现第二种三角贸易,它与先前提到的三角贸易形成竞争关系:北美殖民地的民众将进口的糖蜜制成朗姆酒卖给奴隶贩子,接着奴隶贩子用朗姆酒交换奴隶,再将奴隶卖给西印度群岛的种植园主,以换取更多糖蜜。需要类似供应物品的法国糖料殖民地也与英属北美殖民地进行贸易,它们用大量糖蜜来交换货物,因为法国为了保护自己的白兰地产业免受竞争,不愿意将糖蜜蒸馏成朗姆酒。而自16世纪末以来,西班牙实际上被排除在非洲的奴隶贸易之外,但它以许可证的形式来应对这种情况,这种许可证授予外国奴隶贩子(通常是英国人)向西班牙领土供应奴隶的权利。

由于这些商业上即兴发挥的措施,欧洲-非洲-殖民地三角贸易的效率有了显著的提升。这种三角贸易的重商主义政策禁止殖民地生产制成品,因而消除了对大量压舱物的需求,因为来自欧洲国家,尤其是英国的船只,通常可以在旅程的每一段都装满可销售的货物。欧洲大城市的金库越来越充实,它们可以为不断扩张的商船和军舰提供资助。帝国不断壮大,欧洲开启了城市化和工业化的进程。在整个欧洲,特别是英国,穷人都能买得起糖,品尝糖给味蕾带来的美妙滋味。

历史学家埃里克·威廉斯在其充满激情和开创性的著作《资本主义与奴隶制度》(*Capitalism and Slavery*)中表示,三角贸易对英国工业发展的影响很大,以至于其利润"滋养了英国的整个生产体系",并"对英国的工业发展做出了巨大贡献"。[3]到了18世纪,西印度群岛已成为大英帝国的中心。糖奴与英国工人产生了直接联系。威廉斯引用了一项计算:一个种植园主或管理者及其10名黑奴的总需求,包括他们的食物、衣服和工具,就能为4名英国人提供工作机会。其他信息来源则提供了更为夸张的结果:一名西印度群岛的白人能为英国创造10英镑的净利润,比一名英国人多出2000%;而每个糖奴的产出是英国工人的130倍;以及糖料种植园的总价值为5000万到7000万英镑不等。[4]

为了支持自己的假设,威廉斯指出,1798年,小皮特估计西印度群岛种植园的年收入为400万英镑,其他所有收入来源加起来则只有100万英镑。他认为,面积只有166平方英里的小小的巴巴多斯对英国资本主义来说,比新英格兰、纽约和宾夕法尼亚这些大得多的殖民地加起来的价值还要大。英国从小小的尼维斯岛的进口量是纽约的两倍,从安提瓜进口的数量则是新英格兰的3倍。威廉斯总结说,通过满足对甜味的需求,英国创造了巨额资本,为工厂提供了动力,鼓励了帝国主义冒险事业,为战争提供了资金,充盈了国库和民众的钱包。

自数十年前《资本主义与奴隶制度》一书出版以来,学者们一直在争论和检验此书的基本前提。虽然没能达成共识,但许多人得出了这样的结论:尽管威廉斯在宏观的经济计算上可能存在一些偏颇,但他基本上是正确的。虽然来自奴隶贸易-糖业的资本确实为一些工厂提供了资助,但现在的证据表明,它并不是工业革命的主要投资来源。然而,它对英国经济增长的影响是巨大的,因为它催生了众多的附属企业,"主要是从外向内"。而且,种植园主和其他投资者在家居、服装、珠宝和娱乐上花费巨大,以至于对这些企业都产生了经济影响。在奴隶被解放后,种植园主获得的补偿金大部分都留在英国了。[5]

造船业、奴隶贸易和蔗糖精炼

走出重商主义的理论范畴,进入现实生活后,奴隶贸易-糖业开始焕发活力。让我们从三角贸易的端点之一英国开始,聚焦三项经济活动——造船业、奴隶贸易和蔗糖精炼,看看它们是如何创造就业和资本,将沉睡的城镇变成繁荣的商业城市的,这些城镇像磁铁一样,不断吸引大批农村人口进入,逐渐开启了城市化的进程。由于蔗糖和奴隶贸易的推动,布里斯托尔经济大力增长,成为仅次于伦敦的第二大城市;在布里斯托尔,"感觉不到商贸交易的不平等,却总能感到有利可图"。[6]而到了18世纪末,利物浦在奴隶和蔗糖贸易方面超过了伦敦和布里斯托尔。

在此之前,利物浦只是一个默默无闻的自治市镇,是渔民和农民的家园,也是同爱尔兰贸易的港口。到了1740年,利物浦精心设计并建造了英国第一个商业码头,连同其配套的仓库、办公室、商业建筑和码头相关建筑,为利物浦的商业和工业扩张提供了基础设施。造船业也包括在内。利物浦的造船厂建造了海盗船、海军舰艇和运奴船。运奴船的设计是为了容纳数百名奴隶,因而其规格与其他船只不同。

奴隶贸易和造船业密切相关。利物浦一半的水手从事奴隶贸易,许多造船工人也利用自己的船只参与其中。例如,造船商贝克和道森拥有18艘运奴船,总价值为50.9万英镑,而且和西班牙签有合同,需为后者的殖民地提供至少3000名奴隶。它也是向英属糖料殖民地贩卖奴隶的最大供应商之一。

越来越多的利物浦人在经济上依赖造船业和奴隶贸易。一份简略的工匠清单就暗示了涉及的行业范围之广：木匠、油漆工、机械师、铁匠、制绳工人、制帆工、修理工和一般杂工。职员和管理人员处理采购、交付货物、付款、招聘和薪资支付等事项。保险代理人计算并征收保险费，评估损失和毁损费用。海关人员收取关税。还有普通民众面向船厂工人经营食品摊，男女都有。码头工人为开往非洲的船只装载货物，并卸下来自西印度群岛的船上的蔗糖和糖蜜。到1760年，比起另外两个主要的奴隶贸易港口城市，即伦敦和布里斯托尔，利物浦能以更低廉的价格向西印度群岛贩卖奴隶。

从强迫可怜的非洲人在甲板上"跳舞"的水手到为"黑人或狗"设计黄铜项圈和银色挂锁的铸造工人[7]，利物浦人对奴隶贸易和中央航路了如指掌。追求利润的市民都投资于奴隶贸易，比如律师、布商、杂货店老板、理发师和裁缝，他们的股份份额一般是三十二分之一。[8]

也有一些利物浦人拒绝参与奴隶贸易。大造船商约翰·基尔拒绝了奴隶贩子的运奴船订单，威廉·拉思伯恩则拒绝提供建造运奴船的木材。一名被利物浦观众嘲笑的演员在舞台上大喊："我来这里不是为了被一群坏蛋侮辱的，这座地狱之城的每一块砖都沾着非洲人的血。"[9]

利物浦的工匠和半熟练工人生产用来交换奴隶的商品。一个体格良好的奴隶需要花费商人13颗珊瑚珠子、半串琥珀、28个银铃铛和3个手镯。参与奴隶贸易的商人下了大量这类商品的订单，工厂也会竭尽产能满足他们的需求。纺织厂推出了用美洲棉花，还有产自英国、西班牙、葡萄牙和德国的羊毛，以及1815年之后的澳大利亚羊毛制成的鲜艳布料。玻璃厂制造玻璃珠子和其他玻璃小饰物。枪械厂大量生产特别设计的劣质枪支，专门供非洲的奴隶贩子用来抓获新的受害者。食品加工厂用大量的盐（被称为利物浦的"乳母"）来保存劣质鳕鱼，鳕鱼被腌得坚硬如木板，然后被装运上船出口到西印度群岛，船只返回时再带回原糖。

奴隶贸易-糖业的复合体制使得利物浦的氛围变得更加阴郁。在利物浦当地，奴隶会作为家内奴隶被出售，《利物浦纪事报》（*Liverpool Chronicle*）上会刊登相关广告，"商人咖啡屋""乔治咖啡屋""交易所咖啡屋"和黑人街上的其他场所会拍卖这些奴隶。逃离种植园的种植园主会带着奴隶返回母国英国（还有法国、西班牙和葡萄牙），离开了奴隶，他们根本无法生活，而且归根结底，奴隶也是他们身份的象征。

利物浦还接待了数十名年轻的非洲贵族，因为他们高贵的父亲受到英国人的鼓励，将孩子送去海外，以强化英国和他们各自的母国之间的联系，之后这些贵族会返回母国，英式价值观有望在当地得到推广。大多数人最后都回国了，但已经彻底欧洲化了；其他人则选择留在利物浦，在当地结婚，有时娶的还是白人妻子，这些人后来还邀请亲戚来英国陪伴他们。

富裕的白人父亲选择将自己的混血孩子带回母国或派人送回母国，他们定居在利物浦，接受教育，或者是为了逃避西印度群岛令人难以忍受的种族主义和奴隶制氛围。其中有一人是牙买加人威廉·戴维森，他是白人官员和黑人女奴的儿子。在神奇的巧合之下，他和托马斯·西斯尔伍德的侄子阿瑟·西斯尔伍德一起参与了暗杀英国内阁成员的革命行动"卡托街密谋"。戴维森和西斯尔伍德被出卖，旋即被逮捕，之后遭受绞刑，绞死后被砍了头，这也是英国最后一次公开斩首。

大多数黑人生活在城市最贫穷的区域，并且饱受歧视。随着一拨又一拨的贫困白人拥入城市，他们与黑人争抢工作。相对而言，只有黑人水手未受太多偏见和歧视的影响，一起工作的白人往往会视他们为同事。利物浦黑人的困境几乎没有引发多少废奴主义情绪。同在这座城市里生活的太多白人都在经济上依赖奴隶贸易和造船业，或者是不断扩展的蔗糖、烟草生意。1704—1850年，利物浦开设了更多的精炼糖厂，原糖进口量从760吨增加到了5.2万吨。1850年，利物浦还进口了72.6万加仑的朗姆酒。

参与种植、进口、销售、精炼，以及投保和投机蔗糖生意的人通过创建行政基础设施来促进商业活动，并建立政治联盟和游说团体来推动它们，从而改变了欧洲的工业面貌。而比他们小得多的团体——糖料种植园主，则与蔗糖有着最密切和最重要的联系。

糖业资本

糖料种植园的经营复杂而成本高昂。在《西印度群岛殖民地崛起纪事》(*Historical Account of the Rise of the West-India Colonies*) 一书中，多尔比·托马斯爵士估计，17世纪末，一个占地100英亩的糖料种植园需耗资5625英镑。这些花费囊括了50个奴隶和土地、房屋、磨坊、船只，以及所有的工具和设备。[10] 在《甘蔗产业》(*The Sugar Cane Industry*) 一书中，历史地理学家乔克·加洛威研究了17世纪和18世纪的文献，探寻建立一个糖料种植园需要什么条件。首先，种植园主需要合适的土地，占地至少数百英亩。如果缺乏人脉关系来获得政府赠地，他就需要购买土地。他也需要工人，一旦蔗糖成为由奴隶生产的商品，那就意味着购买奴隶，这是他最大的开支。他还需要配备磨坊、煮糖间和固化室、酒厂、牲畜围栏、奴隶营舍、白人雇员的住房和他自己的大宅。他需要家具和设备填满这些建筑，围栏里也要圈上成本不菲的牲畜。他必须购买货车和农具，还需要钱财支付法律费用。他需要资金来运营种植园。即使安排好了以上种种事项，他也仍需要大约两年的时间才能开始盈利。

根据加洛威的计算，17世纪中叶，巴巴多斯一个占地500英亩的种植园可能需要耗资1.4万英镑，这可是一大笔钱。18世纪中叶，安提瓜一个占地200英亩、拥有100个奴隶的普通种植园价值约为1万英镑。10年或20年后，牙买加一个占地600英亩、拥有200个奴隶的大种植园则意味着19,027英镑的投资。不包括土地的价值，牙买加其他种植园的价值也都超过了2万英镑。在任何一个糖料种植园，奴隶通常都是其中最大的投资。例如，古巴圣地亚哥的一个普通种植园，奴隶占其价值的33%，土地仅占17.6%，磨坊和煮糖间则分别占6%和8.8%。18世纪中叶，巴西的巴伊亚糖料丰富，种植园主一致认为自己的投资应如此分配：20%用于土地，30%用于奴隶，其余50%用于设备、牲畜、家具和其他必需品。[11]

在糖具有的转化能力的推动下，这些数字转化为资本投资、银行和借贷方式，以及回报率，能影响不相关但利润较低的投资领域。这样强大、复杂而冒险的商业活动有着重要的政治影响力，因为种植园主需要不间断的立法支持。具体来说，他们需要重商主义的保护。尽管重商主义禁止殖民地企业和商业扩张,但殖民地的种植园主和投资人是它实施的强硬经济管控之下的受益人。

种植园式蔗糖生产的性质迫使种植园主进入数额巨大又复杂的金融交易和商业世界。他们需要资本、信贷、进出口专业知识、保险,以及海关和商业联系,以资助和运营他们的糖料种植园。这也适用于那些继承了种植园或获得大笔资金的人,包括外居者。如果他们忽视了这些重要事项中的任何一个,他们就有可能无法继续维持奢华的生活方式,或者像经常发生的那样,有可能会失去自己的种植园。

蔗糖生意经常能够获得比平均收益更高的回报:18世纪下半叶,年回报率接近10%,而政府债券和土地抵押贷款的回报率分别为5.5%和6.5%。但与其他投机性投资一样,蔗糖的高利率与灾难性的低利率交替出现。糖业及其收益面临很多风险,飓风是其中最主要的一个。飓风会摧毁种植园,造成奴隶和白人伤亡。它们会损坏财产,导致曾经十分兴盛的家族面临破产的命运。历史学家马修·马尔卡希写道,飓风是"帮助塑造大加勒比地区殖民者经济体验的核心力量……飓风带来的风险是显而易见的,因为它的破坏是如此彻底、如此突然、如此频繁"。[12]

鼠害、病虫害、疾病、土壤侵蚀和干旱、战争和入侵,以及愠怒、不合作的劳动力等因素也威胁到糖料种植园的经营。潜在的不利因素还包括食糖价格大幅下跌、食糖税大幅上涨、关于糖业奴隶制暴行的负面宣传,以及诸如法国糖料殖民地等外部竞争者、诸如东印度地区等来自帝国内部的竞争者和从19世纪初开始用欧洲甜菜加工出来的糖这样的同类产品带来的竞争。

参与其中的外居者

我们已经见识过白人种植园主是如何生活的了。现在让我们看看,外居者是如何在远离殖民地的情况下管理糖料种植园的。在英国,他们因挥霍无度而引人注目,以至于"如克里奥尔人一样富有"成了一种常见的表达方式。贪婪的英国男女追逐适合结婚的西印度群岛种植园的男女继承人。理查德·坎伯兰创作于1771年、广受欢迎的喜剧《西印度人》(*The West Indian*)延续了公众对于克里奥尔人的刻板印象,即非常富有却不善社交。主人公贝尔库尔是一个年轻的甘蔗种植园继承人,"从小长于奴隶之乡"。在自己的几个随从陪同下,他带着一堆行李和一群动物来到英国,其中包括两只青猴、一对灰鹦鹉、一头牙买加母猪和几头家猪,以及一只生长在红树林地区的小狗。身无分文的英国阴谋家发现"他是一个刚登陆的西印度群岛人,手头有大把金钱,随随便便就能被人骗,是一个头脑发热的鲁莽家伙"时,将他视作一次重大诈骗行动的目标,还有一个美丽的妙龄女子参与其中,观众看到这样的剧情哄堂大笑起来。冲动而热情的贝尔库尔在某一时刻感叹道:"我最好还是留在热带,不然我将被榨得像根甘蔗。"[13]

越来越多的文学作品描述了西印度群岛的蔗糖现象,其中有一位才华横溢的英国侨民谱写了一首诗意的哀歌。詹姆斯·格兰杰在诗歌《甘蔗》(*The Sugar-Cane*)中,既没有将甘蔗浪漫化,也没有拟人化,而是将甘蔗视为英国及其商业至关重要的核心商品。这首诗描写了它的农业周期和种植它的非洲奴隶。它承认奴隶制是令人遗憾的,但还是以当时的标准论调为奴隶制做了辩解,毕竟,奴隶们承受的苦难比起苏格兰的矿工来说还是少一些。

图 29 《甘蔗人汤姆》(*Tom Sugar Cane*) 是 19 世纪英国插画家乔治·斯普拉特所绘的讽刺漫画。汤姆是西印度群岛的一名糖料种植园主,他本人由蔗糖贸易的工具和产品组成,包括一根甘蔗秆、一个桶、一杯朗姆酒和金属刀具。在他身后,奴隶们在甘蔗田里干活。

诗歌《甘蔗》在文学界引起了广泛关注。塞缪尔·约翰逊博士痛恨奴隶制,而且曾为"西印度群岛的下一次黑人起义"祝酒,他在公开场合赞扬这首诗歌。但私下里他的反应就不那么积极了。他曾向詹姆斯·博斯韦尔吐露心声:"不妨写首种植欧芹地块的诗或者卷心菜园的诗。"在一次公开的阅读聚会上,诗中"缪斯,让我们歌唱老鼠"一节,即哀叹老鼠如何毁坏甘蔗田的选段,引发了人们的嘲笑。[14] 食用蔗糖和痛斥对于陌生的非洲人的奴役是一回事,而将甘蔗视为一种难以种植的粮食作物则是另一回事了,再多的诗歌天分也无法克服这一点。

另一方面，作家简·奥斯丁从人文角度探讨了甘蔗。她将外居者托马斯·贝特伦爵士在安提瓜种植园日益衰颓的命运编织进了小说《曼斯菲尔德庄园》(*Mansfield Park*)中，那本书出版于1814年，背景设定在1810—1812年。有些人认为，这是奥斯丁写得最好的一本小说。在那个时代，大多数婚姻都是由父母安排的，或者至少是得到了他们的认可，父母及其未婚子女之间的诡计主导了小说的情节。这些情节的背景是托马斯爵士紧急又漫长的安提瓜之行，目的是扭转种植园"收益不良"的局面，这种局面使他的"大部分收入……变得不稳定"。它也暗示了一个重要的潜在背景，即新近刚刚废除非洲奴隶贸易，一提到这件事，小说里的人物就会陷入痛苦的沉默。具体来说，曼斯菲尔德庄园的奢华生活，包括贝特伦夫人因"绣一些无用且不美的东西……更不用说每天还要吸食一定剂量的鸦片"引起的"近乎致命的疲劳"，都完全依赖于安提瓜糖料种植园的持续收益。

奥斯丁反对奴隶制，主张废奴，并且理解依靠奴隶生产的甘蔗种植园与英国上流社会之间的联系。用出生于安提瓜的古典学者格雷格森·戴维斯的话来说，《曼斯菲尔德庄园》是"对英国有地乡绅的微妙的道德批判，因为他们被认为忠于奴隶制度。这一结论和她对英国地主阶层的持续贬低是一致的，她用精妙的讽刺和无与伦比的优雅风格嘲讽地主乡绅对经济地位的痴迷，以及伴随而来的婚姻市场上特有的攀附权贵的现象"。[15]

小说《曼斯菲尔德庄园》里的西印度群岛人会模仿英国贵族的行为，而贵族却一边嘲笑他们是暴发户，一边又追求他们，并与他们结婚。实际上，这两个群体已经非常紧密地联系在一起，难解难分。托马斯·贝特伦爵士对于西印度群岛来说，是一位面临严重经济问题的长期外居种植园主，在英国，他是一个老牌贵族家族受人尊敬的首领，也是积极参与政治事务的议会议员。这样的人往往会遭遇身份混乱的困局，他就是现实中这一类人在小说中的化身。

在艺术所反映的现实生活中，贝克福德家族处于糖料种植园主阶层的巅峰地位。1670年，外居种植园主托马斯·贝克福德爵士每年从牙买加的糖业获得2000英镑的收入。种植园主彼得·贝克福德是托马斯的亲属，居住在牙买加，他在当地身居高位，去世时"拥有欧洲最大的不动产和个人财产"。[16] 相比牙买加，彼得英俊潇洒的孙子威廉更喜欢英国，他是所有外居种植园主中最有权势的人。

威廉深知政治关系的重要性。他利用金融和商业资源，使自己有机会为老威廉·皮特所用。威廉还担任过多个民选职位，最后一个是伦敦首席治安官。他在英国的庄园放山居（Fonthill Splendens）是一座巨大的石头建筑，采用拱形天花板，与两翼的建筑有走廊相连。它装饰豪华，拥有精美工艺品和华丽配饰。贝克福德家族在那里举办宴会，其规模几乎是其他任何人都无法企及的。在一次晚宴上，他为宾客们提供了600道菜，花费达1万英镑。他还安排自己的儿子（也是他的继承人，和父亲同名）接受自己能力范围内能提供的最上佳的教育体验，甚至聘请了莫扎特为儿子上钢琴课。

1770年，小威廉继承了父亲的遗产，这给他带来了估计约10万英镑的年收入，并且获得了"英国最富有的儿子"的绰号。小威廉对自己的牙买加财富来源漠不关心，他肆意挥霍这笔财富。

其中，最引人瞩目的是他建造了哥特式的放山修道院。这座高达275英尺的塔楼自建成起就不断倒塌。小威廉在写作方面比建筑领域更有才华，他的哥特式小说《瓦泰克》(*Vathek*)影响了玛丽·雪莱的《弗兰肯斯坦》(*Frankenstein*)。在那个仇视同性恋的时代，小威廉不明智地写下了自己对年轻男性的情欲。他与一位年轻贵族的同性恋关系引发了丑闻，这迫使他出逃到瑞士，而玛格丽特·戈登夫人，即他的妻子，也在瑞士去世。

后来，贝克福德返回英国，居住在放山修道院里。在那里，他与一群仆从过着隐居的生活，他们包括一名医生、一名音乐家，以及一个叫作彼得罗的侏儒。贝克福德以藏书家、艺术收藏家和系谱学家的身份而出名，并且被称为"他那个时代最离群索居的人"。他把牙买加庄园的控制权委托给了代理人和经理，这两种人惯于忽视种植园的经营，而且还常常欺骗他。贝克福德因为未能出示产权证书，失去了一个年利润达1.2万英镑的种植园。到了1823年，他64岁时，他已耗尽自己的财产，被迫出售放山修道院和自己的大量艺术收藏品。

外居者罗伯特·希伯特通过买卖廉价棉花和亚麻制品来补充糖料种植园的收入，这些商品最后都将用于非洲奴隶贸易，也是糖料种植园里奴隶生活的必需品。他的亲属乔治·希伯特既是一名伦敦商人，又是牙买加贸易在英国的代理人，从而将这两方面的商业利益结合起来。乔治还是建立私人资本运营的西印度码头一事的主要推动者，西印度码头公司董事会选举他为首任主席。

西印度码头的建设是一项巨大的工程，建成时它是当时世界上最大的码头。1799年7月，希伯特和西印度码头的商人确保相关立法的通过，获得了21年在该码头装载、卸载所有西印度货物的垄断权。卸货码头占地面积是 30 英亩,可容纳 300 艘船,装货码头是 24 英亩,可容纳 200 艘船。相邻的仓库有 5 层楼高,可存放蔗糖、朗姆酒等货物,直至它们缴完关税。在此之前,伦敦港(现今金丝雀码头所在地)拥挤不堪,船只排队等待数周才可卸货。这些船只装载的易腐商品,比如糖,暴露在恶劣天气下不断变质,也暴露在河盗、夜间掠夺者、重骑兵、打斗猎人和拾荒者等盗窃团伙面前,他们每年盗窃的蔗糖价值约 15 万英镑。西印度码头开放后,商人们雇用了 200 名武装人员,作为私人安保力量。

朗氏家族靠着自身在牙买加占地 1.4 万英亩土地的收入,在英国生活奢华。在父亲塞缪尔·朗去世后,在英国出生的律师爱德华·朗造访了他继承自父亲的牙买加庄园。他的姐姐凯瑟琳·玛丽亚嫁给了岛上的总督亨利·摩尔爵士。爱德华·朗也在牙买加结婚,他娶了托马斯·贝克福德的女儿玛丽。在牙买加待了 12 年之后,1769 年,他回到英国投身于文学事业。他最著名的作品是 3 卷本的《牙买加史》(*History of Jamaica*),以及《殖民地书信》(*Letters on the Colonies*)和《蔗糖贸易》(*The Sugar Trade*)。

布赖恩·爱德华兹从小在牙买加长大,成年后返回英国并留在了那里。对糖业生产的了解和人际关系有利于他成为一名成功的西印度商人。爱德华兹坚决为和自己一样的其他外居者辩护,反对批评者,否认自身虚荣、浮夸,以及想要攀附英国贵族,渴望迎娶他们的女儿。他撰写了 4 卷本的《英属西印度群岛殖民地民事和商业史》(*The History, Civil and Commercial, of the British Colonies in the West Indies*),它是研究西印度群岛历史极有价值的资料。

爱德华兹试图提升西印度群岛外居种植园主的声誉,可惜他失败了。他们最大的敌人是自己。他们喜好乘坐华丽的马车出行，连车夫都衣着光鲜，还经常去温泉疗养地和度假胜地旅行，比如埃普索姆和切尔滕纳姆。他们穿戴华丽的服装和珠宝，参加奢华的社交活动。他们还将娇生惯养、专横跋扈的儿子送到伊顿、威斯敏斯特、哈罗和温切斯特等公学，而且给孩子们提供巨额生活费，这些孩子会拿着钱在其他学生面前作威作福。据说，至少有一名西印度种植园主的儿子付钱给另一名学生，要后者替自己做数学作业。

种植糖料作物的平尼家族中就有一些富有和有影响力的外居者，他们的生活和财富在历史学家理查德·佩尔斯的著作《西印度群岛的财富》（*A West-India Fortune*）中得以重现。平尼家族在尼维斯拥有大型糖料种植园；在英国布里斯托尔也拥有大量资产。平尼家族的故事始于阿扎赖亚·平尼，他年轻时加入了信奉新教的蒙茅斯公爵阵营，反抗信仰天主教的詹姆士二世。阿扎赖亚被捕，被判处绞刑，但后来改为发配到西印度群岛服刑10年。1685年，他带着一本《圣经》、10加仑的萨克葡萄酒和白兰地，以及15英镑，来到了尼维斯。

阿扎赖亚发达了。他收购了几家糖料种植园，以外居种植园主的代表身份行事，还担任殖民地官员，创办了企业。其中一项生意是出售蕾丝和其他纺织品，比如糖袋，还有剪刀，这些商品是他从布里斯托尔的家人那里订购的。由于西印度群岛长期硬币短缺，他就用蔗糖和当地的其他产品抵款给他们。阿扎赖亚偶尔到访英国，1720年在英国去世。

阿扎赖亚或多或少有些疏远妻子，她在英国抚养儿子约翰。阿扎赖亚认为儿子约翰挥霍无度，对糖业一知半解，不过约翰还是娶了安提瓜糖料种植园的女继承人玛丽·赫尔姆，并搬到了尼维斯。他在那里先是担任议员，之后则是首席法官。约翰在父亲死后几个月也离开了人世。他的遗产留给了唯一幸存的孩子约翰·弗雷德里克。

约翰·弗雷德里克在英国长大，由律师管理他在尼维斯和安提瓜的资产。1739年，他到访了尼维斯，意在实施改善措施，以便使自己以更富有的身份返回英国。这是一个明智的计划。聪明的外居者至少每10年回来一次，视察自己的庄园，以防不负责任的代理人令种植园陷入困境。在尼维斯的经历使约翰·弗雷德里克对克里奥尔人极为不满，特别是他们不愿意偿还债务。然而，在努力应对糖料种植园的复杂经营状况时，他也了解了克里奥尔人面临的问题。他在那里停留的时间比预期的要长，他甚至还在当地的议会任职。几年后，约翰·弗雷德里克返回英国，成为靠蔗糖生意赚钱的乡绅，在英国西南地区过着奢华舒适的生活，而且毫不意外地成了议会议员。他巧妙地从另一个种植园主那里收回一笔未偿付的贷款，从而增加了自己在尼维斯的股份。

1762年，约翰·弗雷德里克去世，他终生未婚，且无子嗣，因而他的一大笔遗产留给了约翰·普雷托尔。贫穷的普雷托尔是弗雷德里克的远房表亲，弗雷德里克在世时将他带到了身边，也给他安排了教育。但实际上对普雷托尔而言，弗雷德里克是一个严厉且缺乏同情心的恩人。普雷托尔获得遗产的关键在于他是否愿意改姓平尼。随着弗雷德里克的去世，突然间温顺、惯于奉承人的约翰·普雷托尔就变成了约翰·平尼，成为一个富有的外居种植园主。新生活完全改变了他。他变得自信满满，开始无情地驱使自己和周围所有的人。他宣称，"我的性格永远都杜绝游手好

图 30 对那些旅居海外的西印度人蜂拥加入的上流社会的一瞥。富有的英国人鲍勃和汤姆在沃克斯豪尔花园参加舞会，花园里的成千上万盏灯照亮了夜晚，晚会还供应冷食和饮料，上流社会阶层和有抱负的交际花混在一起。

图 31 这幅版画（1822 年）基于威廉·霍格思的讽刺作品《上流社会的品味》（"Taste in High Life"）绘制而成。一位时髦的女士爱抚自己的黑人侍从男孩，后者抱着一个洋娃娃。一位老妇人从一个外表浮夸的男子那里接过茶。另有一只身穿制服、戴着单片眼镜的猴子读着菜单，上面写着"鸭舌头"和"兔耳朵"。这幅版画的正上方是一幅油画，画中的女人缺少裙子的后部。

闲"。获得了新生的约翰·平尼拒绝了西印度群岛外居者腐败的生活，他也憎恶债务，债务让许多外居者背负沉重的经济负担。他一想到债务和利息就不寒而栗，并把它们比作"人衣袍上的蛾子，从不睡觉"。[17]

像指导者约翰·弗雷德里克一样，约翰·平尼决定牺牲几年的时间在尼维斯学习"如何掌控种植园行业"。[18] 1764 年，他抵达尼维斯，并且和约翰·弗雷德里克一样，也鄙视大多数种植园主同行，认为他们怠惰、懒散、好逸恶劳，只对赚钱、存钱和糖价感兴趣。在蔗糖业的中心地带，由于天气、作物和人员等因素变化无常，他曾为一笔债务而与人决斗，也曾看到其他种植园主因债务被谋杀。他了解到，那些紧追不放，向绝望的种植园主催讨债务的债权人可能会付出高昂的代价。然而，他还是冒着催讨债务的危险借给种植园主大笔款项，并谨慎地与他们商定用英镑偿还。

约翰·平尼摆脱了对克里奥尔人的不信任，程度之彻底足以推动他与克里奥尔人结婚。他娶了简·威克斯，一个相貌平平、身材矮胖、性格谦逊的姑娘，他抱怨"妻子总是一时冲动就怀上了"，从而生出了一连串的小平尼：约翰·弗雷德里克、伊丽莎白、阿扎赖亚、艾丽西亚、普雷托尔、玛丽和查尔斯。他将一些儿子送回英国接受教育，并渴望跟随他们一起去，但必须找到忠实的员工来料理蔗糖生意，给他创造利润，他才能真的返回英国。但时机似乎总是不对，佩尔斯将约翰和其他种植园主比作推石头的西西弗斯："就在他快要到达山顶时，一场飓风或者美国独立战争，再或者七年战争，又将石头推了下来。"[19]

1783 年，在尼维斯度过了 19 年后，平尼夫妇终于回到了英国。佩尔斯形容他们与儿子们的团聚是"那些使西印度人的生活显得如此荒唐和感人的场景之一"。父母和儿子互不相识,像陌生人一样打招呼。孩子们的英国监护人惊叫道:"你们不认识他们吗?他们是你们的孩子。"约翰呆若木鸡,玛丽也非常震惊,乃至几乎失去了知觉,不小心让蜡烛点燃了自己的睡帽。约翰·平尼回忆道:"我从未经历过如此痛苦又喜悦的场景。"[20]

平尼亲身体会过,深知外居者所需承担的高昂财务成本,也明白一个在地的种植园主能从糖料种植园榨取比代理人更多的利润。但他也是一个孤儿,从小在缺少关爱的环境中长大,听过太多关于种植园主的孩子被孤零零留在英国的恐怖故事。与儿子们苦乐参半的重聚说服他留在英国,他选择牺牲一部分收入。随之而来的是与律师和代理人的纠葛,这些人酗酒、赖床不起、无视指令、挥霍金钱,令种植园陷入债务困境,这促使他卖掉了手头的糖业资产,而不是离开孩子们返回尼维斯。他将3个种植园卖给了爱德华·哈金斯,这个人对以前顺从于平尼家的奴隶实施的残忍暴行将成为一起臭名昭著的法律案件的主题。

平尼家族是一个例外,他们打破了那个到了第三代,无能和奢侈生活很快就会将西印度群岛的糖业财富消耗一空的规则。约翰死后,儿子们为各自能继承平尼和托宾商行多少遗产(平尼的朋友詹姆斯·托宾,写过一本反废奴主义的小册子)争吵不休,这个兆头似乎显得不太吉利。之后,被约翰认定为最有竞争力的继承人阿扎赖亚去世了,在剩下的几个不讨喜的潜在继承人中,约翰·弗雷德里克性情浮躁而无能,普雷托尔发了疯,以至于被终身监禁,还有脆弱的查尔斯,他"表面上非常虔诚、仁爱,但实际上冷酷无情,是像佩克斯列夫那样伪善的人"。查尔斯最终成为这个家族的商业舵手。

和其他外居者一样，查尔斯明白地方政治势力的重要性，1831年，他掷金当选了布里斯托尔市的市长。不过他的任期很短，而且可以说是灾难性的，因为一场市民暴乱升级成了大规模暴力事件，造成500人丧生。当事的军事指挥官面临军事法庭的审判，开枪自杀了。市长平尼相对幸运得多，法庭只判他失职罪。查尔斯做商人比做市长成功得多。他到访了尼维斯，亲身了解了制糖业和西印度群岛的相关企业是如何运作的，然后回到英国，作为蔗糖代理商领导他的家族企业。

蔗糖生意

平尼家族是推动了大英帝国发展的蔗糖贸易的一个缩影，和平尼家族一样，其他外居的种植园主，以及代理人、商人和银行家、精炼商、酿酒商、船主、保险商，通常也都是利益一体的，他们采取了行之有效的策略来保护和加强自身的商业利益。约翰·平尼的女儿伊丽莎白嫁给了彼得·贝利，后者是西印度群岛重要商业公司的成员，伊丽莎白的父亲将他带入了自己的家族企业。西印度群岛的利益集团往往安排这样的联姻，并在他们的专属社团和俱乐部里展开社交。在伦敦，他们每月都在种植园主俱乐部见面。1780年，种植园主俱乐部与制糖业其他利益集团合并为"西印度群岛种植园主和商人协会"。布里斯托尔和利物浦也有西印度群岛的相关社团，这些社团配备有官员、民选成员、档案室和运营资金。利益相关人群在那里用餐、建立联系、分享信息和关注点，策划战略和巩固联盟。

如果商人还拥有良好的声誉，那么这些社会关系就能使一向困难重重的蔗糖生意变得容易一些。例如，他们可以促进库存的蔗糖销售。蔗糖没有恒定的价格，像其他商品一样，糖价会因各种因素而剧烈波动，包括质量、供需，以及来自甜菜糖或东印度地区蔗糖的竞争。

种植园主的蔗糖会在不同的时间，经由不同的船只送抵，而且不同批次的蔗糖质量也有所不同。一个值得信任的糖业经纪人会试图就种植园主的全部存货进行谈判，确保价格标准由质量最好而非质量最差的那批蔗糖来决定。如果他展示了最好的蔗糖，并以高价单独出售，那么他总体上仍会面临亏损，因为他将被迫接受较低的价格来销售质量较差的蔗糖。

蔗糖买卖需要具备相当多的专业知识。不同的岛屿生产不同等级的蔗糖。巴巴多斯经过脱色的蔗糖品质上佳，尼维斯和牙买加的棕糖则处于最低等级。（在脱色过程中，会对蔗糖中的糖蜜除杂脱色，这样生产出来的糖块顶部亮白，越往下，颜色则越深。）不同等级的蔗糖价格差异很大。杂货商、精炼商、再出口商（到欧洲大陆）和购买原糖的投机商各自都有不同的需求。杂货商喜欢颜色鲜艳的糖。精炼商希望糖香浓郁，经得起精制过程。酿酒商需要糖蜜。而投机商的标准太过奸猾，难以界定。蔗糖的供应比需求更具季节性，而只有当杂货商在圣诞节期间需要更多糖时，需求才会增加。最关键的一点是要赶在飓风季之前，官方规定的是 8 月到 10 月，与飓风相关的保险费率在 8 月 1 日前就翻了一番。

种植园主总是急切地追求更高的价格，当价格低迷时，许多种植园主向他们的经纪人施压，要求将他们的糖囤起来，以便日后以更高的价格出售。但糖蜜持续不断地从桶中流失，从而有损糖的重量，而且存储也需要成本。即使价格上涨，新运来的糖也会比仓库里的陈糖卖得更好。从种植园主那里收取款项已经足够困难，无须再增加储存未售出糖的成本。当种植园主要求平尼家族以更高的价格出售他们的糖时，平尼家族以其良好的声誉来说明他们谈判的价格是合理的。但并不是所有的代理人都像平尼家族那样财务稳健。那些没有足够的资金来支付运费、关税、仓储费和其他费用的商人往往因为急需现金而被迫接受较低的价格。

分享信息有助于西印度群岛的生意人做出重要决策。飓风、奴隶起义、麻疹流行或战争的消息通常会抬高蔗糖的价格，而甜菜糖或东印度地区蔗糖供应的增加，以及特立尼达和毛里求斯等糖源的增加则会降低价格。平尼家族曾经在糖价低迷的时候如此悲叹："我们真遗憾，没有战争、飓风或某些类似的消息来提振一下价格！"[21]

与蔗糖生意有关的代理商和其他所有人都必须紧跟时事，并解读信息，以评估战争与和平对糖价的影响。例如，1832年，在英法围绕比利时的争端中，查尔斯·平尼预测，一场欧洲战争"应该会使人们重回美好的旧日时光，那时候每桶糖的售价是30英镑到40英镑"。[22] 佩尔斯写道："在东欧，沙皇保罗统治时是糖价的'熊市'，沙皇亚历山大一世统治时是'牛市'，直到他在提尔西特与法国人和解为止。"[23] 当拿破仑占领汉堡时——汉堡是英国糖的重要消费地，平尼家族担心，除非英国政府想出某种方法来增加消费量，"只有上帝知道这对于那些与西印度群岛的殖民地有关的人来说可能会产生多么致命的后果……我们必定会彻底完蛋"。[24] 幸运的是，战争又出现了转折，糖价开始飙升。

许多糖业商人也是运货商。18世纪，一些种植园主也是如此。例如，平尼家族就拥有两艘船。定期航行的船只定班开往特定岛屿，船长和种植园主之间能建立起相互信任的关系，后者将贵重且容易腐败的货物托付给前者。除了常规航线，船只也有其他航线，比如平尼家族的船只也曾到访波罗的海、孟买和新加坡。

航运本质上就是一项充满风险的业务。船只之间彼此竞争，还要面临来自"那些主动寻找机会的船只"，即希望招揽生意、没有固定航班的船只，以及非法航行至各岛屿的外国船只的竞争。航运还易受战争、海盗袭击的影响；而且在西印度码头建成前，由于仓储空间不足，货船只能被迫在港口停留，等待卸货。除了这些不确定的因素，航运还要面临谣言的危险。种植园主会避开那些被认为维护不善的船只，而船长们则害怕这样的谣言在糖料殖民地迅速传播开来。不论真假，这些谣言都有可能会毁掉他们的生意。对付谣言的最好办法是与他们的客户种植园主保持密切的联系。

定期航行的船只不只承运蔗糖。它们还给种植园主带来了供给物资，比如包括给奴隶用的数百把廉价锄头在内的农具、骑乘装备、磨坊和煮糖间用的黄铜和铜配件、阻止奴隶逃跑的铁镣，以及役畜。船长们认为，那些骡子、马和牛非常难对付。它们的饲料占据空间，弄脏了船舱，牲畜本身也在航运中饱受折磨，乃至死去。这些容易引发有关财务责任的争吵。

糖业代理商的另一个重要事项是填写种植园主的个人物品订单，然后包装和运输这些物品，所有这些事务都没有劳动报偿。这些物品包括时髦的帽子和服装、钢琴和乐谱、杂志和书籍、烟斗和马德拉葡萄酒、洗漱用品和药品、咸肉和熏肉，甚至在英国精制再出口的糖。代理商甚至不得不为克里奥尔学童安排辅导和上学事宜。放假的时候，如果这些孩子在英国没有亲人，代理商会将他们作为非付费客人带回家。

代理商同意提供这些耗时且无报酬的服务,以便留住客户。他们靠食糖的委托销售和船运赚取佣金,但他们的主要利润来自向种植园主客户提供贷款的利息。这些贷款是蔗糖生意不可避免的特性。大多数种植园主过着挥霍无度的生活,他们主要靠借贷度日,而且绝大多数都是向其代理商借贷。当种植园主违约时——这是常有的事,代理商实际上成了外居的种植园主,然后他们也会面临导致前种植园主破产的完全同样的问题。

西印度群岛的蔗糖生意比其他单一种植的作物风险更大,其利润有赖于明智的经营、利益相关方的合作和好运。西印度群岛的社团在构思和协调使蔗糖业获利的战略方面是必不可少的。他们在战时组织护航船队,并为糖岛提供更快速的邮寄服务。他们也承担起了技术问题,例如,1796 年,他们派化学家布赖恩·希金斯博士前往牙买加进行实验,以改进制糖工艺。

西印度群岛游说团体

西印度群岛利益集团也投身于政治,建立了英国最强大的游说团体。在政治腐败横生的年月里,他们利用部分糖业资本,投资购买议会席位。18 世纪中叶,牙买加的贝克福德兄弟有 4 人进入了议会。种植园主和商人协会的一个主要委员会共有 15 名成员,其中 10 人拥有议会席位。1764 年,下议院有五六十位与西印度群岛有关的议员,他们在其中处于关键位置。西印度群岛利益成员组成了一个大投票集团,足以保证政府免于不信任投票,但政府后来也为此付出了代价。西印度群岛利益集团也与有地贵族和海港商人阶层结盟，海港商人阶层同样依赖垄断来维持财政命脉。

西印度群岛利益集团也渗透到了上议院，将他们的政治支持转化为贵族爵位。与糖业有关的贵族之一是霍克斯伯里勋爵，即后来的利物浦伯爵。他是西印度群岛的种植园主、英国枢密院贸易委员会主席，也是西印度群岛利益的狂热拥护者，倡导支持奴隶贸易和奴隶制。像查尔斯·平尼一样，西印度群岛利益集团的成员也担任市政管理职务，威廉·贝克福德曾两度担任伦敦市长。埃里克·威廉斯指出："同时代的人嘲笑他蹩脚的拉丁语和大嗓门，但他们不得不尊重他的财富、地位和政治影响力。"[25]

西印度群岛利益集团为政治施压策略树立了新的标准，也很可能开创了现代游说活动。他们组织有序、目标明确、资金充足，通过联姻，以及与有影响力的有地阶层和商业阶层结成利益联盟。他们有明确的议题，以供宣传者推广。即使在诸如奴隶制，乃至更令人沮丧的自由贸易等重大问题上失败以后，他们仍然坚守自己的利益诉求。大约一个半世纪之后，英国和美国的糖业游说团体在面对健康、肥胖、公平贸易和环境退化等问题时，同样以斗牛犬般的坚韧，以及独创性、不成比例的影响力和有问题的道德观而臭名昭著。

西印度群岛游说团体在立法方面取得的一项胜利是海军的朗姆酒配给制度。每位水手有半品脱的朗姆酒定额，这引发了对于朗姆酒的巨大需求量，确立了"海军格罗格酒"的传统。当评论家将朗姆酒和白兰地做比较，并因此质疑前者的优点时，西印度群岛的种植园主和商人协会雇用了一名写手，他撰写了一本名为《论烈性酒对于健康的影响，尤其是对朗姆酒和白兰地相对健康性的考量》的小册子。这本小册子连同受资助印制的3000份副本，强烈偏向于支持朗姆酒一方。

以雪换糖及其他胜利

七年战争后，西印度群岛利益集团为他们有史以来最重要的战斗做好了准备：意图说服英国政府将盛产蔗糖的瓜德罗普岛归还给法国，代之以保留巨大的毛皮贸易殖民地加拿大。否则，瓜德罗普岛将会和他们自己不断萎缩的糖业进行残酷的竞争，尽管这意味着将为英国消费者提供更便宜的糖。西印度群岛利益集团不关心英国消费者。用哈德威克伯爵的话来说，他们"就只有一个想法，那就是他们自己的利益会受到何等的影响。他们希望，除了自己特别感兴趣的殖民地，其他所有殖民地都应被摧毁，以提高他们自己商品的市场份额"。[26] 西印度群岛的说客竭尽全力确保自己的利益。最终，他们赢了，其结果就是用雪来换糖（Snow for Sugar），这是对1763年《巴黎和约》中将瓜德罗普归还给法国，作为交换，英国获得大部分法属北美殖民地这一条款的简略说法。

当然，西印度群岛利益集团无法解决所有的问题或是控制所有的政府。最明显的是，他们无法阻止美国独立战争。尽管他们中的大多数人与英国及其利益紧密相连，但他们也和那十三块殖民地保持着密切的商业关系，这些殖民地提供了奴隶的大部分食物，以及建造、修理房屋和糖厂所需的木材。西印度群岛利益集团对战争的前景深感忧虑，许多人还为殖民者辩护，共情后者所受的委屈和处境。

美国独立战争爆发后，英国政府不得不向巴巴多斯运送紧急救济食品,以缓解那里的饥荒。蒙特塞拉特总督报告说,"许多黑人饿死了,尼维斯的情况也是如此……安提瓜损失了1000多名黑人,蒙特塞拉特损失了近1200名黑人和一些白人,尼维斯损失了三四百名,圣基茨也因缺乏粮食而损失了数量差不多的黑人"。[27] 在牙买加、巴巴多斯和背风群岛,大米、印第安玉米、面粉、木材、木瓦和白橡木桶板等日常商品的价格翻了一番,甚至涨至三四倍。

经历了供应危机,奴隶劳动力变得虚弱不堪,西印度群岛利益集团只能眼睁睁地看着美国的盟友法国进攻并占领了圣基茨、蒙特塞拉特、尼维斯、圣文森特、格林纳达、多巴哥和德梅拉拉,而安提瓜、巴巴多斯和牙买加也将很快被征服。英国国王乔治三世警告说:"如果我们失去了糖岛,就不可能筹集到资金继续战争。"[28] 乔治·罗德尼上将的身上出现了奇迹。1782年,在他的指挥下,英国皇家海军打败了法国舰队,此举既挽救了糖岛,又解救了大英帝国。

由于未能阻止美国独立战争,西印度群岛利益集团急于挽回损失,但仍有许多种植园主破产了。随着产量的急剧下降,糖价猛涨。消费者的反应是减少购买,尽管许多杂货商开始以只略高于成本的价格销售蔗糖,以保证茶叶的销售,但许多顾客宁愿放弃喝茶,也不愿意喝不加糖的茶。欧洲的精炼糖厂纷纷倒闭,到1781年,三分之一的精炼糖厂关门了。相关企业同样受到重创。供应精炼糖厂的陶器作坊有一半已经破产。制桶匠、铜匠、铁匠等手工艺人和商人也破产了。

种植园主和商人协会决定采取后退策略,重整旗鼓,然后他们将注意力转向了忠诚的英国殖民地,寄希望于它们能成为蔗糖市场和种植园的供应商。但这些殖民地进口的蔗糖和朗姆酒远远少于人口更为稠密的北美十三个殖民地,后者对于蔗糖和朗姆酒有着巨大的需求。尽管英国殖民地愿意供应西印度群岛,但由于高昂的运输成本和薪酬,当地蔗糖的价格是北美的两倍到四倍。

美国独立战争使糖料殖民地陷入了困境。安提瓜的种植园大部分抵押给了英国的西印度群岛利益集团的成员。在牙买加,1772 年运营的 775 个糖料种植园已有 324 个因债务被出售或收回。在这样的财务压力下,从其他国家在加勒比海地区的殖民地走私的活动又死灰复燃了。西印度群岛利益集团游说立法,以缓解种植园主严重的财务问题。1787 年,他们的努力促成了相关立法,建立了急需的西印度自由海港,同时阻止具有竞争力的其他同类商品,特别是价格更便宜的东印度蔗糖和欧洲甜菜糖进入英国。

海地革命期间白人遇害的可怕消息给废奴运动蒙上了一层阴影,这令西印度群岛利益集团感到高兴。革命引发的经济影响,同样对糖业的利益产生了虽然短暂却可喜的影响。但是没有什么能改变即将到来的衰颓势头,因为正如历史学家洛厄尔·拉加茨所解释的那样,"那座宏伟的大厦,即英属西印度群岛的旧种植园体系,正因结构薄弱而摇摇欲坠"。这场革命支撑了它,并将它的全面崩溃推迟了约 25 年。[29] 海地的 792 个糖料种植园为法国提供了大量食糖,满足了欧洲大陆 43.3% 的需求。这场突然爆发的革命终止了海地的大量食糖运输,欧洲人只能迫切寻求其他糖源,即从英国再出口的糖,此前英国只能满足 36.7% 的需求。糖需求量突然大增,糖价也被推高。[30]

只有种植园主为糖价的上涨鼓掌。英国的杂货商和精炼糖厂怨声载道,强烈主张结束西印度蔗糖的特权地位,允许东印度地区的糖以同等条件进入英国。西印度群岛利益集团则强烈捍卫他们的垄断权。然而，他们与其他利益集团，也就是塑造了英国市场的男女消费者群体的斗争愈发激烈。其中有许多人是低收入者，他们喜爱糖，也需要糖，并且非常反感支付人为抬高的糖价，他们知道通过公平的条件进口东印度地区出产的蔗糖，轻易就能降低糖价。

东印度地区出产的糖很容易在市场中获胜。孟加拉的劳动力是自由劳工，不是奴隶；东印度地区的种植园所需的资本少于西印度群岛；东印度地区的糖料种植园还有很大的扩张潜力，而西印度群岛的糖料种植园由于土地侵蚀和过度种植，不再具备太多潜力。东印度地区对英国制成品的需求似乎无穷无尽，西印度群岛则是需求有限，且不断萎缩。再者，东印度地区的利益集团声称，孟加拉和英国之间的遥远距离为水手提供了一个训练基地，在战时他们可被编入海军。西印度群岛游说团体无法反驳这些论点，于是诉诸法律、历史和爱国主义，对东印度地区的利益集团进行了猛烈反击。通过一项不成文但不可侵犯的契约，母国英国保证了西印度群岛在英国市场上的垄断地位，以换取对殖民地产品的垄断。（正如西印度群岛利益集团所说）如果偏爱东印度地区出产的糖，就会毁掉西印度群岛、西印度群岛的种植园主与他们在英国的所有商业和金融伙伴。这就像为了一个外来的新人而谋杀家庭成员。

两大糖业利益集团之间不断升级的竞争所引发的问题，根源在于英国的重商主义制度及其帝国主义野心。这些问题不能通过严格的经济推理来解决。西印度群岛是在重商主义原则下接受殖民和治理的，它们其实是英国帝国主义扩张的产物。其经济性质，特别是对单一糖料作物的依赖，以及对殖民地进行蔗糖精炼和制造业的禁令，将它们塑造成了在缺乏基础设施的荒芜之地运行的依赖型经济体。它们的土地被过度耕种，侵蚀严重。它们的劳动力处境悲惨且持敌意态度。它们通常购买英国制造的产品，而不是价格更低的北美产品。在美国独立战争期间，它们倾向于同情反叛的一方，但仍然忠于英国，为此牺牲了奴隶的生命、自己的利益和居民的安全。在战争时期，英国的敌人攻击并入侵了西印度群岛。

谈到东印度地区出产的糖的问题时，西印度群岛利益集团的成员并没有费心去否认它可能以更低廉的成本生产和交付。相反，他们反问道，为什么广大消费者的利益应该凌驾于历史上根深蒂固的糖业的商业利益之上。难道西印度群岛的人没有作为文明和基督教化的代理人，向当地人和非洲异教徒传播吗？西印度群岛的人总结说，英国将糖业殖民地视作帝国的棋子，每个人都应该清楚，英国欠下了他们的债。

西印度群岛利益集团再次通过立法确认了不平等的糖税制度，从而在经济竞争中击败了对手。但他们取得的胜利是不彻底的，因为极其复杂的糖税是固定的，而非按比例计算，或像西印度群岛利益集团所希望的那样按从价税计算。其结果是，价格高时，关税是合理的，但当价格下跌时，税负可能是毁灭性的。1803年和1806年的情况就是这样，当时的税收分别占批发价格的55.7%和61.7%，种植园主为此遭受了严重损失。

债务、疾病和死亡

随着拿破仑战争的持续，局势不断恶化。西印度群岛利益集团无法将蔗糖再出口至欧洲大陆，失去了利润丰厚的市场。而美国船只则在中立国旗帜的保护下，将殖民地出产的糖运往欧洲市场。西印度群岛的糖业也受到战争税的影响，税负沉重：英国首相皮特通过提高食糖税（仅1805年一年就翻了一番）、高昂的战时运输和保险费，为战争努力筹集了数百万英镑。1806年，由于美国人处处打压他们，西印度群岛利益集团对他们怀有的同情因愤怒消失殆尽。这种愤怒的情绪在英国引起了共鸣，英国船只开始扣押美国船只。前殖民地与母国之间的战争迫在眉睫，几乎难以避免。

糖业种植园主群体陷入了危机。1805年，安提瓜总督报告说："破产现象十分普遍，从公共财政扩展到殖民地的大多数居民。"[31] 到了1807年，情况变得更糟了：牙买加的蔗糖在英国以低于生产成本的价格出售。圣卢西亚总督也发出了同样令人难过的评价："这个殖民地的处境非常悲惨……种植园主既没有钱购买物品，也无法从商人那里获得信贷，商人也负担不起这里生产的蔗糖，因为关税、运费和保险费会吞噬英国市场的全部利润。"[32] 种植园主纷纷放弃种植园，或者以能得到的任何价格出售它们。奴隶们衣衫褴褛、腹内空空。成千上万的人死去。

糖料殖民地现在只剩下三个话题了，即债务、疾病和死亡。英国议会的委员会对此进行了调查，他们一致认为那里的形势严峻，但针对如何补救，意见不一。甚至，西印度群岛利益集团及其游说团体也提出了相互矛盾的建议。英国消费者对他们并不同情。废奴主义者麦考尔·梅德福嘲笑道："我们看到西印度群岛的商人仍然像王子一样生活，但当他们来到议会时，他们有着……像乞丐那样牢骚满腹。"他是小册子《无醋之油，没有骄傲的尊严：或论英国、美国和西印度群岛的利益考量》的作者。[33]

1808年，这些牢骚满腹的人为朗姆酒的利益赢得了一场令人不齿的微小胜利。他们说服了一个议会委员会，使其成员相信玉米供应不足，应该留作食物，而不是用于酿酒。英国种植玉米的农民愤怒地指出，不存在这样的短缺，禁止酿酒商使用谷物将会大大减少对玉米的需求。然而，西印度群岛的利益仍然强大到足以压倒这些合理的论点。针对谷物的禁令已在制定，这迫使酿酒商改用糖蜜。1809年，在马提尼克岛落入英国人之手后，西印度群岛利益集团成功地游说英国对马提尼克的糖征收外国关税。然而，在西印度群岛处于如此难以扭转的衰落境地时，他们针对玉米和马提尼克的糖获得的胜利在当时是微不足道的，因为只有真正激进的变革才能阻止西印度群岛的衰颓。1812年的战争使得局势变得更糟。

拿破仑试图实施大陆封锁体系，阻止英国与欧洲大陆进行贸易，在这一体系崩溃后，糖业出现了短暂复苏。英国对欧洲市场的食糖出口猛增，需求推高了英国国内市场的价格。但这样的复苏是短暂的，因为欧洲人想要更便宜的糖，他们转而寻找新的糖源，即古巴和巴西。古巴和巴西土地肥沃，不受重商主义政策的限制。古巴的糖每英担售价30先令，而牙买加的糖每英担售价53先令。西印度群岛再次陷入危机，此次危机因英国立法限制它们与美国进行贸易而加剧。几乎没有买家购买他们的朗姆酒和糖蜜。朗姆酒的出货量从1818年近200万加仑骤降到1820年不足5.4万加仑；糖蜜的出货量从100多万加仑暴跌至1.2万加仑。种植园大幅贬值，以至于贷款人不再接受它们作为急需贷款的抵押品，西印度群岛的人形容自己面临的困境是灾难性的。

他们的游说团体再次试图向英国政府施压，要求降低食糖税。但时代和政策都在发生变化。重商主义和伴随而来的保护主义的制约，正受到支持自由化和自由贸易的经济理论的严重挑战。此外，先前的限制已经放宽，因而西印度群岛糖业的游说团体最重要的论点之一，即他们应该获得优惠待遇以补偿这些限制，站不住脚了。

西印度群岛和东印度地区的糖业利益冲突此时公开化了。东印度地区出产的糖更便宜，由自由劳动者生产，并且与西印度群岛不同的是，东印度地区的糖料种植园不需要英国花费任何费用去保护，这些优点都是无法否认的。同样不可否认的是，如果说西印度群岛的航运能为未来的海军人员提供海上训练，那么东印度地区可以提供更多。最后一点是，新近对于原法属和西属糖岛的征服和占领，使得那些刚被征服的外国人也享有原先仅属于英国糖岛的同等特权。

西印度群岛利益集团此时正为一种垂死的生活方式而斗争，他们的呼喊反映了这一群体的绝望和痛苦：他们是英国臣民，有权享有英国农民和制造业者的权利，而东印度地区的人只是被征服的外国人；而且，他们已经在糖料殖民地投资了近10亿英镑，还曾被承诺给予优惠待遇。然而，1807年，他们所依赖的奴隶贸易最终还是被废除了。英国是否会出面干预，以挽救他们昔日取得的已所剩无几的辉煌？答案是，英国不会。西印度群岛游说团体和西印度群岛利益集团正在迅速淡出政治舞台。

绝望笼罩着糖料种植园。一名殖民地官员写道："时代的压力是沉重的，未来的前景是暗淡的，西印度群岛繁荣的日子可能已经结束了。"[34] 拉加茨写道，1834年开始的奴隶解放运动将是对

"旧种植园制度的最后致命一击","种植园主阶层"以缓慢下滑的形式,伴随短暂的喘息,"完成了悲凉惨烈的垮台"。[35]

法国糖业

法国人也喜欢吃糖,尽管不像英国人那样疯狂。它丰饶的殖民地出产的糖足以满足法国人对甜食的需要,直到海地爆发革命。富人阶层喜欢精制糖,工人阶级则满足于经黏土脱色的糖,直到19世纪,乡村居民仍满足于粗制糖。即使是这样,巴黎人也消耗了大量的糖,人均每年要消费30磅到50磅。[36]

和英国情况一样,法国的糖业也拉动了大量就业需求。1791年,据拉罗什富科-利扬库尔公爵估计,713,333个法国家庭(超过350万人)的生计与西印度群岛的贸易直接相关,或者有赖于此。[37]和英国贸易十分相似的另外一点是,法国的蔗糖贸易也受到严格的宗主国法令的管制,即禁止与外国人交易。此外,法国对于糖料殖民地的运作也与英国的相似,例如残酷对待糖奴,以及种植园主阶层背负沉重债务(奴隶是他们最大的成本花销)。

然而,在其他方面,法国的法律、政策和实践与英国不同。法国民法禁止取消种植园的赎回权,法国大城市里的债权人抱怨说,这样一来,他们的债务人种植园主就没有动力去改变低效的管理习惯或者减少个人挥霍。与英国同行一样,法国种植园主和商人也经常彼此通婚,一起参与社交。但他们没有联手打造一个强大的游说团体,而是将彼此视为竞争对手。由于这些原因,加上海上力量较弱,法国蔗糖生意的组织经营和英国差异很大。当然,这也激发了各种巧妙的计谋,旨在绕过政府的控制。

其中一个精心策划的计谋涉及马提尼克岛出产的蔗糖。马提尼克岛的种植园主会借用邻居的奴隶，并在海外领地办事处宣布这些奴隶是运往法属圣多曼格的商品。随后，奴隶们回到种植园。与此同时，深夜，装载蔗糖的船只驶往荷兰殖民地圣尤斯特歇斯岛，在那里交换同样数量的奴隶，然后将这些奴隶卖到法属圣多曼格。这一诡计相当成功，得以与外国殖民地维持隐秘而强劲的贸易活动。

另一个计谋是将澄清的蔗糖标注为"糖浆"或"塔菲亚"（一种廉价朗姆酒），然后出口到北美十三个殖民地。据法国驻波士顿领事报告，这种"非法贸易是公开进行的"。[38] 还有手段更直接的骗局，即直接将糖卖给外国"那些主动寻找机会的船只"的船长，有情节更严重者将糖卖给了外国走私者，以避免支付中间商费用和佣金。法国种植园未能给种植园主带来巨额利润，这一点助长了走私和其他非法交易活动。根据革命之前的蔗糖销售、种植园花销，以及资本投资损失和年利润，历史学家罗伯特·斯坦计算出，投资回报率最多为5%至6%。1787年，一个研究马提尼克岛种植园主群体财务状况的委员会发现，所有种植园的净利润约为2%。尽管法国蔗糖的生产成本要低得多，但它的回报率远低于英国。在英国，糖价被人为地维持在高位。

法国政府和进口商遵循的原则是地方利益至上，必须得到保护。这使得法国无法成立全国性的制糖企业，但促进了规模小一些的地方产业的发展，尤其是在南特、波尔多和马赛这三大糖业海港。18世纪，法国75%的进口食糖是通过这三大海港进入的。

在南特，蔗糖和奴隶贸易密切相关。该市商人贩卖奴隶，以换取热带地区的产品。这种奴隶贸易是南特得以与波尔多竞争的唯一途径，而波尔多则通过向糖料殖民地大量出口欧洲商品来维持竞争优势。到法国大革命爆发前夕，南特三分之一以上的食糖进口都是通过奴隶贸易支付的。在南特，"蔗糖完全沿着奴隶贩子指定的路线行进"。[39]

南特进口的蔗糖中有60%到70%是粗糖，它们是精炼糖厂的理想原料，可以再出口到西班牙、葡萄牙、荷兰和德国。波尔多进口的更多是澄清的糖，而马赛则几乎只进口澄清糖。粗糖和澄清糖都可以大量再出口，由于后者不需要精炼就可以直接再出口，因此它的需求量很大。这三大海港和其他参与蔗糖贸易的港口在经营上是死对头，所以在法国，全国性制糖企业的概念并不存在。

尽管在法国精炼的蔗糖量不大，但精炼过程是"法国糖业的核心所在，与法国的美食息息相关"。[40]精炼过程既复杂又危险。在煮沸和高温蒸干的过程中，蔗糖很容易突然燃烧起来。而且这个过程会污染空气，没有人愿意住在精炼糖厂附近。18世纪初，精炼糖厂用牛血代替鸡蛋作为净化剂，精炼过程还会污染土壤，散发出令人难以忍受的恶臭。

一些精炼糖厂能生产少量的苏克雷皇家糖，它被普遍认为是最精细的糖，价格也相应地非常昂贵。这种糖的精炼商兴奋地表示，它"非常纯净，透明得令人惊叹……均质、精细、干燥、明亮，容易敲碎"。[41]这些天赐的颗粒是用鸡蛋而非牛血作为净化剂，原料是最高品质的澄清糖。品质稍有瑕疵的则作为"准皇家糖"出售，价格仍然昂贵。此外，还有多种不同品质的蔗糖满足更广泛的收入较低阶层的需求。

法国的精炼糖厂本着商业上自相残杀的民族精神，相互竞争和拆台，而不是寻找新的出口市场来扩大业务。他们都只想着把糖卖到巴黎市场去，彼此倾轧。其结果是，尽管拥有世界上面积最大的糖料殖民地，法国的炼糖业发展有限，令人失望。

拿破仑甜菜

法国大革命初期似乎对蔗糖的生产影响不大。但从海地爆发革命到拿破仑在滑铁卢战败的这段时间里，蔗糖贸易发生了根本性的变化。法国在这方面遭受了尤为严重的打击。1805年，在法国海军于特拉法尔加海战中遭受羞辱性的惨败后，拿破仑向英国商业（以及向大英帝国的权势）宣战，他禁止来自英国及其殖民地的船只通过欧洲港口进行贸易。

英国以反向封锁作为反击。欧洲大陆因此遭受了殖民地产品严重短缺的窘况。杂货店里货架上的蔗糖逐渐减少，以至于最终消失了。拿破仑也开始担心，食糖配给减少或者更严重的供应不上的情况会激起民愤，因此他赌了一把，用法国种植的甜菜替代甘蔗，尽管当时从甜菜中提取糖的技术尚处于试验阶段。

17世纪初，法国农学家奥利维耶·德·塞尔曾观察到，"烹煮甜菜根时会产生一种类似糖浆的汁液"。[42] 一个世纪后，德国化学家安德烈亚斯·西吉斯蒙德·马格拉夫提取出了糖晶体：将8盎司甜菜切片、烘干和粉碎，浸泡在酒精中，加热至沸点，过滤后倒入容器，然后等待数周时间直至糖晶体成形。后来是马格拉夫的法国籍学生弗朗斯·卡尔·阿沙尔改进了导师的技术，甜菜糖得以批量生产。

阿沙尔的研究进展很快，足以令英国蔗糖利益集团感到不安，据说他们向阿沙尔提供巨额资金，以阻止他继续研发甜菜糖，而腓特烈大帝及后继者腓特烈·威廉三世通过赠予宝贵的土地和高薪职位鼓励阿沙尔。拿破仑也慷慨解囊，提供赏金，并且敦促法国人民奋起迎接这一挑战。

工业家邦雅曼·德莱塞尔响应了这一号召，在帕西开设了一家小型加工厂。拿破仑对这家工厂生产的甜菜糖的质量印象深刻，因此他将自己的荣誉军团绶带赠送给了德莱塞尔。第二天，拿破仑就宣布，英国将不得不把甘蔗扔进泰晤士河，因为现在欧洲的甜味将由甜菜来提供。

为了兑现自己的承诺，拿破仑建立了6家甜菜糖试验站，并且设立奖学金，派遣100名科学和医学学生去那里学习。通过内政部，他拨出近8万英亩土地种植甜菜；他要求农民种植甜菜，并资助甜菜工厂，为甜菜项目总共拨款了100万法郎。他的策略奏效了。1812年，40家工厂从种植在16,758英亩土地上的98,813吨甜菜中提炼出了330万磅糖。[43]德国、俄国和其他欧洲国家也发展了重要的甜菜糖产业。

1815年，拿破仑下台后的和平局面导致大量蔗糖再次流入欧洲市场，摧毁了这个刚刚起步的产业。劣质甜菜和不完善的加工技术使得甜菜糖无法与蔗糖竞争，欧洲一度只有法国阿拉斯的一家甜菜糖工厂幸存下来。但蔗糖业仍旧没有恢复到战前的繁盛状况。在维也纳会议上，在1807年就已经废除了奴隶贸易的英国向法国及其盟国施压，要求它们也这样做，尽管非法奴隶贸易仍将持续数十年。另一个重大变化是，新兴独立国家海地的蔗糖产量从每年2亿磅骤降到几乎为零，而且法国没有新的糖料殖民地可以取代它。这时，数百万磅的糖来自马提尼克岛、瓜德罗普岛和非洲的留尼汪岛，以及随着时间的推移，还有来自欧洲的甜菜糖。蔗糖仍然占据主导地位，但是甜菜糖也有其信徒，且后来将重新流行起来。

痛苦而愤怒的非洲

在这个世界上，蔗糖产业造成的破坏性影响最大的地方莫过于三角贸易的第三站非洲了。为了获取奴隶，欧洲商人主要与非洲商人或贵族打交道，这造成了相当可怕的后果。在非洲大陆的社会组织方式主要是部落的时代，泛非主义尚不存在，因而这样的交易引发了部落战争。达荷美王国的王公用欧洲武器占领了北方邻国，将邻人卖为奴隶。非洲商人编造种种理由，摧毁村庄，奴役村民。为了填补奴隶的售卖配额，掠夺者入侵其他部落，带走俘虏。其他非洲人也被卖掉抵债，或者已经沦为奴隶。

戴着镣铐的男男女女从内陆村庄拖着脚步，蹒跚行进到海岸边的奴隶禁闭营，这些奴隶队伍在目睹这种场景的人的意识中烙下了深深的印记。这些被铐在一起的奴隶经常要跋涉500英里，穿过一个又一个村庄，公开展示他们遭受的苦痛。在上船前，这些奴隶都被关押在当地处于中心位置的奴隶禁闭营里，附近居民可以看到他们或者至少可以听到他们的声音。维达在镇中心附近有6个奴隶禁闭营，在海岸角，从远处就能听到城堡地牢里传出的哭泣和哀号声。非洲人并不清楚奴隶们将要面临什么，但一切都表明那一定是非常可怕的。

600万非洲人被送往糖料殖民地，其中大多数都是壮年男性，人数之多，以至于西非人口保持停滞，无法增长。突袭和绑架导

图 32 被俘虏的非洲人被铁链锁着,被迫随着队伍行进。在非洲,这种场景令人恐惧,又十分常见。插画家弗尼·洛维特·卡梅伦爵士在英国海军服役,参与镇压东非的奴隶贸易。

致农业社区支离破碎，人人惊恐万分。首领、丈夫，有时还有妻儿，都被抢走了，留下一地恐慌和混乱。

就像在欧洲和糖料殖民地一样，奴隶贸易也对非洲的经济产生了影响。它刺激了对通用货币的需求，货贝和铁条逐渐成为标准货币。奴隶海港发展出了便利于奴隶贸易的服务，雇用了许多人充当搬运工、守卫和划独木舟的人。农民也被鼓励种植供应奴隶禁闭营和运奴船所需的食物，比如大米、山药、木薯和玉米。

与此同时，奴隶贸易对撒哈拉以南的非洲地区对外贸易的垄断，扼杀了非洲的经济发展。奴隶比其他任何商品都更有利可图。即使是棕榈油，它价格最高时也无法与奴隶竞争。几个世纪以来，非洲的农业因掠夺而荒废，而欧洲人用商品换取奴隶的做法削弱了人们对非洲商品的兴趣，阻碍了非洲原本可能出现的任何基础设施或制度的发展。历史学家约瑟夫·伊尼科里写道："奴隶贸易所做的一切都是为了建立不利于经济和平发展的社会和政治结构。"[44]其结果是，非洲的制造业和农业未能得到应有的发展。

一些最受欢迎的欧洲商品本质上是有害的，比如白兰地、朗姆酒、烟草和枪支。烈性酒和烟草的危害不言而喻。枪支则是18世纪英国对西非贸易的支柱商品，需求量很大。1772年1月，法默和高尔顿公司接到了超过1.59万份的订单。伯明翰的枪支制造商竭尽全力满足这些订单的需求。这导致枪支的做工比较粗糙，质量不太可靠，同时代的人担心这批武器在第一次发射时就会爆炸。它们最危险的特性是主要被用于掠夺奴隶。

糖搅动了宇宙，为帝国的引擎提供了燃料。它的利润巨大，但付出的代价更高。非洲大陆在通往未来的道路上迷失了方向。

非洲侨民，无论是被奴役的，还是自由的，都需面对一个被种族主义毒害的畸形新世界，它的核心就是对糖奴的奴役。他们对这个世界和种族主义发起了不懈的反抗，这场斗争最终将在19世纪初以武装革命的形式发展至高潮，建立起世界上第一个黑人共和国。

第三部分

通过反抗和议会废除奴隶制

第6章

种族主义、反抗、反叛和革命

糖催生种族主义

　　糖业奴隶制最阴险的产物是种族主义,它为奴役非洲人并强迫他们到甘蔗田里劳作提供了正当化的理由。(正如埃里克·威廉斯所写:"奴隶制不是种族主义的产物;相反,种族主义是奴隶制的后果。它的起源可以用如下词语来表示,在加勒比地区,是蔗糖;在大陆,则是烟草和棉花。"[1])自从非洲奴隶明显替代,而不仅仅是补充欧洲的契约佣工之后,种族就成了奴隶主和制糖业其他所有参与者(从克里奥尔监工到欧洲的精炼糖商)的一个至关重要的参照点。它为奴隶制这一明显荒谬而怪诞的制度做了辩护,安抚了参与者内心怀有的良知。

　　随着时间的推移,白人借用基督教元素精心打造了种族主义意识形态,并用逸事证据强化了这种混杂的概念。奴隶制主要是为田间劳动力设计的,但种族主义的逻辑将它扩展到了包括家庭在内的所有工作领域。[2]奴隶制原本是一种狭隘的经济体系,渐渐地,它演变成了克里奥尔糖业社会的指导和组织原则。

　　白人出于实际原因,迫切需要创造出精细的规则来划分种族。

无数被压迫的男男女女包围着他们，前者的人数远超白人，因此白人需要社交规范和权力结构来保护自身免受这些被压迫者的伤害。他们需要机制来分裂和控制那些奴隶，因为他们总是觉得奴隶难以驯服，且令他们感到一种"肉体上的恐惧"。他们也需要解决混血后代的数量不断增加的问题。

在蔗糖世界，混血的存在必须被重新定义。第 4 章列举了白人出于区分他们的目的而给他们取的一些称呼。这些伪科学尝试扭曲了严谨的分类，亵渎了林奈在 18 世纪所做的细致工作，为种族观念披上了可信的外衣。白人给黑白混血儿贴上穆拉托的标签，此称呼本用于指代马和驴杂交出的无生殖能力的后代，这种轻蔑的类比意味着，白人希望大自然禁止白人和黑人的"非自然"后代繁殖。马修·刘易斯在牙买加四处观察后发现，黑白混血儿确实可以生育后代，但他仍然认为他们"几乎普遍都是虚弱、阴柔的，因此他们的孩子很难养活"。[3]

这种精心表述的种族主义与合法的自由两极共存。奴隶的解放是有可能的。任何肤色的自由妇女所生的孩子，从黑人到梅斯蒂菲诺，都生而自由。只要人心的跳动比鞭子更有力，白人父亲就可以解放他肤色较浅的混血孩子，也许还有孩子的母亲。他也可以释放自己的老乳母——一个忠诚或年迈的女奴。

被解放的奴隶或自由人自然会寻求与所见的白人享有的同样的经济和社会优势。了解到蓄奴是关键，这类人中许多足够富裕的人也成了拥有奴隶的种植园主。他们赎买自己的亲人，解放后者；但他们也购买奴隶为自己耕种土地，并像白人一样残酷地对待奴隶。肤色较浅的人往往会自行内化种族分类中固有的肤色歧视，并认为自己比肤色较深的人优越。在海地，黑白混血儿重塑了这一观点,并认定他们自身比其他人都优越,包括白人。历史学家埃尔莎·戈韦亚写道,在那里,种姓制度"对塑造最终推翻殖民地社会的革命运动的进程,以及确定革命之后的种种联盟起到了重要作用"。[4]

巴西更为松散的种姓制度凸显了种族分类的荒谬。例如,黑

图33 黑人妇女上门拜访勒马叙里耶,勒马叙里耶是一名黑白混血妇女,图中还有她的白人女儿,图为勒马叙里耶在马提尼克岛的家,1775年。

图34 关于巴巴多斯的黑白混血女孩和西印度群岛洗衣女工的画作,由阿戈斯蒂诺·布鲁尼亚斯所绘。布鲁尼亚斯和一个有色人种的自由女性组建了家庭,他将黑白混血儿塑造成令人向往、美丽而诱人的形象。黑白混血女性穿着时髦、佩戴珠宝,自信满满地与黑人小贩讨价还价。黑白混血洗衣女工美丽动人,对自己赤裸上身毫不在意。在布鲁尼亚斯绘制的其他一些画作中,他描绘了自己偷看裸体的黑白混血女性的场景。

白混血儿穆拉托可以获得将自身标识为白人的法律文件,从而获得从事白人专属职业的机会。糖料种植园主亨利·科斯特被告知,某个官员不再是黑白混血儿了,"他曾经是,但现在不是了"。这个人不得不变更自己黑白混血儿的身份,因为黑白混血儿没有资格担任他想要并且此时任职的职位。[5] 历史学家理查德·邓恩写道:"在糖岛,是有可能在三代人之内从黑人变成白人的。"相比之下,在北美,"黑人血统就像原罪,是一个人及其后人一生永远的污点"。[6]

黑人法典和奴隶法

随着种族奴隶制的发展,殖民地和宗主国的行政官员费力将它运作的复杂性编纂成了被称为黑人法典的法律文本。他们还任命官员来监督这些法律的施行。英国殖民地是个例外,既没有统一的黑人法典,通常也没有奴隶保护人。相反,每个殖民地都有自己的奴隶法典,通常以1661年巴巴多斯颁布的那一部为蓝本。牙买加在1664年颁布的那一部几乎是逐字逐句照抄巴巴多斯那一部的,1702年安提瓜的那一部也与之非常相似。18世纪末和19世纪初的一系列英国改善法在即将废除奴隶制的情况下,通过改善奴隶的生存条件来扭转低出生率和儿童的高死亡率。

黑人法典和奴隶法在殖民地之间差别不大。它们的基本前提都是"黑人是财产,是一种需要严格规范、警惕监管的财产"。[7] 黑人法典"使黑人和白人之间的战争状态合法化,准许严格的隔离,并制度化了对奴隶反叛的预警系统"。[8] 黑人法典规定了种种惩罚手段:打标签(烙印);在磨坊里鞭打双手被捆绑的奴隶,然后用胡椒和盐粒揉搓奴隶的伤口；割鼻；砍断胳膊或腿；还有"阉割"，即切除生殖器。对伤害白人或反叛的惩罚是野蛮而致命的，例如"将奴隶钉在地上，四肢用弯曲的棍子固定住，然后从脚和手一点一点地用火焚烧，逐渐烧到头部，使他们痛苦不堪"。奴隶法还规定了被处死的奴隶的主人如何要求索赔，以弥补自己的财产损失。

黑人法典几乎将奴隶的每一种错行都定为犯罪。谋杀和攻击白人在众多死罪中被认为是最恶劣的，而且这也包括谋杀另一名奴隶。逃跑是更常见的罪行，通常这些奴隶被认为犯了盗窃罪，因为他们从主人手中偷走了自己。黑人法典还将藏匿或协助逃跑者定为犯罪，并规定了抓获逃奴或在一段时间后杀死他们所能获得的奖励。随着城镇的发展，法律规定，城镇居民不得雇用逃奴，而实际上，他们中的很多人雇用了逃奴。

黑人法典严厉惩罚黑奴逃离奴隶主，躲藏在逃奴定居点生活，之后又潜回来袭击种植园并激励其他奴隶逃亡的行为（marronage）。由于别无选择，大多数殖民地承认并接受了一些逃奴定居点。但防止逃亡的法律是严酷的。惩罚手段包括烙印百合花图案、割耳、切断腿筋，如果逃跑者携带武器，则处以死刑。帮助逃奴的自由民可能会被重新卖为奴隶。法国在1685年颁布的《黑人法典》还禁止奴隶集会，因为即使是婚礼或葬礼，也可以被用来谋划反叛。

黑人法典概述了奴隶的劳作条件，规定了工作时间、伙食补贴，以及惩罚的性质和范围。它们的目的有两个：一是让奴隶活着，二是约束最残忍的主人。现实情况是，大多数法规在实践中被违反，而且很少有白人会因为饿死奴隶、虐待和折磨奴隶、过度驱使奴隶受到起诉。即使他们被起诉，也只有少数人被定罪。

到了18世纪末，随着革命情绪激起公众舆论，法国的黑人法典得以修改，以反映宗主国对奴隶受虐待问题日益增长的关注。不顾种植园主阶层的反对，法律规定鞭打不得超过29下。1789年，当时在西班牙控制下的特立尼达因颁布的《黑人法典》较为宽仁而受到称赞：鞭打不得超过25下，且不能流血；奴隶主不能通过释放年老或有病的奴隶来减轻负担；奴隶主要为女奴分配适合女性的劳作；任何违反这些规定的奴隶主都可能被处以重罚。然而，不久之后，特立尼达就被英国人控制了，英国人实施了严厉的新奴隶法，甚至禁止奴隶通过自我赎买来获得自由。

另一方面，古巴的黑人法典规定可以通过一次性付款或分期付款进行自我赎买。一个价值600美元的奴隶只要付给主人25美元，就拥有了自己的二十四分之一。通过这种方式解放的奴隶，即使有些只是获得了部分解放，都被称为"受束缚者"（coartado）。许多奴隶即使有钱完成交易，也会选择先赎买自己的一小部分。博物学家、观察家亚历山大·冯·洪堡认为，他们这样做是为了在遇到困难时，可以（部分）依靠主人，后者能为他们提供咨询、影响力和保护。[9]

许多糖料殖民地还制定了不足法，旨在纠正黑人和白人数量之间始终令人恐惧的缺口。不足法要求雇主每雇用二三十名奴隶就要雇用一名白人。[10]在牙买加这样白人稀缺的殖民地，大部分种植园主和牧场主选择支付罚款而不是遵守规定，这些法案成了政府增加收入的讽刺源头。在巴巴多斯更容易找到"稀缺的白人"，那里白人人口较多，多为契约佣工的后裔。

黑人法典对奴隶食物、供应地、自由耕种时间、衣服和毯子、奴隶"医院"的建立，以及奴隶出生、死亡、婚姻和惩罚等条款规定了最低要求。在巴巴多斯等地,强奸奴隶不构成犯罪,杀死一个奴隶也仅需交纳15英镑的罚款。天主教国家的黑人法典要求主人对奴隶进行宗教教育,为他们安排受洗仪式,并在天主教墓地的特定区域划定奴隶墓地。这些法律也规定了假日,这无疑是奴隶非常关心的部分。安提瓜的一项法律指出,奴隶犯下了"严重的混乱……和谋杀罪……因为他们的主人不像邻居那样,允许他们在圣诞节有相同天数的假日"。[11]天主教奴隶社会被允许拥有更多假期。据亨利·科斯特统计,巴西的奴隶有35天假日。

不足法适用于所有英属殖民地,并尽力规定如何应对奴隶贸易废除后的预期影响。戈韦亚特别指出,要求验尸官核验那些猝死的奴隶尸体的规定,"很可能……是新法案引入的对成文法最重大的单项法律条文修订了"。[12]另一项很少执行的条款规定,任何被判犯有伤害奴隶罪的人都应该受到惩罚,就像受害者是白人时一样。

由于即将废除奴隶贸易,非洲人的供应将会枯竭,糖奴无法自行大量繁育的问题变得越发急迫,而改善法解决了这一问题。在田间奴隶人数中占主导地位的女奴将得到更好的对待。孕妇必须得到更充裕的食物,不能再遭受鞭刑,但仍可以被监禁。她们也被豁免从事被废奴主义者称为"谋杀性的极限农业劳作"[13],而且每生1个孩子就能获得小额的金钱奖励。生育6个孩子的女奴,在最小的孩子长到7岁以后,就能被豁免重劳动(但仍要从事轻劳动)。改善法也免去了奴隶们在精疲力竭的田间劳作后喂食主人牲畜的负担。

在奴隶制实施的最后数十年里,改善法是官方改善奴隶待遇的唯一改革。然而,这些法律的不可强制性削弱了它们的效力。

直到进入19世纪,白人仍旧拒绝对非白人、奴隶或自由人的投诉采取行动,也通常拒绝出庭指证其他白人。他们没有执行这些"徒有其表"的新法律,而是与之做斗争。他们承认自己对奴隶的责任,但作为奴隶的"监护人",他们不作为且通常对奴隶充满敌意,他们否定奴隶拥有任何权利。

尼维斯种植园主爱德华·哈金斯被指控犯有虐待和谋杀罪,这是一个极端的案例。他刚从约翰·平尼手中买下的奴隶因为自己的残酷不仁而发起罢工。他将奴隶们押解进城,当众残酷地鞭打他们。其中有一个奴隶直接被打死。在随后的审判中,哈金斯被由种植园主组成的陪审团宣判无罪,他的三个儿子也在这个陪审团里。邻近的种植园主称赞哈金斯被判无罪开释是他们的胜利,是对奴隶们令人难以忍受的傲慢无礼的惩罚。尽管存在如此荒谬的司法判决,但是西印度群岛的殖民者仍对自身在英国的负面形象和"对西印度群岛殖民地因虐待和压迫奴隶遭受如此不公正的指控"深感不满。[14]

奴隶的抵抗

糖奴在鞭笞的威胁下劳作。在日常生活的每一个转折点,他们时而服从,时而抗争。奴隶的抵抗是一股非常强大的动力,以至于它是所有时代文学、文献和黑人法典中从未消退的潜台词。对奴隶抵抗最常见的形式进行调查,是对奴隶制作为一种劳动制度的讽刺性评论。

在非洲人当中,自杀往往是第一道防线,它既可以说是一种自我肯定,也可以说是一种自我毁灭的行为。借助自杀,他们能结束痛苦,使灵魂回到非洲故地。有关奴隶制的文学作品不乏这样的例子。非裔英国废奴主义者伊格内修斯·桑乔的父亲就在船只横渡大西洋时溺水自尽。在马提尼克岛,两个非洲人上吊自杀了,以此证明皮埃尔·德萨勒不过是个骗子,因为他坚称,"没有人对他们做过任何事,他们过着非常快乐和愉悦的日子"。[15] 奴隶上吊、溺水、绝食、跳入沸腾的糖缸里、服毒或以其他方式自杀。一个奴隶贩子总结说:"黑人是一个不可理喻的种族,宁愿死去也不愿做奴隶。"[16]

因为奴隶是昂贵的资产,他们的自杀会激怒主人,主人甚至指责生病的奴隶是有意寻死。尽管疾病、营养不良、肮脏的环境、简陋的医疗条件、过度劳累和抑郁是造成大多数奴隶死亡的原因,但缺乏生存意愿也是原因之一。德萨勒抱怨说:"自1月以来,已有12人死亡,另有数人濒临死亡。"他称黑奴图桑为"恶棍","为了逃避工作,他只想去死,就让自己一直得一种可怕的胃病……这些都是废奴主义者无法理解的。他们一定会说,作为一个奴隶所感受到的绝望驱使这个黑人想要毁灭自己。而懒惰和对工作的惧怕,这些才是导致他自杀的动机"。当图桑一个月后去世时,德萨勒爆发了:"罪犯!他是这个家里第四个这样对待主人的!"[17]

图桑虽然病得很重,但并不是装病逃差,实际上,确实也有很多奴隶是装病。马修·刘易斯写道:"自从我到来以后,医院里一直人满为患,但其实他们都没什么事。"只有4人是真的生病了。其他人要么是说"主人,我这里有点疼",要么是说"主人,我不知道哪里疼得厉害",就这样哄骗主人,和其他装病的同伴闲聊来打发时间。[18] 在寻常的一天里,45个田间奴隶都声称生病了,他们占总人数的20%,刘易斯认为其中只有七八个是真的病了。

在巴西巴伊亚的圣安娜种植园，1752年的一份报告指出，在任何时候，182名奴隶中都有50至60人声称生病。种植园管理者抱怨道："即使是像约伯那样能忍耐，也都不足以忍受他们的疾病，他们的病痛通常都是微不足道的。"[19] 皮埃尔·德萨勒的奴隶医院里总是住着三四十个奴隶。

假装精神错乱也是一种流行的策略，因为疯子无法工作。自残也很常见。例如，巴巴多斯的一名箍桶匠为了抗议不合理的命令，砍掉了自己的手。由于改善法对黑人法典有所改进，其中的孕期减免条款促使许多妇女假装怀孕。皮埃尔·德萨勒的奴隶扎贝特连续15个月假装怀孕，虽然其间没有孩子出生，但她一直坚称自己怀孕了，无法工作。

奴隶的抵抗会持续到田间。奴隶们频繁要求"去灌木丛"，即他们的厕所去方便，抱怨经期病症，还会假装一瘸一拐，态度懈怠。他们会故意弄坏锄头。他们在每个甘蔗坑里故意种很多或很少甘蔗。他们会"误解"指示。他们明知"一根受损的甘蔗足以产生能毁坏整批糖的酸腐味道，仍然将老鼠啃咬过的甘蔗放在运往磨坊的货物中"。[20] 他们还决定一起罢工。马修·刘易斯就赶上了这样的事情，他的女奴"全都拒绝运走垃圾（这是最简单的任务之一）……结果，糖厂被迫停止运转"。刘易斯试着劝说、恳求，最后威胁要卖掉最顽抗的奴隶，但全都是徒劳。第二天早上，糖厂仍然关闭，"煮糖间里没有糖浆，工作也没有人做"。[21] 管理者抱怨说，这些反叛的女性"给勤劳的人造成了一种巨大的打击"。她们也几乎不可能被卖掉，所以这些"可怕的懒人"就一直戴着枷锁服刑或者受到其他各种惩罚，直到她们屈服并回到地里。[22]

傲慢是奴隶之中一种很受欢迎的消极抵抗方式，几乎所有糖料殖民地的种植园主都报告说，女奴非常擅长这种抵抗方式。她们唱着满是双关语的讽刺歌曲，诅咒并反抗主人。安提瓜的奴隶起义失败后，一名观察家指出，女奴"以其傲慢的行为和表情，流露出内心深处与男奴一样的渴望，即彻底消灭白人，并且无疑会通过杀死所有的白人妇女和儿童造成同样大的伤害"。[23] 一些女奴的确杀死了主人的孩子。1774 年，在巴巴多斯，一个年轻的女奴承认毒死了几个白人婴儿，并在受审时解释说，她讨厌照看婴儿。安提瓜奴隶杰米玛因伤害一名白人婴儿而被活活烧死。

家内奴隶也试图反抗主人。圣文森特的一名官员报告说："他们会故意将家具放错地方或弄坏家具，把勺子和餐刀扔进簸箕里或者扔出窗外……如果女主人最华丽的一件衣服挡了路，他们会用它擦桌子。"[24] 1796 年，在巴巴多斯，种植园管理者桑普森·伍德描述了退休的家内老奴多尔的两个黑白混血女儿。多莉和珍妮"年轻、强壮、健康，从来没干过任何重活"。多莉宣称，她从来没有"打扫过房间或提过一桶水去洗……宁愿饿死，也不愿去磨碎一品脱玉米"。[25] 伍德企图强迫她回到甘蔗地，以削减她的叛逆意志。相反，多莉说服了雇主释放了她。其他家内奴隶则以更微妙的方式去抵抗。裁缝故意将针脚缝得弯弯曲曲；洗衣工故意撕坏身份较低的白人的珍贵衣物；厨师下毒；女仆偷窃。

田间奴隶以其他方式反抗主人。他们放下工具，拒绝工作，直到他们深感不满的某桩事情得到解决：比如主人在涉及年度衣物分配或假期时有所克扣，或者抗议一个残酷的新主人或监工。1744 年，在法属圣多曼格一个主人外居的种植园里，66 名奴隶罢工反对一名残忍的监工，原因是该监工用刀刺死了一个怀孕的罢工者。两个月后，她的同伴杀死了这名监工。巴巴多斯科德灵顿庄园的奴隶们离开了田地，控诉残暴的监工理查德·唐斯："他是一个极其急躁、易怒的人，脾气坏到难以想象。"[26] 之后不久，他们的主人解雇了唐斯，奴隶们重新开始工作。在马提尼克岛，面对一群怒火冲天的奴隶，德萨勒也只能选择解雇被奴隶憎恨的监工。

奴隶们会扮演名为"夸希"（Quashee，男性）或"夸希巴"（Quasheba，女性）的角色来反抗压迫。在这些角色真诚、逃避、天真、反复无常、懒惰和笨拙的外表下隐藏着狡猾、自信、轻蔑和复仇的内核。满是夸希和夸希巴的甘蔗田让白人奴隶主及其访客感到困惑。玛丽亚·纽金特本来以为自己十分了解这些有趣爱玩的"黑人"，直到一个以前表现得"非常谦逊"的"样貌可怕的黑人"抛掉了"夸希"的角色面具，咧嘴一笑，给了她一个"凶狠的眼神"。她写道，"这让她感到一种无法摆脱的恐惧"。[27] 在格林纳达，和其他地方一样，女奴或称夸希巴是"庄园田间班组里人数最多、组织最有效的构成部分"，而且也是"奴隶中最容易发生骚动的……"，除非鞭打，否则无法控制她们。[28]

当白人重复指示时，奴隶们就会假装困惑地挠头。一位目击者回忆说，"你越是试图解释一件令他不悦的事情，他就越表现得无法理解。如果他发现这样做无效，他就会开始说一些荒谬的事情，而且他在讽刺挖苦方面的天赋简直令人惊叹"。[29] 亨利·科斯特的奴隶从来不会直接回答问题，而只是在主人"用各种方式问了四五个问题"之后才慢吞吞地透露信息。[30] 这些奴隶都是生性狡猾的学生，一旦发现白人对手的弱点，就能马上利用它们，与白人对抗。

自诩为仁慈之人的刘易斯在凌晨3点发现，看守畜栏的奴隶放任牲畜逃进甘蔗地里肆意踩踏。之后，他写道：

> 没有一个看守在岗；火把已经全部熄灭；找不到一个家内奴隶，也找不到一匹马；就连被受托人关在家里的小男仆也再次起床，在主人上床时他们还在熟睡，之后逃出来尽情玩耍和狂欢；尽管他们完全知道牲畜踩踏田地对我的利益造成的损害，却没有一个黑人愿意起身把它们赶走……我最好的一块甘蔗田被牲畜践踏成碎片，今年的收成大大减少了！这就是黑人的感恩方式。[31]

奴隶们尽可能偷窃更多的东西，以至于盗窃行为严重耗损了种植园的财力。偷窃是一种不那么被动的反抗形式，而且偷窃往往是他们获取东西的唯一途径。一个被抓到偷糖的奴隶反驳愤怒的主人："白人怎么就可以饱食终日、无所事事，而可怜的黑人干了所有的活，却还要挨饿？"[32]

尽管殖民地法律禁止人们从奴隶手中购买任何可能是他们从主人那里偷盗来的东西，比如"糖、棉花、朗姆酒、糖浆、糖蜜、葡萄酒或其他烈性酒，以及盘子、服饰、家居用品、马、角牛和其他牲畜（山羊和猪除外）、建筑木材、鹅卵石和小船"，但许多奴隶小贩还是储存了偷盗来的物品。[33]安提瓜颁布的《1794年更有效地防止在安提瓜岛购买被盗来的铁、铜、铅和黄铜法案》（The 1794 Act for More Effectually Preventing the Purchase of Stolen Iron, Copper, Lead and Brass in This Island）体现了奴隶主的挫败感，但它并没有阻止小贩出售"来自磨坊和手推车的铁螺栓……来自糖厂和种植园用具的铅片、铜片和黄铜片"[34]，即使这些物品对种植园主的糖业经营至关重要。叫卖者冒着在树林里或马路上遭到其他奴隶、逃亡的强盗或穷苦白人等竞争者袭击的风险，进城出售商品。

偷窃不只是一种反抗行为。有些主人不给奴隶提供食物,后者只能靠偷窃求生。那些无法接触到主人物资的奴隶会相互偷窃或袭击其他奴隶的供应地。监工托马斯·西斯尔伍德不断要求邻近的种植园主管束好自己的奴隶,以远离他的奴隶的供应地。

在一些种植园里,偷窃行为逐渐扰乱了奴隶社会。奴隶请求白人主人出面干预,这既证实了白人的统治地位,又证实了白人对自身优良道德的信念。奴隶们愤恨于失去自己辛苦挣来的财产,特别是供应地里出产的食物,以至于选择远离或者揭发他们本应钦佩的逃奴。

家畜是奴隶反抗的主要目标。西斯尔伍德说:"我的那些猪几乎每天都会被割伤或是跛足,是谁干的,在哪儿干的,这很令人惊讶。""在刚过去的一个月里,我有如下损失,一只健壮的成年公猪不见了(一直不知道是怎么没有的)……一只阉过的猪被摔死了,背断了(不知道是怎么一回事)……一只品种优良的母羊,非常适合繁殖后代,被发现死在岩洞里……奶牛蕾切尔的小牛犊……还有小公牛。"[35] 西斯尔伍德的马麦基肚子上被割开了一道深深的口子,肠子都流出来了,后来麦基死了。无数动物曾遭受奴隶的折磨,因为他们试图破坏主人的财产。一个海地奴隶为自己虐待骡子辩护:"我不工作,就要挨打;它不工作,我就揍它,它是我的黑奴。"[36]

奴隶们通过很多方式来反抗,以至于奴隶主在很多地方都能注意到他们的反抗,他们指责女奴以堕胎和杀婴的形式实施"女性生殖系统方面的反抗"。确实有一小部分女奴诉诸杀婴这一方式,以便使婴儿免受奴役之苦,并导致主人无法获得新的奴隶。巴巴多斯的奴隶玛丽·托马斯在母亲和姐姐的帮助下,显然是出于恶意杀死了自己的新生儿,因为这个婴儿的父亲,即种植园的白人簿记员"不认为玛丽是他的最爱"。[37]

然而,证据显示,田间奴隶遵循了有害的新生儿传统,无意中导致了高死亡率。他们中的专业人士(奴隶助产士或保姆)为了使婴儿的肚脐保持湿润,给他们喂食"油和其他有害药物",也不给他们换衣服,在出生的头9天里几乎不给他们喂食。一名助产士告诉马修·刘易斯:"直到这9天过去了,我才对他们抱有希望。"[38] 幸存者接下来还要面临一系列艰苦磨难:营养不良、破伤风、发烧、蠕虫感染和其他虚弱病症。许多小孩活不到5岁,这导致奴隶人口自然减少。例如,在特立尼达,三分之二的奴隶女童在性成熟之前就死了。[39]

在废除奴隶贸易运动兴起之前,许多种植园主都乐于接受儿童奴隶的高死亡率。格林纳达的监工约翰·特里证实,他的雇主认为"哺乳期的孩子就应该死去,因为在这段时期,幼儿害母亲干不了多少活"。[40] 当奴隶贸易即将被废除时,以前进口非洲人的种植园主突然开始关注起女奴的生育能力。通常,他们将缺乏生育能力归咎于故意反抗。

谋杀是奴隶的一种极端反抗形式。在爱上菲芭之前,西斯尔伍德曾鞭打她,因为他认为菲芭参与了一起谋杀他的阴谋。白人妇女露丝·阿姆斯特朗及其三个孩子因三名奴隶放火焚烧他们的房子被烧死。巴巴多斯的奴隶杀死了一名监工,因为这名监工不给田间奴隶提供任何食物。1714年,在安提瓜,奴隶理查德和巴普蒂斯特杀死了一名白人。奴隶明戈因为"几乎勒死"主人而被处决。奴隶们用刀戳刺、下毒和勒颈,或以其他方式袭击白人;他们的意图都是杀人,有时他们能成功。

纵火是又一种可怕的武器。女奴奥默因"蓄意放火焚烧宅子"而被处决。奴隶们在本该焚烧甘蔗渣并准备种植新一季作物时放火焚烧甘蔗田。在逃跑前，奴隶们经常会烧毁大宅、附属的房屋和田地。

奴隶在偷窃后通常会逃跑，这是最常见的一种抵抗方式。有时奴隶们只是想休息一下，之后他们会返回种植园。许多人逃到其他种植园，与伴侣或家人相聚。1829年，阿梅莉亚逃跑了。她的主人在一份通告中写道，阿梅莉亚"躲到了父亲或父亲一方的亲属那里。这个男人在凯恩伍德-摩尔庄园附近有一个姐姐或一些家庭关系，毫无疑问，他的女儿在那里受到了欢迎"。[41]波莉·格雷斯在1831年带着3个孩子一起逃跑了，他们很可能是和波莉的姐姐或丈夫在一起。奴隶主因为无法杜绝奴隶逃跑的现象，所以设计了一套保全颜面的制度，即悔过的逃跑者可以恳求邻近的种植园主或善良的家庭成员代之向主人求情，然后逃跑者就可以返回原先的种植园，只需遭受很少的惩罚，或者没有惩罚。

也有许多奴隶是长期逃亡的。巴巴多斯科德灵顿庄园里的一个田间女奴在9年内逃跑了5次。在牙买加，经常与监工西斯尔伍德发生性关系的非洲奴隶萨莉每年逃跑两三次，每次持续几天。有时她是自愿回来的，有时则是专门负责追捕奴隶的人将她带回来的。

西斯尔伍德在试图抓回逃跑的非洲奴隶萨姆时差点丧命，后者曾用刀反复向他挥砍。当西斯尔伍德为自己辩护时，萨姆"以黑人的方式"大声喊道："我要杀了你，我现在就要杀了你。"西斯尔伍德惊恐万分，大喊："杀人了！看在上帝的分上，帮帮忙！"奴隶贝拉和阿比盖尔出现了，但在萨姆用母语和他们交谈后，他们拒绝提供帮助,西斯尔伍德"非常害怕他们"。他猛冲过去,抓起萨姆的刀子,与萨姆搏斗,将后者摔进河里。5个黑人男子和3个黑人女性过桥时没有停下来,"其中一个说自己病了,其他人则说赶时间"。终于,有两个白人碰巧经过。在他们的帮助下,西斯尔伍德抓获了萨姆,并用铁铐将他铐回去了。[42]

屡教不改的逃亡者(被抓到后)往往会被卖到殖民地以外的地方,对于那些想与亲人团聚而逃亡的人来说,这是一种令人心碎的命运。还有一些人被砍掉了一条腿,比如安提瓜的朱迪亚。许多逃跑者被戴上了铁项圈和铁链。逃跑者剥夺了主人的劳动力,扰乱了奴隶劳动力的平衡,成了活生生的反抗象征。还有奴隶在主人的眼皮底下为他们提供食物和藏身之处,这进一步削弱了主人的权威。一些逃跑者依靠抢劫种植园和奴隶供应地得以生存。其他人成了拦路强盗,掠夺旅行者,包括前往市场的小贩。一些白人公然藐视法律,仍然雇用他们。一些种植园主迫切希望清除甘蔗田里的老鼠,因而不惜雇用四处流窜的黑人捕鼠者,且从不过问令人尴尬的问题。如果一个四处逃亡的黑人捕鼠者每周能捕获60只或100只老鼠,那么该名捕鼠者就相当安全了。在城镇,一个好的女裁缝也是如此。

即使在这样无望的奴隶制度下,一些奴隶仍然找到了希望,开始逃往自由之地。17世纪,对于许多奴隶来说,自由之地是波多黎各。1664年,在4名逃亡者到达那里后,西班牙总督裁定"国王若将那些寻求他保护的人降为奴隶,似乎是不合适的",西印度事务委员会对此表示同意。听到这一消息,许多来自背风群岛的逃亡者来到波多黎各,以至于到了1714年,"他们在圣胡安附近建立了一个单独的定居点"。牙买加的奴隶逃往古巴,有时是用偷来的独木舟划到那里去的。荷属圭亚那的奴隶逃往西属圭亚那。这加剧了西班牙与其他宗主国之间的外交紧张局势。西班牙人没有做出让步,也没有遣返逃亡过去的奴隶。

1772年,曼斯菲尔德勋爵做出了有利于詹姆斯·萨默塞特的判决,奴隶们听到这个消息欢欣鼓舞。詹姆斯·萨默塞特是一名牙买加奴隶,主人查尔斯·斯图尔特带他去了英国。两年后,萨默塞特"拒绝继续侍候主人,于是潜逃了"。斯图尔特在英国支持奴隶制倾向的鼓动下,重新捕获了他,将他关在一艘去往西印度群岛的船上,废奴主义者听说了这件事情,用法官签发的人身保护令状,将他带到了法庭上。在随后的庭审中,曼斯菲尔德勋爵裁定:"奴隶制的状况……令人厌恶,除了实证法,没有什么可以支持它。因此,无论判决会带来何种不便,我都不能说这个案子是英国法律允许或批准的,因此这个黑人必须被释放。"[43] 萨默塞特当庭释放,成了自由人。

其他决定去往英国的奴隶发现,如果他们能逃到港口,就可以应征入伍而登上一艘船。在美国独立战争期间,成百上千的奴隶为了争取自由,应征入伍,登上了英国船只。同年轻男性一样,被奴役的妇女、儿童及其祖父母辈都逃往英国。许多人在途中死于疾病,那些到达英国的人则遭受了可怕的对待。但逃跑这一事实给他们被迫抛下的家人和朋友带来了巨大的希望,尽管这些家人和朋友很可能再也听不到他们的消息了。

逃奴社区

逃奴社区(Marronage),即指奴隶逃亡后永久居住在逃奴聚居点的现象，这给奴隶的抵抗增加了另一个观察维度。"马隆人"（Maroons，加勒比地区的逃亡黑奴及其后裔）这一名称可能源自西班牙语词"cimarrón"，意为逃亡或逃跑，他们想出了与更广泛的奴隶社会并行的生活方式，公然与奴隶制抗争，并拒绝接受奴隶社会财产关系的合法性和种族优劣观。[44] 对于种植园里的奴隶来说，马隆人社区代表了自由的可能性；对于奴隶主来说，它们则代表了永远存在的危险和羞辱性的失败。

逃奴社区存在于所有的糖料殖民地，但在牙买加和苏里南尤为根基牢固。逃奴社区源于逃离奴隶制的迫切需要、强烈的非洲存在感和宗教灵感。历史学家梅维斯·坎贝尔写道："非洲的宗教信仰要比其他任何单一因素都更能赋予团结的力量、密谋的场所，以及动员、激励、启发和设计策略的集合点，它还赋予了逃奴意识形态、神秘感、顽强的勇气和领导力。"[45] 自然地形也十分重要，牙买加群山耸立，其间既有丘陵、山谷，又有沟壑、河流和峡谷，十分适合建立自治社区，也能提供牢固防御。其他变量包括蓄奴统治集团的政策和资源、领导者的意愿和民兵的承诺、收成状况，以及干旱、飓风或虫害的影响，战争贩子和外部攻击的威胁或存在，还有纯粹的运气。

当一个逃跑的糖奴创建或加入了一个致力于自由、军事防御和以非洲模式治理的社区时，他就成了一名马隆人。马隆人建造了坚不可摧的村庄，通常它们建在陡峭的山坡上，只有一条小路可以到达，并有哨兵把守。他们尽可能地复制记忆中的非洲生活方式。他们吹响阿嘣（abeng，一种用牛角制成的号角），在广阔的区域发出多种号声，传达不同的含义。女逃奴负责操持农务，她们的男人负责打猎和作战。因为逃奴通常生活在持续不断的战争状态下，他们日常实施的战时举措是常规和进攻性的，而不是特殊和防御性的。

由于有了受过训练和受托持有枪支的黑奴的加入，白人民兵的力量得到了增强，这是糖料殖民地奴隶制的众多反常现象之一，民兵组织向马隆人展开反击。马隆人通常是获胜的一方。他们对乡村实行严峻控制，袭击种植园和道路，焚烧建筑物和甘蔗田，残害或宰杀牲畜，或者是将它们带走供自己使用，偷窃食物、工具、武器和弹药，并有选择地招募其他奴隶。他们拒绝接纳那些缺乏干劲和判断力的奴隶，甚至还杀死了那些有回到主人身边并泄露逃奴秘密嫌疑的奴隶。至于那些被允许进入社区的人，他们受到神圣誓言的约束。

逃奴社区性别失衡，大约60%是男性，大约40%是女性，所有女性都被认为是社区的宝贵成员，只要有机会，马隆人就会从他们突袭的种植园里劫掠女性。妇女做家务、照料园子和牲畜，必要时，她们也同民兵搏斗。她们是"士气的维持者、希望的给予者，也是会议和宴飨的组织者"。[46]

为了赚钱，马隆人伪装成自由黑人或持有通行证的奴隶，以推销商品。市场是他们物资的主要来源地，尤其是弹药。1730年，牙买加的马隆人抓住了两个识字的白人男孩，强迫他们伪造通行证，将两个马隆人包装为被主人授权购买火药的奴隶。

马隆人在胆子最大时还接管过整个种植园，鼓励其他地方的奴隶拒绝劳作。一名观察者报告说："主人不敢因为一点不满就惩罚他们，这可能会导致他们像其他许多种植园里的奴隶经常做的那样，逃跑并加入叛军。"[47]一些被征召来对抗马隆人的奴隶士兵也叛逃并加入了叛军。民兵队伍中的奴隶搬运工则特别热衷于将白人的补给物资"转移"给与他们一直对抗的马隆人。另一方面，没有转投阵营的奴隶士兵在民兵偶尔取得的胜利中发挥了重要作用。甚至有时，主人也会出于感激而释放他们。

种植园主们纷纷逃离马隆人的掠夺，坎贝尔阐释了牙买加的逃奴社区是如何与白人种植园主的外居现象同时发展的，直到"因果关系变得纠缠不清"。[48]其他种植园主试图通过向马隆人支付保护费来保住自己的资产。许多人试图出售资产，但是潜在买家同样感到恐惧。马隆人实际上使为种植园主所弃的社会陷于瘫痪状态。

早在1662—1663年，英国人通过与马隆人领袖胡安·卢博洛签订协议，以赠予土地和解放奴隶（此前只是事实上的）换取他的合作，得到了短暂的和平。英国人承认他的领导，认可他手下的首领为地方长官，并任命他为黑人民兵上校。作为回报，马隆人也不得不做出一些妥协：他们被迫教授子女英语，而不是非洲语言，卢博洛不能再自称为黑人总督。

一个世纪后，双方是时候为新的和平谈判了。这时候的马隆人领袖是库乔，他出生在一个逃奴社区，是"一个相当矮小的人，异常健壮，具有非常鲜明的非洲特征"，他的"肩膀或背部有一个很大的鼓包"。[49]托马斯·西斯尔伍德经常和他打交道，并称他为库乔上校，西斯尔伍德描述的库乔戴着"一顶羽毛帽，腰间佩剑，肩上扛枪，赤脚，露着腿，看上去有几分威严。他让我想起了鲁滨孙·克鲁索的形象"。[50]

尽管库乔取得了军事上的胜利，但他还是同意签订《和平友好条约》。连绵不断的战争既消耗了白人社区，也使逃奴社区元气大伤，白人"厌倦了这场乏味的战争，渴望从持续不断的惊恐警报、服兵役的艰辛和长期维持一支军队的重负中解脱出来"。[51]总督威廉·特里劳尼命令约翰·格思里上校与库乔打交道，在谈判开始前，约翰·格思里上校必须以阿散蒂人的仪式发誓，他不会与马隆人为敌。（荷兰人与苏里南的马隆人议和时，也不得不这样做。）签署条约的黑人和白人分别将血滴入朗姆酒，之后一起痛饮，以示"血盟"。1738年（或1739年）的条约宣布马隆人将获得永久的自由，而新近被征召入逃奴社区的人可以返回原先的种植园，不受任何惩罚，或者留在逃奴社区，保持自由的状态。马隆人被赠予特里劳尼镇和许多其他保障，此后他们将充当奴隶捕手，"尽最大努力去抓捕、杀死、镇压或消灭"奴隶反叛者。和平局面使得陷入困境的牙买加种植园主重获平静。奴隶们明白，现在与白人结盟的马隆人已成为他们的对手。事实上，这段时期仍然在表面上维持了和平，直到1760年塔基起义。

1795—1796年，当海地革命的阴霾笼罩着所有的糖料殖民地时，牙买加再次爆发了马隆战争。由于马隆人对其他同胞所遭受的奴役漠不关心，甚至同殖民者串通一气，奴隶们感到愤恨不已，因而没有大批加入这场战争。副总督巴尔卡雷斯勋爵下令将约100只凶猛的獒犬送到古巴，这些獒犬受训时曾撕咬非洲人模样的人偶，那些人偶内里填充了动物血液和内脏，以便獒犬将来能够追捕逃亡的奴隶。他的兄弟林赛将军近来刚镇压了费东在格林纳达发动的反叛，在那次反叛中，大约有7000名奴隶死亡。这些犬只与43名驯犬师一同抵达。巴尔卡雷斯勋爵得意地说道："听到这个消息，全岛的黑人都吓蒙了。"[52]这些狗由一只嗅觉特别敏锐的小黑犬带领，一旦发现隐藏的逃奴，就残暴地撕咬他们。反叛的奴隶无法抵御这些野兽，都投降了。巴尔卡雷斯勋爵将特里劳尼镇的马隆人运到了寒冷、荒凉的新斯科舍。后来，他们又被送往塞拉利昂，在那里遭受了更多的苦难。

古巴也有马隆人，其中有许多是逃往东部的非洲人，他们希望在那里找到一条返回非洲的路线。尽管贫穷的白人齐心协力，希望能够追捕到他们，获得赏金，但是许多逃亡者仍然保持自由。当7个以上的人聚居时，他们的小村庄被称为"帕伦克"（palenque）。1802—1864年，共有79个这样的小村庄。最大的聚落是德尔·弗里约尔（Gran Palenque del Frijol），聚居人口有400人。有一支军事远征队在密林深处无意中发现了另一个帕伦克。一名官员在报告中钦佩地写道："这个定居点非常隐蔽，人们即使多次路过，也不会怀疑有活人存在。"[53] 在克里斯塔尔山的荒野山坡上，有一个神秘、外人无法进入的帕伦克，传说它是大量逃奴的家园。

武装起义

在盛产糖料的巴巴多斯和其他鲜有山地、森林或沼泽避难所的殖民地，逃奴社区注定不长久。因此，那些地区的奴隶们不得不将自己的仇恨、愤怒和对自由的渴望转移到其他目标上去。发动大规模起义并取得胜利的风险是很大的。他们只招募值得信赖的伙伴，并且尽可能地保守秘密计划，不让主人的奴隶线人掌握他们的消息。奴隶领袖必须要与其他种植园里的支持者协调，但他们只能通过特别通行证才能到访支持者所在的种植园，这迫使他们转而依赖可信的使者。而且这些领袖必须起草行动计划，并且能在广阔区域内协调这些计划。他们还必须获取武器和弹药，这些物资通常是从主人那里偷来的。

在这些过程中，他们可能会遇到种种不利情况。不时有奴隶捕手四处搜寻。民兵可能会快速被派过来。有些奴隶因为害怕过后的惩罚而不敢加入反叛。积累了一些资产的奴隶可能不想危及既得利益，因而也选择不加入这些冒险行动。而自由有色人种的忠诚度参差不齐，有些可能是有价值的盟友，另一些则可能是危险的对手。奴隶们几乎不抱有希望。奴隶反叛总是被镇压，随之而来的是触目惊心的惩罚手段：被慢火烤死，被处以绞刑或轮刑，被殴打致死，如果一个人特别幸运的话，在绞刑架上就迅速死去。尽管如此，奴隶们还是发动了一次又一次反叛，而且种植园主很晚才发现，"我们最宠爱、最信任的那些奴隶，通常是最先也是最大的反叛者"。[54]

1760年，塔基起义印证了白人数十年来的担忧："牙买加岛终将被占领，并被自己的奴隶所摧毁。"[55] 这场起义在殖民地的官方统治系统中掀起了轩然大波。塔基和其他起义领导人都是来自黄金海岸的非洲人，隶属不同的种植园。他们计划彻底消灭"白人居民，奴役所有拒绝加入他们的黑人，并且按照非洲的模式，将牙买加岛划分为小块领地，由各首领分而治之"。[56] 反叛者还计划放火烧毁整座城镇，杀死那些跑出来去灭火的白人。回到种植园里，奴隶们会制服监工并接管控制权。

起义始于复活节，星期一，凌晨1点。在塔基的带领下，反叛者从一个庄园转移到另一个庄园，集结增援的力量，焚烧种植园，杀死白人，击退民兵。他们攻打霍尔丹堡，缴获了40件火器和火药。民兵和马隆人试图阻止他们。塔基坚持战斗，直到被马隆人狙击手戴维射杀。塔基的头颅被插在西班牙殖民小镇的一根柱子上，以此作为一个可怕的警告。一些反叛者宁愿集体自杀也不投降。

尽管塔基死了，但这场起义依然在牙买加持续了数月。西斯尔伍德从 4 名惊恐万状、几乎赤身裸体的白人那里得知了这场起义的消息。这 4 人描述了他们是如何逃脱屠杀的，并警告说"他可能很快也会被杀死，等等"。[57] 7 月 3 日，众所周知的反叛军领袖非洲人阿蓬戈被捕，此时他已改名为韦杰，他被铁链吊了起来。行刑人员还没来得及砍倒他并点上火，他就死了。另一名反叛军领袖被判处火刑。西斯尔伍德写道："这个恶棍被铁链锁在一根铁柱上，只能坐在地上。火烧到了他的脚上，他没有发出呻吟，极其坚定沉着地看着自己的两条腿化为灰烬。随后，铁链不知道怎么回事有所松动，他的一只胳膊可以活动，他从吞噬自己的火焰中抓起一根燃烧的木头，扔向行刑者的脸。"[58]

等到牙买加岛终于平静下来时，已经有将近 60 名白人和 400 名黑人死亡，白人中弥漫着显而易见的恐惧和紧张气氛。成百上千的人离开了这座岛，留下来的人时刻保持谨慎和警惕。立法机构规定，奥比巫术的任何实践者都要被判处死刑或被驱逐出牙买加。当奥比巫术的女祭司萨拉被抓到"拥有猫牙、猫爪、下颌骨、毛发、念珠、打结的衣服，以及其他与奥比巫术相关的物品，并借此迷惑和欺骗黑人，影响他们的思想和行为时"，她被驱逐出牙买加岛。[59]

具有讽刺意味的是，奴隶贸易的废除激发了巴巴多斯的奴隶反叛，因为那里的奴隶认为该岛现在属于他们，而不是他们打算杀死的白人的了。巴巴多斯的奴隶反叛始于 1816 年 4 月 14 日，星期日晚上，自东南部的圣菲利普教区开始，蔓延至半个岛。反叛者烧毁了25%的糖料作物和大量资产，试图摧毁种植园主的经济，并通过未燃尽的田里升起的烟雾向其他反叛者发出信号。同时，他们还尽可能多地劫掠财物，抢走珠宝、银器、家具、餐具，甚至地砖。在这股狂热中，有一些白人也加入了抢劫。许多年老的白人因承受不了反叛的重压而死去。

民兵在帝国军队（包括西印度军团的黑人奴隶士兵）的协助下粉碎了反叛军。最终，1名民兵、2名士兵和约1000名奴隶在战斗中丧生或被处决。出生于非洲的反叛军领袖布萨在带领追随者战斗时被杀身亡。

这场反叛计划周密，就像塔基起义一样，它计划在复活节庆典期间进行。领导层也十分强大，包括一些在各自的种植园受到尊重的奴隶。其中一个是南妮·格里格。她虽然只是一个家内奴隶，但是可以阅读英语报纸和巴巴多斯的报纸，从而向其他奴隶介绍海地革命和废奴运动。反叛者还得到了自由有色人种的帮助，他们可以走访不同种植园的奴隶，并将后者转化为反叛力量。

但是，仍有几件事出了差错。反叛者的一个成员喝醉了酒，提前几天启动了计划，这打了其他成员一个措手不及。奴隶们尚未获得足够的弹药，不得不用砍刀、干草叉和其他农具战斗。大多数有色奴隶和自由民拒绝加入反叛。几天后，反叛被镇压，巴巴多斯重新开始生产蔗糖。

海地革命

1791年，法属圣多曼格由于被誉为加勒比海的明珠而享有盛名。它出产的蔗糖比其他地方都更便宜，而且它能供应欧洲所需热带农产品的一半,包括咖啡、棉花和靛蓝。法属圣多曼格占法国海外贸易的三分之二,能雇用1000艘船只和5000名水手。它和宗主国之间的联系非常紧密,以至于在法国大革命之前,浮华矫饰的巴黎人夸赞法属圣多曼格的洗衣业,他们会将脏衣服运过去清洗,然后在那里炽热的阳光下晾干。

在1791—1804年这段令人胆战心惊又振奋的岁月里,奴隶们将法属圣多曼格转变成了海地——世界上第一个由黑人自行解放并创建的共和国。他们在反对奴隶制的军事和道德斗争中取得了胜利,白人世界从未原谅这一点,黑人世界对此也永远不会忘怀。这13年的故事是一部错综复杂、气势恢宏的战争编年史,其间伴有几场短暂的停歇,战士们在重新整编队伍后再次发出新

图35 废奴主义者往往会将奴隶描绘成恳求者或对白人的恩惠心怀感激的接受者等形象。但是描绘海地革命暴行的画作中表现了对白人家庭的屠杀,这加剧了白人对不受控制的黑人复仇的恐惧。

的战斗怒火。这一切最终结束时,至少有10万海地人和5万外国士兵丧生,法国指挥官多纳西安-马里-约瑟夫·德·罗尚博也投降了。

像西印度群岛的其他殖民地一样,法属圣多曼格具备了所有能爆发冲突的因素。那里的社会依肤色和种姓严格划分。贵族阶层傲慢而残忍。而稍微弱势一些的白人,比如监工、职员、律师,羡慕并模仿前者,贫穷的白人则挣扎求生,被迫与黑人竞争。奴隶人数多达50万,其中有一半出生于非洲。还有马隆人和自由黑人,以及被奴役或自由的黑白混血儿,自由的黑白混血儿中有一些是拥有奴隶的种植园主。这个不幸的社会已经历了两次重大革命。在美国独立战争期间,未来的海地革命领袖亨利·克里斯托夫、让-巴蒂斯特·沙瓦纳和安德烈·里戈曾为殖民地民众而战,对抗英国。更晚近一些的则是,法国大革命的目标和事迹激励了受苦受难的奴隶。

随着支持对象的改变、参与者的重新组合,以及欧洲国家对反叛者的镇压和彼此之间的斗争,海地革命分阶段发展。革命始自黑白混血儿樊尚·奥热,他在英国和法国废奴主义者的帮助下,试图发动军事袭击以迫使政府将平等权利扩展到所有自由人,无论是黑白混血儿还是黑人。袭击失败后,奥热及其兄弟雅克、同伴让-巴蒂斯特·沙瓦纳均遭逮捕,他们被打断四肢,面朝上绑在车轮上,在口渴、饥饿和疼痛中缓慢死去。随后,行刑者砍下他们的头颅,插在杆子上,以此警示潜在的反叛者。

虽然奥热的袭击带来的狂热引发了一阵惶恐,但只有当北部法兰西角的奴隶们行动起来时,才是真正意义上掀起了革命。奴隶们精心策划,他们的目标是杀死所有白人,烧毁所有种植园,并接管殖民地。他们配合得天衣无缝。数千人均保守了起义的秘密。他们的领导者大约有 200 个，主要是值得信赖的工头或熟练技工。后来，自由的马车夫图桑·卢维杜尔成为他们的主要领导者，他利用自己的通行证在孤立的种植园之间传递信息。

奴隶们获悉（是被误导的），法国国王和国民议会应许他们每周可以获得三天的自由时间，并且废除了鞭笞刑罚。因此，他们准备不顾种植园主和殖民当局的意愿来推行这一决定。起义由魁梧结实的工头布克曼领导，他还是一名马车夫和伏都教祭司，他在布瓦开曼主持了一场振奋人心的伏都教仪式，激励了在场所有的人，成了一个传奇人物。

后来，奴隶们奋起反抗。他们杀死了种植园管理者和其他白人，烧毁了储藏甘蔗渣的仓库和其他建筑。C. L. R. 詹姆斯写道，北部平原变成了"一片燃烧的废墟，一堵火墙几乎占据了整个视野。浓密的黑色烟柱不断从这堵墙上升起，透过烟柱可以看到火舌……大量燃烧着的甘蔗秸秆纷纷扬扬，被风不断吹着，如同雪花飞舞，飞过城市和港口的船只，威胁着要将这两者都化为灰烬"。[60]

随着革命的展开，反叛者藏身于山区隐蔽处，并组织成多个小队行动，一名法国将军回忆道，这些小队"在我们攻打他们的部分力量时，能够互相支援"。[61]他们设有监视哨和预定的集合点，并且尽可能用现有的材料临时制作出短缺的物资。菲克写道："他们设置了迷惑人的陷阱，制造毒箭，假装停火以诱使敌人进入设伏圈，将树干伪装成大炮，并向道路投掷各种障碍物以阻碍敌方部队前进，简而言之，他们利用各种手段，以便从心理上迷惑、恫吓敌人，打击对方的士气，或者用其他方式迷惑欧洲部队，以保卫自己的阵地。"[62]他们的口号是"白人都去死"，并用非洲音乐作为行军的军乐。他们设计了防弹背心，但子弹依然还是能够打穿它们。布克曼就是被射杀的，他的头颅被挂在城市广场上示众。

3个月过后，图桑·卢维杜尔开始承担领导角色。他选用"卢维杜尔"这个名字，本意是打开，意在表明对于他来说，没有什么是封闭的。然而，革命前景不明，且还在混乱地持续着。1793年8月，法国革命政府废除了奴隶制。但是从1796—1801年，在海地，以卢维杜尔为首的新解放的黑人和以安德烈·里戈为首的自由黑白混血群体，为了政治和经济利益、个人竞争，以及持续存在的具有社会毒性的肤色问题而相互争斗。随着革命的继续，它扩大成了内战。

图桑上升为一名领导者，成为决心和自豪的典范、黑人解放者。他出生在北部的一个种植园，是某个被贩卖到西印度群岛的非洲王子的后代。他照看牲畜，充当马车夫，直到主人释放了他。他具有读写能力，对几何、法语和拉丁语有一些了解，但他更喜欢克里奥尔语而不是法语，他需要秘书来处理信件。像牙买加的库乔一样，图桑虽然身材矮小、长相丑陋，却十分威严。他从牙买加的马隆人身上获得了灵感，他说："我和他们一样是黑人，我知道如何战斗。"

在与西班牙短暂结盟后，图桑巩固了自己与法国的权力。他战胜了西班牙人，后者被迫承认法国对该岛东部的控制。1797年，他打败了英国入侵者。他的策略之一是等到雨季黄热病肆虐，这样就会有大批白人丧命，他们的战斗力就会大减。

自1793年以来，英国和法国一直处于战争状态。英国政治家将海地革命视为惩罚法国的一个良机，因为后者曾向北美十三州殖民地（此时已独立）提供军事援助。他们觊觎圣多曼格岛，以补偿失去这些殖民地的部分损失。为此,他们与反对革命的种植园主一起策划恢复圣多曼格岛的奴隶制,并于 1794 年入侵了圣多曼格岛。然而,到了 1798 年,英国不得不承认败给了图桑·卢维杜尔。

圣多曼格岛的局势动荡不安且错综复杂。菲克写道:"从国际政治的角度来看,圣多曼格岛如同棋盘上的棋子般被操控,其内部斗争的结果将是决定三股相互竞争的外国势力(法、英、美)各自想要获得的特定政治和经济优势的关键。"[63] 拿破仑·波拿巴崛起为法兰西第一执政,这使局势变得更加混乱。虽然图桑在 1801 年颁布了一部新宪法,并专注于理清海地未来的商业关系,保障前奴隶的自由,但他设想恢复种植园制度,认为它是种植甘蔗和其他农产品的唯一有利可图的模式。拿破仑否认圣多曼格岛的独立,并考虑恢复奴隶制。

1802 年,拿破仑派遣妹夫夏尔·勒克莱尔将军夺回圣多曼格岛,并镇压那里的"镀金黑人",这一计划得到了支持奴隶制的英国的认可。在邻近的牙买加岛,总督和夫人玛丽亚·纽金特也对海地正在展开的戏剧性事件忧心忡忡,并对"在这个不幸的岛上,任何事物得以安定之前,必然发生的可怕流血事件和痛苦"的故事感到战栗。纽金特夫人对图桑的成功深感遗憾,并斥责大部分到访的法国官员是"一群残忍无情的可怜虫",并对那些密谋将海地移交给蓄奴的英国人的法国种植园主表示同情,她哀叹说,这对她可怜的丈夫来说是一个"非常尴尬的处境"。然而,她收到了波利娜·波拿巴·勒克莱尔赠送的最新的巴黎时尚礼物,得到了很大安慰,尤其是一件"镶有银色亮片的黑纱连衣裙……几乎是无袖的……但有银色亮片做装饰的宽镶边用作肩带。裙身非常像儿童罩衫,身后有系带,下摆呈圆形,裙裾不长。一条镶有珍珠和天堂鸟羽的银色亮片黑纱头巾像裙子一样闪亮，戴上它之后，她看起来像苏丹的女眷"。[64]

纽金特夫妇的两个特别好友是菲利贝尔·弗雷西内将军——"一个真正的法国人"，以及他娇小美丽的新娘玛丽·阿德莱德，玛丽是圣多曼格岛一处房产的所有者，她用"惊人的冷静"讲述了自己在那里的"灾难性"经历。几个月前，勒克莱尔将军安排了"具有绅士风度"的弗雷西内去诱骗图桑·卢维杜尔参加一个会议，在会上图桑被制服和逮捕。他们还嘲讽图桑，其中一个人，也许是弗雷西内告诉图桑："现在，你在圣多曼格岛什么都不是了，把你的剑给我。"[65]而此时，勒克莱尔和卢维杜尔都不在了，前者是黄热病的受害者，这种疾病还夺去了他许多士兵的性命。

图桑死于1803年4月7日，他的死亡更像是一场谋杀。在汝拉山脉3000英尺高的茹城堡冰冷的牢房内，他死于肺炎和中风。根据拿破仑的指示，狱卒故意不给他提供足够的食物、柴火和衣物。图桑曾写信向拿破仑请求怜悯："我如今身陷囹圄，痛苦不堪，含垢忍辱。"[66]但是，拿破仑无情地希望图桑死去。

图桑的继任者让-雅克·德萨利纳曾经是一个黑人的奴隶。他身材矮小又结实，是一个勇敢、精力充沛的中年人，他既威严，又令人钦佩。德萨利纳建议部下这样做："砍掉脑袋，烧毁房屋。"他不识字，脾气比较善变、不可捉摸，有时会穿戴饰有刺绣的华丽衣服，有时又穿着奴隶一样的破衣烂衫。在革命期间，他娶了一位才情出众的美丽女子，她曾是一位富有的种植园主的情妇。德萨利纳夫人试图缓和丈夫的凶猛性格，但多半是徒劳。作为一名军事战略家，德萨利纳和图桑一样聪明，在与白人打交道时同样狡猾。

海地革命在德萨利纳的领导下继续进行。罗尚博将军曾经威胁德萨利纳:"如果你被我抓到,我不会像对待士兵一样射杀你,也不会像对待白人那样绞死你,而是会像对待奴隶那样鞭打你至死。"但是,法国人的使命是无望的。即使是可怕的古巴攻击犬也未能区分黑人和白人,同时攻击两者。11月,罗尚博向德萨利纳投降。1804年1月1日,让-雅克·德萨利纳将军从三色旗上撕下象征法国的白色条纹,发布了对抗法国、反对种族主义的独立宣言,并用阿拉瓦克语之名——"海地"(Haiti,意为多山之地)——称呼此地,来纪念这个新生的国家。

在德萨利纳发布的宣言中,他强烈谴责了法国,宣称"法国人不是我们的兄弟……他们永远不会是。……诅咒法国!永远仇恨法国"。[67] 令人震惊的是,他废除了种族分类制,这种制度在各地都助长了作为糖业奴隶制核心的腐蚀性的种族主义。从此以后,所有海地人都将被视为黑人,其中甚至包括那些接受新国家愿景的白人。[68]

海地革命是对奴隶制的终极抵抗,它产生了深远的影响。它加速了奴隶贸易的废除,揭示了种族主义的本质和影响,激发了黑人的自豪感,阐明了普遍自由的概念,并挑战了殖民主义,直接影响了未来的革命者。它还体现了《圣经》中的散居概念,因为德萨利纳邀请那些已经迁移到美国或者被逃离的法国主人带到那里(通常是前往路易斯安那)的黑人和其他有色人种返回家园。他还向船长承诺,每带回一名男性回海地,就给船长40美元。

在海地,由于世界上其他仍然实行奴隶制的国家团结起来一起惩罚前奴隶取得的胜利,革命对希望和繁荣的承诺很快就破灭了。商业禁运、外交排斥和道德冷漠压制了这个新成立的国家最初的喘息。黑人与其肤色较浅的同胞之间的内斗摧毁了业已受到重创的经济，被烧毁的乡村和荒废的糖料、咖啡、靛蓝种植园迟迟难以重建。在战争的最后几年，黑人和其他有色人种在德萨利纳的领导下并肩作战。但是由于黑人之外的许多有色人种拥有财产，而大多数黑人没有，战后爆发了围绕财产的冲突，这些冲突似乎难以调和。1806年，德萨利纳遇刺，此后海地一分为二，北部是王国，南部是共和国，其文化、政治复兴与经济、生态衰退并行。

海地革命是一部道德剧，它将种族主义与抵抗对立起来，并重演了糖业奴隶制核心的冲突和矛盾。最终，德萨利纳清除了种族主义，提升了黑人的地位，并将政策惠及接纳新海地的任何人，无论是何种肤色。但当德萨利纳的梦想落下帷幕时，种族主义在海地死灰复燃。抵抗变成了自相残杀。蔗糖曾经是海地一切问题的核心，而如今它的甜度变得越来越淡。古巴、路易斯安那和其他生产地争相在世界市场上取代海地的蔗糖。

第 7 章
血染的甜蜜：废除奴隶贸易

白人废奴主义者

直到 18 世纪晚期，大多数废奴主义者仍然都是黑人，通常是为获得自由或至少是摆脱奴役而斗争的奴隶。蔗糖定义并支配了他们的存在。他们生产糖、盗取糖、食用糖，也售卖糖。他们赤脚踩在余温尚存的糖堆上，用铁镐敲打出块状糖，从他们伤口滴下的汗水和血液流到了准备出口的糖桶里。这幅景象令来访者感到震惊和厌恶。其中一位访客斥责一个奴隶，后者刚刚在朗姆酒桶里洗刷受伤的手："英国人饮用从这里出口的朗姆酒时会喝到你的血。"这个奴隶反驳道："主人，难道你没有想过吗，当你食用我们生产的糖时，你不也在喝我们的血吗？"[1]

这句苦涩的反问浓缩了奴隶生产的蔗糖所隐含的恐怖，它成为不公正和殖民主义缺陷的象征。从本质上来讲，蔗糖将西印度群岛殖民地与数以百万计消费蔗糖的欧洲家庭和餐馆联系在一起。到了 18 世纪末，越来越多有宗教信仰和改革思想的公民关注糖在普通家庭和私人生活中的中心地位。家庭糖罐里的糖成了个人需要面对的尴尬情境。女性成为家庭营养和道德品质的监督者，糖开始流失自己的甜蜜力量。

一系列偶然的事件将废奴主义从一种冲动转变为一场运动。首先，伦敦塔的军械管理员格兰维尔·夏普介入了乔纳森·斯特朗事件，他代表乔纳森·斯特朗，后者是一名逃亡黑奴，主人在派人寻回他后殴打了他，还将他投入监狱并卖给了牙买加的一个糖料种植园主。从那时起，夏普就致力于将黑人从西印度群岛的奴隶制中拯救出来。作为一名自修者，他钻研法律书籍以获得专业知识。这些研究加深了他对各种形式的奴役和压迫的厌恶，包括虐待动物，他认为，"人们通常没有意识到这种考验可以用来衡量一个人的道德品质，通过这种考验，他能够稳妥地确定每个人内心的价值"。[2]

夏普最令人难忘的案例是詹姆斯·萨默塞特，后者在1772年成功获取自由的案例在第6章中有所讨论。在被送到牙买加奴役之前，萨默塞特联系夏普以保护自己。曼斯菲尔德勋爵对萨默塞特案的判决对于萨默塞特和夏普来说都是一次惊人的胜利。曼斯菲尔德勋爵在充满紧张气氛的法庭上宣布释放萨默塞特时如是说："为了正义，哪怕天崩地裂。"

听到曼斯菲尔德勋爵的判决，废奴主义者欣喜若狂，而对曼斯菲尔德勋爵判决的普遍误读，即他废除了英国的奴隶制，使他的话更具影响力。黑人和废奴主义者对此欢欣鼓舞，至少有15名英国奴隶引用萨默塞特的先例被法官释放。诗人威廉·柯珀在其长诗《任务》(*The Task*)中欣喜地写道："奴隶无法在英国呼吸，如果他们的肺/呼吸到了我们的空气，那一刻他就自由了/他们接触到我们的国家，他们的脚镣就脱落了。"曼斯菲尔德勋爵本人没有做出任何澄清说明，只是私下里提到自己的裁决仅仅是"主人无权强行带走奴隶并将他带到国外"。[3]

西印度群岛的白人及其盟友纷纷哀叹曼斯菲尔德勋爵的判决，牙买加种植园主爱德华·朗预测，大批奴隶将逃往英国，那里的"下层阶级妇女……非常喜欢黑人，原因太残酷了，不提也罢"，他们会使英国人混血化，不久之后，英国人就会变得像肤色较深、堕落的葡萄牙人一样。[4] 彼时的北美殖民地正爆发革命，那里的奴隶集体渴望去往令萨默塞特获取了自由的英国，至少有一个奴隶是这样期望的，19岁的巴克斯试图去往英国，他来自弗吉尼亚。在后来的岁月里，曼斯菲尔德勋爵的判决对于美国的司法决定仍然有着深远的影响。

1783年，格兰维尔·夏普与曼斯菲尔德勋爵就一起涉及132名奴隶的保险索赔案发生了冲突。运奴船"桑格"号的船长卢克·科林伍德下令将病得最厉害的那些奴隶扔进海里。过后，科林伍德以船上的淡水几乎耗尽为由，试图从保险公司那里获得赔偿。

保险公司对科林伍德索赔的合法性提出异议，指控科林伍德行为疏忽和不当。尽管法庭上的旁听者听到这个故事时都不寒而栗，但陪审团很快就做出了不利于保险公司的判决，保险公司被判支付每名奴隶30英镑。要不是《晨间纪事和伦敦广告》(*The Morning Chronicle and London Advertiser*) 刊登的一封信将此案称为激起神怒的邪恶行径，夏普可能永远都不会听说"桑格"号运奴船事件。[5] 非洲人奥劳达·埃奎亚诺读了这封信后，急忙赶到格兰维尔·夏普的办公室，恳求他为非洲人报仇。夏普试图对那些将非洲人扔到海里的凶手提出谋杀指控，但没有成功。尽管他失败了，但"桑格"号运奴船令人震惊的残酷谋杀行径，以及它们被简化为有争议的保险索赔事实，令许多人意识到了废除奴隶贸易的紧迫性。

开明的思想和精神信念

夏普及其废奴主义同伴在启蒙思想的背景下解读了诸如萨默塞特案和"桑格"号运奴船案等时事，启蒙思想谴责奴隶制是一种可憎的罪恶，是对人类文明的侮辱。例如，孟德斯鸠谴责奴隶制本质上是邪恶的，贬低了奴隶，腐蚀了主人，使主人"因对奴隶拥有无限权力"而变得"凶狠、急躁、严苛、易怒、荒淫和残忍"。[6] 与夏普同时代的许多人都认为，孟德斯鸠这些深思熟虑的见解、他对法律制度的分析和道德哲学，共同构成了对改革和废除奴隶制的呼吁。著名的政治哲学家埃德蒙·伯克将孟德斯鸠的《论法的精神》(The Spirit of the Laws) 翻译成英语，并谴责了奴隶贸易。著名法学家威廉·布莱克斯通爵士的权威四卷本《英国法释义》(Commentaries on the Laws of England) 也受到孟德斯鸠的影响，他认为奴隶制"与理性和自然法原则相抵触"。[7] 雷纳尔神父的《哲学与政治史》(Philosophic and Political History) 一书强烈反对奴隶贸易，吸引了众多读者，以至于1776—1806年在英国出版了15个版本，废奴主义者经常引用该书来证明自己的观点。

像格兰维尔·夏普这样的废奴主义者受到知识信念的驱使，而强烈的精神信仰进一步强化了这种信念。他们对几个世纪以来基督教对奴隶制的认可和参与表示厌弃，重新解释了基督教和《圣经》文本的基本含义。用格兰维尔·夏普的话来说，最简单，也是最重要的是《圣经·新约》的诫命"爱邻舍如同自己"，这是

"上帝全部律法的总和与本质"。[8] 基督为拯救人类而牺牲自己是基督教的核心故事,它加强了反对奴隶制的神学论点,而 18 世纪后期的智识氛围使得人们更容易得出人类也包括黑人的结论。

除巴托洛梅·德拉斯·卡萨斯促使国际社会的注意力集中在印第安人,以及后来的黑人奴隶的困境上之外,很少有基于基督教的对奴隶的关注渗透到蔗糖文化中。从最早的时期开始,天主教宗教团体,包括耶稣会、多明我会和方济各会,就拥有依靠奴隶劳作的糖料种植园。后来,摩拉维亚弟兄会也是如此。1710 年,英国圣公会海外福音传播会接受了糖料种植园主克里斯托弗·科德林顿的遗赠,其中包括巴巴多斯的两个蓄奴糖料种植园,该组织正式给这些奴隶打上了烙印。[9] 甚至连俭朴的贵格会教徒也从事奴隶贸易和拥有奴隶,包括巴克莱和巴林等银行家族;有一条运奴船甚至被命名为"乐意肯干的贵格会教徒"。基督教教会认为奴隶制是神命所定,并将非洲人描述为野蛮的异教徒,认为能接触到文明的基督教和欧洲习俗是他们的福气。

这种接触即使有,也是很少的。在法国、西班牙和葡萄牙的糖料殖民地,这通常包括一个奴隶小教堂和一名专职教士,或者由那些觉得自己如上帝般的种植园主代替专职教士,亲自主持宗教仪式。英国种植园主很少这么做。外居者和其他许多人都是对教堂持冷漠态度的财政支持者,并不尊重殖民地的神职人员。这些人员往往受教育水平低下,不虔诚,正如同时代人指出的那样,"他们挥霍光了遗产……逃到了教堂,作为摆脱贫困的最后避难所"。[10] 不出所料,这些缺乏动力的神职人员也没有兴趣为奴隶和懒惰的白人服务。

然而,传教士有所不同,1754 年后,摩拉维亚弟兄会、卫理公会、长老会、浸信会和英国圣公会的传教士们竞相争取黑人的灵魂。大多数人尊重母国教会关于不要引起奴隶不满的警告，并教导说奴隶制度是上帝规定的，一夫一妻制是必不可少的，以及凯撒的物当归给凯撒。1816 年，伦敦传道会对约翰·史密斯牧师的告诫在当时十分典型："不论在公开场合还是私下里，你都不能说出一句让奴隶们对主人或对自己的地位不满意的话。你不是被派来解除他们的奴役状态的，而是为他们提供宗教安慰。"[11] 许多传教士还购买了奴隶，他们解释说自己是在以身作则，教导人们如何人道地对待奴隶。

然而，许多种植园主禁止传教士进入他们的种植园。他们担心奴隶可能会从宗教中汲取精神力量，基督教的核心神性是洗刷穷人的双足，洗净他们身上的罪。正如传教士的妻子简·史密斯所解释的那样，"许多种植园主……担心奴隶接受的宗教教导与他们的生活条件不相容，奴隶一旦受到一点启蒙，就会起来反抗。"[12] 他们也对给奴隶施洗的社会和法律影响持怀疑态度。

一些种植园主则认为，基督教可以抗衡他们所怀疑的奥比巫术的革命倾向，因此欢迎传教士来到他们的种植园。但奴隶们总是竭力反对奴隶制，他们将基督的苦难解释为愿意反抗权威，甚至不惜生命的证明。随着基督教在奴隶中不断传播，它培养了领袖，提供了自我表达的论坛，以及《圣经》中的论据和新的组织方式。一如既往，奴隶们是最坚定的废奴主义者。

随着废奴主义的情绪愈发高涨，一批新的传教士渗透到了这个领域。这些人对自己在种植园里看到的景象感到震惊。一些人拒绝了惯常的共谋行为，并以种植园主认为颠覆性的方式为奴隶提供服务。传教士们通常在日记和给亲友、家乡教友的信中记录有糖业奴隶制和生产的现实情况，他们的叙述对废奴文学做出了重要贡献。

废奴运动

经过了几个世纪的奴隶贸易和奴隶制度，一个由英国男性和女性组成的联盟合并成为一场反奴隶制运动，这场运动就像一只混种蜘蛛依靠不相匹配的腿爬行那样发展。每条腿都由以下群体的成员组成：工人阶级的男性和女性；居住在英国的黑人；西印度群岛的奴隶、自由黑人和其他有色人种；叛变的西印度群岛传教士；贵格会男教徒和受到宗教激励的非贵格会男性；贵格会女教徒和受到宗教激励的非贵格会女性；有政治头脑的改革者；以及反保护主义的自由贸易者和东印度糖业利益集团。在半个多世纪的反对奴隶制的努力中，不时会有一条腿萎缩或被砍掉，然后再生。

从这个隐喻发展到1783年，这些脱节的肢体连接在一起，创建了一个致力于终结奴隶贸易的贵格会协会。4年后，这个协会成了"废除奴隶贸易协会"，尽管贵格会教徒在其中仍占据主导地位，但它与宗教派别无关，对基督教福音派教徒也具有吸引力。

贵格会女教徒和福音派女教徒热切相信黑人的人性，以及基督教帮助黑人的责任。尽管她们被排除在议会之外，没有资格投票，甚至不能签署请愿书，但她们还是互相紧握双手，加入了废奴运动。这些人大多数属于中产阶级，坚守自身社会关于家庭和母性神圣不可侵犯的价值观。奴隶们受到残酷对待的画作和被拍卖的故事深深触动了她们，这些拍卖拆散了家庭，从母亲怀里抢走了孩子，剥夺了女奴"在所有方面的母系领导力、指导能力和自律性"[13]，使她们极易受到堕落白人的性剥削。与这些想象中深受其害的女性易地而处，促使上述英国女性转变为反对奴隶制的狂热斗士，她们宣称，奴隶制"实际上侮辱了地球上每一个女性的感情"。[14]

她们也开始了解糖在奴隶的苦难中扮演的角色，并承认作为家庭主妇，她们购买、筹备餐食，并向家人供应奴隶生产的糖，实际上就是在支持她们现在所憎恶的奴隶制度。她们认为甘蔗是奴隶制存在的主要原因，将之视为她们致力于摧毁的邪恶的重要象征。

大量来自工人阶级的男女，受到宗教热情，特别是卫理公会的驱使，以及正在政治景观中弥漫的改革主义的影响，支持废除奴隶制。例如，当奥劳达·埃奎亚诺访问伦敦时，他和哈迪夫妇（莉迪娅·哈迪、托马斯·哈迪）住在一起，哈迪夫妇是白人工人阶级的同情者。然而，还有许多人抱怨说，奴隶的需求优先于他们的需求。但是，那些认为奴隶和工人的权利有共同点的人理解团结的必要性。历史学家詹姆斯·沃尔文描述了这些普遍性是如何增强反奴隶制运动的力量的。它们还使废奴主义者对工人阶级的状况变得敏感，一些人开始使用废奴主义言辞来争取英国"白人奴隶"的权利。

最引人注目的废奴主义者来自英国城市的黑人社区。自由黑人通常贫穷且受压迫，他们渴望加入解放同胞的斗争。他们组织了自己的社区，为迫切需要帮助的人募集资金，并集体出席了诸如"桑格"号运奴船案等与奴隶相关的法律诉讼的法庭听证会。

18世纪，在来自英国城市黑人社区的废奴主义者中，最有影响力的领导者是奥劳达·埃奎亚诺及其出生于非洲的朋友奥托巴·库戈亚诺、伊格内修斯·桑乔。这三人都是睿智又博学的人，他们发表的论述是反对奴隶制的无价武器。他们为白人废奴主义者和黑人社区之间提供了沟通渠道。尤其是埃奎亚诺，他的个人生活堪称典范，他以真诚出名，是一位杰出的废奴主义者。

西印度群岛的奴隶，以及自由黑人和其他有色人种构成了废奴运动中最坚定、最自主的力量。他们的每一次反抗、破坏或反叛都削弱了奴隶制度。具有讽刺意味的是，报纸、杂志和期刊对这些事件的每一篇报道都促使更多的白人认识到，必须要通过议会和法律体系来废除奴隶制度，这是避免通过革命或白人的大规模毁灭来废除奴隶制度的唯一途径。

公开反对种植园奴隶制并宣传相关言论的反叛传教士虽然人数不多，但作为值得尊敬的白人，他们构成了对废奴运动影响极大的第6根支柱。第7根支柱由胸怀改革理想主义的废奴主义者组成。他们努力争取社会权利和正义、工人自由，以及信仰和崇拜的自由，并将奴隶的权利也纳入了他们的使命。

第8根支柱是由经济倾向的改革者提供的，他们挑战了旧有的殖民重商主义体系，该体系保护依赖奴隶劳力的西印度群岛糖业利益集团，他们呼吁不干涉主义或实行自由贸易。他们谴责奴隶贸易和奴隶制是过时的制度，这些制度支撑了人为造就的蔗糖贸易，伤害了不得不为这一必不可少的物品支付人为高价的英国人。

这些改革者在东印度糖业利益集团的成员中找到了某种意义上的盟友，这些盟友显然对自由贸易十分感兴趣，并通过反对奴隶生产的糖的自利性声明来促进自由贸易，尽管他们未能建立东印度废奴主义者集团。其他改革者指出，由自由劳动力生产的甜菜糖已进入欧洲大陆的市场,无论如何,它敲响了奴隶生产的蔗糖的丧钟。

随着各个成员为了共同的目标,即避免革命和通过法律认可的手段联合起来时,英国的反奴隶制运动开始了漫长而缓慢的征程。成员们听到法国和后来海地发生的流血事件后感到震惊,即使这是为了废除奴隶制。英国废奴斗争的主要场所是议会,在那里废奴主义者选择的武器是思想、宗教和法律、宣传和游说,只有男人参与。越来越多的女性加入了这场运动,她们的斗争集中在英国的糖碗上,并通过抵制、自我克制和替代品进行斗争。

起初,废奴主义者必须就共同的目标达成一致意见,鉴于选择的多样性,这不是一件容易的事,从改善奴隶的条件到将奴隶(甚至所有黑人)送回非洲,特别是塞拉利昂,反叛的牙买加马隆人曾被运送到那里。废除奴隶制的第一波浪潮以废除奴隶贸易为目标,借此来根除奴隶制中最严重的错弊,以及中央航路的残酷行径。这样做的理由很简单:如果奴隶主无法用从非洲进口的奴隶替代死去的奴隶,他们将被迫人道地对待奴隶。奴隶制将自然消亡,而雇佣劳动将取而代之。废奴主义者经常引用糖料种植园主乔舒亚·斯蒂尔的例子来证明这种转变是有效的。1780年,斯蒂尔移居到巴巴多斯,支付奴隶工资,而不是恐吓他们。奴隶们工作更加努力,需要的监督却更少,斯蒂尔的利润增至3倍。

渐进主义的方法战胜了废除奴隶制这一更为激进的目标,于是废除奴隶贸易协会成立了。领导者出现了,并协调他们的努力,其中包括格兰维尔·夏普、托马斯·克拉克森、威廉·威尔伯福斯、詹姆斯·斯蒂芬、乔赛亚·韦奇伍德,以及牧师詹姆斯·拉姆齐、约翰·韦斯利和约翰·牛顿。

夏普已经花了几十年时间为黑人个人寻求法律正义。虔诚且聪慧的克拉克森是剑桥大学古典文学专业的学生,克拉克森的研究论文《违背他人意愿奴役他人是合法的吗?》("Is It Lawful to Make Slaves of Others Against Their Will?")使他转变为废奴主义者。(设定这一论题的教授对"桑格"号运奴船事件感到愤怒。)克拉克森与其他人共同创立了废奴协会,并成为该协会的主要事实调查者。威尔伯福斯代表赫尔第一次成为议会议员时只有21岁,赫尔是唯一与非洲或西印度群岛没有贸易往来的英国港口。克拉克森向威尔伯福斯提供废奴主义文献和人脉,包括朋友小威廉·皮特首相。在皮特的敦促下,威尔伯福斯最终同意在议会中支持废奴事业,克拉克森说,那是"我一生中最快乐的一天"。[15]

斯蒂芬是圣基茨一名年轻气盛的执业律师,在目睹了诸如两名奴隶因未经证实的强奸而被活活烧死等司法悲剧后,他联系了威尔伯福斯,成为废奴主义者的事实证人和实情调查者。他回到英国后,凭借敏锐的法律思维、强有力的写作[《英属西印度殖民地奴隶制的现状,包括法律和实践》(*The Slavery of the British West India Colonies Delineated, as it exists both in law and practice*)]、迟来的对基督教福音派的皈依,以及政治上的成功,使自己成为极有价值的同伴和废奴主义者议会战略的策划者。

韦奇伍德是贵格会教徒,也是知名陶艺家,他创作的精美瓷瓶、半身像和其他艺术品深受英国皇室的喜爱。他也是废奴协会的共同创始人之一,并制作了该协会的官方印章,印章图案是一个戴着镣铐的奴隶,跪在地上,双手举向天空,他祈求道:"难道我不是一个人、一个弟兄吗?"

韦奇伍德前往西印度群岛亲自视察糖料种植园的条件,包括约翰·平尼在尼维斯的种植园。平尼曾就韦奇伍德来访一事提前警告过自己的管理人员:"不要当着他的面调教黑人,也不要让他就近听到鞭笞声。"他建议减少奴隶的工作量,并说:"指出黑人在此地比我们国家的穷人享受更多的舒适……他们拥有山羊、猪和家禽等资产,以及自己的给养地。通过这种方式,韦奇伍德将带着有利于我们的看法离开这座岛屿。"尽管平尼提前采取了措施,但韦奇伍德回到英国后,还是成了一名坚定的废奴主义者。

拉姆齐曾在圣基茨担任过英国圣公会的牧师和糖奴的医生,在经历了如此痛苦的职业生涯后,他加入了废奴主义者的行列。他欢迎黑人和白人参加自己主持的宗教仪式,与教区内的奴隶结下了友谊,并试图使他们皈依基督教。这激怒了那些认为将奴隶基督教化有危险的白人,他们不再参加教堂举办的活动。和斯蒂芬一样,拉姆齐详细记录了糖业奴隶制的运作。他娶了富裕种植园主的女儿丽贝卡·埃克斯,但是他公开反对虐待奴隶并试图改善奴隶的条件,以至于疏远了种植园主阶层。种植园主阶层想方设法阻挠他,令他的生活举步维艰。1781年,他回到了英国,在那里,拉姆齐撰写了颇具影响力的《论英国糖料殖民地的非洲奴隶待遇和皈依》(*An Essay on the Treatment and Conversion of African Slaves in the British Sugar Colonies*)和《废除奴隶贸易的影响研究》(*An Enquiry into the Effects of the Abolition of the Slave Trade*),这两部著作是研究糖业奴隶制的宝贵文献。

约翰·韦斯利是卫理公会的创始人,他深受废奴主义者安东尼·贝内泽撰写的《几内亚的一些历史记载》(*Some Historical Account of Guinea*)和萨默塞特案的影响,发表了自己的论述《对于奴隶制的一些思考》("Thoughts Upon Slavery"),这引发了奴隶贸易利益集团的憎恨。在文章中，他反问奴隶贩子："你的心是用什么做的？……从未感觉到别人的痛苦吗？……当你看到同类的泪水、起伏的胸部、鲜血淋漓的身体和饱受折磨的四肢时，你是石头还是野兽？"他警告说："伟大的上帝将会像你对待他们一样对待你，并且要求你为他们的鲜血付出代价。"[16] 临终之际，韦斯利还在阅读奥劳达·埃奎亚诺的论述，以及自己写给威尔伯福斯的最后的信件。

约翰·牛顿是一艘运奴船的船长，他经历了宗教的顿悟，决心投身于基督教。多年后，他公开反对奴隶制，悔恨自己曾参与其中，倡导废除奴隶制，那时他早已停止航行，并被任命为英国圣公会的牧师。[他还创作了感人至深的圣歌《奇异恩典》（"Amazing Grace"）。] 威尔伯福斯阅读了牛顿在1764年撰写的关于自己在非洲参与的奴隶贸易生活的真实情况，即《真实的叙事》（*An Authentic Narrative*）一书，并招募他成为协会的一员。

废奴协会的成员一开始是清一色的男性，在一段时间内，女性更多地扮演幕后影响者和财务捐助者的角色。玛格丽特·米德尔顿是查尔斯·米德尔顿上校的妻子，查尔斯·米德尔顿上校即后来的巴勒姆勋爵和英国第一海军大臣，玛格丽特·米德尔顿出席并主持了一场政治晚宴，在晚宴上她颇有说服力地谈论了奴隶贸易的恐怖；丈夫查尔斯·米德尔顿与她志同道合，他在议会做了同样的事情。米德尔顿夫人是汉娜·莫尔的密友，后者是广受欢迎的剧作家和保守的福音派小册子的作者，这些妇女在社会活动中共同推动废奴运动。莫尔通过自己的小册子和多愁善感的诗歌吸引了广泛的读者，比如《黑人妇女的哀歌》（*The Negro Woman's Lamentation*），这些都有助于改变家庭主妇的观念，这些家庭主妇反过来又改变了她们的丈夫、兄弟和儿子的观念,他们作为男性,可以通过请愿和投票来决定到底是保留现有的法律还是制定新的法律。

妇女也为废奴协会捐赠资金,或者说服她们的丈夫和父亲这样做。大多数女性支持者是富裕的贵格会教徒、福音派教徒或新教徒。很少有工薪阶层的妇女能负担得起协会昂贵的会员费。贵族妇女基本上没有加入废奴主义者的队伍。除非在商业利益与奴隶制或奴隶贸易无关的城市,贵族妇女不会或不能通过支持这一外来事业而损害家族的社会和商业联系。

正如西印度群岛利益集团一样,废奴主义者也是相互关联的。1827年,查尔斯·平尼被他人直率地提醒了这一点。查尔斯的父亲曾试图向乔赛亚·韦奇伍德隐瞒奴隶的真实情况。查尔斯是尼维斯的一个糖料种植园主,他平时外居于英国城市布里斯托尔。查尔斯希望迎娶废奴主义者威尔伯福斯的女儿。平尼认为,他们的婚姻"最有可能对奴隶人口的条件改善产生有益的结果"。然而,得知准女婿曾深度参与西印度群岛的贸易后,威尔伯福斯不赞成两家联姻,结束了这场关系。

另一方面,当坚定的废奴主义者詹姆斯·斯蒂芬(鳏夫)爱上威尔伯福斯的妹妹萨莉时,威尔伯福斯表现出了极大的弹性。斯蒂芬对于自己之前的放荡行为已有所悔改,但他的不堪过去还包括在自己已订婚的情况下与挚友的未婚妻生下了一个孩子。我们只能说威尔伯福斯是宽容的。他写道:"斯蒂芬在性格上不断寻求改进,像斯蒂芬这样的人,宗教信仰在他们身上起到了转变作用,帮助他们战胜了一些天生的弱点。"[17]

这些相互关联性鼓励废奴主义者协调自身对废奴和其他问题

的不同看法，并找到一个可行的共同点。有些人是渐进主义者，另有一些是立即主义者。威尔伯福斯是一位在政治上颇为精明的妥协者，他认为女性应该属于家庭，而克拉克森则是一位坚定不移、有原则的"道德蒸汽机"[18]，他强烈支持女性独立。夏普对人类和动物的权利充满热情，但强烈反对天主教徒的平等权利，并谴责跨性别戏剧表演是违反《圣经》的。大多数黑人和多数妇女认为，人们应该首要关注奴隶制，而不是奴隶贸易，但为了团结和共同前进，他们默许了领导者更为渐进主义的决定。

在融合他们不同理念的过程中，一些棘手的问题出现了：女性去挨家挨户游说以获得支持是否体面，或者像威尔伯福斯坚持的那样，是不得体的；将黑人送往塞拉利昂到底是一个光彩的解决方案，还是迎合了反黑人的偏见；废奴在道德上是白人义不容辞的责任，还是黑人必须首先证明他们适合自由；奴隶应该被教化和基督教化，以便为自由做准备，还是奴隶一旦获得自由，就会自然地接触到文明和基督教的影响；是否应该默认黑白混血儿的白人血统，加快他们的解放，还是应该平等对待所有奴隶。

另一个严重问题是如何描述奴隶。对于像拉姆齐和斯蒂芬这样曾在西印度群岛生活过的废奴主义者来说，奴隶制的残忍和不公正本身就已足够控诉了。但是其他人认为，如果奴隶被描述为失去信念、崩溃的人，渴望自由和为（低）工资（努力）工作的权利，那么就可以提出更有力或更合理的论点。即使是堕落的奴隶，也应该看起来是善良的，他们的缺点要么被掩盖，要么被归咎于奴隶制。他们永远不应该表现出凶残或愿意诉诸暴力来解放自己的一面，而应该被描述为长期受苦的受害者，渴望正义的白人给予他们自由。女奴应该显得特别温顺，只渴望待在家里抚养可爱的婚生孩子。

这种暗示黑人应该获得自由的冲动意味着，英国的黑人废奴主义领袖在生活的各个方面都被要求达到高标准，包括绝对私人的方面。他们令人讨厌的习惯之一是与白人妇女结婚，即使是在其他方面无可指摘的埃奎亚诺也犯了这个错误。威斯敏斯特的一个店主桑乔娶了西印度群岛的安妮·奥斯本，但是他因风流韵事臭名昭著，而且据传言，他的性爱冒险不限种族。黑人女性的缺乏导致适龄黑人男性娶白人妻子现象的出现，这在白人中引发了性嫉妒或不安全感，或者两者兼而有之。这种性紧张关系是许多废奴主义者在策划运动时不得不面对的问题之一。

废奴运动的高潮有如下几次：1788年、1792年和1814年反对奴隶贸易；1823年、1830年和1833年反对奴隶制；1838年抗议对于前奴隶实行的"学徒制"。这些运动将糖视为西印度群岛奴隶制的主要原因和邪恶象征，并希望通过立法实现目标。这要求他们参与新法律出台之前的官方调查和研究，并参与推动议会进程的政治策略和联盟。创始协会孕育了一个由地方废奴协会组成的网络：1814年有200多个，到19世纪20年代中期，有800多个，包括43个由女性组成的反奴隶制协会。在1833年奴隶解放前夕，这些协会的数量达到了1300个。这个废奴主义者协会网络联合向议会请愿，教育和宣扬废奴主义原则，筹集资金出版、分发传单和其他文学作品，为报纸撰写支持废奴的信件和文章，并在他们能够参与的每个论坛上提高人们对反奴隶制问题的认识。

事实调查是废奴运动的一个关键策略。议会委员会需要数据，废奴主义者面对反对者的质疑时也需要数据。克拉克森不知疲倦地列出了145个问题，并走访了主要的奴隶贸易港口，从参与奴隶贸易和西印度群岛贸易的海员中寻找不情愿的证人。为了找到目睹英国奴隶贩子在武装突袭非洲人的村庄时捕获黑人的水手艾萨克·帕克，克拉克森获得了查尔斯·米德尔顿爵士的许可，登上了港口的每艘船。他在第317艘船上找到了帕克，并将他成功介绍给了一个议会委员会。前船长兼外科医生哈里·甘迪是克拉克森为数不多合作的证人之一。甘迪宣称："我宁愿靠面包和水生活，说出我所知道的有关奴隶贸易的事情，也不愿在过着极为富裕的生活同时隐瞒事实。"克拉克森写道，其他船只的人员则像躲避"狼、老虎或某种危险的食肉动物"一样逃离了他。[19]为了描述运奴船，克拉克森亲自走进两艘船测量：每个成年非洲人只有3平方英尺的空间。

克拉克森还反驳了当时的一种普遍看法，即奴隶贸易是海军的摇篮；他掌握的数据证明，奴隶贸易是一座坟墓，吞噬的水手比奴隶还要多。在1786年从事三角贸易的5000名水手之中，只有2320人返回了家园；在非洲或西印度群岛，有1130人死亡，还有1550人下落不明，克拉克森知道每一个人的名字。就奴隶贸易"骇人听闻的不公"，克拉克森在向枢密院呈交的报告中提供了850页对开本的官方证词，向下议院提供了长达1300页的证词。

废奴主义者也用图像来佐证自己的观点。其中一幅触动集体神经的画作描绘了利物浦运奴船"布鲁克斯"号上令人难忘的场面，这艘船的船舱里挤满了482名躺卧的非洲人，它还附带一份文字说明，内容是"布鲁克斯"号有时竟装载多达609名奴隶。威尔伯福斯首次在下议院展示了这艘运奴船的木制模型，他敦促议员们投票反对奴隶贸易。与"布鲁克斯"号有关的印刷品成为广受欢迎的装饰品。废奴主义者印制了8700份，以便在家庭和酒吧展示，这是第一份大规模发行的政治海报。直至今日，"布鲁克斯"号运奴船的插图仍然会出现在有关奴隶贸易、废除奴隶制的书籍和文章里。

废奴主义者的策略是全面覆盖每一个问题、捍卫每一个声明、反驳每一个批评，并提出可接受的替代方案，以取代将被废除的制度。他们引用了所有可信来源的材料，尤其是传教士、前奴隶、悔改的运奴船船长和奴隶主的证词。拉姆齐撰写的《论英国糖料殖民地的非洲奴隶待遇和皈依》一书带领读者走进了糖奴的甘蔗田和小屋，是废奴主义文学中最有影响力的作品之一。英国各地教堂里的会众也都怀着极大的兴趣听取了其他传教士撰写的报告。

前奴隶贩子约翰·牛顿在以第一人称撰写的《真实的叙事》一书中，讲述了自己尽管深爱妻子波莉，却仍对被奴役的非洲妇女抱有不轨的想法，并通过只喝水和戒食肉类来抑制这些念头。其他作品则显示，许多海员没有这种顾忌，他们对非洲人进行了性侵犯。这些暴行被详细记录了下来。1792年出版的《费利克斯·法利的布里斯托尔日记》《Felix Farley's Bristol Journal》描述了布里斯托尔的运奴船船长约翰·金伯是如何惩罚一个因生病不吃东西的15岁非洲人的，约翰将她倒吊起来，然后猛烈鞭打她，5天后，她因伤势过重而死亡。艾萨克·克鲁克香克的一幅讽刺漫画描绘了这个场面：船长金伯残忍地看着这个赤身裸体的女孩被倒吊起来，她绝望地抱着头，而愤怒的水手正准备鞭打她，后方还有3个哭泣的女奴。在这幅漫画的下方写有一个标题，即"废除奴隶贸易"。

非洲奴隶贸易受害者公开发表的证词特别有力，埃奎亚诺的《非洲人奥劳达·埃奎亚诺或称古斯塔夫斯·瓦萨的生平奇事》

图 36 艾萨克·克鲁克香克绘制的残酷漫画,船长约翰·金伯准备惩罚一名被奴役的非洲少女,她只有十几岁,并且生病了,吃不下东西,她被倒吊起来鞭打。后来,这个女孩死了。

(*The Interesting Narrative of the Life of Olaudah Equiano, or Gustavus Vassa, the African*,1789年)和库戈亚诺的《关于罪恶和残忍的奴隶制和人口贩卖的思考与看法》(*Thoughts and Sentiments on the Evil and Wicked Traffic of the Slavery and Commerce of the Human Species*,1787年)引起了公众强烈的兴趣。1782年,《已故非洲人伊格内修斯·桑乔的信件》(*Letters of the Late Ignatius Sancho, an African*)出版,据说,这本书证明了"一个未受教育的非洲人可以拥有与欧洲人同等的能力"。[20]

埃奎亚诺非常有效地推广了他的小册子(每本售价7先令),以至于在5年左右的时间里,他走遍了整个英国,历史学家亚当·霍赫希尔德将之称为"第一次伟大的政治书籍巡回宣传之旅"。[21] 他的故事在某些方面模仿了《鲁滨孙漂流记》,既吸引讲求理性的读者,又吸引情感更为丰富的读者。他担心白人捕奴手会将自己炖煮吃掉,这颠覆了关于食人行为的文化观念。埃奎亚诺还指责那些贪婪地追求低廉成本的种植园主,他们破坏了非洲资源丰富而和平的社会。

库戈亚诺的作品由埃奎亚诺编辑,描述了"白脸人"是如何通过中央航路将他们从非洲带到格林纳达的,"污秽、猥琐的水手抓走非洲妇女,强行与她们发生性关系,这种事在船上很常见"。在格林纳达的一个糖料种植园,库戈亚诺看到了"极为悲惨且残酷的场景……因为偷吃了一根甘蔗,有些人遭到残忍的鞭打或被击打脸部,牙齿都被打掉了……有些人告诉我,他们拔掉奴隶的牙齿是为了警示他人,防止奴隶再偷吃甘蔗"。库戈亚诺是第一个提出"彻底废除奴隶制……解放所有奴隶",以及立即停止奴隶贸易的非洲人。[22]

图 37　这幅英国漫画描绘了白人的恐惧，他们担心，如果奴隶贸易由此终结，奴隶会报复白人，如同昔日白人对待他们的方式一样，白人被迫劳动，遭受殴打和剥削。而奴隶翻身成为新的主人，他们不停狂欢，享受繁荣生活。

废奴主义者和西印度群岛利益集团都大量发布广告、报纸文章、写给编辑的信件和小册子。废奴主义者游说编辑，并担心西印度群岛利益集团及其盟友可能会通过贿赂或恐吓等手段迫使编辑不刊登废奴主义的文章或信件。为了说服编辑支持废奴，克拉克森带着一组在利物浦的商店里出售的用于奴隶贸易的工具——手铐、脚镣、拇指夹和撬开嘴巴的工具（以防止奴隶试图通过绝食自杀），进行了残酷的巡回展示。

废奴主义者和支持奴隶制的团体都向民众分发了廉价或免费的小册子，它们大都简单易懂、充满讽刺。一份具有讽刺意味的废奴主义传单宣称："由于预计废除奴隶制，奴隶贸易的珍贵物品现低于成本价出售……大约3吨重的手铐、脚镣和拇指夹……详情请咨询奴隶贩子。整套样品（拇指夹除外，因为担心它们的样子会深深伤害那些不愿意购买的人的感情）现正在交易所展出。"[23]

有些漫画描绘的一些残酷场面可能会刺痛人心，令人难以释怀。詹姆斯·吉尔雷在1792年绘制了一幅漫画《西印度群岛的野蛮行为》("Barbarities in the West Indies")，作为对患病奴隶所受待遇的评论，它描述了一个面容冷厉的白人用一根长警棍按住一名挣扎的奴隶，将他压到了一桶沸腾的糖浆里。[24]

大多数宣传作品则更为严肃。布里斯托尔的贵格会教徒詹姆斯·克罗珀撰写了文章《种植园主的又一项福利：或者说公平购买之于西印度蔗糖享受的垄断地位和补贴所带来的好处》("Another Bonus to Planters: or the Advantage Shown of an Equitable Purchase of the Monopoly and Bounty on West India Sugar")，他主张应该用自由劳力生产的东印度地区的糖取代奴隶生产的西印度群岛的糖。为了吸引议员的注意，克罗珀向他们寄送了几袋由自由劳力种植和制作的糖、咖啡。

英国的西印度事务委员会成立于1775年左右，总部设在伦敦，是一个与西印度群岛的贸易紧密相关、由外居糖料种植园主和商人组成的组织，后发展成为糖业及其相关行业的强大游说团体。该委员会强烈反对废奴主义，在克罗珀表态之后，他们进行了反击。他们印刷了5000份《支持非洲贸易的证据摘要》(*An Abstract of the Evidence favourable to the Africa trade*)，将《为西印度群岛的种植园主辩护》(*A Defence of the Planters in the West Indies*)寄给了议会议员，还印制并分发了8000份描述糖奴居住的可爱小屋和花园的小册子。剧院观众欣赏了托马斯·贝拉米的短剧《仁慈的种植园主》(*The Benevolent Planters*),该剧戏剧化地展现了种植园主的同情心,他们向面临分离的奴隶提议用新的情人取代被出售的情人,然后在令人难以置信的幸福结局中,分离的奴隶重聚了。

针对更具批判性思维的读者,西印度群岛利益集团赞助了一份标题沉重的小册子《不废除奴隶贸易,或试图向每个理性的英国臣民证实,废除英国与非洲的奴隶贸易将是既不公正又不明智的措施,对我国的利益将是致命的,对其糖业殖民地将是毁灭性的,其后果对所有人都或多或少有害》。这本小册子和西印度群岛利益集团的其他大多数宣传作品的基调都是经济合理性。正如牙买加有影响力的种植园主兼代理人斯蒂芬·富勒所报告的那样,"时代的潮流与我们背道而驰,但是我仍然相信常识与我们同行。尽管与废奴主义者相比,我们是邪恶的,但这个国家的智慧和政策将保护我们"。[25] 另一个反对废奴的人认为命名是问题所在:"不要将黑人称为奴隶,要称他们为种植园主的助手,那么我们就不会听到对奴隶贸易如此激烈的抗议了。"[26]

废奴主义者最喜欢用"血即糖"这一引发愧疚的主题来对抗西印度群岛利益集团散布的经济恐慌。一本小册子题为《不要朗姆酒!不要糖!或者,流血的声音;一个黑人和一名英国绅士的半小时对话,展示了奴隶贸易的可怕本质》。另一本小册子认为,任何吃糖的人都是"罪魁祸首,一切可怕的不公正的主要原因"。[27] 其他一些废奴主义者通过使人认识到糖与奴隶的命运和呼吸(以及汗水和鲜血)有直接联系来触动读者。贵格会教徒威廉·福克斯在《向大不列颠人民发出呼吁,论述戒除西印度群岛的糖和朗姆酒的正当性》(*An Address to the People of Great Britain, on the Propriety of Abstaining from West India Sugar and Rum*）中计算出，"每消耗一磅西印度群岛的糖，就相当于吸掉了两盎司人血"。[28]

因此，"血即糖"这一说法颠覆了非洲人嗜食同类的习俗，将之归咎于吃糖的白人。它还呼应了基督教的圣餐变体论，即葡萄酒是基督之血的象征，正如诗人塞缪尔·柯勒律治在1795年的一次讲座中所大声疾呼的那样："仁慈的上帝啊！在你们用餐时，你们起身……祈祷说，求主降福赐予的食物！你们中大多数人的部分食物是用被谋杀者的血来调味的。请降福您赐予我们的食物！啊，简直是亵渎！难道上帝赐予的食物掺杂了兄弟的鲜血？这些食物浸染了自己无辜子民的鲜血，难道众人的天父会降福食人族的食物吗？"

抵制蔗糖

如果糖真的浸染了奴隶的血汗，显然没有任何一个理性的人会去食用它。废奴主义者决定抵制蔗糖，威廉·福克斯计算出，如果每个习惯于每周使用5磅糖和朗姆酒的家庭都放弃食用奴隶生产的糖，那么每21个月他们就能拯救1个非洲人免于奴役和死亡；每19年半，8个家庭就能拯救100名非洲人。伦敦的辩论协会借用了这个话题，他们在1792年1月提出："英国民众是否应该基于道德义务原则和民族性格，拒绝消费西印度群岛出产的商品，直到奴隶贸易被废除，以及采取措施废除奴隶制？"1792年2月，这些协会又提出："以下哪个是最罪恶的，是进行奴隶贸易的商人和种植园主，还是拒绝废除奴隶贸易的英国下议院，抑或是那些消费了糖和朗姆酒从而鼓励了奴隶贸易的人？"此外，还有一份"来自受苦的黑人的呼吁",旨在"唤起人们的判断力,以及女性群体的同情……劝阻他们不要再消费被无辜父亲、母亲和孩子的鲜血浸染的奢侈品"。[29] 在抵制的早期阶段,废奴主义者恰逢海地爆发革命,糖价不断上涨,因而更加坚定了自己的信念,他们促使30万英国人放弃消费西印度群岛的糖。显然,威尔伯福斯过于谨慎了。

加不加糖通常是家庭事务,由女主人做主。无论是富裕阶层还是工人阶级,都投了弃权票。莉迪娅·哈迪在给埃奎亚诺的信中谈到她所在的切舍姆村时写道:"我听说(原文如此)这里更多的人喝不加糖的茶。"[30] 弃权者来自各个教派,因为废奴主义者敦促所有基督教徒戒除糖和朗姆酒,这两种商品是奴隶在"过度劳

图38 詹姆斯·吉尔雷绘制的一幅讽刺漫画,内容是废奴主义者抵制蔗糖的运动。当父母称赞无糖茶的美味时,女儿们则闷闷不乐。

动和遭受残忍对待"的情况下生产出来的,以至于最终付出了生命的代价,而奴隶的孩童则成了孤儿。为了回应顾客的担忧和需求,杂货商和精炼商迅速找到了东印度地区的糖源,并宣布那里的糖是由"自由人的劳动生产出来的"。糖料种植园主抗议说,废奴主义运动吓跑了意欲投资西印度群岛的资本。

事实上,抵制行动对糖业造成的损害不及糖供不应求,以至于价格越来越高的事实那样严重。之后,随着法国大革命对任何带有雅各宾主义色彩的事物出现强烈反弹,废奴协会悄然决定停止推广抵制行动。尽管抵制行动未能结束奴隶制,但这是一次宣传上的胜利。它将糖与奴隶制联系在一起,并清楚地说明了个体食糖消费者在奴隶制中的共谋行为。通过承认妇女在购买、使用和供应食糖方面的力量,该协会招募女性参加废奴运动,在此之前,这项运动基本上将她们排除在外。几十年后,女性将重新发起抵制糖的运动。自第一次抵制行动以来,作为其直接结果,抵制成了一种经济武器,它已经成为追求正义的主要运动的一个标准特征。

废奴运动也引发了持续的文学创作热潮,诗人、作家、散文家和剧作家纷纷通过艺术表达了自己的情感。[31] 诗人威廉·柯珀是一名坚定的废奴主义者,他的诗歌涉及多种主题。在长诗《任务》中,他谴责了种族主义:"人类冷酷的心没有血肉,不为同类感到痛心。兄弟情谊的天然纽带如同亚麻,遇火即断。同类犯有罪过,只因肤色与己不同。就有权力施加不公,以如此相称的理由,判他有罪,视他为合法的猎物。"在《黑奴的抱怨》(*The Negro's Complaint*)中,他再次写道:"绒毛般的头发和黑色肤色,不能剥夺自然的权利;肤色或有不同,但白人和黑人心中的情感是相同的。"

柯珀还控诉了甘蔗："全能的造物主为何创造这种令我们辛苦劳作的植物？叹息轻轻吹拂过它，泪水浇灌它，我们的汗水必定滋润了这片土地。想想吧，铁石心肠的主人们，在欢乐的宴席上懒洋洋地躺着，想想有多少脊背火辣辣地疼痛，只为了你们享用甘蔗带来的甜蜜。"《可怜的非洲人》(*Pity for Poor Africans*)的叙述者为自己对糖奴的道德困惑辩解："我非常同情他们，但我必须保持沉默，因为离了糖和朗姆酒，我们又该如何生活？"

有些诗作则毫不掩饰地带有颂扬意味。1791年，安娜·利蒂希娅·巴鲍德的作品《致威廉·威尔伯福斯先生的信，关于〈废除奴隶贸易法案〉被否决》("Epistle to William Wilberforce, Esq., On the Rejection of the Bill for Abolishing the Slave Trade")将威尔伯福斯推崇为一场数百万人参与的运动的巅峰人物。在写于1807年的诗作《致托马斯·克拉克森，关于〈废除奴隶贸易法案〉最终通过的致辞》("To Thomas Clarkson. On the Final Passing of the Bill for the Abolition of the Slave Trade")中，威廉·华兹华斯向"无畏的追随者"致敬："克拉克森啊！那是一座难以攀登的山峰。多么艰难啊！不，应该是多么可怕啊！你深知这一切；也许，没有人比你更能体会……沾满鲜血的文书已永远撕毁；从此以后，你将拥有善良之人的平静、伟人的幸福。"

正如诗歌所暗示的，将克拉克森和威尔伯福斯拔高为世俗的圣徒，加强了废奴主义者对议会解决方案的关注。这对搭档非常有效。克拉克森进行调查并收集信息；威尔伯福斯将克拉克森的数据融入有力而感人的议会演讲中，并利用自己与政治家的交情来达成政治协议。

西印度群岛利益集团

在走向成功的漫漫征途中,废奴运动遭遇了诸多失败,并面临来自西印度群岛利益集团及其政治和商业盟友,以及他们有影响力的家族关系的强烈反对。西印度群岛利益集团在议会内部勤勉工作,以回应每一个废奴主义者的言论,提供反证、否定意见或辩解。他们偏爱的策略是将可怜奴隶的生活与英国可怜工人的生活进行比较。他们最有力的论点是经济上的:蔗糖创造了财富,是帝国的支柱。

西印度群岛利益集团还采取了诽谤手段来破坏对手的信誉。最恶劣的例子是他们对废奴主义者詹姆斯·拉姆齐的诋毁。他们说,拉姆齐跛行是因为他在惩罚一个犯有轻微过失的奴隶时摔倒在石头路面上导致的。种植园主莫利纽克斯在下议院作证说拉姆齐曾虐待奴隶。尽管西印度群岛的其他人反驳了这些指控,但对手仍然无情地攻击拉姆齐。当这位废奴主义者最终悲痛地死去时,莫利纽克斯对他的私生子幸灾乐祸道:"拉姆齐死了。我杀了他。"[32]

西印度群岛利益集团的另一个策略是通过将非洲人描绘成野蛮人来为奴隶制辩护。当海地爆发革命,反叛在西印度群岛蔓延时,他们宣称,干涉奴隶制将不可避免地导致这样的恐怖事件。牙买加的白人咒骂海地人是"黑皮肤的野蛮人",而在英国,威尔伯福斯感到忧心忡忡,因为"人们……对圣多明各发生的事情普遍感到恐慌"。[33]

这并没有阻止渴望英雄的英国民众崇拜海地的殉道者。华兹华斯向被法国出卖和虐待的图桑·卢维杜尔保证:"你拥有强大的盟友;你的朋友是欢欣、痛苦,以及爱,还有人类不可征服的精

图 39 《慈善的慰藉》(*Philanthropic Consolations*)。在《废除奴隶贸易法案》被否决后,詹姆斯·吉尔雷对废奴主义者威廉·威尔伯福斯和塞缪尔·霍斯利主教的野蛮描绘,这两人被刻画为堕落的浪子,他们对被奴役的黑人的爱本质上是情色的。

神。"威尔伯福斯热情地满足了自称国王的亨利·克里斯托夫对合格的英语学校和大学教师,以及当下王室子女家教的要求,并承认,"我多么希望自己还没老到……可以前往那里"。[34]

废奴主义者同情海地人对自由的渴望,但对他们的暴力手段表示遗憾。许多人不满地指出,被解放获得自由的黑人似乎对经营糖料种植园所需的辛勤工作不感兴趣。面对革命和公众的失望,废奴主义者低调行事,直到在新世纪重新振作起来。1805年,15年来的第十一个《废除奴隶贸易法案》被否决。1806年,伦敦废奴委员会要求政治候选人承诺在11月的选举中支持废除奴隶制。即使是在这个问题上记录不佳的政治家,也匆忙接受这一立场。《费利克斯·法利的布里斯托尔日记》欣喜地报告说,"受压迫的非洲种族的朋友们将会很高兴地获悉,在王国各地的选举中,民众无法容忍这种贩卖人口的交易能继续进行下去"。[35]

心怀不满的西印度和贩奴利益集团为了利益继续挣扎,但是新上台的格伦维尔勋爵的辉格党政府顺应了民众的意愿,废奴主义者查尔斯·福克斯担任外交大臣。1807年1月,《废除奴隶贸易法案》第十六次提交审议。下议院的辩论引发了对威尔伯福斯的热情赞誉,包括"3次不同且普遍的欢呼",以至于威尔伯福斯情不自禁,流下了眼泪,"完全被情感压倒了……以至于我对周围发生的一切都毫无知觉"。[36]该法案在下议院以115票对15票,在上议院以41票对20票获得通过。1807年3月25日,该法案正式成为法律。

经过数十年的抗争,在新世纪之初,奴隶贸易(而不是奴隶制)被判定为非法行径。

第 8 章

消灭怪物：奴隶制与学徒制

奴隶制依然存在

尽管奴隶贸易已被废除，但在糖料殖民地，奴隶们仍因自身没有获得解放而感到痛苦。一些奴隶策划起义，而克里奥尔白人报告说奴隶希望将他们赶尽杀绝。然而，在英国，废奴主义者既疲惫又兴奋不已，许多人相信，奴隶贸易的终结将改善现有奴隶的生存状况，最终摧毁奴隶制。无论如何，在当时的政治氛围下，如果再发动一场废奴运动，很可能会失败，而且还有太多其他事情需要去做。非洲海岸和西印度群岛需要监控走私奴隶的非法交易。美国也已废除奴隶贸易，但是法国、西班牙、葡萄牙和其他欧洲国家呢？这些国家的糖料殖民地仍然依赖奴隶，它们可能会与被迫依靠奴隶自然繁殖的英国殖民地竞争。新的废奴主义者的优先事项是推行 1807 年的法案，并向其他国家施加压力，迫使它们停止奴隶贸易。

1814 年，在《巴黎条约》允许法国再过 5 年结束奴隶贸易之后，806 份废奴请愿书收集了创纪录的 75 万个签名，一同谴责《巴黎条约》这一条款。托马斯·克拉克森私下里警告政府，如果

"令人不快的条款"仍然存在,"议会上下两院和报纸都将对你们大加挞伐"。[1] 作为回应,英国政府授权贷款和海外领地,作为激励外国结束其奴隶贸易的措施。

除了奴隶贸易,还有许多其他事情牵涉其中。1814 年,葡萄牙和西班牙虽然是主要的奴隶贸易国家,却是英国对抗法国的坚定盟友。只有通过大规模的请愿活动所表达的明确无误的民意,才说服英国官员在 1815 年维也纳会议上敦促法国、荷兰、葡萄牙和西班牙终结奴隶贸易。1817 年,西班牙同意立即停止赤道以北地区的奴隶贸易,并在 3 年后结束赤道以南地区的奴隶贸易。

同年,威尔伯福斯的《奴隶登记法案》(Slave Registration Bill)获得通过,该法案要求奴隶主登记每个奴隶。这项措施是一个有效的文书工具,可以用来检测新的从非洲进口的奴隶,并确定奴隶的死亡率。尽管西印度群岛利益集团激烈反对,但该法案还是通过了。

下一波废奴主义热潮的目标转向了奴隶制本身。1823 年,反奴隶制协会成立,随后出现了第一批女性组织的反奴隶制协会。1824 年,身体虚弱的卫理公会青年传教士约翰·史密斯被指控参与一场奴隶起义,他死于德梅拉拉的一所破败监狱,德梅拉拉本是荷属殖民地,1814 年由英国接管,约翰·史密斯的死讯重振了废奴运动。史密斯在第一次与总督见面时就引发了总督的不快,当时他坦陈了意欲教授奴隶阅读的计划。少将约翰·默里既是一名总督,也是一名种植园主,他对此非常震惊,并警告史密斯:"如果让我知晓你敢教黑人读书,我会立刻把你驱逐出殖民地。"[2]

史密斯没有被吓倒。他称奴隶们为"兄弟"。他公开发表言论反对奴隶制,并且哀叹道:"哦,奴隶制!你这个魔鬼的产物……

你何时才会消失？"[3] 他记录了糖料种植园里的罪恶：所谓的医院实际上是"停尸房"，"极其放肆的行为"，无情的鞭打，可怜的小屋，时常缺衣少食，以及"大量的朗姆酒，喝得人醉醺醺的"。他和妻子还记下了每日的鞭笞：1821年4月30日，奴隶菲利由于逃跑遭到105下鞭笞；5月1日，86下；5月2日，81下；5月3日，34下，然后又加了72下。星期天，奴隶们不顾主人的反对去参加史密斯的仪式，他们因为去教堂而不是在甘蔗地里干活，被鞭打了50下。史密斯不太明智地告诉一个种植园主："我对黑人的思想有影响，这种影响很大，我会……向他们宣讲，反抗你们所拥有的一切权威。"[4]

1823年7月，一群奴隶代表要求总督释放奴隶，因为"仁慈的国王已经下令释放他们"。总督对此大发雷霆，视史密斯为奴隶们不服从命令的罪魁祸首，并监禁了他和妻子简。史密斯在一间闷热、空气不流通的底层牢房里喘不过气来，里面弥漫着下方死水传来的恶臭。与此同时，奴隶们奋而起义了。在巴彻勒斯冒险种植园，他们打了主人一巴掌，还给他服用了药用盐，并给所有的白人都上了枷锁。在其他地方，奴隶们将白人锁起来，还嘲笑他们。这场起义并不暴烈，但在镇压过程中，有250多名奴隶被杀死。

对史密斯的审判是一场司法闹剧。控方辩称，他通过阅读《圣经》中有关先知摩西带领以色列人离开埃及，彼时以色列人是法老统治下的奴隶等章节，自证其罪。这一点说服了法庭，史密斯被判犯有煽动奴隶不满情绪，并且没有报告他们计划的暴动等罪。他被判处死刑。

约翰·史密斯并未令刽子手得手。他被病痛所折磨，死在了监狱里。报复心切的官员禁止简参加丈夫的葬礼，并拔掉了哀悼的奴隶在史密斯坟前竖立的围栏。一周后，在史密斯的死讯穿越大西洋传到英国之前，英国国王乔治四世将史密斯的死刑减为驱逐出德梅拉拉。后来，威尔伯福斯听到史密斯的死讯时曾预言："清算日终将到来。"[5]

悲伤的简·史密斯回到了英国。废奴主义者为她筹集资金，并被她悲伤的故事、史密斯的反奴隶制著作，以及伦敦传道会发表的关于他受到的荒唐审判和悲惨死亡的事迹所激励。同年4月和5月，英国议会收到了两份反奴隶制请愿书。许多废奴主义者从史密斯的生活和死亡中看到了证据，即使那些顽固的种植园主实施了改良举措，也是远远不够的。解放奴隶是唯一可能的解决办法。

废奴主义者的目标：逐步解放还是立即解放

"传教士史密斯"成了激励女性废奴主义者重新为这项事业努力的口号。在这个充满矛盾的时代，玛丽·雪莱敦促人们维护既不能投票又不能向议会请愿的女性的权利，中产阶级的女性废奴主义者则凭借自己作为家庭炉火的守护者，作为母亲和妻子，以及作为姐妹和女儿所拥有的道德权威行事。在男性同胞的敦促下，她们成立了自己的协会，筹备、印制和分发废奴主义文学作品。她们筹集资金，向政府请愿，并再次抵制奴隶生产的糖。

女性协会反映了她们自身的目标和管理风格。有影响力的"伯明翰救助英国黑人奴隶女士协会"后来更名为"伯明翰女性协会"，决定"传播关于英国人对非洲奴隶施加的不公正行为的信息，向反奴隶制协会捐款，救助被遗弃和被忽视的奴隶，并促进英国奴隶的教育"。[6] 像其他协会一样，她们会保存详细的报告、会议记录和会计账簿，将自己作为家庭主妇的技能转移到志愿者的工作中。伯明翰的女性还编辑了一本女性协会文献专辑，包括诗歌、文章、信件和其他文件。

1824 年，伊丽莎白·海里克撰写的著名宣传册《立即而非逐步废除奴隶制：或对消除西印度奴隶制最快捷、最安全和最有效手段的探讨》引起了轰动，并改变了反奴隶制的基调。威尔伯福斯的第一反应是压制这本宣传册。海里克驳斥了渐进主义，认为它是男性废奴主义者的标志，称之为"幼稚的伪善"，以及是"极其邪恶的政策"，女性倾向于认同海里克的观点。[7]

男性废奴主义者和女性废奴主义者之间的关系越发紧张。威尔伯福斯一度禁止同伴在女性会议上发言。1830 年，在海里克的敦促下，伯明翰女性协会威胁要停止向由男性成员构成的反奴隶制协会提供资助，除非他们放弃渐进主义。正如海里克所了解的，女性协会向该协会捐赠了超过 20% 的经费，因此这一威胁和不断变化的观念产生了影响。1830 年 5 月，反奴隶制协会选择立即废除奴隶制。

与男性不同，女性废奴主义者没有被神圣化，尽管伊丽莎白·海里克、安妮·奈特、露西·汤森、萨拉·韦奇伍德、玛丽·劳埃德、索菲娅·斯特奇等人都是同样杰出的废奴主义者。她们的目标往往不同于男性，她们对于立即废除奴隶制的坚持就是最显著的例证。这些女性了解团结的力量，并郑重起誓说"没有任何残酷的制度或残忍的做法能够长期经受住英国女性公开和持续的谴责"。[8] 在开辟自己的领域和合并资源的同时，她们也建立了横跨大西洋的联盟，将组织延伸到了美国的废奴主义者。

女性废奴主义者坚信通过教育、书籍、小册子、讲座和象征性物品，能劝服他人改变观念，以废除奴隶制。1828年，她们在武器库中添加了一个女性版本的韦奇伍德浮雕印章，上面的图案是一个跪着的、被锁链束缚的可怜女人，她苦苦哀求道："难道我不是一个女人、一个姊妹吗？"她们将这一形象融入手镯和发夹中，并将它印在各类物品上。例如，一个精致的废奴主义糖罐一面印有这个图案，另一面则提醒人们：

> 东印度地区的糖不是奴隶生产的。
> 每六个家庭使用东印度地区的糖，而非西印度群岛的糖，就能拯救一个奴隶。

女性废奴主义者还缝制并分发了数千个针线包，这些包上绣着韦奇伍德浮雕印章图案或座右铭，里面放有废奴主义小册子。即使是无法公开表达观点的年轻女孩和家庭主妇，也能通过将韦奇伍德的象征性印章图案融入针线作品来表达自己支持废除奴隶制的观点。

在她们运动的第二阶段，女性废奴主义者发起了一场针对奴隶生产的糖的全国性抵制运动，并通过论证称消费糖的个人是奴隶制暴行的同谋来推动这场抵制运动。她们的一份小册子解释说，通过购买糖，"我们参与了这一罪行"。海里克进一步阐述道："西印度群岛的种植园主和这个国家的民众，就像小偷和买卖赃物者一样，置身于相同的道德关系中。"[9]"我们国家的法律可能会将浸满同类鲜血的甘蔗送到我们嘴边，但是它们不能强迫我们接受这种令人厌恶的毒药……奴隶贩子、奴隶主和奴隶工头是消费者的代理人……他是这一可怕过程的始作俑者,是第一推动者。"[10] 另一位作家敦促道,"当他的茶变甜时,应该让他反思杯底的苦涩"。"让他……如实说,这块糖令可怜的奴隶呻吟了一声,奴隶挨了鞭子,鲜血淋漓,也许是被疲劳、不幸和绝望拖垮了,奴隶在痛苦中死去了!然后,让消费者尽情喝下这杯饮料吧。"[11]

正如女性废奴主义者所设想的,抵制蔗糖具有道德、意识形态和战略方面的吸引力。它将一个未知的糖奴和英国家庭主妇之间的关系个性化了。通过抵制奴隶生产的糖,家庭主妇可以发表道德声明,并利用自己的经济购买力作为武器打倒敌人。作为家庭食物的主要采购者,数百万女性可以领导对抗糖业奴隶制的战争。

海里克认为,抵制蔗糖比那些"惊慌失措"的男性废奴主义者通过书写一封封请愿书、最终立法废奴的漫长征途能更快地终结奴隶制。"单靠拒绝食用西印度群岛的糖这一举措,就能够签署西印度群岛奴隶制的死刑令。"[12]

然而,拒绝食用西印度群岛的糖这一观念还需教导和培养,女士协会知道如何做到这一点。她们在慈善探访方面经验丰富,于是开始挨家挨户出借或出售诸如《谁消费西印度群岛的糖,谁就是西印度群岛奴隶制的支持者》之类的小册子。这些小册子描述了奴隶制及其罪恶,并敦促用东印度地区的糖代替西印度群岛的糖。言辞坦率直白的《生产你食用的糖的代价是什么:一场关于英国黑人奴隶制的小屋对话》针对的是工人阶级女性。《为何用东印度地区的糖代替西印度群岛的糖》针对的则是"上层阶级"。为了防止孩子们抱怨家里的糖配给量有所减少,她们分发了1.4万册《同情黑人,或者就奴隶制问题向儿童发表讲话》。(废奴主义者写过多本小册子,无论男性还是女性。1823—1831年,仅反奴隶制协会就分发了2,802,773份小册子。)

19世纪30年代早期,女性也开始参与请愿活动,这类活动以前不允许女性参加。1833年,4名男子将一份由187,157名女性废奴主义者签名的"巨大的羽绒被式的请愿书"拖入了议会。[13]所有的签名仅在10天内就收集完毕,这反映了女性组织收集签名的娴熟程度。男性起草了请愿书,印刷了一些,准备张贴在城镇周围做宣传;支持者随后签名,组织者收集并整理了所有副本。然而,女性组织了挨家挨户的闪电式行动,指派志愿者在特定社区分发请愿书。这确保了请愿书不被撕掉或偷走,拥有众多签名的请愿书由此产生了,这些签名占了废奴主义者签名总数的四分之一到三分之一。

女性废奴主义者特别关注女奴面临的独特问题,那些女奴被剥夺了"作为女儿、妻子和母亲的正当地位"。她们提醒维多利亚女王,女奴因为犯了一些微不足道的错误就遭受鞭打,脖子上戴上铁项圈被拴在一起,并被迫踩在踏车上接受惩罚。通过精心制作和得到大规模支持的请愿书,女性废奴主义者在与糖业奴隶制,特别是与女奴有关的问题上形成了一种女性特有的公开立场。

由于缺失必要的常识,女性废奴主义者认为,女奴与她们共享关于婚姻、婚姻忠诚、端庄行为、育儿和宗教实践方面的英国理念,这种失误并不常见且出人意料。她们将女奴描绘成温顺、屈辱的受害者,对白人姐妹的干预心存感激。她们从来不会像萨莉那样在厨房滤网里排便来报复托马斯·西斯尔伍德,也不会像那些在马修·刘易斯的牙买加种植园里罢工的女奴那样。

在被奴役女性的理想化形象中,玛丽·普林斯是个例外,她是安提瓜的一个女奴，她在1831年发表的《历史》(History)是唯一关于英属西印度殖民地妇女的奴隶作品。玛丽的背部布有"棋盘式的严重鞭打痕迹和……被一些最无情的人用凶器割出的深长伤口"，《历史》强烈控诉了奴隶制，以至于玛丽的废奴主义文书助手并没有压制她关于自己与白人和黑人情人之间复杂关系的叙述。[14]

解　放

在群情沸腾的西印度群岛，那些无法忍受等待废除奴隶制的糖奴发动了起义，有时甚至还杀死了他们的白人主人。1831年圣诞节期间，牙买加就发生了这样的事件。糖奴最初的计划是罢工。但后来罢工升级为起义，2万名奴隶摧毁并焚烧了种植园和甘蔗田，造成100多万英镑的财产损失和数名白人伤亡。

这场起义被镇压，付出的代价是高昂的，共花费161,570英镑，并有200名奴隶死亡。剩余的奴隶在得到口是心非的自由承诺后放下了武器，结果却有540名奴隶被绞死。种植园主和与他们结盟的官员恶毒地将矛头指向传教士，他们认为正是那些传教士煽动奴隶爆发了反叛。2名浸信会传教士逃到英国，在英国发起了反对奴隶制的运动。托马斯·伯切尔描述了一群"愤怒的"白人暴徒"对我发出嘘声，并且咬牙切齿……要不是有牙买加的有色人种（当地人）保护我，我早就被同胞野蛮地杀死了，是的，被那些所谓的开明、可敬的英国基督徒撕成碎片"！[15] 威廉·尼布回忆道："我在威斯特摩兰的麦克尔斯菲尔德庄园里看到一个奴隶婴儿被鞭打，他发出的哭声……鲜血顺着凯瑟琳·威廉姆斯的背往下流……她宁愿选择地牢，也不愿放弃自己的尊严……国王谷威廉·布莱克背部撕裂的伤口，一个月后都还没完全愈合。"[16]

在英国，1831年的圣诞节起义使人们更加意识到，除解放奴隶之外的任何措施都是徒劳的。正如起义领袖塞缪尔·夏普所言，"我宁愿死在那边的绞刑架上，也不愿在奴隶制下多活一分钟"。一项调查显示，起义领袖是受信任和享有一些特权的奴隶，他们渴望自由和主人的财产。奴隶制还在垂死挣扎，议会关于废除奴隶制的辩论则没完没了，这些都助长了反叛的爆发。正如一个牙买加人所说，"奴隶……知道自己的力量，并将坚持自己对于自由的主张。即使在此刻，他们也不受近来起义失败的影响，毫不畏惧，仍然以坚定不移的决心讨论这个问题"。[17]

1833年7月28日，英国通过了《解放奴隶法案》（The Emancipation Act），该法案将于1834年8月1日生效，但只解放6岁以下的儿童，并规定家庭佣工和非田间工人给前主人充当"学徒"，学徒期是4年，而种植园工人的期限是6年。该法案的起草者认为，"学徒制"意味着奴隶要学习如何自由生活，并理解自由意味着为报酬而努力工作、遵守法律、信奉基督教理想，比如受到教会祝福的稳定婚姻。

学徒制的概念旨在同时安抚惊慌失措的种植园主和渐进主义废奴者。种植园主担心，一旦获得选择权，解放的奴隶会拒绝在种植园工作；废奴主义者则认为，公平的条件、强有力的立法和关于劳动内在价值的道德劝诫会阻止这种情况的发生。该法案规定每周工作41.5小时，并提供奴隶时期的报酬，即食物、衣服、住房和医疗。田间学徒每年有26天的自由时间，可用于照料自己的作物或者向主人提供有偿劳动。其他日子则被指定用于他们的

图40　1831年，奴隶出身的浸礼会传教士塞缪尔·夏普敦促奴隶们在圣诞节后拒绝回到甘蔗地里。他原本计划的是和平抗议，结果演变成了牙买加最大的一场奴隶起义，造成数百人死亡，其中包括14名白人。1832年，就在他因参与反叛而被绞死之前，夏普说："我宁愿死在那边的绞刑架上，也不愿在奴隶制下多活一分钟。"1975年，夏普正式成为牙买加的民族英雄，50牙买加元的纸币上印有他的头像。

园子。在甘蔗收割季所需的必不可少的额外工作将会提供报酬。为了确保学徒和种植园主双方都能遵守该法案，英国政府支付费用并培训了专门的治安法官去监督新体系的落实。(由于没有足够的外派专门治安法官，当地人也被招募进去担任此职务。)

《解放奴隶法案》解决了棘手的补偿问题，它拨出2000万英镑，用于在学徒期结束后支付种植园主的索赔。补偿被视为一种道德义务，有其政治必要性，但英国纳税人对种植园主再次从公共资金中获益感到愤怒，这一次是通过补偿，而非通过优惠糖税来人为保持糖价高企。工人们怨声载道，因为他们觉得远方的奴隶备受宠爱，而英国小孩则被迫充当烟囱清扫工的学徒，挨打受饿。许多废奴主义者强烈反对补偿奴隶主，而不是前奴隶。

补偿是废奴运动进程中一个非常重要但被忽视的方面。西印度群岛利益集团承认，尽管他们会一直努力奋斗到最后，但仍然没有一个政府能顶住废奴主义者要求解放黑奴的压力。在《解放经济学：牙买加和巴巴多斯，1823—1843年》(The Economics of Emancipation: Jamaica and Barbados, 1823–1843)一书中，历史学家凯瑟琳·巴特勒记录了补偿协议的细节。糖料种植园主负债累累，他们及其债权人，即西印度群岛利益集团都担心解放奴隶会摧毁糖业和与之密切相关的金融体系。西印度群岛利益集团还警告说，如果不给予补偿就废除奴隶制，他们将停止发放信贷、兑现汇票，不再运送必需品。换句话来说，"西印度群岛利益集团威胁要摧毁殖民地经济并推翻政府"。[18]

辉格党内阁被逼无奈，通过谈判达成了一项解决方案，其中包括对所有奴隶进行补偿，甚至包括逃跑的奴隶，并迫使大多数奴隶与前主人达成一种未解放状态的劳动协议。学徒制是一种过渡性安排，旨在帮助种植园主发展有偿劳动制度。在西印度群岛利益集团的推动下，谈判不存在补偿奴隶而非其主人，或者同时补偿奴隶及其主人的问题。每个殖民地奴隶的补偿金将基于过去八年的平均价格。索赔必须在英国提出，这使商人和债权人有办法确保所有未偿还的债务都得到偿还，并影响补偿金的投资方式。

解放的赢家和输家

解放带来了许多赢家，主要是废奴主义者和西印度群岛利益集团。废奴主义者发起了这场运动，这一运动至今仍是改革运动的典范，尤其是动物权利运动，它成功地采纳了他们的许多策略。威尔伯福斯在《解放奴隶法案》通过两天后去世，他和克拉克森被誉为英雄，前者由于谨慎但坚定的废奴理念成就了一生的传奇，后者因为不懈的研究、强有力的著作和对这一事业的坚持而受到赞誉。他们还教导年轻人政治、外交和妥协的艺术。其中一位受到影响的新领导人是约瑟夫·斯特奇，这位具有国际视野的贵格会教徒是从19世纪30年代中期开始领导这一运动。

女性废奴主义者也从这场解放运动中获得了收益，包括约一万名活动家，还有数以千计的人签署请愿书、缝制工作包、参加会议和讲座，以及数十万抵制西印度群岛的糖的女性。她们取得的成就是巨大的。她们将奴隶制的概念个性化，使得英国女性在糖块中看到了奴隶遭受的痛苦，并通过抵制活动提出抗议。女性废奴主义者将道德责任放在了为家人采购餐食的女性身上，用"英雄主义的调子奏响了消费主义意识形态"。[19]抵制活动对食糖进口几乎没有产生什么影响，但它是非常有影响力的宣传。

解放也标志着女性废奴主义运动进入了一个成熟的重要阶段。女性废奴主义者的成功帮助其他女性挑战了男性对更广泛社会的专属管理权威，并培养了女性主义意识。当女性开始争取更多权利时，她们从废奴运动中获得灵感和经验。女性废奴主义者和诸如斯特奇这样的男性，也将目光从糖业奴隶制扩展到了各地的奴隶制，他们的运动也鼓舞了远在美国、志同道合的男性和女性。

糖业利益集团是补偿性奴隶解放运动的一大赢家。拥有糖料种植园和商业关系的成员获得了很大收益。查尔斯·平尼获得了3.6万英镑，价值相当于今天的400万加拿大元。埃克塞特主教亨利·菲尔波茨及其合作伙伴因为牙买加的 665 名奴隶被解放，获得了 12,729 英镑。可以预见的是，这些非常住的糖业所有者很少或根本就没有将补偿金回投到他们在西印度群岛的资产。查尔斯·平尼就是典型的例子。他将补偿金投资了英国的项目，比如运河和铁路，以及另一家以奴隶为基础劳力的企业——大西部棉花厂。英国当地的工商业从中获得了收益。房地产市场也是如此，因为索赔人给自己买了新房。西印度群岛利益集团也取得了不俗的成绩，他们首先要求将补偿发放给绝望、负债累累的西印度群岛种植园主。正如《巴巴多斯报》(*The Barbadian*)愤怒的抱怨那样，"这笔'巨额资金'只有很小的一部分到达了西印度群岛的殖民地，大部分是付给抵押权人的，即英格兰银行所在地针线街的小圈子"。凯瑟琳·巴特勒观察到，这正是英国政府"在将解放计划提交给议会之前，冷笑着将计划先提交给西印度群岛利益集团"时预见的结果。[20]

尽管有许多种植园主获得了补偿金，但这场解放运动对于他们来说仍是一次巨大打击，他们被迫变卖自己的产业。但这为新的所有者提供了机会，使种植园主阶层焕发了新的活力。一些小业主利用补偿金扩大了资产或用于投机。有见地的庄园管理者则收购了有潜力的种植园。补偿金产生了意想不到的效果，提高了土地价值，刺激了土地销售。这也导致了很多白人女性利用微薄的补偿金进入种植园主阶层或者向种植园主提供信贷，她们通常主要拥有家内奴隶。在经历了数十年的金融干旱期之后，西印度群岛迎来了新一轮的投资热潮。在废除奴隶制后的一二十年里，得益于慷慨的补偿款，与种植园主的末日预言相反，解放奴隶并没有摧毁制糖业。

这场解放运动对渴望自由的奴隶来说无疑带来了巨大而苦涩的失望。在特立尼达，当总督试图解释学徒制的本质时，一群前奴隶喊道："老无赖！"他们抗议说："没有 6 年，我们不想要 6 年，我们是自由的，国王给了我们自由！"[21] 在德梅拉拉，愤怒的学徒停止了劳作。种植园主罕见地团结一致，宰杀了工人的猪，并砍倒了他们的果树，希望通过切断补给迫使他们留在种植园。很快，700 名学徒开始罢工。军方介入，罢工领袖被绞死，罢工者回到了甘蔗地里。用埃里克·威廉斯的话来说，学徒制是"黑人奴隶制……以一种改良形式持续下去"。[22]

安提瓜岛人满为患，且种植园众多，因而完全跳过了学徒期。那里的种植园主这样做并非出于慈善心理。残酷而富足的种植园主塞缪尔·奥托·贝耶尔简要地说："我一直在计算解放奴隶可能会带来的结果，毫无疑问，我已经确定，利用自由劳力耕种种植园比奴隶劳力至少节省三分之一的成本。"[23] 供养年老、体弱和年幼的奴隶要花钱，解放奴隶使种植园主摆脱了这一义务。他们将支付工资：大组劳力每天 1 先令，其他工作的报酬是 9 便士，并提供住房、供应地和医疗服务。劳资双方需要签订有约束力的劳动合同，如果工人一方违反了合同，将受到严厉的惩罚（例如，旷工两天将受罚一周的苦役），但如果种植园主一方违反了合同，则只需受到轻微的罚款（最多 5 英镑）。此外，政府还起草了严格的流浪罪法案，迫使工人留在糖料种植园。

种植园主通常会以一种充满恶意的态度来管理学徒制度，完全不顾其精神。他们狡猾地将家内奴隶登记为田间奴隶，从而将他们的学徒期延长到 6 年，并获得了新的田间劳力。他们无情地拒绝了那些提出星期五挪出半天时间照管自己供应地要求的工人，并将那些胆敢提要求的工人交给专门的治安法官,这些法官通常会判处工人遭受踏车刑罚。他们故意阻止住在不同种植园的伴侣之间的探访。他们继续"习惯性地放纵自己的激情",频繁性侵女学徒,一些黑人工头也这样做。和从前一样,男学徒无法保护女学徒,她们仍然是任何有权势男人的猎物。学徒制变成了新的奴隶制,成为废奴主义者的新焦点。

牙买加学徒詹姆斯·威廉姆斯的《事件的叙述》(*A Narrative of Events*)一书提供了有力的宣传。他所遭受的痛苦——被鞭打和监禁在狭小、潮湿、空气不流通、老鼠和虱虫横行的地牢里,几乎饿死在里面,与其同胞,即那些奴隶相比,显得微不足道。威廉姆斯曾目睹年迈的非洲看守亨利·詹姆斯由于允许牲畜在未设围栏的玉米田里游荡而被残忍殴打,以至于"倒地死去,地上到处都是他吐出来的鲜血"。[24]

然而,威廉姆斯关于女学徒困境的证词粉碎了废奴主义者对学徒制怀有的任何剩余的自满之情。一方面,女性仍然遭受体罚。踏车最初在英国监狱中使用,后来被引入西印度群岛,作为惩罚女性却又不暴露她们裸体的一种专门手段,鞭笞则容易暴露其裸体。踏车是一种附带台阶的巨大木制圆柱装置;受害者的双手被绑住,他们在空中摇摆,随着圆柱的转动不得不"跳着舞步",以避免刮伤或摔断胫骨和腿。

威廉姆斯的《事件的叙述》揭露了这种所谓的改善的现实。保持端庄是不可能的,"在磨坊跳舞时,女人们不得不系好衣服,避免在踏车时踩到;她们必须将衣服绑结起来,长度只能够到膝盖,不得不露出一半身躯"。一名工头鞭打两名年轻女性,直到撕碎她们的衣服,然后他夸口说"看到了她们的裸体"。

鞭笞既不放过孕妇、哺乳期女性,也不放过老年女性。一个"处于孕晚期的女子"恳求监工给予宽恕,但是"他说,不是他派她去那里的,他必须履行职责"。有女子提出抗议,"主人,我不是一个人,我还怀有孩子",监工则以更严厉的鞭刑回应她。"这名监工说他不在乎,又不是自己导致她怀孕的。"英国访客证实了威廉姆斯关于鞭打的描述,证明踏车下方的地板上都是血迹。当受到严厉惩罚的女性流产时,种植园主无动于衷,因为所有在1834年8月以后出生的孩子都是自由的,所以上述流产惨剧并不意味着他们失去了一个小奴隶。尽管学徒制将惩罚的权力从种植园主转移到了专门的治安法官手里,但是学徒,无论男女,受到的惩罚和奴隶时期一样严厉。他们被铁链锁在一起,遭受鞭打,被关在济贫院、教养院或种植园的地牢里,并被判处在糖料种植园里服苦役,比如挖掘甘蔗坑。他们还被罚款,分配到的口粮和供应地时间也减少了。种植园主或监工公然藐视法律,对学徒施以"严重违法的惩罚……例如监禁在种植园的地牢里"。[25] 1837年,废奴主义领袖约瑟夫·斯特奇花费了一年时间在西印度群岛调查学徒的工作条件,并将威廉姆斯带回英国,支持他出版《事件的叙述》,约瑟夫在一份长篇报告中证实,"从最残暴、最令人憎恶的方面来看",学徒制不过是奴隶制的另一个名称。[26]

种植园主不仅享受报复的快感,还试图令女性的生活变得极其悲惨,迫使她们将自己年幼的孩子交给"猪肉组"做学徒,并同意在甘蔗地里多工作几个小时。种植园主担忧,6年后普遍解放到来时,女性会抛弃种植园,成为家庭主妇,拒绝在甘蔗地里工作。这种担忧是合理的,特别是由于传教士和废奴主义者正极力倡导这样一种生活方式,将之视为文明和基督教的体现。由于预见到即将破产，种植园主试图从学徒身上榨取最后一丝价值，在此过程中还不断骚扰他们。

威廉姆斯描述了一个典型的案例。牙买加种植园主西尼尔先生指控他所憎恶的田间女工阿梅莉亚·劳伦斯爱出风头，因为她总是在第一排工作，她是4个孩子的母亲，她的兄弟是那里的工头。阿梅莉亚的反驳是"主人应该很高兴看到学徒在第一排工作，并且做得很好"，她被判处在救济院和踏车上工作一周。那一周非常难熬，因为阿梅莉亚不得不将4个孩子交给其他人照顾。由于与一名负责处理种植园事务的治安法官发生争执而被草率定罪，南希·韦布被判处在远离丈夫贾维斯和7个孩子的救济院里服刑一周。[27] 在各地的种植园里，监工们都在折磨甘蔗地里的学徒母亲。根据改善法案，拥有6个以上孩子的母亲可以免除田间劳动，但他们强迫那些人回到甘蔗地里。威廉姆斯描述了哺乳期母亲受

图 41 两个精疲力竭的奴隶被迫戴上枷锁，姿势十分痛苦，这是一种常见的惩罚。其中一个奴隶试图睡觉。

到的无情对待:"那些母亲只能将还需吃奶的年幼孩子绑在背上。下大雨时,她们不得不继续背着孩子劳作……哪怕孩子哭得再厉害,监工们也根本不允许她们给孩子喂奶,他说孩子们是自由的,法律不允许他们花时间照顾孩子。只有监工大发慈悲,才会让那些母亲给孩子喂奶。"

在牙买加,由于不得不带上孩子和雨后道路泥泞不堪,一群哺乳期母亲上工迟到了。作为惩罚,她们失去了6个星期六,她们抗议说,没有星期六,她们无法生存。供应地在6英里开外;她们不再获准拥有周五的半天时间;加上咸鱼吃完了,也不再能收到糖或面粉带给孩子们。由于这场争论,一个专门的治安法官维持6个星期六的判决,并且增加了3天在救济院的劳动。[28]

当种植园主试图威吓那些在田间劳作的母亲,以便命令她们的孩子去照看牲畜、收集草料和做其他杂务时,她们抗议得更加激烈了。种植园主拒绝为她们的孩子提供食物和医疗护理,有些甚至不给她们提供食物。当她们怀孕或哺乳时,种植园主非但拒绝按照法律规定允许她们产后休养一段时间再劳作,以及母乳喂养的时间,还强迫她们弥补因照顾生病或哺乳的孩子损失的时间。与此同时,许多种植园主关闭了"保育院",并将年长的保姆派到甘蔗地里干活。

母亲们没有屈服。她们希望自己的孩子保持自由,学习一门好手艺,过上更好的生活。有时,她们为保护自己的孩子而进行的斗争却带来了悲惨的后果。在圣文森特,一场流行的麻疹疫情夺走了许多孩子的生命。这些孩子的母亲担心种植园主可能会要求接受治疗的孩子用劳动来抵偿治疗费用,因此没有让他们接受治疗。在其他情况下,母亲们和另外几个父亲与种植园主协商,同意额外工作几天来支付孩子们的医疗费用，如果他们有一个孩子，就工作6天，如果有更多孩子，就工作9天。圣文森特的专门治安法官罗伯特·皮特曼报告说："他们……极力维护不受约束的后代，顽强地坚持他们表达自由意愿的权利。"在那里，种植园主只成功使3个孩子成为学徒，他们都是酒鬼的孩子。[29]

甘蔗地和营舍成为学徒和种植园主之间斗争的场所。女性了解新的法律，并要求雇主和监督的管理人遵守其规定。她们喊道"6点到6点"（早上6点到晚上6点），并拒绝延长工作时间。她们愿意为反对不公平待遇而罢工，并向距离最近的专门治安法官提出控诉，反对压迫者。明智的是，她们强调自己作为母亲的身份，知道这一点会引起英国废奴主义者的共鸣。韦奇伍德印章里的那名女奴隶十分温顺，她跪地乞问，自己是不是一个女人和姊妹，不同于那名女奴，这些女人愤怒地表达了自己的不满，并向有关法律部门寻求帮助。专门的治安法官一宗接一宗地列出涉及孕妇、哺乳期女性、照顾生病孩子的女性、有6个或更多孩子的母亲，以及受到此时已被禁止的鞭笞惩罚的女性的案件。

废奴主义者原本认为，不习惯自由和努力工作的前奴隶需要接受一段训练期，这段时间可以实行学徒制，但面对赤裸裸的现实，这种设想很快就瓦解了，学徒制只是奴隶制的修订版本，并且在种植园主阶层生发了一种末日般轻率而不顾后果的情绪。在英国，废奴主义者发起了立即终止学徒制的运动。在西印度群岛，甚至比它预定结束的时间早两年，殖民地立法机构自愿废除了学徒制。1838年8月1日，奴隶制又名学徒制，被真正废除了。

在西印度群岛和英国，人们都为这一刻而欢欣鼓舞。在牙买

图 42　1838 年 8 月 1 日，亚历山大·里平吉尔绘制的《西印度群岛立即解放奴隶》充满了象征意义。画中，一个衣衫褴褛的前奴隶站在一根鞭子上，在一棵贴着解放消息的棕榈树下欢庆解放。他旁边有两个男人正埋葬脚镣，一个女人则将自己刚获得自由的孩子举起来。

加,自由和刚获得自由的人团团围绕一口刻有"殖民地奴隶制,1838年7月31日去世,276岁"字样的棺材。在午夜钟声敲响时,传教士威廉·尼布喊道:"怪物死了!黑人自由了!为女王欢呼三声!"[30] 接着,棺材、链条、手铐和铁项圈被埋到土里,人们在它们上方种了一棵自由之树。

在尼布任职的教堂里,黑人执事利用这个机会表达了对福音的感激之情,其中一个人说道:"福音给我们带来了自由。"他们将关注糖业奴隶制留下的遗产。执事爱德华·巴雷特即使不是诗人伊丽莎白·巴雷特·布朗宁的合法亲属的话,也是她的血亲,他提醒人们,奴隶制是如何通过买卖奴隶和强迫男人鞭打妻子来拆散家庭的。威廉·克尔对欢呼的人群说:"让我们记住,从日出到晚上8点,我们一直都在糖料种植园里劳作,无论是大雨倾盆还是太阳酷烈,我们都在田里……我们挨鞭子,我们的妻子当着我们的面像狗一样挨打,如果我们敢说话,也会挨打,他们给我们戴上镣铐,但感谢天父,我们不再是奴隶了。"[31]

自由

种植园主阶层则觉得没有什么值得感谢上帝的。相反,他们清点了一下自己的敌人,并诅咒他们:煽动奴隶起义的传教士,东印度地区的糖商和贸易商,甜菜种植者及其拥护者,贪婪的伦敦商人,牵涉其中的殖民地官员,对保护性糖税突然持敌对态度的自私的制造商,抵制西印度群岛蔗糖的英国消费者,自以为是的废奴主义者,以及来自蓄奴地区的制糖商,特别是古巴和巴西的竞争。此外,关于解放奴隶一事,种植园主最害怕的噩梦是：傲慢而难以管控的夸希巴和狡猾而极其懒惰的伙伴夸希现在获得了自由，他们会像废奴主义者承诺的那样继续在甘蔗地里劳作吗？

如果蔗糖想要继续保持王者地位，或者至少是王者地位的争夺者，那么甘蔗这种作物就得有人照料。在安提瓜和其他少有闲置土地且大量种植的殖民地，自由黑人除糖料种植园主提供的低薪资工作之外，别无其他选择。在其他有更多富余土地的殖民地，很少有黑人会做如此选择，因为它们的工资和条件比他们在奴隶制时期所忍受的也就稍好一点。为了强迫黑人进入田地，种植园主借助将劳动力和住房联系起来的合同敲诈他们。为了留在已经居住多年并经常维护的房子里，以及收获清理出来并种植了作物的供应地，获得了自由的男男女女只得在种植园工作。

更糟糕的是，他们必须支付按人头而非按户计算的租金，如果租户缺勤田间劳动，还要支付相应的租金罚款。只有10岁以下的儿童才能被豁免田间劳动。租金会从工人的周薪中扣除，这迫使工人像以往一样依赖种植园主。租金对女性来说是双重打击，因为她们被阻止学习和从事技术性工作，因而挣得的工资最低。那些拒绝回到令人憎恶的甘蔗地里、靠打理园子和叫卖小商品谋生的女性处境更加艰难。种植园主不再用鞭子抽打奴隶，而是大肆挥舞以住房和供应地之名制成的大棒。

在许多地方，传教士介入其中，建议工人不要签署种植园主提供的合同，黑人传教士还组织劳工罢工。对此，种植园主进行了激烈的报复。他们发出了驱逐令，并无情地执行了这些命令。他们毁坏长满庄稼的供应地，还杀死了被解放奴隶的牲畜。牧师威廉·尼布报告说，在牙买加，肖菲尔德种植园的主人拆毁了雷西·肖的房子，雷西·肖是一名年老的浸信会教徒，不再具备劳动能力，因而"被赶到了马路上，居无定所"。一位专门的治安法官写道，房租问题"就像达摩克利斯之剑，悬在牙买加岛上空"。[32]

其他种植园主采取了不同的方法，试图创造出没有土地的劳动力。他们也将劳动力和住房挂钩，并将工人免费安置在以前的奴隶营舍区。留下来的工人出于种植园主的意愿这样做了，他们可能会因为各种原因而被驱逐，比如工作纠纷、疾病或残疾，或与浸信会等受种植园主憎恶的基督教教会有联系。还有一种经常发生的情况是，女性拒绝去工作，或者父母一方将孩子留在家里或送他们去学校，而不是去工作。

种植园主的这种迫害粉碎了许多黑人自由生活的梦想。与此同时，这也促使其他获得自由的人利用在学徒期间挣得的钱购买或至少租赁自己的土地。他们之中最穷困的那部分人甚至干脆非法占用一些土地。随着蔗糖产量的急剧下降，那些无法或不愿意适应新劳动力的种植园主只能宣布破产或放弃自己的种植园，而渴求土地的黑人则急切地购买从这些大地块中分割出来的小地块。尼布宣称："如果能多一些糖料种植园被抛弃，那么这就更好了，这将最终成就牙买加。蔗糖是甜的，但自由的味道更加甜蜜。"[33]

传教士们秘密合作，共同对抗那些拒绝卖给黑人土地的种植园主，他们将自己包装成买家，然后将买来的土地转售给自己教区的居民。获得自由的男性往往继续在糖料种植园工作，挣得工资，收获供应地的作物。自由女性则不太可能回到甘蔗地里。她们在自己的土地上生活和工作，从事农业，有时也售卖一些小商品，同时抚养孩子和操持家务。她们还成立了西印度群岛的黑人基督教宗教派别，满足了自身崇拜和领导的愿望。大多数黑人女性拒绝按照废奴主义者自信地赋予她们的女性家庭形象重塑自己。她们对于纯粹的家庭生活没有表现出多少热情，白人女性已在努力摆脱这种生活，黑人女性也不愿意从依赖白人男性转变为依赖黑人男性。

传教士们鼓励黑人尽快获得土地所有权，他们坚信，这对于恢复黑人男性的独立身份、安全感和责任感是很有必要的，这些都是奴隶制从黑人男性身上偷走的。之后，黑人男性可以重新塑造自己与那些他们无法保护、被迫遭受鞭打的女性的关系。

许多传教士建立了自由的"黑人村庄"，那些无法获得土地的人涌入了这些村庄。严格来说，他们并不是真正自由的：传教士团体或教会以较低的利率资助他们，或者根本没有利率，但大多数地块的设计目的是帮助黑人安家而非谋生。这种设想是，男性村民会在种植园工作，晚上回到他们自己的基督教家庭，拥有依

图43 两名年老女性，其中一名咬着玉米秆烟斗，她们都穿着破旧的衣服，在甘蔗地里快活地摆着姿势。被解放几十年后，她们仍在甘蔗地里劳作。

赖自己的妻子和听话的孩子。尼布代表大多数传教士，将自由村庄里的村民描述为"高贵的自由农民的初级阶段"，他认为自由的衡量标准不应是蔗糖的产量，"而是农舍舒适的家、妻子在辛劳之余得到的适当放松、接受教育的孩子，以及现在令我所爱的人内心充盈欢乐与和平的一切"。³⁴

短短10年内，在牙买加和其他较大的殖民地，三分之二的制糖工人已离开先前劳作的种植园；在更拥挤的岛屿上，虽然这样的人数较少，但仍然十分引人注目。新社区借鉴了来自非洲、中央航路和奴隶制的传统，凝聚了在压迫中孕育和在希望中滋养出的梦想，以及在破碎社会中生活的现实。结婚的人越来越多。去往教堂的人也越来越多，传教士在争取自由的斗争中证明了自己的价值。家庭和教堂取代了糖料种植园主及其权威，而新兴的文化尽管受到糖业遗产的影响，却是非洲-克里奥尔式的。

随着劳动力的大量流失，西印度群岛的糖业陷入了困境。无法吸引足够工人的种植园主只好将目光投向别处，例如背风群岛。那里黑人可获得的土地很少，当地的种植园主能够以令人惊讶的微薄工资吸引来劳动力：在提供住房、园子和医疗护理的情况下，安提瓜岛的薪资是9便士；在提供住房和园子的情况下，蒙特塞拉特岛是4便士；而尼维斯岛只提供部分农产品。在面积更大、更富裕的岛上，种植园主会提供更多工资——2先令，糖业工人愿意忍受熟悉的痛苦来换取外部的机会，开始新的生活。

涌入牙买加、特立尼达和英属圭亚那的甘蔗工人数量不多，不足以取代大量外流的前甘蔗工人，那些人现已成为小农场主、小贩、商人和小店主，或者在少数情况下成为拥有自己雇员的土地所有者。绝望的种植园主尝试了各种措施来弥补劳动力的不足，用犁和耙代替原先简陋的锄头,试验不同品种的甘蔗和更好的肥料。但这些举措远远不够。他们登广告招聘外籍甘蔗工,成船的人到来了,先是一部分来自法国、英国和德国的工人,后来又有大量来自中国、马德拉、印度和非洲的工人涌入。不到几十年,蔗糖业就呈现出全新的面貌。在现已独立的圭亚那,其国歌《亲爱的圭亚那土地》("Dear Land of Guyana")还慨然颂扬甘蔗:"血脉各异……我们生活在六个民族的土地上,团结自由的圭亚那。"

糖料种植园主的困境进一步证明了,英国的糖业不再与奴隶制同义。但是古巴、巴西、法国的糖,以及美国路易斯安那州的糖和其他诸如烟草、正推动英国工业发展的棉花等商品,都是由奴隶生产的。废奴主义者有新的领域要征服。在这场新的竞争中,男性更不愿意参与了,部分原因是他们以前的政治、议会策略和专业知识在处理外国奴隶制问题上用处不大。然而,女性心甘情愿地接过接力棒,开始主导这场运动。

废奴运动跨越大西洋,超越了政治界限,愈发注重这一事业的道德层面。贵格会废奴主义者与大洋彼岸志同道合的男性和女性通信的传统有助于这一进程。乔赛亚·韦奇伍德向本杰明·富兰克林赠送了反奴隶制的浮雕印章,后者预言"它们可以产生能媲美撰写得最出色的小册子的影响"。利物浦女性反奴隶制协会向费城、巴尔的摩和纽约的废奴主义者发放了工作包和小册子。和在英国一样,装饰有韦奇伍德设计图案的物品在美国被自豪地展示和珍藏。1836年,费城女性协会重新发行了伊丽莎白·海里克的《立即而非逐步废除奴隶制:或对消除西印度奴隶制最快捷、最安全和最有效手段的探讨》,就像在英国一样,这本小册子大受美国女性废奴主义者的欢迎。1837年,当美国女性召开第一次全国性的反奴隶制大会时,她们感谢英国女性的帮助和支持。在英国取得成功的策略在美国也被采纳,它们呈现出同样的性别差异。尽管美国独立战争带来的痛苦、伤亡和艰辛刚过去不到30年,但反奴隶制的共同事业消除了以往的敌意,仿佛它们从未存在过。

第9章

古巴和路易斯安那：北美的糖

古巴蔗糖业崛起

虽然战胜了奴隶生产的糖，但这样的胜利是十分短暂的，英国人仍然吃着奴隶种植的大米，穿着奴隶种植而生产出来的棉布，抽着奴隶种植的烟草。他们甚至进口外国奴隶生产的糖，提炼后再出口到欧洲大陆。在1845年的一次议会辩论中，废奴主义者扎卡里·麦考利的儿子托马斯·巴宾顿·麦考利讽刺了这种蔗糖政策的虚伪："我们进口这种被诅咒的糖，使它产生其他联系；运用我们的技术和机器，使它的外表更吸引人，口感更美味……将它们卖到意大利和德国的所有咖啡馆；从这一切获利；然后摆出一副伪善的样子，感谢上帝，我们不像那些罪恶的意大利人和德国人，他们毫无顾忌地吞食奴隶生产的蔗糖。"[1]但是禁止这种进口将会削弱英国的精炼糖厂，因此奴隶生产的糖继续涌入英国。

解放后几年正处于政治和民众改革的时代，英国政府提倡自由贸易，认为这是向消费者提供更低廉、更公平价格的最佳途径，尤其是像糖这样的必需品。英国政府不再设立保护西印度群岛蔗糖的特惠关税，因而生产商之间的竞争会降低糖价。西印度群岛利益集团的游说团体（可预见地）预言会发生经济灾难，但是英国政府不再将糖料殖民地视为宗主国经济的基本要素，对此无动于衷。1846年，英国政府改革了糖税，由奴隶生产的蔗糖能以更便宜的价格进入英国市场。

到1845年，古巴的蓄奴种植园主已经向英国出口了2200万磅蔗糖，占古巴糖产量的一半，这些种植园主听说此消息，纷纷庆祝。一名访客报告说，哈瓦那由于来自英国的高糖价消息而"被照亮"。新的糖料种植园正在开辟之中。糖料种植园主接管了咖啡庄园，"由老年人和儿童构成的弱小班组正在组建任务团队，并按月出租给新的糖料种植园"。[2] 拥有300多万奴隶的古巴已经成为加勒比地区最成功的蔗糖生产地。

古巴也供应了美国不断增长的市场需求，这一市场是由雄心勃勃的糖果制造商推动的，他们利用新技术为工人阶级、儿童和富人制作诱人的糖果。路易斯安那州的甘蔗田已无法满足美国人日益增长的需求。直到19世纪末，古巴一直是美国主要的蔗糖供应地。

在长达250年的时间里，甘蔗在古巴一直都是种植数量较少的作物，通常由养牛场主种植。在七年战争期间，英国曾短暂占领古巴，并大力推动该地的蔗糖生产。在美国独立战争期间，英国禁止自己的糖料殖民地向反叛的北美殖民地居民出口产品，这为古巴的甘蔗打开了巨大的市场。历史学家安东·L. 阿拉哈尔写道，随着古巴种植园主的介入，他们出口蔗糖、糖蜜和朗姆酒，以换取美国的食品、海军物资、工业制成品、铁和奴隶，"蔗糖热"席卷了整座古巴岛。[3]

海地的蔗糖产量曾占世界糖产量的一半，它的糖业崩溃推动古巴的蔗糖业崛起。甚至还有许多逃离海地的法国技术人员将改进的技术引入了古巴制糖业，就像17世纪犹太糖业金融家、商人和种植园主在荷兰盟友战败后逃离伯南布哥，将新的制糖技术传播到荷属加勒比地区和巴巴多斯一样。1792年，529家古巴糖厂生产了1.9万吨糖；到1846年，糖料种植园的数量几乎是原来的3倍，达到了1439家，生产的蔗糖是原来的23倍多，达到了44.6万吨。日益富裕和强大的糖料种植园主为了已成为经济支柱的大糖业的利益，重塑了古巴的农村社会，以便大量生产和出口蔗糖。

具有讽刺意味的是，海地退出蔗糖市场反而促使古巴转变为拥护糖业奴隶制的地区。海地革命前，在古巴的8.5万名奴隶中，大多数是家庭佣工或城市工人。到1827年，古巴的奴隶人数增加到286,942名，到1841年，增加到436,495名，其中大多数奴隶在糖料种植园里工作。在英国废除奴隶贸易后，英国向其他国家施压，要求它们也这样做。饱受战争蹂躏的西班牙同意在1820年前结束奴隶贸易。在最后期限到来前，古巴种植园主尽可能多地引进非洲人，包括条约签署那年的25,841名奴隶，以及1820年条约本应生效时的17,194名奴隶。种植园主拉莫德·帕尔马解释道："我们的生存与维护奴隶制紧密地联系在一起，想要一下子摧毁奴隶制，无异于自杀。"[4]

走私奴隶的活动至少持续到19世纪60年代。殖民地官员收受贿赂，对于每一个登陆的非洲奴隶视而不见，而且在美国南北战争结束其奴隶制之前，通常由美国船只运送奴隶，即便这意味着美国船只必须逃过英国海军的巡逻。19世纪60年代，一名美国人曾在深夜目睹1000多名非洲奴隶从运奴船上岸。不到两个小时，种植园主就买下了所有这些走私过来的奴隶,他们被称为"封住嘴的家伙",开始被迫前往甘蔗种植园。那艘运奴船"从头到尾……遍布污物和有毒气体",之后它被拖到海里凿沉,没有留下任何非法行动的痕迹。[5] 古巴官员偶尔会拦截运奴船。他们会释放非洲人,然后让后者建设公共工程,比如温托运河。

一些种植园主认为奴隶制在道德上是错误的,许多人认为挣取工薪的工人会更可靠,甚至更便宜。但是奴隶很容易获得,而自由劳动力却不易得到,海地革命给他们上了一课,促使他们意识到获得自由的黑人会起来反抗白人压迫者。他们尽管恐惧被海地式的起义消灭,但仍为奴隶制辩护,认为这种制度得到了政府和教会的认可,因而继续进口奴隶。

种植园主具有充分的理由恐惧奴隶起义。他们的奴隶受到海地革命和自身苦难的鼓舞,一次又一次奋起反抗。有些起义是自发的,由奴隶领导,另一些起义则是有计划的,由自由的黑白混血儿、黑人,以及奴隶组成的联盟策划和指挥。1844年的"梯子阴谋"可能是古巴当局为使极端的镇压行动合法化而编造出来的,这场极端的镇压行动导致成千上万的黑白混血儿、自由黑人和奴隶被绑在梯子上,遭受酷刑以逼供,甚至有时还被处决。[6]

对于惊恐的白人来说,"梯子阴谋"证实了即使是受信赖的奴隶也讨厌奴隶制,而且"最先被杀的是那些最仁慈的主人及其家人"。[7] 白人对黑人产生了非常强烈的恐惧,以至于西班牙官员利用这种恐惧情绪来控制持不同意见的古巴人,威胁说如果古巴人敢违抗宗主国,他们就释放奴隶。西班牙时任首相何塞·马里亚·卡拉特拉瓦写道:"古巴人对黑人的恐惧是西班牙确保自身在该岛能持续统治的最可靠手段。"[8]

蔗糖业现代化

古巴的甘蔗种植园主还有其他紧迫的问题需要关注。他们需要新的土地来扩大甘蔗的种植面积，还需要新的森林资源来为锅炉和糖厂提供燃料。他们不得不借钱进口和安装用蒸汽驱动的磨坊、犁和其他现代化设备。他们必须尝试种植更耐寒的甘蔗品种。只要有机会，他们就尽可能多地购买奴隶。他们必须确保快速且可靠地将蔗糖运送到欧洲或美国等目的地。他们还必须确保自己生产的蔗糖质量与高品质的甜菜糖不相上下。

到 1858 年，91% 的磨坊由蒸汽驱动，其他大多数磨坊仍然依赖畜力。但是蒸汽动力本身并没有显著提高甘蔗的出汁率。提高出汁率还得靠拥有缓慢旋转的大型蒸汽机的大磨坊。卡德纳斯的阿列塔家族从美国西点军校进口了这种机械，并报告说他们的古巴之花种植园甘蔗的出汁率从 52% 上升到了 72%。投资现代化设备的糖厂的平均产量是其他蒸汽糖厂平均产量的 2.5 倍。封闭的真空罐也开始取代敞口罐。早期的设备不太可靠，但是改进后的设备节省了燃料，产量比敞口罐增加了三分之一。那些希望复制技术上更先进同伴的骄人成果的种植园主，为了支付设备和专业知识等费用，以及殖民地官员索取的贿赂和高额税收而背负了沉重的债务。随着制糖业发展成为古巴经济的推动力，负债累累的种植园主往往会将其种植园抵给商业债权人，通常是西班牙人，他们随后会将种植园添加到其他与制糖业相关的业务中。

与此同时，新技术正在改变糖业的生产性质。1834 年引入古巴的铁路取代了原本由牛拉动的笨重货车，过去是牛车将甘蔗从田间运到糖厂，再运到港口。铁路还从遥远的森林拉来了木柴，因此那些传统上留出四分之一土地作为林地以供应燃料的种植园主开始清理这些土地并种植作物，从而大大扩展了他们的业务规模。

一些小农场主没有尝试现代化。他们维持着自己的小糖厂（trapiches），即一种低效、依靠畜力的小型糖厂，雇用家庭成员和一些工人，主要生产马斯科瓦多糖（也就是粗糖）和粗糖条，这些糖很受古巴穷人的欢迎。

随着现代化的推进，糖厂的制糖能力有所提高，因此需要更多的土地来种植甘蔗，种植园主需要更多的田间劳动力。与此同时，解放奴隶的问题也日益凸显。种植园主辩称，释放奴隶会摧毁他们的制糖业，因为古巴没有，也不可能吸引制糖业所需的大量工薪工人。仅糖厂就雇用了20万奴隶，不可能找到20万工人来替代他们。种植园主坚称，即使被释放的奴隶同意为挣取工资而工作，种植园也会破产。

事实上，种植园主发现很难保留全部奴隶。为了补偿损失，他们强迫奴隶工作更长时间。当奴隶们反抗、破坏工具和设备、残害农场动物、拒绝工作并逃跑时，种植园主命人给奴隶戴上铁链，然后将他们送到甘蔗地里，分配给他们更坚固、更难折断的工具。结果是奴隶们群情激愤，蔗糖的品质下降、产量和标准更低，种植园主面临持续的奴隶短缺。

为了补充奴隶劳动力，古巴输入了中国的"契约"劳工，第一批中国契约劳工于1847年到达古巴。1853—1873年，在这20年里，超过15万的中国人被带到古巴，与黑奴一起被关押在种植园里。古巴还试图引诱欧洲人前往种植园，因为据说他们的技能更高，最重要的是，他们是白色人种。到1841年，奴隶（436,495人）和自由黑人（152,838人）的总数超过了白人（418,291人）。

当那些西班牙人、加那利群岛居民和饱受饥荒困扰的爱尔兰人来到古巴时，他们同样受到了严厉的对待。从根本上来说，古巴的种植园主无法想象在没有强制劳动的情况下生产蔗糖。

技术进步也带来了额外的人员问题：缺乏操作新设备的熟练工人。历史学家莫雷诺·弗拉希纳尔斯解释说，奴隶们"习惯于通过触摸来估算热度，通过气味和视觉来分别判断碱化程度和浓度，无法以十分之一度为单位测量温度，以秒为单位测量时间，也不能理解其他工业过程。而生产是一个完整的过程，包括生活秩序、文化、社会习俗和关系，这些因素是相互影响的"。[9] 尽管如此，研究表明，古巴技术最先进的种植园主成功地依靠奴隶劳动，并辅以少数有偿劳动者。[10]

种植园主没有奴隶就无法运作，这导致他们密谋实施一个非同寻常的计划，即加入美国，因为他们认为美国是奴隶制的伟大捍卫者，也是古巴蔗糖的主要消费国。自19世纪20年代以来，古巴种植园主阶层的社会关系总部哈瓦那俱乐部就一直在讨论这个设想。而从19世纪40年代到1855年，种植园主不再辩论这个问题，而是在策划合并。

古巴与西班牙的关系不太友好，常常处于敌对的状态。殖民地官员十分腐败，是不提供任何支持的恶棍，他们征收惩罚性的高额税收。西班牙商人则收取极高的利率。西班牙陷于政治内乱，对殖民地古巴的期望无动于衷或不屑一顾，而且西班牙政府由于实力太弱，无法提供足够的士兵来保护白人免受一直担忧的奴隶袭击。最后，西班牙只进口了古巴生产的一小部分蔗糖，甘蔗现已成为古巴的单一作物。

相比之下，美国进口了古巴生产出来的一半以上的蔗糖；它所需的其余大部分蔗糖来自路易斯安那州。美国是一个强大而友好的邻国，即使许多南方种植园主对于古巴肥沃富饶的土地有所图谋。美国的奴隶贩子无视法律，向古巴供应非洲人。加入美国能保证古巴继续维持奴隶制，并有军队控制反叛的古巴奴隶。西班牙、古巴和美国的废奴主义者似乎只是遥远的威胁。但在美国拒绝古巴加入的要求后，古巴种植园主不得不寻找其他方式来保护自身的蔗糖财富和生活方式。

内战结束了美国的奴隶制，古巴奴隶制的终结似乎也指日可待。种植园主决定充分利用这种形势。他们请求西班牙废除奴隶制，并以每名奴隶450比索的价格补偿他们，他们希望用这笔钱来维持和升级自己的业务。他们还游说西班牙进行殖民地改革。西班牙拒绝了他们的所有请求，因为政府既没有钱补偿，也没有兴趣改革。相反，它颁布了新的税收和贸易限令。

由于西班牙持不妥协态度，古巴种植园主感到沮丧和痛苦。1868年，拉德马哈瓜种植园主卡洛斯·曼努埃尔·德·塞斯佩德斯释放了自己的奴隶，并招募他们协助自己争取古巴独立。他还发布了一项关于奴隶制的指令，该指令敦促其他奴隶主解放奴隶，并承诺如果他们不这么做，也尊重他们的"财产"权。他的战斗口号不是奴隶制，而是西班牙的暴政。他宣称："西班牙用血腥的铁腕手段统治古巴，剥夺了我们所有的政治、公民和宗教自由。"[11]

由此引发的十年战争主要局限于该岛的东部地区，古巴岛被一片将近700英里长的茂密森林一分为二。铁路从未延伸到古巴东部，只服务于甘蔗产业集中的地区。这场战争持续了10年，造成数千人死亡，以及价值数百万美元的财产被毁，因为反叛军，尤其是奴隶新兵烧毁了甘蔗种植园和房屋，夷平了糖厂，杀死了牲畜，毁坏了土地。这场战争摧毁了东部地区的制糖业，但对西部和中部地区几乎没有影响。[12]

1878年，十年战争结束，古巴未能摆脱西班牙的统治。但是它的领导者已解放了相当多的奴隶，以至于他们的战争帮助解放了其他所有奴隶。1870年，西班牙实施了《莫雷特法案》(The Moret Law)，解放了所有在1868年以后出生的儿童和所有60岁或以上的奴隶。其余的奴隶在1881—1886年分阶段解放，彼时古巴已废除奴隶制。逐步解放旨在减少同时解放这么多人可能会造成的一些混乱。这反映了古巴对解放的深刻矛盾心理，也是对那些失去奴隶却没有任何补偿的种植园主的让步。

奴隶制的废除结束了古巴传统的蔗糖世界，并开启了劳动力短缺的局面。最大的产糖区种植园主对此做出了回应，强迫无地工人为他们工作，如果不为他们工作，要么搬走，要么根据便利的新流浪罪法案面临惩罚。到1900年，贫穷的西班牙人、牙买加人、海地人和其他西印度群岛人用季节性劳动填补了古巴空缺的劳动力。

到19世纪60年代，古巴面临一场新的危机：来自甜菜糖的竞争。到1862年，甜菜糖的产量超过了古巴蔗糖，到1877年，甜菜糖已经牢牢控制了欧洲市场，以至于西班牙和英国分别仅占古巴蔗糖销售的5.7%和4.4%。到1880年，甜菜糖的产量几乎等于世界各地蔗糖的总产量。甜菜糖品质好，运到欧洲市场的成本更低，还得到了各自政府的慷慨资助，而且完全没有沾染奴隶的血汗。种植园主阶层的官方报纸《世纪报》(El Siglo) 悲叹道，"我们既没有资本、工人、钢铁、铸造厂、燃料、工业知识，也没有其他能与甜菜糖竞争的主要条件，甜菜糖则拥有所有这些条件"。[13]

令古巴高兴的是，美国购买了古巴82%的蔗糖，数量惊人，消除了古巴遭受欧洲背叛的痛苦，一些古巴种植园主通过在美国投资，甚至成为美国公民来寻求建立与美国更密切的关系。古巴糖业经纪人寻求与美国新英格兰地区精炼糖厂的联系。越来越多的古巴糖业家族和美国糖业家族建立了个人关系，甚至联姻。里翁达家族的华金成为曼哈顿委员会商人刘易斯·本杰明的合伙人，并娶了后者的女儿索菲；曼努埃尔·里翁达在美国缅因州波特兰接受教育后，投奔了他在纽约市的兄弟。

美国人，其中一些是归化的古巴人，现在控制着古巴的蔗糖市场，并且越来越多地控制着古巴的蔗糖生产。一些种植园主因无力偿还债务，只能将种植园抵给债权人，其中包括像埃德温·阿特金斯这样的美国人，他们的家族长期以来与古巴保有联系。其他种植园主由于缺乏糖的加工技术，通过将甘蔗出售给中央糖厂（到1920年，它们中规模最大的糖厂拥有或租赁近20万英亩的土地）来维持生计，这些糖业大财团正在改变古巴的蔗糖世界。

这些中央糖厂比解放奴隶更能改变古巴蔗糖的性质。它们引进了高度工业化的生产系统，将农业甘蔗种植与工业加工分开，并在之后几年将所有权从古巴人转移到了美国人。19世纪30年代建立的铁路最初服务于个别种植园，后来大规模扩建。加工蔗糖的工厂使用最现代的设备和技术。美国资本支撑了大部分创新，但是古巴人仍然控制着许多技术优化后的工厂。

糖成为王者，就像一个嫉妒的封建统治者一样，糖消灭了它的对手。它排挤了咖啡，以至于1833年古巴还有2067个咖啡种植园，产量是6400万磅咖啡，到1862年，只剩782个种植园,产量也下降到了 500 万磅。到 19 世纪末,古巴不得不进口咖啡,但是到 1894 年,古巴生产的蔗糖是牙买加出口量的 50 倍。1815—1894 年,古巴的蔗糖产量从 4 万吨左右增加到 100 万吨。

在美国的干预下,糖料作物单一栽培决定了古巴的经济现状和未来,古巴糖业的发言人为美国在古巴的利益服务。19 世纪后期,甘蔗碾磨和精炼的机械化程度相当高,以至于它构成了一种技术革命,大大提升了糖厂的生产效率。[14] 它也产生了对工程师、机械师、技术员和化学家的迫切需求,这些人员通常是美国人。1885 年,估计有 200 名技术熟练的波士顿人为古巴糖业工作。美国驻哈瓦那领事拉蒙·威廉姆斯在一份急件中报告说:"事实上,古巴已经加入了美国的商业联盟,古巴的整个商业机制都依赖于美国的蔗糖市场。"[15]

在美国,古巴蔗糖看起来是一项不错的投资,美国资本大量流向古巴。到 1896 年,美国在古巴的直接投资估计达到了 9.5 亿美元,包括糖业、畜牧业、水果和烟草种植园。其中包括 19 家古巴精炼糖厂,这些工厂为美国糖业精炼公司或称糖业托拉斯所有,此垄断集团成立于 1888 年,由 7 个美国城市的 21 家精炼公司合并而成。

1888 年后,通过美国糖业精炼公司(它的精炼糖厂精炼了美国 70% 到 90% 的糖),精炼糖商大力游说以保持低价,并且获取他们想要在美国精炼的(廉价)原糖。巨大的影响力使得该垄断集团能够控制(尽管不是设定)糖价,糖价从 1877 年每吨 100 多美元大幅下跌,并保持低价,直到第一次世界大战严重破坏了欧洲的甜菜糖出口,造成食糖短缺。美国对古巴糖业,以及对古巴整体的控制如此强烈和公开,以至于在美西战争(在古巴被称为古巴独立战争)之后,美国派兵占领古巴,并按照美国的形象重塑古巴。1901年的《普拉特修正案》(The Platt Amendment)被写入《古巴宪法》,作为这些部队撤出的一个条件,该修正案赋予美国干涉古巴事务的权利,并象征古巴自身的无力。

1903年,美国和古巴签订了《互惠条约》,通过在美国市场给予古巴蔗糖优惠来回报古巴的妥协,同时通过保护美国产品在古巴市场的利益来剥削古巴。《普拉特修正案》成功实现了起草者的目标:古巴成为美国投资和商业的安全之地。直到1934年,该修正案才被废除,一项反映美国总统富兰克林·罗斯福的拉丁美洲睦邻政策的条约取代了它。彼时,三分之二的古巴蔗糖是由北美利益集团生产的,这些利益集团由糖业巨头,以及纽约国家城市银行、加拿大皇家银行、大通国家银行、担保信托公司和塞利格曼公司等金融机构控制。

路易斯安那,蔗糖称王之地

路易斯安那也为美国人民提供了甜味,并且是美国市场主要的国内糖源。路易斯安那一直是北美地区被交换的新娘,它被西班牙、法兰西殖民帝国、英国和拿破仑时代的法国等扩张主义的国家来回争夺,直到1803年。拿破仑·波拿巴和美国总统托马斯·杰斐逊谈判,达成了一项非同寻常的协议,法国以1500万美元的价格将这块巨大的领地卖给美国,几乎使其领土面积翻了一番。霍拉肖·盖茨将军向总统杰斐逊表示祝贺:"让这片土地欢欣鼓舞吧,因为你以极低的价格买下了路易斯安那。"

路易斯安那是以"太阳王"路易十四的名字命名的,是从路易斯安那购地案包括的大片土地中划分出的 13 个州（或部分州）之一。在法国人的统治下，耶稣会会士和殖民者曾断断续续尝试种植甘蔗，但其发展契机是海地革命，这场革命导致种植园主和糖业专家踏上逃亡之路，他们中有很多人抵达美国，加上海地糖业的崩溃，路易斯安那渐渐发展出了糖业经济。1795 年，出生于北美的让·埃蒂安·博尔采用了海地制糖商安托万·莫兰的加工技术，生产了 10 万磅糖粒，引发了一场农业革命。这为他赢得了 1.2 万美元的收入和"路易斯安那的救星"的称号。在此之前，当地的种植园主只能满足于生产糖蜜。

到 1812 年，当路易斯安那作为蓄奴州加入美国联邦时，它拥有 75 家糖厂，英裔美国人开始尝试这种新的有利可图的生活方式，法国人和海地人也陆续到达。这些糖料种植园主将面临独特的挑战。路易斯安那的生长季节很短，气温较低，有时会结冰，容易受到霜冻的侵害，这严重损害了未收割的甘蔗。种植园主必须计算霜冻何时到来，并在那之前收割甘蔗，以最大限度地增加含糖量，甘蔗在地里的生长时间越长，含糖量就越高。他们采用平铺风干法，即将甘蔗砍下来后铺设到覆有叶子的犁沟中，直到开始碾磨。他们将早期的克里奥尔和奥塔希提等甘蔗品种转换成植株更大、成熟更快、更能抗霜冻的紫皮或黑皮爪哇甘蔗，以及紫色带状条纹甘蔗，这些品种是 1817 年后引进的。收割和加工需要 6 到 8 周的时间，甘蔗种植园总是与时间和霜冻赛跑。

路易斯安那的种植园主也深受夏季干旱的困扰，此外沿海土壤多湿地，容易被洪水所淹，需要建设防洪堤来阻挡洪流进入海湾，还有害虫、老鼠和疫病不时肆虐甘蔗田。糖价起伏不定，种植园主依赖保护性关税来对抗外国蔗糖和甜菜糖的竞争。他们也依赖银行贷款来更新和扩大生产,他们开始转向使用以蒸汽为动力的磨坊、真空罐、三效蒸发器、通过旋转糖晶体去除糖浆得到原糖的离心设备、在真空罐中凝结和控制蒸汽的冷凝器,以及评估加工过程中蔗糖含量的旋光仪。

技术进步和工业化的工作节奏加剧了糖业固有的无情需求。为了从奴隶身上榨取最后一点劳动价值,种植园主为"超负荷工作"支付工资,也就是说,超出了通常的繁重日程的工作时间。对种植园主来说,他们的奴隶是"蔗糖机器",到19世纪中叶达到12.5万人。[16] 有前奴隶证实,路易斯安那是令他们畏惧的"屠宰场",他们称之为"最邪恶的地方……上帝之子为之而死的地方"。[17] 观察者哈丽雅特·马蒂诺写道:"即使在西印度群岛,糖奴的状况也从未像现在路易斯安那的某些地方那样可怕。"[18]

路易斯安那的一台"蔗糖机器"在《为奴十二年:纽约市民所罗门·诺瑟普的故事,1841年在华盛顿市被绑架,1853年获救》(*Twelve Years a Slave: Narrative of Solomon Northup, A Citizen of New-York, Kidnapped in Washington City in 1841, and Rescued in 1853*)一书中讲述了自己的故事:被绑架的诺瑟普是自由人,但他是黑人,被卖给了一个棉花种植园主,他随后作为一个临时工团队的成员被出租给了甘蔗种植园主霍金斯。他对自己经历的描述和分析提供了对19世纪中叶路易斯安那甘蔗田生活的深刻见解。到达霍金斯的种植园后不久,诺瑟普被提拔到糖厂工作,还得到了一根鞭子,并被指示将鞭子用于偷懒的奴隶身上。他回忆道:"如果我不服从,会有另外一根鞭子落在我自己背上。"他工作十分辛苦,只能在短暂的间隙打一会儿盹。

诺瑟普对拜尤贝夫种植园蔗糖生产过程的描述反映了一个高

度机械化的生产系统。甘蔗种植从1月开始，一直持续到4月；甘蔗在采收两茬后需要重新种植，西印度群岛则可能是6茬。田间劳力分为三个小组：第一组负责砍削并修整甘蔗茎秆，第二组将甘蔗放在垄沟里，第三组用3英寸厚的土覆盖垄沟。4周后，甘蔗开始发芽生长，其间需要锄3次草。到了9月中旬，一部分甘蔗被收割并储存作为蔗种。其余的在地里等待成熟，随着生长增加含糖量，直到种植园主发出开始收割的命令，通常是在10月。

田间劳力使用一种类似砍刀的甘蔗刀，这种刀长15英寸，中间部分宽3英寸，刀片需要保持锋利，因而很薄。他们三人一组，砍下甘蔗，削去顶部直至绿色部分。他们必须修剪掉所有未成熟的部分，以避免甘蔗汁变酸，从而有损蔗糖的品质。一旦甘蔗茎秆被清理干净，奴隶们就将它从根部砍断，放在他们身后的地上。年轻的奴隶将甘蔗装进一辆手推车，然后拖到糖厂去碾压。如果种植园主预测会有霜冻，奴隶们就将甘蔗堆叠起来，在三四周后再加工。1月，奴隶们会为下一季做准备：焚烧干燥的树叶和碎屑，清理田地，疏松旧茬根部周围的土壤。

和其他地方一样，在霍金斯的种植园里，加工蔗糖是一种机械化操作，拥有令人印象深刻的基础设施，尽管它没有像许多古巴种植园那样扩展到精炼阶段。美国内战前的路易斯安那很少生产精炼糖。糖厂是一座"巨大"的砖砌建筑，有着庞大的棚子。锅炉是由蒸汽驱动的。两个巨大的滚筒碾碎甘蔗，并由"一个由链条和木材制成的传送带"连接起来，就像小糖厂使用的皮带一样，一直延伸到棚子的外部，那里"从田里砍下并尽快运过来的甘蔗"源源不断地从货车上卸下来，"不停歇的传送带旁站着一些儿童奴隶，他们的工作就是把甘蔗放上去"。没有人因为太年幼或太老而不用工作。正如前奴隶塞西尔·乔治回忆的那样："如果你能搬动两三根甘蔗，你就得工作。"[19]

在甘蔗压榨后，另一条传送带会运走甘蔗渣，否则甘蔗渣会填满整个房间。之后，这些甘蔗渣逐渐变得干燥，可以作为木材的补充，成为蔗渣燃烧器的燃料。（后来，在19世纪七八十年代，仅用新鲜甘蔗渣作为燃料的燃烧器将使种植园主省去购买昂贵木材和支付伐木工人的大量费用。）

将甘蔗汁倒入贮水池，然后通过管道输送到5个巨大的桶中，这些桶里有被磨碎的黑色骨头，它们会过滤甘蔗汁，并在甘蔗汁煮沸之前将其漂白。煮沸过程同样复杂。管道将糖浆从容器中运来送去，直到澄清，最后将糖浆存放在一楼的冷却器里。冷却器是一种木质盒子，底部有细孔铁丝网，它就像一个大筛子，使粒化的糖浆释放出糖蜜落到贮水池里。冷却器里剩下的是"最上等的白糖或块糖，澄清、干净、洁白如雪"[20]，冷却后，将这些糖包装进大桶，运往精炼厂。糖蜜则随后被加工成红糖或者蒸馏成朗姆酒。

田间和工厂里的一系列工作流程是无情的，由传送带驱动，它有着无穷无尽的胃口，不断地将甘蔗送入笨重、强大和危险的机器里。蒸汽机需要源源不断的木材供应，一些种植园使用的是甘蔗渣，三班制的奴隶不断地为它们提供燃料。这些工作的节奏迫使奴隶们超越生理极限，尽管感到非常饥饿、虚弱、厌倦、挫败和疲惫，他们仍然要继续劳作。当他们晕倒在地里时，工头会用水泼醒他们，命令他们回去工作。他们每周工作7天，塞西尔·乔治回忆道："星期天，星期一，都一样。"[21]

但这还不是全部，路易斯安那的奴隶拒绝放弃宝贵的星期天，因为他们需要在星期天照看供应地，以及社交和睡觉。起初，种植园主试图鞭打他们，以迫使他们顺从。后来，种植园主为星期天的工作和强制性的夜班支付报酬。如果奴隶在传统的收获季过后的假期工作的话，一些种植园主还提供工资。随着时间的推移，他们不得不支付砍伐木材的费用，以便为贪婪的蒸汽机提供燃料，也支付收集苔藓的报酬，以便填充床垫，这些都是奴隶们畏惧的工作。

糖业历史学家理查德·福利特揭露了，种植园主如何通过这种安排欺骗奴隶配合他们的压制，"通过在属于奴隶自己的时间里从事种植业务来加强这种制度"。[22] 然而，奴隶们别无选择，他们通过工资获得了一定程度的尊严，这些工资表示他们的宝贵劳动受到认可，并使他们能够改善生活。

甘蔗种植园主控制着奴隶生活的各个方面，甚至包括他们的性别和身高。"他们懂得制糖业工作的野蛮本质和对新鲜劳动力的持续需求"，并且认为与矮小的男人和女人相比，强壮、高大的男人更适合这种工作。出于这个原因，福利特写道："因此男性的占比很高，在卖给糖厂的奴隶中占比高达85%，这些个体可能比大多数非裔美国奴隶高出整整1英寸。"[23] 购买女奴的种植园主会选择那些看起来生育能力强的女性，但就像在其他蔗糖产区一样，这些妇女和女孩成为糟糕、不足的食物，过度劳累、疲惫，过热和潮湿，以及疟疾、黄热病、痢疾、癣和钩虫病、贫血、风湿病、哮喘、发热、胸膜炎、肠道疾病、痉挛和子宫脱垂等奴隶所患的常见病症的受害者。她们怀孕和生育的婴儿比美国其他奴隶少，一半以上的婴儿出生时体重不足，由于哺乳期母亲太过饥饿而营养不良，最终死亡。母亲也经常死去。拉富什教区的糖奴爱德华·德·比乌回忆道:"爸爸总是说,他们让我妈妈干这干那,她工作太辛苦了。工头让妈妈去锄地,她告诉工头自己生病了,工头叫她继续干活。很快,我出生了,我妈妈在他们把她带到家里几分钟后就去世了。"[24] 和其他地方一样,路易斯安那糖奴的出生率很低,以至于无法维持奴隶的数量。

奴隶们的生活围绕着蔗糖,威廉·霍华德·拉塞尔观察到,"制糖车间是黑人居住区的'国会大厦'"。[25] 在路易斯安那各地,奴隶营舍大多是一排排单层木屋,正对着林荫大道,后面则是鸡舍。这些小屋内部空无一物,按照糖厂主的吩咐,必须保持清洁。通风设施很简陋,空气炎热、潮湿、蚊蝇滋生。外面,游荡的猪、家禽和狗弄脏了地面,奴隶们不得不使用周围的灌木丛作为厕所。

晚上奴隶们挤在平均只有200平方英尺的房间里,他们睡在木板床上。他们没有隐私,即使是发生性关系,也不例外,除非他们躲到附近田野或森林中的隐蔽地点。这些棚屋提供了庇护和储物的空间,几乎没有其他设施。但是利用"星期日收入"和其他报酬,奴隶们至少可以为棚屋添置一些必需品,即刀、水壶、盘子和餐具。诺瑟普是"拜尤贝夫种植园里最富有的'黑鬼'",他存有10美元,"憧憬着能给小屋添置家具、水桶、小刀、新鞋、外套和帽子"。[26]

很少有糖奴能够利用供应地,他们不得不依赖主人发放的口粮。主食是玉米粉、腌肥猪肉或熏肉、蔬菜,或者像前奴隶伊丽莎白·海恩斯回忆的那样,"绿色蔬菜和腌猪肉……腌猪肉和玉米面包"。[27] 诺瑟普回忆道,每周的平均配给量为9公升玉米和1.4千克猪肉,看起来或许"令人作呕"。他说,有一年夏天,"蠕虫钻进了培根。我们只有极度饥饿时,才吞得下去"。他及其同伴依

图44 奴隶被解放后,在路易斯安那的一个种植园里,有3个母亲怀抱婴儿,还有7个孩子、1个男人和两条狗在他们的棚屋前摆姿势,这些棚屋可能是奴隶制时期建造的。

靠在夜间捕猎浣熊或负鼠度日,"在一天的工作完成后……利用狗和棍棒,奴隶不被允许使用枪械"。[28]

工资、假期和宗教是奴隶们从困苦的生活中得到的仅有的慰藉。奴隶用钱可以购买肉类、烟草、威士忌,以及与粗糙的蓝色奴隶服装截然不同的布料。在假期里,奴隶们换上欢快喜庆的服饰。"深血红色"是女性最喜欢的颜色,她们戴着"俗丽的丝带,在欢乐的节日里用这些丝带装饰头发"。[29] 时髦的男士戴着无边帽,用蜡烛头擦亮他们的鞋子。大多数奴隶都很年轻,他们利用假日里的闲暇和友情来调情和寻找伴侣。男性人数远远超过女性,他们相互竞争,以赢得心上人的欢心。

在节日期间,奴隶们可以获得通行证,去拜访其他种植园的朋友、亲戚、情人和伴侣。如果主人同意,这也是他们结婚的首选时间。女奴的主人预见到可能会出现小奴隶，在这件事上通常采取配合的态度。一些自诩为传教士的种植园主会主持奴隶的模拟婚礼。如果婚姻不幸福，任何一方都可以不经正式手续就结束婚姻。如果一方被卖掉或者独自逃跑，另一方可能会寻找新的伴侣。作为一种财产，奴隶们不受路易斯安那婚姻法的保护，但他们也不受这些法律的约束。尽管如此，安·巴顿·马隆在《甜蜜战车：19世纪路易斯安那的奴隶家庭和家庭结构》(Sweet Chariot: Slave Family and Household Structure in Nineteenthcentury Louisiana) 一书中写道，在她研究的3个种植园中，极高的死亡率远超其他原因导致了奴隶婚姻关系的结束。

圣诞节是奴隶们一年中最重要的节日。种植园主对浪费的时间感到恼火，但不得不接受这一习俗。在诺瑟普的种植园里，"宴饮、嬉戏和玩乐"持续了三天，而在其他种植园里则可能持续一周或更长时间。来自不同种植园的奴隶一起庆祝，享用鸡肉、鸭肉和火鸡肉、蔬菜、谷物饼干、果酱和馅饼。诺瑟普注意到，有很多白人前来"见证这场美食盛宴"。[30] 有些白人在大宅里给奴隶们提供饮料，或者允许他们将制糖厂改造成舞厅，在那里他们随着鼓点或小提琴的旋律跳舞。

奴隶们唯一不受季节影响的慰藉是宗教。路易斯安那的许多种植园主都相信，如果正确教导基督教，会使奴隶们保持顺从并满足于自己的命运，无论是法裔克里奥尔天主教徒还是英裔美国圣公会教徒和新教徒。其他人则认为，向奴隶灌输基督教的真理和价值观是他们的道德义务和家长式责任。前奴隶威廉·马修回忆道，"有时，他们会让奴隶去教堂"，他描述了白人是如何驾驶马车去往每个奴隶小屋，将所有奴隶集中起来进行强制性的礼拜。[31]

一些种植园主会将磨坊和煮糖间改造成小教堂。威廉·汉密尔顿解释说："糖厂是一个很好的传教场所。在那里，他们可以享受各种甜食……并不断被糖罐和蒸汽机的气味所滋养。"[32] 另一些种植园主建造教堂，雇用传教士或任命奴隶担任教职，并指示他们必须服从命令。一名前奴隶回忆道："服从主人，服从监工，服从这个，服从那个。"[33] 拥有一定自主权的奴隶传教士发展出了他们自己的基督教版本，即一种融合了非裔美国人信仰的基督教仪式，有时还包括来自海地的伏都教信仰。有些奴隶被禁止礼拜或对主人的仪式漠不关心，他们会偷偷溜走，秘密进行宗教活动。他们祈求"上帝对黑人和白人一视同仁"，祈祷"总有一天，黑人只作为上帝的奴隶"，他们到时能"吃得饱"和"穿的鞋子合脚"。[34]

礼拜结束后，奴隶们恢复了单调乏味的生活。碾磨季是最糟糕的时期之一。一名种植园主写道："那段时期奴隶们非常疲乏，除了最严厉的鞭笞，没有什么能刺激他们去承受这种疲劳。"[35] 其间，主人用富含卡路里的热甜咖啡、糖浆或热甘蔗汁来补充配给的食物。为了简化操作，将每一分可行的时间都用于加工蔗糖，一些种植园主会安排集体烹饪。这种餐饮服务通常在碾磨季到来前就开始了。在诺瑟普的种植园里，工头们将玉米饼分发给田里的奴隶，催促他们赶快吃下去，然后回去工作。

矛盾的是，在辛苦、单调乏味的马拉松式艰苦劳作中，糖奴被要求达到精确和准时的工业标准。他们按照流水线的原则工作，这些原则是用叮当作响的钟声计量的，并由工头用鞭子强制执行。定义了进步的技术需要更多的强力劳动、甘蔗和燃料来生产更多的糖。在磨坊和锅炉永不停歇的世界里，白天和黑夜的概念融为一体，疲惫的奴隶在碾磨季被驱赶着连续工作18到20个小时，他们能补充的热量是滚烫的甘蔗糖浆，如果这还不够，就会遭受鞭打。在工业化的密集步调下，奴隶们急需睡眠，而在这种情形下，他们很容易受到这些机械的伤害，这些机械常常夹到他们的四肢，撕裂他们的身体。

种植园主以掌握现代方法和时间管理而自豪。对高地种植园的贝内特·巴罗来说，"种植园可能被视为一台机器，要想成功运作，它的所有部分都应该是统一和精确的，推动力应该是规律和稳定的"。[36]然而，许多种植园主抱怨说，"蔗糖机器"粗糙而不规则，因为他们的种族无法胜任熟练的机械劳动。就像在古巴一样，一些种植园主教导奴隶操作、监控和修理设备。

种植园主认为黑人不太称职，讽刺的是，瑞利克斯多效蒸发过程的发明者是一位有色人种，它在糖加工过程中至今仍然是至关重要的技术。诺伯特·瑞利克斯的母亲康斯坦丝·文森特是路易斯安那白人种植园主、工程师兼发明家文森特·瑞利克斯的浅肤色奴隶情妇。据说，诺伯特在路易斯安那种植园主那里经历了种族歧视，他们邀请他重新设计设备，安装并欣赏他的蒸发器，但没有将他安置在大宅里。

和其他地方一样，路易斯安那的糖奴也通过破坏和逃跑来进行被动和主动的抵抗。工业上的破坏有多种形式：使用钝刀砍甘蔗，松动车轮螺栓，伤害骡子和牛，烧焦蔗糖，让火熄灭，将异物放入传送带或蒸汽机。在某个种植园里，一枚9英寸的钢螺栓留在甘蔗输送机上，导致连接发动机和轧机的轴断裂。最引人注目的破坏行为是由一个叫奥尔德·普莱森特的奴隶实施的，他烧干了锅炉里的水，并在锅炉上凿洞，导致鲍登种植园里的糖厂关闭。

抵抗方式多种多样，从装病到偷窃不等。奴隶们经常窃取蔗

图45　2004年，诺伯特·瑞利克斯由于发明了自动制糖技术，被追授进入美国发明家名人堂。

糖和糖蜜，将它们卖给小商贩。他们还拆卸糖加工设备并出售。他们藏匿、喂养逃跑者，挫败种植园主资助的用追踪犬追捕他们的奴隶巡逻队。（一名奴隶将巡逻队成员描述为"世界上最卑鄙的东西……贫穷的底层白人，他们是具有法国和西班牙血统的混血儿"。）[37] 一些奴隶是受到自己绝境的激励或其他地方奴隶起义消息的鼓舞，从而主动选择逃亡。另一些奴隶只是满足于在甘蔗地里和糖厂寻求喘息的机会。

尽管那些奴隶难以管控，时常令路易斯安那的种植园主感到沮丧，但他们还是将奴隶制视为生产蔗糖的最佳方式，并且认为传统的种植园文化是最佳生活方式。与西印度群岛和拉丁美洲不同，路易斯安那的种植园主很少外居。即使是那些拥有多个种植

图46 路易斯安那的这些男孩喜欢吃未经精炼的糖。

园的人,也会亲自视察并监督他们不常居住的资产。路易斯安那种植园主采用现代技术和商业原则,研究科学报告和甘蔗种植手册。他们通常对自己的作物非常了解,为自己的微观管理而自豪,并不依赖管理人员。美国专利局官员宣称,其他产糖区测试现代改良技术的程度都不如路易斯安那。其他观察者认为,路易斯安那"在糖料种植和制糖方面的智慧和技能远远超过大多数糖料种植区"。[38]

在其他方面,路易斯安那的蔗糖文化和其他地区类似,只是其种植园主阶层的起源较为独特且多元,包括法国、海地、美国南部种植棉花的英裔美国人和推崇工业化的美国北方人。路易斯安那的克里奥尔人与欧洲人之间的紧张关系促使前者与美国人对立,但他们作为种植园主的共同利益通常压倒了分歧。在大多数情况下,他们较为看重财富及其外在表现,而非知识和文化。而且,在马萨诸塞受过教育的特丽费娜·福克斯看来,他们中的许多人都"不太聪明,也不优雅"[39],特丽费娜·福克斯是一名医生的妻子,她的丈夫负责照料富裕的甘蔗种植园主的奴隶。所罗门·诺瑟普也表达了同样的观点,并以白人无耻的行径为例予以佐证。

路易斯安那的种植园主也对他们的奴隶既关注又时常感到害怕,尤其是当废除奴隶制的争论升温,奴隶们听到风声时。糖料种植园里的白人身边环绕的几乎都是奴隶:1827 年有 2.1 万人;1830 年有 3.6 万人;1841 年有 5.66 万人;1844 年有 6.5 万人;到 19 世纪 50 年代有 12.5 万人。到南北战争爆发时,占了路易斯安那四分之三蔗糖产量的 500 名种植园主人均拥有 100 多名奴隶。尽管他们害怕这些奴隶,但正是种植园主对这些奴隶的所有权决定了他们的身份和在蔗糖世界取得的成功。

种植园主阶层拥有的特权感是这种身份认同的重要构成部分,这促使种植园主购买并要求拥有那些带有柱子的希腊复兴式宏伟建筑和克里奥尔式房屋,这些房屋往往带有大长廊和精致的花园,它们沿着新奥尔良和巴吞鲁日之间著名的滨河路排列,这条路大概有 70 英里长。马克·吐温兴奋地说道:"大量住宅……紧密相连,绵延了很长一段距离,以至于两排房屋之间的宽阔河流变成了一种宽敞的街道。"[40] 这些房子在种植园里占据了主导地位,高出那些奴隶小屋一大截。它们象征着种植园主对其奴隶的权力,并且每天都提醒种植园主注意自己的世界和奴隶世界之间的关系。

种植园主的特权感决定了他自己的物质标准:摆满食物的餐桌、存货充足的吧台,以及钢琴、银器、瓷器和优雅生活必有的其他所有装备。这种特权感甚至延伸到了奴隶身上,尤其是女奴。如果种植园主本人不放纵,那么他放肆的儿子们往往放纵成性,他们时常潜入奴隶营舍，四处寻找猎物。正如一名自由黑人回忆的那样，"年轻的主人与黑人女孩有着罪恶的亲密关系，这是他们的习惯做法"。[41]白人雇员也强迫女奴与他们发生性关系。在短短两年内，监工雷比就与女奴生了3个孩子。

路易斯安那的种植园主以通常的种族理由为糖业奴隶制辩护，并自称是仁慈的主人，照顾着孩子般且道德低下的劣等人。他们自鸣得意地列举了一些例子，说明自己在给奴隶提供住房和食物方面，以及在维持他们之间的秩序方面，都十分谨慎小心。根据他们阶层的种族观点，种植园主将奴隶与白人劳动者隔离开来，甚至连有时被雇来疏浚运河并清理沼泽地的爱尔兰人和卡津人也不例外，他们也经常受到鄙视。正如一名监工解释的那样，"让爱尔兰人去做这种事，成本比在如此繁重的劳动中耗尽优秀的田间劳力低多了，如果爱尔兰人死了，种植园主损失不了什么"。[42]

种植园主阶层的种族秩序和优越感，以及他们在种植园里相对孤立的地位，强化了他们的个人主义信念，并使他们对为公民社会的基础设施做出贡献的必要性漠不关心。即使立法机构提出了他们应该投入的相应资金，他们也倾向于将资金投入种植园，而不是公路和铁路。他们不支持农业专家和机械协会，也不支持路易斯安那大学与糖相关的工程课程。但当一所军事学院开办时，他们将儿子们送到那里成为军校学员。当然，种植园主阶层团结一致支持游说者努力维持关税，这使得廉价的古巴原糖难以与他们竞争。

美国内战给路易斯安那的糖业带来了巨大的变化。1862年4月，当联邦军队占领新奥尔良时，他们控制了密西西比河，它是路易斯安那的商业中心和南部的财政核心。他们胜利的消息导致大量奴隶从种植园逃到附近的树林、联邦军队的营地或新奥尔良。一些人联合起来,开始耕种被惊慌失措的南方种植园主遗弃的土地。

许多黑人留在种植园,但拒绝工作。一名观察者报告说,"黑人发动起义与暴动",他们击鼓,挥舞旗帜,高呼"亚伯拉罕·林肯与自由"。[43] 愤怒和焦虑的种植园主恳求或威胁奴隶,奴隶则回答说,他们现在自由了,拥有合法权利,尽管讽刺的是,正式宣告解放奴隶的《解放黑人奴隶宣言》直到1865年才生效,路易斯安那的奴隶是最后一批获得解放的。一些人在经过谈判获得了合理的工资和条件后回到了工作岗位,他们尤为关注周六是否休假、是否解雇残忍的监工,有一个案例显示,他们强调的条件还包括获得新鞋。和西印度群岛一样,他们要求减少妻子和女性亲属的工作时间,无论如何,她们拒绝像以前一样努力工作。种植园主对这种新的性别秩序非常不满,其中一人抱怨道:"(田间女工)懒惰、无礼,还装病,浪费了大量时间,有些人甚至完全拒绝去田间劳作。"[44]

联邦军队的指挥层出现了分歧。本杰明·F.巴特勒将军解释说,他的命令意味着南方邦联叛军的奴隶应该被解放,但那些所谓的联邦忠诚者或中立者(比如只会说法语的阿波琳·帕图)的奴隶则不应被解放。那些签署了忠诚誓言的人可以雇用即将获得解放的男性奴隶,每月支付10美元,租期260小时,外加食物和药品,妇女和儿童的工资则较低。不出所料,许多种植园主签署了忠诚誓言,巴特勒命令他的部队帮助他们找回逃跑的奴隶,并维持种植园的秩序。拒绝这样做的士兵将面临逮捕和受到军事法庭审判的威胁。

图 47 路易斯安那的贝莱尔种植园大宅，美国南北战争后拍摄。

巴特勒的同事约翰·菲尔普斯将军则有不同的看法。他帮助所有逃到他控制的联邦阵地的奴隶,并对种植园发起了解放奴隶的突袭行动。他还将数百名黑人征召入军团,并训练他们。当巴特勒反对并指派这些即将成为士兵的黑人去伐木时,菲尔普斯辞职了。他写道:"我不愿意成为你所提议的那种纯粹的奴隶贩子,我没有这样的资格。"[45]

巴特勒随后决定同意约翰的做法,因为黑人军队能解决他最紧迫的两个问题,即黑人难民数量惊人,如潮水般涌来,而士兵短缺。他组织了自己的黑人兵团,从自由黑人和逃跑的奴隶中抽调人员,并将他们送上战场。1864 年,在战场上看到 200 具黑人尸体后,他在给妻子的一封信中写道:"他们遭受了巨大痛苦……他们的黑色面孔在死后呈现出一种惨白的褐蓝色,并且都带着决绝的表情,这种表情永远都不会从勇敢的人脸上消失,他们在冲锋时瞬间就死去了。当我骑着马经过他们时,这幅悲伤的景象像烙印一样刻在我的记忆里。可怜的家伙们,在这场战争中,他们似乎没有什么可为之奋斗的,他们承受着偏见的重压,将自己的生命献给一个尚未给予他们公正的国家,更不用说给予关心了。"[46](另一方面,南部邦联仅将路易斯安那土著卫队,即自由黑人志愿民兵用于宣传,不允许他们参加战斗。)

在整个战争期间,寡妇、妻子、监工和那些既没有逃离也没有加入南方邦联军队的种植园主都在努力收割庄稼和生产蔗糖。美国联邦军队的观察者乔治·赫普沃思记录道:"这类种植园主都因这场战争而遭受个人损失。""他们的甘蔗……直到 2 月都还在田里……现在 3 月了,田里还有甘蔗,足有成千上万英亩。因此,去年的作物一无所获,来年的作物也将如此。"[47] 甚至在那些还处于运营状态的种植园，联邦士兵带走了他们可以带走或消耗的任何物品，包括马、耕畜、家禽、食物、糖、葡萄酒、烈性酒、传家宝、锅碗瓢盆。为了生火，他们拆除了棚屋和谷仓，甚至连牧场的围栏柱子也拔掉了。

重建蔗糖世界，1865—1877 年

当 1865 年美国内战结束时，20% 适龄白人士兵和数百名黑人士兵死亡，这两个种族都有数千人致残。许多糖料种植园被遗弃或疏于照管，渐渐荒芜，或被联邦军队掠夺一空。乡间到处都是被偷盗或遗弃的耕畜的尸骨。

种植园主回来后计算自己遭受了多大损失。他们失去了奴隶劳动力，这曾是他们最大的资本投资。他们失去了糖厂和磨坊，许多被摧毁，大多数遭受严重破坏。1861—1864 年，路易斯安那还在运营的糖料种植园数量从 1200 个减少到 231 个，蔗糖产量从大约 26.4 万吨骤降到 6000 吨。作为曾经人均财富排名第二的州，战后路易斯安那的价值不到其以前价值的一半。糖料种植园遭受的损失最为惨重。例如，阿波琳·帕图的净资产从 14 万美元暴跌至 2 万美元。

与此同时，路易斯安那经历了一场政治和社会革命。尽管路易斯安那不在 1863 年 1 月颁布的《解放黑人奴隶宣言》的适用范围内，但在 1864 年 9 月，路易斯安那州议会废除了奴隶制。6 个月后，美国联邦政府成立了难民、自由民及被遗弃土地管理局，即通常所说的"自由民局"。满怀希望的自由民在自由民局官员的帮助下，建立了学校和教堂，协商劳动合同，并着手寻找在奴隶

制下被出售的伴侣、子女、亲戚和朋友。

随着美国联邦政府真正改变黑人公民地位的意愿逐渐减弱，以及种植园主破坏重建的决心增强，自由民局的财政基础和权力受到侵蚀。但在重建让位于救赎之前，黑人一直在努力为将自己确立为政治存在而斗争。"救赎"则是一个充满痛苦回忆的术语，指的是1877年美国南方回归民主党统治的过程，保守派将之誉为一个"救赎"的过程。糖料种植园是许多人的家园，它们被证明是招募、宣传和组织的最佳场所。在产糖教区，黑人多数选举黑人进入州议会，黑人担任官员和民兵。

从其他方面来看，路易斯安那蔗糖的新订单似乎与旧的订单没有显著不同。南方官员邓肯·肯纳宣誓效忠联邦政府，并从自由民局收回了他的阿什兰种植园，该局曾没收这个种植园，分给无地的自由民。阿波琳·帕图曾发誓说自己是一个中立的外国人，因而仍然完整拥有自己巨大的种植园。

大多数自由民不愿意回到甘蔗地里工作，即使每月能够获得10美元的薪酬。一些诸如阿波琳·帕图的种植园主转而雇用白人。之后不久，其他种植园主引进了中国的"苦力"（coolies），这个词指的是没有特定技能的亚洲劳动力，并且很快就带有负面含义，后来他们又引进了德国人、荷兰人、爱尔兰人、西班牙人、葡萄牙人和意大利人。这些移民中没有一个能接受种植园主提供的苛刻条件和低廉工资。中国人逃离种植园前往新奥尔良或其他城市地区，而白人则撕毁合同，谈判新合同。《种植园主旗帜报》（*The Planters' Banner*）总结道："白人不会像农奴和妓女那样，到这里来拥挤在肮脏的小木屋里，每周只吃一点玉米粥和4磅猪肉。"[48]

解放后的黑人也不愿回到种植园里重新体验恶劣的工作条件。

糖料地区的重建故事讲述了他们是如何努力的，有时他们能成功地为自己争取更好的工作条件，并作为新公民和新选民做出重要贡献。这也关乎种植园主是如何试图重新定义解放，以服务于自己的利益，同时他们不仅要应对来自外国甘蔗和北美甜菜的竞争，还要应对糖料精炼商的强大游说势力，这部分势力的首要任务是获得廉价糖，不管它来自哪里。

就像几十年前在英属西印度群岛解放的糖奴一样，路易斯安那的自由民也渴望拥有自己的土地。他们想让自己的女人远离甘蔗地。他们想自己选择雇主。他们希望得到全额现金支付的体面工资，而不是代金券，他们拒绝了有些人最初青睐的分成制种植安排。如果他们的合同包括餐食，他们想要得到品质更好的食物。他们希望种植园主能提供饲料，用以喂养自己的牛、猪、鸡和马。他们希望周六和周日休息，在圣诞节假期能获得最长可达一个月的休息时间。他们希望获得投票权，能组建和加入政治团体、政党，选举官员，参与政府事务并从中受益。他们希望得到一定程度的尊重，并拒绝容忍公然的奴隶制残余行径，比如残酷无情的监工、侮辱和嘲笑，以及对他们行动的限制等。

当种植园主拒绝这些要求或不公正地解雇自由民时，自由民学会了如何以及何时罢工，例如，在收割和加工甘蔗的时候。政治领导人教导自由民团结一致，"在所有种植园里都表现得像是一个人在行动"，直到种植园主向他们让步。有时自由民会违反合同，去从事报酬更高的工作，只有非常高的工资和少量威士忌才能诱使他们去做讨厌的堤防维护工作。在选举期间，自由民将政治事务放在首位，在种植园主看来，他们"在政治上花费太多时间，但在工作上花费的时间太少"。[49] 在收获季节，当一些自由女性同意以每天 75 美分的价格在地里工作时，种植园主指责她们傲慢和懒惰，尤其是那些处于哺乳期的母亲。

一段时间以来，自由民取得了良好的进展。到 1869 年，他们已经通过谈判达成了 325 美元至 350 美元的平均年薪，包括住房和供应地等福利，这与非农业工人的收入相当，远比有薪或分成制棉花工人期望得到的多。自由民用工资来提升和改善自己的口粮，他们喜欢饼干、茶、威士忌、杜松子酒、白兰地、鳕鱼、沙丁鱼、盐和胡椒、炼乳、精制糖和糖果。他们的衣服面料比以前好多了，他们还用配饰来装扮自己。他们戴眼镜、吸烟，使用钢笔和纸张，在自己的房屋放置购买的捕鼠夹，并为自己购买各种能使生活变得更加轻松和优雅的物品。

而自由民梦想拥有土地则是另一回事了，只有少数人实现了这个梦想。随着时间的推移，自由民局被迫恢复了所有被没收的种植园，而这些种植园是他们唯一可能的土地来源。在 1874 年金融危机期间银行倒闭时，那些试图将储蓄投资于联邦特许的自由民储蓄信托公司的人全都失去了存款。

自由民在改善生活条件的斗争中最可怕的对手是当时的糖料种植园主，他们深受诸多不利因素的困扰，比如资产被毁、巨额债务、缺乏收入、银行家不合作，以及来自国内甜菜和国外蔗糖的竞争。他们讨厌雇用那些以前所有权归属于自己的男人和女人，正如一名同时代的人总结的："他们不明白……在不挥鞭子的情况下如何诱导人们去工作。"[50] 来自北方和南方其他州的新种植园主更容易适应，但在很长一段时间里，南北战争前的模式给战后的蔗糖生产投下了阴影。

许多种植园主积极抵制新秩序。他们背着工人密谋压低工资或扣留部分工资，直到蔗糖生产季结束，或者以自由民违反合同为由扣除或扣留工资。他们重新设立了巡逻队，阻止自由民未经书面许可在种植园之间游荡，有效地剥夺了他们自主选择雇主的合法权利。一些种植园主试图通过在劳动合同中加入个人行为承诺来维持对自由民的掌控，比如不赌博、不喝酒或不咒骂。种植园主纷纷哀叹"狂热和无政府主义的政治洪流正在席卷这片土地，使之荒芜"。[51]他们特别讨厌看到自由民去登记投票，或者离开甘蔗地去参加政治会议，并解雇那些他们认为政治上会带来麻烦的工人。自由民局的一名官员报告说："不断有这种情况引起我的注意，即种植园主仅仅因为工人参观政治俱乐部就解雇他们。"[52]

自由民以罢工和拒绝与不友好、不诚实的种植园主签订合同作为报复。他们通过团结获得力量，这种团结来自在规模庞大的种植园里的共同生活和工作，来自为他们提供咨询、援助和保护的机构，来自意识到农村群众至关重要的黑人政治家。他们组建了非正式的民兵组织、互助协会和被称为联邦同盟的政治俱乐部，这些组织有助于约束和团结他们，并在重建时期的暴力政治斗争和选举中动员黑人民兵提供准军事保护。自由民取得了稳步进展，这迫使种植园主做出让步。自由女性组建了自己的共和党辅助组织，并威胁说，如果他们屈服于种植园主的压力投票给民主党，就离开他们，从而加强男性的决心。至少发生了一次女性手持甘蔗田里的砍刀，破坏了一场民主党会议的事件。对于习惯于支配他们的白人男性来说，这种坚定的强悍态度出乎意料，也令人恼火。

种植园主和路易斯安那的白人并未做出姿态优雅的让步。1867年5月，他们中的一些人成立了白山茶花骑士团，这是一个秘密团体，誓言通过对抗重建和黑人改良主义政治来恢复和维持白人至上的地位。一家共和党报纸公布了它的秘密细节后，白山茶花骑士团解散了，一些人加入了其他致力于恐吓和迫害有抱负或有民主思想的黑人及其白人盟友的白人至上主义邪教组织。一名白人威胁打算投票的自由民："我们会杀光你们。""黑人的任务是到田里去工作。"[53] 1868 年，60 人在圣伯纳德教区的选举活动中被杀，其中大部分是自由民，这个事件预示此后一个多世纪，选举暴力一直困扰着南方政治。

南北战争结束后 15 年，种植园主仍需担心能否继续经营下去。尽管在 1860—1875 年，美国的食糖消费量激增了 62%，但路易斯安那的食糖消费量从 27% 骤降至 8%。破产和强制出售的现象非常普遍，超过三分之二的种植园被迫关闭。为了支付吵闹的工人工资，修理或恢复设施，以及购买现代化设备，种植园主需要信贷，但由于失去了主要的资本投资，即奴隶，他们很难获得信贷。一个代理商抱怨道："现在那些贫困和拖欠债务的种植园主的攻击足以让你失去所有耐心，他们就像一群黄蜂。"[54]

幸存下来并且经营繁荣的种植园主必定经历了调整和现代化。新的制糖方法，如多效蒸发器和真空锅，即使在糖汁冻结的情况下，也能提取更多更好的糖，这些是必不可少的。更低廉的燃料成本也同样重要。寡居的玛丽·安·帕图是阿波琳的儿媳和继承人，她以自己和儿子的名义经营，她的糖厂至今仍在运营，并且是唯一仍由原家族经营的糖厂，燃料从煤炭和木材转变为燃油，并辅以甘蔗渣。新的田间设备意味着成本更低，比如行间中耕机和机械甘蔗装载机，也减轻了不情愿的田间工人一项特别繁重的任务。灭茬切除刀也是如此，它去除甘蔗地里的残茬，促进甘蔗生长发芽，长出芽眼，从而增加糖产量。很久以后，在 20 世

16. 这幅插图出自反奴隶制小说《汤姆叔叔的小屋》。画面左侧，一个男孩正在被一群潜在的买主检查，艾美琳则站在右侧的拍卖台上，她被卖给了凶恶的西蒙·莱格利。她的母亲向莱格利做出恳求的手势，莱格利举手出价，最终胜出。艾美琳被赋予了明显的白皙肤色，以强调她是一个具有四分之一黑人血统的混血儿，从而引起美国北方白人的额外同情。

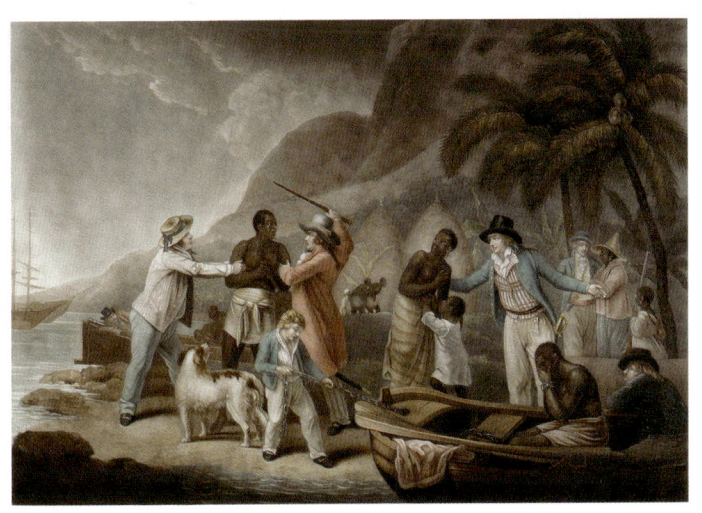

17. 这幅油画描绘了"可恶的人口贩卖"，它说明了在当时的英国，人们已普遍关注废除奴隶贸易的问题。这幅油画原作由英国画家乔治·莫兰绘于约 1788 年。

18. 英国艺术家本杰明·罗伯特·海登创作的画作《1840年在伦敦召开的第一届世界反奴隶制大会》。

19. 这件蓝色玻璃糖碗上刻有"东印度公司非奴隶生产的糖"等文字,这个糖碗很可能制作于英国的布里斯托尔,19世纪20年代。

20. 养蜂人，这幅画由老勃鲁盖尔绘制于 1568 年。

21. 现存于德国柏林糖博物馆里大小不等的糖锥。

22. 一名泡茶的年老妇人,出自威廉·比格的油画《小屋内景》,1793年,这幅画现存于英国伦敦维多利亚和阿尔伯特博物馆。

23. 韦奇伍德陶瓷厂出产的碧玉浮雕茶壶,约1790年,现存于英国伦敦维多利亚和阿尔伯特博物馆。

24. 这个带盖糖罐是美国考古人员在北卡罗来纳州的阿拉姆斯县发掘出来的,此地曾有大量陶器厂。这个糖罐现存于美国大都会艺术博物馆。

25. 饮用巧克力成为欧洲的一项社会风尚，西班牙加泰罗尼亚的彩色马赛克瓷砖，描绘的是当时仆人为贵族制作巧克力的盛宴场景，1710年，现存于巴塞罗那设计博物馆。

26. 法国艺术家让-艾蒂安·利奥塔尔在约1745年绘制的画作《巧克力女孩》。

27. 波多黎各的一家糖厂，这幅画由弗朗西斯科·奥勒绘制于 1885 年。

28. 约 1910 年，波多黎各的民众在种植甘蔗。

29. 铁路的开通促进了古巴内陆平原的蔗糖生产。爱德华多·拉普朗特在约 1857 年创作了一系列有关古巴甘蔗种植园的画作,这是其中一幅。

30. 20 世纪 30 年代,波兰商人为了推动糖的消费,委托相关人员绘制的广告宣传画作。

31. 美国在第二次世界大战期间实行物资配给制,图片中人们在排队买糖。

32. 1960 年,印度尼西亚发布了一套关于当地农产品的邮票,其中一张绘有甘蔗。

纪二三十年代，电力和随后的汽油取代了早先取代畜力的蒸汽动力，粪肥也让位于化学肥料。

成立于 1877 年的路易斯安那糖料种植园主协会创建了一个糖业游说团体，以影响联邦的关税政策制定者。它还帮助种植园主通过协会会议及其期刊《路易斯安那糖料种植园主》(*The Louisiana Sugar Planter*) 共享研究信息。与前几代种植园主不同，这些农业实业家非常热衷于路易斯安那的大学和学院进行的糖料品种和技术研究。

随着蔗糖生产的现代化、资本化程度和产量大增，糖厂变得越发高效，以至于任何一个种植园都无法满足其供应需求。路易斯安那开始出现其他产糖区常见的集中化现象。糖厂越强大，它们合并的势头就越稳固，从 1875—1905 年，732 家糖厂减少到 205 家。这些糖业巨头的效率非常高，以至于生产力猛增，更少的工人生产出了更多的糖。

救 赎

在多年遭受歧视性立法、经济胁迫和身体攻击之后，糖业的黑人工人不再表现良好。重建于 1877 年结束，当时共和党与南方的白人达成了一项浮士德式交易。尽管拉瑟福德·海斯在普选中失利，但为了换取能将他送入白宫的选举人票，海斯政府将从南方撤出联邦军队。

暴力和恐吓成为当时司空见惯的现象。1883 年，准军事组织白人联盟在科尔法克斯杀死了约 100 名聚集在法院的黑人，其中一半是在投降后被杀的。白人联盟是白山茶花骑士团的继承者，是不戴头巾的白人至上论团体。玛丽·安的儿子伊波利特·帕图是白人联盟的领导人之一。

1887年11月3日,在被称为"糖碗"的拉富什教区中心地带蒂博多,黑人的公民、政治和经济权利逐渐消亡的丧钟敲响了。自由民组织了一场地区性罢工,而白人种植园主在糖料种植园主兼法官泰勒·比蒂的带领下联合起来,镇压了这场罢工。经过3天的流血冲突,30名自由民死亡,数千人被种植园主赶出了小屋,无家可归。比蒂的姻亲玛丽·皮尤向丈夫透露:"我想这将解决谁来统治的问题,是黑鬼还是白人?至少在接下来的50年里……现在的黑人表现得极其谦卑,与上周大不相同。"[55]

蒂博多大屠杀是20年来种植园主和自由民之间斗争的高潮,是他们对蔗糖生产应该如何运作的不同看法之间的冲突,是激进的雇主和激进的工人之间的斗争,也是传统特权阶层和新的解放者之间的斗争。历史学家约翰·罗德里格总结道:"蒂博多大屠杀是解放故事的尾声,也是种族隔离和白人私刑暴徒等一连串事件的序幕。"[56]

蒂博多开启了一个被称为"救赎"的时代,因为民主党的权力被挽回。与古巴一样,美国南方的糖料种植发展成为一种工业化农业体系,由资本雄厚且集中化的糖厂加工甘蔗。黑人和少数异国或贫穷白人为了低工资长时间艰苦劳作。白人再次占据优势地位。

北美的甜菜

随着古巴和路易斯安那的甘蔗故事不断展开,甜菜构成了一个重要的次要情节。起初是欧洲的甜菜。到19世纪末，甜菜越过大西洋，在北美扎根，它所产出的糖既是蔗糖的重要补充，也挑战了蔗糖的地位。与此同时，它的生产成本必须与甘蔗相当，或者最好低于甘蔗，这对甜菜地里的男男女女有着巨大的影响。

甜菜生长在温带，那里土壤肥沃、雨水充足，一年大约有5个月的时间没有严寒霜冻。这种类似芜菁的蔬菜，根部长且呈银白色，根深6到10英尺，在春天种植，每行至少相隔一英尺，并且作为基础作物，与小麦、玉米、大麦、土豆或黑麦搭配种植，每隔3至5年轮作一次。它需要深耕以增加随后的谷物产量，还需要频繁锄草以控制或消除杂草。碾磨后留下的甜菜叶和果肉用来喂养牲畜，并作为粮食作物的肥料。甜菜也是温带每单位面积产出热量最高的农作物。

北美的许多地区都适合种植甜菜，尤其是包括加利福尼亚部分地区并延伸到密歇根及更东部的那片楔形土地，以及加拿大从不列颠哥伦比亚省到安大略省的地区。然而，甜菜种植最初遭遇了困难。1836年，一群想成为糖农的人在费城成立了甜菜糖协会，并派了一名代理人前往法国学习这项业务并获取种子，但没有成功种植的记录。两年后，在马萨诸塞州的北安普敦，一家刚刚起步的工厂因为甜菜含糖量低而关闭了。

1852年，摩门教徒试图将甜菜引入犹他州，作为他们实现全面的自给自足愿景的一部分。他们从法国运来了500桶甜菜和加工设备，取道新奥尔良运到堪萨斯州的莱文沃思堡，然后这些甜菜和加工设备被装上了货车，由52头牛组成的畜力队伍牵引，4个月后到达犹他州，摩门教教会将它们安置在盐湖城的糖厂区。但是这些设备未能生产出结晶糖，1855年工厂被迫关闭。

更多的甜菜糖厂在北美的多个地区兴衰更迭：纽约州的日耳曼尼亚甜菜糖公司，以及位于威斯康星州、加利福尼亚州、缅因州、特拉华州、马萨诸塞州和新泽西州的诸多工厂。加拿大也经历了一系列失败的甜菜糖企业，特别是在马尼托巴省、魁北克省和安大略省。这些尝试之所以都失败了，是因为这些农民没有甜菜种植的经验、甜菜品质低劣、设备故障，以及工厂选址不当。

1890 年形势发生了逆转，E. H. 戴尔在经历了 4 次失败后，在加利福尼亚州阿尔瓦拉多成功建立了甜菜糖企业。1888 年，在夏威夷的蔗糖行业富有经验的克劳斯·斯普雷克尔斯在加利福尼亚州沃森维尔成立了公司。法裔美国家庭的后代奥克斯纳德兄弟，即亨利、詹姆斯、本杰明和罗伯特曾在路易斯安那种植甘蔗，并在波士顿和纽约炼糖，他们在内布拉斯加州格兰德艾兰和诺福克，在加利福尼亚州奇诺和奥克斯纳德开设了甜菜加工厂。1900—1920 年，甜菜种植面积从 13.5 万英亩增加到 87.2 万英亩，其中科罗拉多州和内布拉斯加州的种植面积最多。彼时，摩门教教会也成功地在犹他州资助了一个重要的甜菜糖产业。到 1902 年，美国有 41 家工厂生产了 2,118,406 吨糖。到 1915 年，有 79 家工厂在运营，这得益于战争期间的高糖价。在加拿大的安大略省和艾伯塔省，甜菜加工厂也开始取得成功。在马尼托巴省，门诺派农民和其他人在比北美其他甜菜业务都更靠北的土地上转向甜菜种植。

一旦甜菜在北美成为一种可行的作物，劳动力问题就变得越来越突出。和甘蔗一样，甜菜也是一种劳动强度较高的作物，甜菜间苗过程只是稍微比挖掘甘蔗坑轻松一些。马尼托巴省的一名甜菜工人回忆道："在间苗过程中，我们的膝盖很容易受伤。""我们用绳子绑住饲料袋，将膝盖包起来，但是一旦膝盖疼痛，就很难治愈。我们什么都试过了，坐平、侧身躺着。这些似乎没有任何帮助。"[57]

在很长一段时间里，很难持续找到工人去做如此繁重的工作，特别是因为要与蔗糖竞争，工资必须保持在较低水平。对美国的种植园主来说，墨西哥是一个显而易见的劳动力来源地，许多种植园主在那里发起招聘活动，用西班牙语在小册子、海报、日历和报纸上做宣传，并提供交通服务。1900—1930年，超过100万墨西哥人来到北美，许多人担任甜菜工人。日本也提供了数千名男性农业劳动者，其中许多人以前受雇于夏威夷的甘蔗田。

到1903年，位于加利福尼亚州奥克斯纳德市的美国甜菜公司雇用了1000名墨西哥人和日本人，他们在地里干活，给甜菜间

图48 这幅场景让人想起奴隶制时期的甘蔗田，这些婴儿在甜菜田里由其他孩子照顾，1915年，摄于美国科罗拉多州奥德韦。

图49　6岁的亨利和3岁的希尔达，他们都是甜菜工人。亨利抱怨道："我几乎没有休息时间。"美国威斯康星州，摄于1915年。

苗，并发起了第一次美国农场工人联合罢工。奥克斯纳德是一个新城镇，那里的德国白人、爱尔兰白人和犹太白人将自己隔离在城镇西区，而将墨西哥人和日本人驱赶到东区。一名白人居民回忆道："当城镇东区的贫民窟喧嚣吵嚷时，城镇西区的居民正在听基督教妇女禁酒联合会的演讲，或是在上演黑人歌舞表演的歌剧院滑冰场享受快乐时光。"[58]

当西区的西部农业承包公司成立时，麻烦就开始了，该公司将日本劳动力承包商降级为分包商，压低给甜菜间苗这种令人厌烦且需要弯腰的劳动的工资，并用公司商店的代金券代替现金工资。墨西哥和日本工人，特别是给甜菜间苗的工人，联合起来成立了日墨劳工协会，然后开始了罢工。日墨劳工协会的一份新闻稿解释说："获得体面的生活工资就像大糖厂里的机器需要适当涂

图50 这些日裔加拿大工人在艾伯塔省南部的甜菜地里摆出姿势,他们挤出的微笑像他们的劳作一样勉强。乔伊·小川的小说《伯母》(*Obasan*)中的叙述者哀叹道:"这很难……当我挥砍的时候,刀刃逐渐变钝了,沾满了泥巴……一直到长长的田垄尽头,然后是下一垄甜菜,似乎永远干不完,间苗、除草、除草、再除草。"

图51 克里女性和儿童在加拿大艾伯塔省雷蒙德市的一家甜菜农场劳动,大约摄于1910年。

图52　1908年，在美国科罗拉多州格里利，工人操作压滤机将甜菜制成糖。

油一样有必要……"[59]

3月24日，农民查尔斯·阿诺德破坏罢工，他向手无寸铁的工会成员开枪，造成1人死亡，4人受伤。尽管目睹了阿诺德的暴行，但由北美白人组成的陪审团宣布阿诺德无罪。这种不公激怒了罢工者，增强了他们获胜的决心。3月30日，经过紧张的谈判，这场罢工最终以甜菜种植商接受工会提出的大部分要求结束。

工人们虽然取得了胜利，但过后仍面临一段难言的后续。日墨劳工协会申请加入美国劳工联合会，该组织同意接纳墨西哥人，但"在任何情况下都不接纳……任何华人或日本人"。日墨劳工协会正式谴责这些条件。"我们将拒绝任何……种类的特许证，除非它能消除种族偏见，并承认同事和我们一样优秀。"[60]

几年后，日墨劳工协会的胜利逐渐消退，承包商恢复了他们的剥削行为，奥克斯纳德仍然充满暴力，工会最终解散了。1905年，北美反亚裔情绪高涨，排斥亚裔联盟发起运动，旨在将日本人和朝鲜人排除在美国之外。但是奥克斯纳德甜菜工人作为美国加利福尼亚州首个农场工人工会，以及首个超越种族界限的工会，他们的罢工具有深远影响。

大萧条加剧了北美对于墨西哥人和亚洲人的仇外情绪。一些墨西哥人离开了不太友好的美国，返回墨西哥。在威胁、突袭和法律行动之后，超过40万人被"遣返回国"。[2006年1月，加利福尼亚州立法机构通过了《为20世纪30年代墨西哥人遣返计划道歉法案》(Apology Act for the 1930s Mexican Repatriation Program)，为这些侵犯公民权利的行为道歉。]

在大萧条时期，想要找到取代墨西哥人的劳工很容易。有些绝望的失业者乘坐北美大陆的火车而来，还有大批逃离祖国动乱的移民，即俄国人、捷克人和波兰人，以及寻找有利可图作物的德国门诺派教徒，还有逃避迫害的德国犹太人和反纳粹人士。雇主也雇用北美原住民，但更倾向于那些没有积蓄的欧洲人，当工作艰苦、劳动时间长和工资低廉等条件变得无法忍受时，他们无路可退。

第二次世界大战结束了工人的财富积累时期，将许多工人从甜菜田里征召进了军队，以至于一场就业危机迫在眉睫。美国和加拿大政府都通过从出于良心拒服兵役者、德国战俘和日裔美国人和日裔加拿大人的队伍中招募工人来支持制糖业。突然被归类为"外国人"的日裔被剥夺了家园和生计,被运送到偏远地区的拘留营。1942 年,数千人被送往美国俄勒冈州、犹他州、爱达荷州、蒙大拿州,以及加拿大艾伯塔省和马尼托巴省的甜菜糖厂,这段经历成为他们集体记忆中痛苦的一章。

在第二次世界大战期间,由于蔗糖进口不太可靠和稀缺,对于甜菜糖的需求大增,甜菜糖尽管是由"敌对外国人"生产的,他们与北美原住民和新加拿大人一起劳作,但被宣传为一种"爱国"商品。第二次世界大战结束时,被拘留的工人从甜菜地里释放出来,而被称为流离失所者的新移民取代了他们。甜菜农场扩大了规模,并且采用了新技术,比如化学除草、改良种子品种和精确种植。但诸如给甜菜间苗和锄地等最繁重的工作仍需要大量的田间工人。和往常一样,制糖业从移民和其他贫困群体中招募工人,以及任何他们可以说服从而能够利用的当地资源,或者任何他们能胁迫的原住民。在加拿大,包括印第安人事务局在内的多个政府部门合作,将原住民推入艾伯塔省的甜菜田。[61]

在敌对的轴心国阵营,甜菜糖也有关于斗争的故事。在第一次世界大战之前,德国在甜菜糖出口方面一直处于世界领先地位。(该国的食糖出口总量排在第三位,仅次于古巴和爪哇。)随后它的糖产量骤降,政府对此进行了干预,以保证平民买得起糖。在第一次世界大战结束后,尽管德国政府努力恢复糖产量,但境况不佳的德国工业在与倾销的外国糖和大萧条的破坏性影响的斗争中失败了。

纳粹党提供了帮助,他们使甜菜成为一种理想化的意识形态(Blut und Boden,即血与土)的中心。纳粹党称赞甜菜将农业工人留在了农村(尽管它也让潜在的士兵留在了那里),为德国人提供了一种基本的食物，并战胜了低劣种族在温暖地区种植的甘蔗。纳粹党还将甜菜纳入了国家自给自足的愿景之中，尽管德国只有通过生存空间（Lebensraum），即扩大领土并获得更多资源才能实现这一目标。[62]

然而，希特勒一上台，就对甜菜表达了不那么浪漫的看法。例如，他意识到维持高糖价的高额税收带来了急需的收入。因而，纳粹党非但没有降低税收，反而鼓励德国人多吃含糖果酱。（他们之所以选择果酱，是因为法兰克福近来开始生产果胶，这是制作果酱所必需的，也是消耗劣质和受损水果的一种方式。）为了鼓励销售，他们要求甜菜行业补贴果酱行业，直到 1938 年才提供国家补贴。越来越多的果酱被生产出来，从 1934 年的 6.72 万吨增加到 1937 年的 14.3 万吨，大部分使用了补贴的糖。

除了果酱，纳粹党还鼓励生产饲用甜菜，以减少动物饲料的进口，同时促进肉类和动物脂肪的生产。人们期望甜菜产业能养活德国人及其牲畜。凭借生存空间，德国获得了奥地利和捷克斯洛伐克的大片甜菜种植区，并在第二次世界大战中获得了充足的甜味，提供了 14.56 千克糖、5.72 千克果酱的基本人均年配给量。纳粹党对甜菜的痴迷是众所周知的，以至于 1942 年期刊服务机构（Zeitschriften-Dienst）向杂志编辑发放第三帝国的机密指示："不要报道那些能让甜菜叶子适合人类食用的计划。"[63]

糖已成为饮食中一种不可或缺的元素，无论是革命、战争还是奴隶制的消亡，都无法阻止糖的生产。在没有蔗糖的地方，甜菜糖会代替蔗糖，使那些地方也充满甜味。甚至连阿道夫·希特勒也知道不能剥夺人民的糖。

第四部分

甜蜜的世界

第 10 章

糖业移民

一种奇特的新制度将印度人带到西印度群岛

如果今天克里斯托弗·哥伦布重游故地,他肯定会在看到特立尼达和圭亚那拥挤的街道时宣称:"我是对的!这就是印度!"从许多方面来讲,确实是这样,这要感谢那些在解放后重建并重振糖业帝国的糖厂主,他们通过一种契约制度,引进了成千上万的印度人和中国人,学界将这种新制度描述为"一种新型奴隶制",历史学家休·廷克就是这样苦涩而恰当地称呼它的。[1] 这种新制度背后的信念是糖料种植园和自由劳动力是不相容的。

通过契约制度,英属西印度糖业粉碎了解放运动将改变糖料殖民地社会和经济结构的所有希望。具体来说,契约制度削弱了黑人工人的议价能力,他们试图谈判更公平的工资,但此种努力因大量的廉价进口劳动力而受阻。与此同时,支持糖业的白人殖民寡头通过维持官地高价和禁止出售小块土地,压制了前奴隶对农田的渴望。英国殖民地部与种植园主的目标一致,即把甘蔗确立为种植园的单一作物,并制定了财政政策,迫使包括黑人在内的普通民众支持糖业。

糖业新的"自由"面孔被称为"苦力",此词词源不明,带有贬义色彩,用来形容任何种族的非技术工人。第一批来自马德拉和印度的工人死亡人数非常多,以至于契约制度曾短暂中止并稍做调整后再重新启动。历史学家和糖业学者艾伦·亚当森写道:"糖料种植园主赢得了对殖民地部和人道主义者的灵魂之战……而反奴隶制协会失败了。"[2]

契约制度是英国殖民地部设想出来并加以监督的一项帝国政策。其官员最著名的有1846—1852年担任殖民大臣的格雷伯爵,以及詹姆斯·斯蒂芬,他一直担任殖民地部常务次官,直到1847年,他们都属于改革派废奴主义者,最初设想的是一种一方自由提供劳力和另一方自由接受的劳动安排。格雷伯爵解释道:"真正的政策是采纳这样的规章,其效果应该是令移民产生明显的兴趣,毫无疑问地在相当长的一段时间内为同一雇主稳定而勤奋地工作。"[3] 在实践中,契约制度的发展大相径庭,亚当森写道:"在糖料种植的特殊利益压力下,自由主义理念轻易就崩溃了,不过,这仍然是一个显著的例子。"[4]

契约演变为一项为期5年的合同,随后是一份"工业居留"证,重新签约,或者免费返回印度,直到1904年。至少有25%(后来是40%)的苦力必须是女性。契约协议包括工资率、工作时间、未具体说明的口粮和"合适的住所",以及包括"安慰物品"在内的医疗服务,还有兼具移民保护者身份的代理人。实际上,种植园主违背了这些条款中的大部分规章,但严格执行了纪律措施,对那些无特别通行证就离开种植园、旷工、拒绝开始或结束工作、流浪、不服从命令、习惯性懒惰、对当局使用威胁性言语和装病的契约劳工提起诉讼。埃里克·威廉斯写道,契约制度"产生了一群总是待在地方法院的人"。[5]

英属西印度体系成了世界范围内糖料种植园主的典范，法国和荷兰的种植园主也实施了这样的体系。在契约劳工中，印度人占绝大多数，尽管中国人、爪哇人、日本人、菲律宾人、马德拉群岛人和西非人也有签订契约者。一项统计概览显示了印度契约劳工对加勒比糖料殖民地、斐济、毛里求斯和非洲南部的人口影响：有120多万印度契约劳工移民，其中各有50多万人移居加勒比地区和非洲。

在印度，招募人员寻找的是绝望的人，而不是有经验的糖业工人。洪水、干旱、和警方有纠葛、村庄政治、家庭纠纷和日常贫困，往往迫使人们报名签约。一名殖民地移民代理人报告说："在大多数情况下，招募人员发现苦力基本上处于濒临饿死的状态，他收留这些苦力并给他们提供食物……在这种情况下，我们的服务条款就是绝对财富了。"[6]

移民很少知道自己会去往何方，以及在那里会做什么。招募人员雇用了被称为"阿尔卡蒂亚"（arkatia）的招徕人员，他们编造了潜在的工作机会：在加尔各答做园艺工人或者在一个气候宜人的殖民地筛糖。被领到港口城市的补给站后，那些犹豫不决、最后改变了主意的移民发现，只有支付了招募人员的交通和住宿费用后才能回家。

招募人员的文件记录和他们的招聘技巧一样拙劣。他们误将印度教徒登记为穆斯林，并错误地将大多数移民列为农业从事者，尽管1871年调查委员会的一份报告显示，在当时一艘典型的运载契约劳工的船上，只有13人是农民，其余的人是烧石灰工、牧牛人、劳工、清洁工、神职人员、织布工、抄写员、鞋匠和乞丐。

而在另一艘船上,一群跳舞的女孩及其随行者"嘲笑成为农业从事者的想法"。[7]

契约劳工中的女性有许多丧偶或是被遗弃的妻子,她们到达补给站时衣衫褴褛。例如,马哈拉尼常年受到虐待,由于牛奶煮沸后溢出了一些,她为了避免再次挨打而逃跑,并被招募去往特立尼达筛糖。这些女人一般都能找到男人再次结婚,甚至不惜跨越宗教障碍。补给站婚姻给这些女人提供了一种庇护,男人也从中找到了帮手。

在招募人员招满配额之前,他们将招募到的人员关在补给站里。在那里,通过简易的烹饪和洗涤设施,这些被招募进来的人员很快就了解到,"在完全的强迫下,他们将不得不抛弃珍视的种姓、宗教观念,以及信仰,也不得不在这样的情况下坐下用餐"。用印度民族主义者和甘地的同事马丹·莫汉·马拉维亚的话来说,"如果他是一个自由人,他永远都不会同意这样用餐"。包括贱民在内的不同种姓的穆斯林和印度教徒被迫相互交往,在履行契约的头几年,他们也与当地被称为"山地苦力"的丹格人交往。

在这些潜在的移民接受体检前,招募人员给他们提供山羊肉、烙饼和印度豆泥以增加营养,他们还可以洗澡。一名医务人员会给他们做检查,通常是敷衍了事,甚至还会批准那些明显得病、衰弱或年老的人,比如其中一个想要成为劳工的人已75岁了。一位英国医务观察员正式谴责这一制度是"腐朽的"。[8]

从印度出发,这段航程需要花费26周,直到蒸汽机的出现使所需时间减半。腹泻和痢疾、意外事故、食物和水短缺,以及抑郁情绪,导致许多移民死亡。例如,1856—1857年,死亡率从接近6%到31%不等。这些印度人往往在即将登陆时才知晓目的地,他们受到种植园主的接待，但雇主对他们的文化、宗教和需求漠不关心，也不尊重。加拿大人威廉·休厄尔是《纽约时报》(The New York Times)的编辑，由于患病，他在西印度群岛度过了三年康复期，他表达了这些种植园主的想法，他描述印度人是"一群赤身裸体、饿得半死、胡言乱语的野蛮人，随时准备吃掉任何躺在路上、死去的腐烂牲畜、鱼、肉或家禽"。[9]

一到达目的地，这些苦力就被一名政府代理人带领着送到种植园里，这名代理人本应是他们的保护者。与奴隶不同，他们没有适应期，立即就被安排了工作，种植园主希望能够充分利用他们签订的5年合同的每一天。他们遭受了可怕的苦难，特别是在无情的碾磨季。英国人昆廷·霍格是外居种植园主，他在视察自己的种植园时，震惊地发现苦力被迫一天工作22个小时。[10]和之前的奴隶一样，苦力也试图逃脱折磨，总督哈里斯勋爵报告说："不到一周，特立尼达各地就传来消息说，在树林和甘蔗地里发现了苦力的骸骨。"[11]

大多数种植园的基础设施与奴隶制时期相比没有太大变化。印度人居住区仍被称为"黑鬼院"，由简陋而脆弱的两层木结构建筑组成，屋顶覆盖着瓦片或镀锌铁皮。他们的房间非常小，大约10英尺见方，中间由薄而低矮的隔板隔开。随着更多女性的到来，人们建造了更多同样简陋的屋舍。一个家庭挤在一个房间里；单身工人住在一起。大家必须共用通道和烹饪棚，这对于高种姓来说是难以接受的。最令人愤怒、最容易引发纷争和向地方法官投诉的原因是上层居民持续将泔水泼出窗外或从地面的洞眼往下倒。甘蔗田还兼做厕所。水很稀缺且经常发出腐臭味，很少有种植园主提供铁水箱。猪和牛自由游荡，它们的排泄物导致环境变

图 53 这些印度人抵达特立尼达糖料种植园的日子。现今，在特立尼达和多巴哥，5 月 30 日被定为抵达日，以庆祝第一个印度人的到来。

得更加污秽。

与早期的非洲奴隶一样，性别比例失衡改变了男女关系的性质。印度女性不但没有给丈夫带去嫁妆，反而索要聘礼，有些女性因为不喜欢丈夫而离开了他们，转而嫁给条件更好的人。有时，男性亲属会将女孩"卖"给别人做妻子。和其他地方的制糖工人一样，印度女性的生育率很低，也无力送孩子去上学，大约10岁时，孩子们也开始工作。

白人管理者和监工对待印度女性就像对待黑人一样，辱骂她们不道德，并强迫她们发生性关系。他们还羞辱印度男性，随意走进后者的房间发布命令，即使后者正和妻子躺在床上休息。患病的苦力不得不去阴郁冷清的种植园医院，1871年的英属圭亚那委员会称之为"肮脏的洞穴"，例如，在其中一家医院，护士长在病房里养了一笼鸡。

种族问题加剧了甘蔗田里的专制统治，因为种植园主和监工将工人分成苦力帮和克里奥尔帮，还不断比较这两类群体，鼓励人们认为黑人更强壮但更具攻击性，苦力则较弱但效率更高。这种策略奏效了。正如1870年英国皇家调查委员会了解到的，"苦力鄙视黑人，因为他们认为黑人……不如自己文明，而黑人鄙视苦力，因为他们觉得苦力在体力上远远不如自己"。[12]黑人也将契约劳工制度与奴隶制联系在一起，并拒绝像印度人那样被一纸劳动合同所束缚。正如一名黑人工人解释的那样，"我的父亲和祖父之前都是奴隶，而我永远都不会和糖厂签订合同"。[13]他们痛恨印度契约劳工，认为这些人阻碍了他们争取体面的工资和工作条件。

这些令人不快的比较在这两个群体之间造成了永久的隔阂，并推进了种植园主利用苦力来打压黑人工资和阻止任何联合抵抗的目的。一位有洞察力的管理者说:"我认为,白人的安全在很大程度上取决于不同种族之间缺乏团结。"1870年组建的英国皇家调查委员会也同意这一观点:"只要大量黑人继续与那些契约劳工一起受雇于他们,东印度移民中就永远不会有太多煽动性骚乱的危险。"14

这些苦力几乎算是种植园里的囚犯了,他们用自己的语言交流,庆祝传统节日,在印度教寺庙敬拜神明和伊斯兰清真寺做礼拜,并且一心一意存钱,等契约合同到期后带回印度。有些人忍受不了恶劣艰苦的条件,选择逃离或反抗,最常见的方式是装病。其他人则试图通过饮酒或吸食大麻来寻求短暂的解脱。大多数人不断抱怨自己没有得到承诺的工资,无数委员会及其调查报告证实了这一点。1885年,苦力的法定最低日薪是24美分,而英属圭亚那的特基延种植园只支付4到8美分。特立尼达的种植园主为每项任务支付的平均报酬略高于18美分,比法定最低工资少7美分。

这些还不是最恶劣的情况。种植园主通过一种惩罚性的任务制度欺骗苦力,如果工人没有完成每日分配的任务,他们就根本不支付工资或只支付很少工资,以此迫使许多工人每天工作15小时来完成这些任务。苦力在当地经历的第一个季节是最致命的,最糟糕的考验始于雨季,因为他们试图在潮湿而厚重的草地和高耸的甘蔗田里除草。《1871年特立尼达移民报告》指出:"这项工作非常艰苦而单调,并且置身于成片高耸、挺拔的甘蔗林里十分孤独。他们失去了信心,完成任务的时间是熟练工人完成整个任务的两倍,他们在深夜返回,又冷又湿又疲惫,第二天即使精力不济,仍然要忍耐着继续这场无望的劳作。"15

一些种植园主一整年都不支付给新手任何报酬，却向他们收取口粮费，使他们永远都背着债务。种植园主还通过声称弥补停工损失，扣留工人的工资，在英属圭亚那，这种情况每天都有发生。陷入财务困境的种植园主将苦力的工资放在他们"不支付列表"的首位。曾有种植园主"为了支付一把餐叉的费用"，停发了一整个小组的工人3个月的工资。[16]廷克写道，承诺的工资和实际收到的工资之间的差异，"决定了体面生活和悲惨生活之间的差别"。[17]

苦力知道自己被骗了，只要有可能，他们就会向地方法官提出申诉，以寻求解决办法。这是一场艰苦的战斗。他们很难说服证人去指证报复心强的管理者。他们不得不依靠那些薪酬微薄、粗心大意的翻译人员，比如有一位译者在法庭上错误地让委托人承认有罪而不是无罪。那些前往种植园听取申诉的地方法官，总是作为他们应该起诉的管理者的客人留在那里。听证会期间，该管理者坐在法官旁边，以避免自己"站在拥挤、通风不良的法庭房间里，和一群亚洲人紧紧地挤在一起……在热带阳光下"感到不愉快。[18]这种司法裙带关系的一个突出例外是英属圭亚那的医务视察员希尔，他对利益冲突非常敏感，以至于他带着吊床睡在警察局或教堂里。正如苦力们所知和各种委员会所证实的，法院对他们存有偏见。打击不公平和不公正的唯一方法是攻击或谋杀他们的监工或管理者。埃里克·威廉斯写道，印度契约劳工是"糖料种植园经济历史意义上的最后一批受害者"。[19]

尽管工资低廉，但印度契约劳工是出了名地节俭，英国驻苏里南领事称他们"节俭到了极点"。[20]的确，他们期盼着契约期结束那一天，之后他们可以免费回到印度（这一契约条款在1904年取消），享受甜美的劳动果实，而契约制度的白人捍卫者则大肆宣扬印度契约劳工的存款。然而,绝大多数印度契约劳工的储蓄非常少,以至于在契约期结束时,种植园主只提供了50至60美元的奖金,就说服了数万人续约5年。1869年后,特立尼达向留下来的人提供了小块土地,1873年是5英亩土地,外加5英镑,用于购买额外的土地。他们的妻子额外获得了5英镑,她们利用这个机会购买土地,从而实现了经济独立,获得了社会地位和庆祝宗教仪式的空间,有时这还是摆脱暴虐丈夫的手段。印度人定居点出现了。在特立尼达,从1885—1895年,印度人购买了近2.3万英亩土地。

契约制度只是糖料种植园主阶层宏大计划的一部分。通过他们对政策制定者的影响力,种植园主确保了糖业在殖民地经济中的首要地位,并将招募和运送契约劳工的大部分费用转嫁到黑人和印度人身上,无论是契约劳工还是自由民,都通过为此目的而设立的政府基金来支付。在英属圭亚那,承担进口苦力的费用占公共开支的22%至34%。牙买加总督安东尼·马斯格雷夫爵士抱怨说,种植园主"就像奥利弗·退斯特一样,总是要求更多"。[21]

种植园主也设法获得了一份税则,这份税则乖戾地迎合了他们的愿望,同时忽视了黑人和印度工人最基本的需求。几年来,面粉、大米、干鱼和咸猪肉被征收重税,但钻石、鲜鱼、肉类、水果和蔬菜、肥料和机械则免税。亚当森写道,黑人和移民仅凭存在的事实,"就不由自主地成了糖业的非自愿投资者"。[22]

契约制度对黑人产生了很大的影响。它使得种植园主在严格控制工资的同时能够扩大劳动力储备,从而限制了黑人的经济潜力,导致他们保持低下的薪资水平。黑人寻求更公平的工资,但种植园主拒绝支付,除非他们迫切需要工人。他们继续通过克扣工资、延迟数月才支付或任意决定根本不支付工资，惩罚劳工的违规行为。

他们也支持契约制度类似奴隶制的有些限制，这导致印度人被限制在特定的职业领域，而黑人则被限制在其他领域。在制糖业，一些黑人作为有薪劳动者工作，但是那些渴望更好生活的人进入了城市，他们在码头、运输业、邮局和商店找到了工作。一些人设法接受了教育，成为公务员和教师。

契约到期时，印度人发现很难进入黑人主导和白人控制的教学行业、警察和公务员队伍。于是，他们转向了零售业，还涉足甘蔗或水稻的种植，这些产业开始挑战糖料作为重要作物的地位。

尽管用圭亚那前总统切迪·贾根的话来说，"我们的黑人奴隶和印度契约劳工祖先都用鲜血浇灌了甘蔗"[23]，他是种植园里制糖工人的儿子，但糖料种植园主所播种和传播的种族之间的敌意在契约制度结束后依然存在，并因行业和职业的种族化而加剧。正如亚当森感叹的那样，"种族差异叠加阶级差异，导致被压迫群体之间的亚文化相互对立，甚至敌视"。[24] 黑人和印度人的混血孩童挣扎于自我认同的问题，他们在这两类社区都遭到了排斥。在特立尼达和英属圭亚那（现今圭亚那），这种不可调和的敌意和种族之间的仇恨一直延续到了今天，造成了政治僵局和社会动荡，使前糖料殖民地的形势变得复杂和混乱。

毛里求斯

英国在印度洋岛屿毛里求斯推广制糖业的第一次尝试以失败告终。1829 年，印度契约劳工到达该岛，但不到一个月就开始逃离那里的种植园,因为种植园主拒绝支付他们工资,警察局长约翰·菲尼斯下令将他们遣返回印度。在英国正式废除奴隶制后,贝尔联盟糖业公司的种植园主乔治·阿巴思诺特重新启动了印度劳工"实验",他引进了 36 名丹格尔部落成员,签订 5 年合同,让他们与非洲人一起工作。1834—1910 年,毛里求斯又输入了 451,766 名印度契约劳工,其中大部分是为糖料种植园招募的,到了 1872 年,他们已取代以前的奴隶在甘蔗地里的位置。到 19 世纪中叶,毛里求斯生产的糖占世界糖产量的 9.4%,毛里求斯成为英国的主要糖料供应地。

印度契约劳工在毛里求斯遭受了极其恶劣的待遇,包括鞭笞、低工资或不公正地扣留工资,以及因逃跑而被监禁。为了迫使合同期满的印度劳工续约,1867 年的一项法律规定,任何没有固定工作的人都将被视为"流浪者"。1871 年,一个调查委员会报告说,一些肆无忌惮的种植园主不遵守合同,并允许监工殴打苦力。警察和地方法官以"鲁莽和轻率的方式"执行法律,后者往往本身就是糖料种植园主,这"使苦力陷入残酷的困境"。[25]

为了增加利润,种植园主集中业务,一方面减少工厂的数量,另一方面生产更多的糖。他们还很不情愿地向获得自由的印度人出售低产的土地,印度人在这些土地上建立农场,种植包括甘蔗在内的多种作物。契约期满后,超过三分之二的印度人仍然留在毛里求斯,这通常是因为种植园主的政策操作,他们设想了一支由获得自由的印度人组成的农业力量,这些印度人除了为他们工作别无选择。他们将不再需要大量引进新的印度人,在最繁忙的季节有经验丰富的工人可用。但获得自由的印度人避开了种植园,1910 年,种植园主不得不继续引进新的契约劳工。

糖料种植园主阶层打造了一个由少数白人统治的社会。直到20世纪初，只有6071人拥有投票权，仅占总人口的六分之一。但到1968年毛里求斯获得独立时，大多数印度人、克里奥尔黑人少数族裔和其他少数族裔已经形成了一个利益共同体，这使他们能够为经济增长和其他目标共同努力，而糖是他们选择实现这些目标的工具。1975年，毛里求斯通过谈判达成了一项有利协议，每年向欧洲经济共同体提供50万吨糖。

毛里求斯在殖民时代的蔗糖世界中是一个特例。它的少数族裔，包括克里奥尔人和白人，已经接受了占其人口68%的印度人，它是印度以外印度人口最集中的地方，一系列印裔毛里求斯领导人参与政治管理。少数精英会说英语，这也是毛里求斯的官方语言，而其他人会说在法语基础上衍生出来的克里奥尔语。印度教和伊斯兰教的节日都得以庆祝，自1877年以来，毛里求斯的官方货币一直都是卢比。毛里求斯独特的环境和社会动态使其人民能够在种族和谐中团结起来。讽刺的是，那里的人们欣然接受了糖是他们的共同特性。

纳塔尔、祖鲁兰和莫桑比克

19世纪，纳塔尔的欧洲糖料种植园主得出结论，他们也需要引进印度契约劳工。被他们强行关在种植园里的非洲人为了逃避冗长的工作时间、恶劣的工作环境和低廉的工资，逃回了自己的部落或家园。19世纪50年代，许多成熟的甘蔗未来得及收割，导致一些种植园主破产了，但是他们将自己的困境归咎于非洲人的懒惰和思乡情绪，而不是他们自身拒绝支付合理的工资。种植园主抱怨说，他们必须雇用 100 名非洲人，才能确保其中有 25 人能上工。

种植园主试图吸引英国农民，甚至是被慈善机构沙夫茨伯里勋爵之家收容的人，但都没有成功。在那里，来自贫民窟的失足青少年学习职业技能，避免了被转运到澳大利亚的命运。最后，英国当局授予种植园主引进印度苦力的许可。第一批苦力于 1860 年到达，1858 年那里的糖出口额为 3860 英镑，1864 年飙升至 10 万英镑。与种植园主相反，印度人并不满意，返回印度的人抱怨说受到了残酷的对待。他们经常挨打，即使生病也要工作。1872 年的劳工委员会报告称没有系统性虐待的证据，但建议采取一些措施来安抚印度人。当时，种植园主迫切需要更多的工人，他们表现出和解的姿态，至少在纸面上是这样。新的法律和法规赋予印度移民的保护者更多的权力，并建立了一支印度移民（而非苦力）志愿步兵部队。印度移民前往纳塔尔一事在 1872 年短暂中断后，在 1874 年得以恢复。

一系列调查委员会发现，尽管种植园主承诺给予更好的待遇，但实际上改善甚微。糖料种植园里的监工和被称为"酋长"的印度工头用粗皮鞭、牛鞭或用河马皮制成的鞭子鞭打印度工人。印度工人吃不饱、过度劳作，还被克扣了应有的工资。生病的苦力得到的医疗照顾很差或根本没有，而且每请一天病假，种植园主就会扣掉很多钱，10 天的病假会被扣掉相当于 3 个月的工资。一些种植园主还拒绝给女性劳工和儿童配给口粮。印度移民的保护者未能保护印度人，殖民地立法使得印度人很难离开种植园，他们既无法寻求帮助，也无法获得补偿。

移民生活在极度贫困之中，住在破旧肮脏的窝棚里，既没有卫生设施、隐私，也没有家庭凝聚力。缺乏印度女性，法律不承认印度移民的传统婚姻，以及"酋长"控制印度男性与其妻子（或者如果他们没有妻子，那么就是与妓女）接触以奖励或惩罚他们的做法，都让他们深受其害。许多印度人用酒精或大麻来麻痹自己。自杀现象在印度不常见，在纳塔尔却很常见。

许多契约期满的印度人仍然留在纳塔尔，租地耕种。种植园主通常等到佃农清理了灌木丛生的土地之后，再将它们作为农田出售。印度人努力想要改善生活，无意中推动了甘蔗种植业向北部和南部的扩张。

纳塔尔的种植园主效仿了其他糖料殖民地采用的分而治之的种族主义策略，乐于看到非洲人和印度人互相对立。由此产生的种族间的紧张关系消除了这两个群体联合起来反对共同压迫者的可能性。这项策略的另一个特点是使这两个群体相互隔离，以及与白人保持隔离，纳塔尔成为规模更大的种族隔离政策的先行者，凭借通行法规来控制和限制流动，最终这个局面演变成种族隔离。

殖民地通过向非洲农民和农业设备征收税费来帮助种植园主，用这些收入支付引进印度契约劳工的费用，并给予这些种植园主5年的时间来支付他们那一小部分费用。殖民地当局管理着契约制度，并监督其运作。

这些缓和举措有助于白人糖料种植园主阶层实现扩张和现代化，并巩固了自身在世界糖业生产商中的领先地位。在1897年祖鲁兰被吞并后，支持糖业的土地委员会以99年租约的形式，将200多万英亩土地分配给渴望土地的种植园主，例如希顿·尼科尔斯，他是祖鲁兰糖料种植的先行者，获得了73,313英亩土地。土地委员会还制订了一项计划，也就是《祖鲁兰糖业协议》，以确保糖厂以预先约定的价格为规模适当的种植园提供服务。食糖生产成为一项联合的"社团主义"努力，涉及政府代表、糖厂协会和祖鲁兰种植园主联盟，所有这些都得到了大英帝国军事力量和所有英属糖料殖民地种植园主，以及包括泰莱在内的精炼商的资本支持。

纳塔尔当局也不得不安抚非糖业利益群体的担忧。贫穷的白人担心合同期满的印度劳工和自费前往纳塔尔的印度"旅客"会让他们陷入困境，而白人商人和贸易商则对来自印度人的竞争感到不满，因为印度人的价格更低，市场表现却超过了他们。作为回应，纳塔尔对印度人实施了严厉的规定，包括1895年繁重的人头税规定，这项规定旨在迫使合同期满的印度人续约或返回印度。官方政策再次通过将印度人与白人隔离或将他们驱逐出殖民地，使种族间的差别和紧张关系合法化，这是纳塔尔采用种族隔离策略来解决潜在问题的又一个例子。

这些规定奏效了，契约劳工的数量增加了，但一同增加的还有绝望的糖业印度工人的死亡人数。移民保护者指出了强大的糖业巨头雷诺兹兄弟违反劳动法的行为，但没有起诉他们。刘易斯·雷诺兹是印度移民信托委员会的成员，因此医务官员不会就工人的身体状况作证。糖业历史学家里克·哈尔彭写道："政府为监督契约制度而建立了制度机制，它运作起来显然有利于糖料种植园主，而且很容易被他们操纵。""纳塔尔的糖料种植园主之所以繁荣……是因为他们与帝国的联系。"[26]

1893年，24岁的印度律师莫汉达斯·甘地抵达纳塔尔，为印度穆斯林商人达达·阿卜杜拉·谢斯辩护。纳塔尔的经历改变了甘地。有一次，尽管甘地手持头等车厢票，仍有白人反对他乘坐头等车厢，铁路官员命令他换到三等车厢去。甘地拒绝了，却被赶下了火车。这次经历使甘地变得激进起来，他呼吁比勒陀利亚的印度人集会，反抗歧视。他越了解纳塔尔社会的动态，就越清楚地认识到，所有阶层的印度人都必须团结一致，否则商人和专业人士也有可能与苦力一起被归为劣等种族。

到了 1906 年，甘地开始阐述非暴力这一"伟大精神力量"原则，这一原则后来改变了印度，并引领它走向独立。他挑战歧视性的立法和法规，并在糖料种植园内外组织了大规模的非暴力游行和罢工，进行消极抵抗。1911 年，在印度政府的支持下，向纳塔尔的契约移民项目被停止。纳塔尔加强了对印度人的歧视，为此甘地带头抵抗。甘地的声望日益提升。1913 年，他的妻子卡斯杜白和其他抗议新的反印度立法的女性被捕，甘地也被监禁。他穿上糖业契约劳工的粗麻布制服，发誓每天只进食一次，直到主要问题得到解决。在《印度人救济法案》(The Indian Relief Act) 废除人头税并承认非基督教婚姻后，他暂停抵抗行动，在非洲南部生活了 20 年后，他返回了印度。

这场运动最终瓦解了大英帝国，而促成这场运动的一个不太可能的催化剂正是帝国的产物，即非洲南部不公正、种族化和贪婪的糖业。甘地作为一名颇有抱负的年轻律师踏入了这个大漩涡，而当他离开时，他已经成为一项似乎不可阻挡的反压迫战略的创立者。

随着获得自由的印度人离开甘蔗地去往糖厂（在那里，他们占劳动力的 87%），种植园主用来自纳塔尔、祖鲁兰和莫桑比克的流动工人取代他们。流动工人比当地人更容易控制，而且他们离家太远，无法逃离。但是甘蔗田不得不与兰德的铁路和金矿竞争，后两者支付的工资更高。在种植园主未能利用自身的政治关系来限制纳塔尔和祖鲁兰的矿业招募之后，他们雇用了那些由于健康原因或因为不满 16 岁而被矿业拒绝招募的工人。种植园主还招募那些不愿意在地下工作的成年人，他们一年只愿意工作 6 个月，或者是被提前支付工资的承诺所吸引来的。1934 年，一名官员将健壮的矿工与身体状况糟糕的糖业工人进行了对比，后者不断咳嗽、满身疮痍。

官员和其他未受糖业利益影响的人发现，有成千上万的儿童在甘蔗地里劳动。许多儿童与父母一起工作，这通常是新的劳动租赁制度的一部分，根据这一制度，他们的劳动作为土地租赁安排的一部分被抵押出去，或者是为了履行他们父亲的义务，例如在父亲生病时。还有一些是叛逆的男孩，他们渴望逃避放牧，甚至不想上学。一名先前离家出走的男孩承认："我以为，如果离开学校去工作，我马上就会变得富有起来。"[27]

1922 年，纳塔尔殖民地祖鲁兰地区伊津戈卢韦尼镇火车站站长 E. J. 拉森拍摄的一张照片反映了 14 岁非洲人法卡的身体状况，他来自雷诺兹兄弟的糖料种植园。法卡瘦弱不堪，站立不稳，双腿如棍子一般，穿着粗麻布衣服，不久之后他就去世了。法卡"极其糟糕和无助的状态"折磨着拉森的心，他向距离最近的地方法官报告了这件事，但法官对此置之不理。

法卡只是众多在甘蔗田里劳作的孩童之一。拉森写道："当地人不断从各个糖料种植园抵达伊津戈卢韦尼站，他们处于崩溃状态，经常在到达后几个小时内死亡。"警察兰斯·萨金特·施瓦茨证实了这些死亡事件。还有更多的人倒在甘蔗地里和路边，实际上他们是活活累死的。历史学家威廉·贝纳特写道，伊津戈卢韦尼的死亡人数虽然特别多，却是"这个持续了许多年的雇佣制度的一个常见特性"。[28]

10年后，种植园主放弃了自19世纪80年代以来一直种植的乌巴甘蔗，该甘蔗品种耐寒、抗冻、抗病，但含糖量低，他们转而种植在印度南部培育出来的生长更快、产量更高的哥印拜陀甘蔗品种。在甘蔗收割季，如果田间工人挥砍甘蔗的数量超过了最低标准（3000到3500磅哥印拜陀甘蔗），每多砍100磅，种植园主就多支付一定金额。在疟疾流行疫情导致工人死亡和工厂关闭后，种植园主采纳了卫生部门的建议，提供了更有营养的食物，并改善了条件。政府通过提供价格支持和有利的立法来鼓励他们。

斐 济

1874年，南太平洋的斐济群岛被割让给维多利亚女王。阿瑟·汉密尔顿·戈登爵士曾经担任特立尼达和毛里求斯的总督，后成为英国驻斐济的第一任总督，他为了拯救新殖民地崩溃的经济，建立了依赖印度契约劳工的种植园糖业，完成了自己的使命。为了保护斐济人免遭其他殖民地原住民的命运，戈登推行了一种保持他们在酋长统治下的传统生活方式的政策，并远离糖料种植园的严酷管理和外来影响。戈登还将斐济80%以上的土地保留给斐济人。

为了在斐济建立糖业，戈登邀请了澳大利亚的殖民地制糖公司加入其中。作为协议的一部分，他通过谈判向该公司出售了1000英亩土地，并安排了一批印度契约劳工，他们于1879年开始抵达。殖民地制糖公司在1882年开业，成为斐济糖业运营中最重要的部分。到1902年，该公司对新西兰精炼厂的出口占斐济出口总量的近四分之三。

在斐济，印度制糖工的经历（"girmit"一词来自印地语，在斐济的语境和历史背景下用来描述19世纪末至20世纪初，印度人作为契约劳工被带到斐济从事糖厂工作的那段历史和经历）与西印度群岛的契约劳工同胞的经历相似，他们都要面临从招募到艰难的海上航行等一系列考验。白人贬低印度契约劳工为低种姓的苦力，并蔑视他们的宗教和文化。绝大多数劳工永远无法完成监工所设定的任务，如果一个工人只完成了10项任务中的7个，他将一无所获。由于工资低、食物少，苦力成了无数疾病的受害者，这样一来他们完成的任务就更少了。另一方面，印度工头可以通过开设种植园商店（其中有一家甚至是赌场）聚敛大量钱财，尤其是他们强迫工人光顾。

一位传教士感叹道，"任何有灵魂的人看到"契约劳工的生活条件，"都会觉得是最悲伤和最令人沮丧的景象之一"。[29] 缺乏隐私导致婚姻关系的维系变得困难，每年都有数十名（据称）不忠的女性被甘蔗刀砍死。在斐济，印度契约劳工自杀的人数比其他地方都要多。悔过的监工沃尔特·吉尔谴责契约制度是"一个腐烂的体系……由大企业创造出来"，他"在大英帝国的皇家殖民地斐济的甘蔗地里经历了5年奴隶制下的生活"。吉尔说契约劳工合同"包含了人类能想出来的最有害的一些条款"，他补充道："这也是那个时代的典型特征，即我们白人对自己所犯下的恶行一无所知。"[30]

腹泻和痢疾造成的苦力死亡人数甚至超过了因性嫉妒导致的伤亡事件，而支气管炎、肺炎和营养不良造成了苦力约五分之一的孩子死亡。殖民地制糖公司在勉强提供给工人的产假期间既不提供食物，也没有牛奶，这导致营养不良的母亲哺乳喂养的婴儿变得虚弱并死亡。当他们的母亲不得不回去工作时，恶劣的天气和过多的阳光也对那些不得不被带到甘蔗地里的婴儿带来了伤害。

印度契约劳工认为自己是外籍人士，而非移民，他们梦想着攒够足够的钱之后返回家乡。他们尽可能按照印度的标准生活，为了抗议受到的虐待，他们攻击残暴的监工，装病怠工，甚至举行罢工。在种植园里，管理者认为他们"不过是一群流氓和流浪汉，为了各种非法目的待在一起"，他们开始设立一个基金来支付因与工作相关的违规行为而不断被征收的罚款。[31] 5年契约到期后，只有一小部分人续约。其余大部分留在了斐济，租赁土地，大多数人种植甘蔗，我们现在已十分熟悉这种作物。1921年，即废除契约劳工制度一年后，人口普查显示有84,475名斐济人、60,634名印度人，以及12,117名欧洲人、华人和其他人。

那次人口普查量化了契约劳工制度留下的遗产，即斐济原住民和印度裔斐济人之间深刻的敌意。和其他地方一样，糖料种植园主和糖业利益集团利用分裂的种族态势，造成了同样可恨的结果。斐济人对那些渴望土地、过度工作、报酬低的外国人数量不断增长表示不满；印度人则憎恨那些受到英国保护和偏袒的原住民土地所有者。后来，斐济人因为印度人开始在商业和职业领域占据主导地位而感到不满，并担心更多的印度移民会在人口数量和宗教文化方面完全吞没斐济人，用印度教和伊斯兰教取代基督教。自从契约劳工制度结束以后，斐济的两个主要民族一直带着敌意共存，并爆发了暴力事件，这是甘蔗文化熟悉的遗产。

"黄色贸易"

中国在历史上也曾向外国输出了大量苦力去收割糖料。1853—1884年，英属西印度群岛就接收了17,904名在中国香港和广州招募的苦力，英国官员监督了这一过程。1872年，大多数中国契约劳工合同期满，与印度契约劳工相比，他们在两个重要方面有所不同：一是他们在契约结束后没有获得回家的路费；二是中国女性只能作为居民而不是契约劳工抵达那里。

与印度劳工一样，英属西印度群岛的中国契约劳工也经历了相似的虐待，获得自由时，大多数中国劳工逃离种植园去往农场或做贸易。种植园主称赞他们比黑人更勤劳，比印度人更强壮，但担心他们暴力、狡猾。爱德华·詹金斯在1877年的小说《拉奇米和迪卢》（*Lutchmee and Dilloo*）中描绘了一个中国人（China-foo，可译为秦阿福）的角色，他可能是19世纪英属西印度群岛小说中唯一的中国人角色，被描述为"道德和身体上都令人厌恶，是他所生活的社区的一种祸害"。就像非洲人和印度人一样，中国人也遭遇了刻板化描述，并在一向种族化的蔗糖世界里与其他族裔处于对立的状态。

中国的契约劳工贸易由中国军阀、葡萄牙人和其他欧洲商人操控，他们向古巴运送了13.8万中国人，向秘鲁运送了11.7万中国人。与英属西印度群岛相比，这两个殖民地让中国的契约劳工承受了更为严酷的契约束缚。契约期限长达8年之久，并禁止中国女性前往，种植园主还试图强迫苦力皈依天主教。他们所遭受的虐待行为始于葡萄牙殖民统治下的中国澳门，那里的"人贩子"或承包商甚至从人口过剩且动荡不安的广东省和福建省招募了11岁的儿童。在古巴，一个来自中国的事实调查委员会听取的证词表明，至少有80%的中国契约劳工被绑架、当作战俘出售，或被诱骗签署他们中很少有人能读懂的合同。许阿发回忆道："我问哈瓦那在哪里，有人告诉我那是一艘船的名字。因此，我以为自己是被雇来在船上服务的，就签署了合同。"³² 其他人的签名则是伪造的。

在去古巴或秘鲁的航程中，苦力"挤作一堆……没有光照，又不通风……吃着难以下咽的食物……简直是一个名副其实的猪圈，他们在这些因素的共同影响下纷纷死去"。他们因试图自杀和其他过错受到鞭打。死亡率约为20%，幸存者下船时"瘦弱而苍白……不过是皮包骨"。³³ 在挤压他们的二头肌、掐捏他们的肋骨后，糖料种植园主及其代理人选出看中的劳工，给他们起西班牙名字，接着将他们赶到种植园里。在那里，移民与黑人奴隶、租用的奴隶团队，以及自由的黑人、白人和黑白混血工薪阶层一起劳作，按任务、日期、月份、季度或年份支付工资。

到访的中国官员报告称，"我们遇到的几乎每一个中国契约劳工都在遭受或曾遭受过痛苦。他们四肢骨折或残缺、眼睛失明、头部满是疮疤、皮肉撕裂，这些对所有人来说都是残忍的明证"。³⁴ 当中国人要求古巴人支付拖欠的工资（合同规定每月4比索，外加食宿和每年两次发放的衣服）或更多的食物时，古巴人剪掉了他们的辫子，用铁链把他们送去劳作。

然而，他们的监督者认为中国契约劳工非常优秀。当奴隶砍伐和装载甘蔗时，中国劳工操作设备，一位观察者赞许地写道："他们动作迅速，就像传送带一样，以钟摆的数学规律性操作着设备。"³⁵ 伊丽莎·里普利从美国南北战争后的路易斯安那州逃到古巴一个由奴隶经营的种植园，她认为中国劳工"温顺又勤劳，他们不能像非洲人那样承受同等程度的曝晒，但是他们聪慧而机智。在室内、糖厂、木工车间、箍桶车间、在赶车时，他们都是非常出色的"。³⁶

中国人在古巴也获得了狡猾和残忍的名声，一位美国访客报告说，中国人"长期以来一直压抑地活着"。³⁷ 当然，他们的生活

图54 一名中国侨民的木刻作品表现了同胞契约劳工的困境。在一座大宅的院子里,工头正在为捆绑着的中国人和印度人放血,而其他人成群结队,等待轮到自己。当监工宣布停薪时,男孩们端着满是血的酒杯到阳台上去,将管理者及其律师养得膘肥体壮。他们背后,外居的种植园主在英国过得很舒心。在右上角,中国人为他们的契约劳工亲属不停哭泣。

确实很悲惨。许多中国劳工吸食鸦片、逃跑或自杀,仅1862年就有173人自杀。林阿庞作证说:"我见过大约20个人自杀,他们上吊、跳进井里和大锅里。"[38] 据种植园主估计,绝望、疾病和过度工作导致的自杀和死亡致使劳工的年死亡率为10%。据陈兰彬委员会估计,有50%的中国劳工在契约的第一年就死了。

中国人和黑人之间的关系"有时不仅充满敌意,还是致命的"。中国人抵制奴役,认为自己的工资无论多么低廉,都是他们与奴隶不同的身份证明。他们还保持着与中国的文化联系,拒绝放弃佛教。他们的古巴主人则鼓动中国人与非洲人相互隔阂，经常提供彼此隔离的住房，指派白人工头而不是黑人工头，并且作为一项特别的让步，不在黑人面前鞭打中国人。当缺乏女性的苦力追求黑人女性时，这两个群体之间的性紧张关系也随之出现了。

8年期满时，由于没有钱返回中国，大多数苦力除了签订另一份为期1年、6年，甚至9年的合同，或者加入由一名中国人领导的工作团队，没有其他谋生手段，该名中国人负责外包和监督他们的劳动、食物和住房。糖厂发现，这些团队特别适合在酷热的蒸发室里进行艰苦劳作。

在秘鲁，中国人在面积更大、更偏远的种植园里经历了类似的情况。秘鲁北部种植糖料的海岸延伸了数万英亩。就像在古巴一样，这些人从黎明一直工作到夜晚，中间只休息一个小时，用来做饭和吃午饭；点名之后，这些人拖着锅子和柴火慢慢走向工作地点。到了晚上，他们挤进简陋、不通风、不卫生，通常还很脏的棚屋里，暴风雨经常会毁坏这些房子。他们会在这些棚屋存放自己的食宿财物，即毯子、锅、衣服和睡垫。没有通行证，他们不能离开种植园，而在夜幕降临时，监工会将他们锁在棚子里。

出于贪婪和对文化的不敏感，种植园主给吃猪肉的苦力提供1.5磅（或一小盘）掺杂有小石子的大米，偶尔会补充牛肉、山羊肉或鱼肉。苦力会用微薄的工资，在种植园商店购买猪肉、猪油、茶、面包或鱼，有些人还会种植蔬菜、红薯和玉米。他们吃得很少，喝脏水，时常遭受蚊子和疾病的袭扰，比如斑疹伤寒、痢疾、伤寒、疟疾和流感。尽管有些中国人会与黑人女性、混血女性或当地女性交合，但是绝望和性挫败给中国人的社区带来了额外的损失，在秘鲁每引进10万名中国男性，才允许入境15名中国女性。

在悲惨而绝望的情况下，大多数苦力吸食鸦片，并经常因此而负债。其他人则沉迷赌博，为了防止他们输掉一周或一个月的食物供应，种植园主不得不按天分发大米。苦力逃离种植园或自杀，19世纪70年代，他们还爆发反叛并杀死了监工。在卡帕尔蒂，一名苦力砍死了他的监督员，因为后者增加了他的除草工作量。秘鲁的《商报》(*El Comercio*)发表感叹："这些绝望的人大量存在给秘鲁带来了不安全感……每个人都携带武器，每个农舍都是一个小军械库。"[39]

少数契约期满的工人回到了中国。其余的人作为小农或商人留在了秘鲁。许多人负债累累，绝望地继续在糖业庄园劳作。与最终能够繁衍后代的非洲人和印度人不同，由于那里几乎没有华人女性，中国劳工对古巴或秘鲁的人口构成影响很小。

夏威夷成为"蔗糖世界之王"

夏威夷糖业亚洲契约劳工（中国人、日本人、朝鲜人和菲律宾人）的故事始于美国种植园主阶层的崛起。19世纪早期，美国外交使团委员会派遣传教士去往波利尼西亚的夏威夷传播福音。直到那时，正如美国政府在1993年向夏威夷原住民的官方道歉中所承认的："夏威夷原住民生活在一个高度组织化、自给自足的社会体系中，这个社会体系以公共土地所有制为基础，拥有复杂的语言、文化和宗教。"[40]

1835年，美国人拉德及其公司在考艾岛租赁土地，用于种植和加工甘蔗，甘蔗成为夏威夷的主要农作物。许多传教士建立了种植园，包括亚历山大家族、鲍德温家族、卡斯尔家族、库克家族、赖斯家族和威尔科克斯家族。《种植园主月刊》(*The Planters' Monthly*)宣扬道:"种植园是文明的一种手段。""在很多情况下,它就像一个进步的使命,进入一个野蛮地区,并在周围几英里的地区打上自己的烙印。"[41]

夏威夷的白人或外来糖业利益集团依赖大规模的土地租赁、受种植园主偏见影响的法律所制约的廉价劳动力、相互关联和通婚的商人和代理商,以及集中化的糖厂。亚历山大与鲍德温公司、夏威夷糖业种植协会成员或与之相关的美国商业利益集团、布鲁尔公司、卡斯尔和库克公司,以及西奥·戴维斯公司等五大商行,管理、资助和控制着大部分种植园。

这些土地租赁令夏威夷原住民失去了传统的土地。糖料种植园的密集灌溉系统也是如此,它们通过改变溪流的流向,降低了地下水位,减少了流向小农场和花园的水流,以至于土地变得干涸,居民被迫离开。但是许多年轻的夏威夷人没有屈服,他们不愿意在糖料种植园里以低薪工人的身份过着艰苦的生活,而是移民到了美国的加利福尼亚州,尤其是在1849年的淘金热之后。为了将他们留在夏威夷,种植园主向君主施压,要求实施移民许可制度。

到了19世纪60年代,夏威夷已有29家繁荣的糖料种植园,马克·吐温称夏威夷为"蔗糖世界之王"。[42]但是,占种植园劳动力85%的夏威夷原住民并未满足种植园主对廉价劳动力源源不断的需求。因此,种植园主转向贫困的中国村庄以寻找契约工人。1876年,夏威夷与美国签署《互惠条约》,这项条约免除了夏威夷蔗糖的进口关税,实际上使夏威夷成了美国的经济殖民地,种植园主争相获得更多的中国劳工。和其他地方一样,他们将大部分费用转嫁给了国家,在这种情况下,夏威夷王国支付了三分之二的总费用。

在夏威夷，苦力获得的待遇相对其他地方的残酷程度要轻一些，尽管他们一个月工作 26 天，每天工作 10 个小时，在收割和碾磨季的工作时间甚至更长。他们由监工监管，监工通常是夏威夷人或其他非华人，工人和监工之间时有摩擦。中国劳工也对种植园主只雇用夏威夷人做锅炉匠这一技术性工作感到不满。到 1882 年，华工比例上升到 49%，而夏威夷工人的比例下降到 25%，但 5000 个锅炉匠中，只有 3 个是中国人。

这些种植园彼此隔绝，如果没有通行许可证，苦力禁止离开。他们被关在那里，种植蔬菜、饲养家禽、赌博和吸食鸦片，身边几乎没有女性。例如，在一家种植园，中国厨师将鸦片装进劳工的午餐桶里。夏威夷利留卡拉尼女王在回忆录中追述了无数与鸦片贩运有关的丑闻。

在契约期满时，许多中国劳工离开夏威夷，去往其他地方寻找机会。留下来的中国人并不受欢迎。1883 年，美国政府限制中国移民，并在 1898 年后禁止中国移民。

种植园主随后转向日本寻找制糖工人。到 1900 年，夏威夷已有 61,111 名日本人，他们成为夏威夷最大的族群。（葡萄牙、挪威、德国和南太平洋诸岛较小数量的制糖工人也移民到了夏威夷。）日本人必须支付自己的旅费和住宿费。重田幸回忆说，他每月"支付七八美元，就能住进简陋的棚屋，即一条 10 英尺宽的长走廊，用板条搭成，两边是略微隆起的地板，上面铺着一层草织地毯，还有两块榻榻米垫，我们可以共用……在糖厂工作的其他所有日本人都过着和我差不多的生活"。[43] 1900 年的一份报告描述了更加糟糕的情况：营舍靠墙装有三到四层搁板铺位，这些床位是居住者唯一的私人空间。

和中国人一样，日本人也痛恨监工，因为监工有权扣留或扣除他们的工资，并且惩罚他们。他们以通常的方式反抗：逃跑、袭击监工和种植园警察，甚至放火焚烧甘蔗田和糖厂，尽管在1892年之后，制糖工人可能会因屡次违抗命令，被判处监禁和服苦役。

随着日本劳工生产夏威夷的蔗糖，糖业利益集团开始暗中图谋反对夏威夷国王卡拉卡瓦。1887年，夏威夷联盟（由美国主导的种植园主阴谋集团）迫使不情愿的国王卡拉卡瓦接受"刺刀宪法"，该宪法将他的大部分权力移交给了由夏威夷联盟白人成员组成的内阁，并且他无权解散该内阁。"刺刀宪法"还赋予非亚裔外国人投票权，换句话说就是美国白人和欧洲人，同时施加了严格的财产资格限制，从而排除了大多数夏威夷选民。

4年后，夏威夷国王卡拉卡瓦死于肾病，他同样优雅、精致且受欢迎的姐姐利留卡拉尼继位。女王利留卡拉尼响应了人民对于"刺刀宪法"的愤怒情绪，并试图废除该宪法，恢复王家权威，以及夏威夷人民的一些"古老权利"。她还希望能够限制美国人的政治权力，因为他们心怀二意，她反问道："难道还有另一个国家会允许一个人在不入籍的情况下投票、竞选公职、担任最重要的职位，并且在他和他所居住的国家的政府发生争执时，随时保留在外国军舰的枪口下得到保护的特权吗？然而，这正是准美国人所做的，他们现在自称为夏威夷人，而在美国符合他们利益时又称自己为美国人。"[44]

由于她的种种努力，女王利留卡拉尼被代表糖料种植园主利益的美国海军陆战队推翻，并被迫退位。（一个世纪后，美国正式向夏威夷道歉，承认"美国派往拥有主权、独立的夏威夷王国的部长与夏威夷王国的一小部分非夏威夷居民，包括美国公民，合

图 55 在生命的最后几个月里，被美国糖业利益集团废黜的夏威夷女王利留卡拉尼与其小猎犬的合照。

谋推翻夏威夷本土的合法政府"。该道歉还提到，在女王利留卡拉尼下台将近一年后，美国总统格罗弗·克利夫兰在给国会的一封信中称美国大使"并非不适当地谨慎"，是受到"夏威夷糖业利益"的驱使。他将此次政变称为"战争行为"，并宣称"因此犯下了重大错误"。[45])

尽管赶走了夏威夷女王，并且如一家支持吞并的美国报纸得意扬扬宣称的那样，"终结了这个葫芦帝国"[46]，但糖业利益集团仍然不满足于夏威夷的地位。就像古巴的糖料种植园主一样，他们想要自由进入庞大的美国市场，并相信只有并入美国，才能实现这一目标。1898 年，美国吞并了夏威夷，到 1900 年，它成为美国的领土。糖业利益集团在争取美国联邦政府的福利和优待方面取得了巨大的胜利。

与此同时,种植园主面临两个新的严重问题。第一,夏威夷被美国吞并一事结束了契约劳工制度,在南北战争之后的美国,这种制度带有明显的胁迫性质。第二,糖改变了夏威夷的面貌,到1900年,其面貌看起来更像是日本,而非夏威夷本土。具有讽刺意味的是,那些曾经引进了大量日本人的白人种植园主此时对他们一手造成的人口结果感到不安,特别是许多亚洲制糖工人从契约中解放出来后离开了种植园。非亚裔夏威夷人和美国也对此反应强烈,1907年日本和美国之间达成的君子协定减少了移民流动,从当年的14,742人减到1909年的1310人。[作为美国的一个属地,夏威夷也受《1882年美国排华法案》(The 1882 American Chinese Exclusion Act)的制约。]与此同时,数千名朝鲜人抵达,其中大多数人的目的地是糖料种植园。

摄影技术的出现带来了新的转折。与先前那些缺乏女性的中国劳工不同,许多日本(以及1910—1924年的朝鲜人)制糖工人通过媒人找到了配偶,媒人通过潜在新娘和新郎的照片来撮合男女。成千上万亚洲"照片新娘"的到来改变了夏威夷的甘蔗世界。到了1910年,女性班组在甘蔗地里干活,负责除草、锄地和清理甘蔗秸秆,她们的工资比丈夫低三分之一。怀孕的田间女性劳工一直工作到分娩,之后又很快地回到甘蔗田里,她们在劳作时将孩子留在附近的简陋小屋里。

日本女性劳工的数量只有男性的五分之一,这个群体很孤独,渴望同性伙伴的陪伴,并对那些向她们提要求或想抓住她们的失意单身汉感到焦虑。但是,性别不平衡也带来一些好处。这使得一些女性能够离开虐待她们的丈夫,或者就像田间女性劳工创作并吟唱的那首充满活力的日本劳作歌曲一样,享受拥有情人的甜蜜:"明天是星期天,对吧? / 来我家玩吧。/ 我丈夫会出去 / 浇灌甘蔗 / 而我将独自一人在家。"

事实证明,已婚的劳工比单身汉更可靠,但他们需要更高的工资来养家糊口,并为此做出了努力。种植园主平息了1909年主要由日本劳工发起的罢工,为了对抗他们的团结,种植园主开始引进菲律宾人,超过10万人,且大多数是男性。几十年来,为了种植园主的利益,这两个群体被人为分开生活和组织,直到1920年,菲律宾人和日本人在一次糖业罢工中团结一致,这场罢工导致6大种植园损失了1150万美元。愤怒的种植园主指责日本人想要"控制糖业……他们显然没有意识到,恐吓和欺凌其他弱小的东方民族是一回事,试图胁迫美国人则是另一回事了"。[47] 种植园主的解决方案是邀请欧洲人来取代那些不服约束的亚洲人。但当葡萄牙人和德国人拒绝了种植园的工资和工作条件时,种植园主通过回忆中国契约劳工的好处来安慰自己,他们是多么温顺、多么勤劳啊!他们试图在中国恢复劳工招募。

和其他蔗糖世界一样,夏威夷的人口和政治也反映了糖苦甜参半的历史:只有五分之一的人口是夏威夷原住民或太平洋岛民的后裔,而42%是亚洲人,44%是白人。糖使夏威夷人沦为自己家乡的少数族裔,白人种植园主几乎完全将他们排除在夏威夷最重要的经济活动之外,除非作为低薪劳工。这些影响在现今的夏威夷社会和政治中仍然能引发共鸣,尽管糖已不再是主要的商品。

澳大利亚糖业和美拉尼西亚契约劳工

1901年,新南威尔士州、昆士兰州与其他四州联合组成了澳大利亚联邦,当时,甚至在此之前,新南威尔士州和昆士兰州就已经是重要的产糖地。糖料与其他作物和采矿业争夺劳动力。在尝试引进印度劳工失败后,昆士兰州授权允许从美拉尼西亚群岛引进移民,不久之后,这些被称为"肯纳卡人"(Kanakas,美拉尼西亚语词,意指人,在英语中经常带有贬义)的劳工就被束缚在了甘蔗田和糖厂里。

与来自复杂和人口稠密的亚洲国家的契约劳工不同,美拉尼西亚人是因社会习俗和经济限制而被束缚在这片土地上的,这些限制使得他们的社区抵制变化。一开始,离开家园去往白人经营的澳大利亚工作是一种迫不得已的选择,只有暴力或自然灾害,才能促使他们做出这样的决定。白人糖业利益集团提供了这股暴力,而美拉尼西亚是世界上环境最不适宜居住的地区之一,常有飓风、干旱和生态不稳定等自然灾害,并且经常爆发流行性疟疾和致命的坏血病。

在早期,招募者通过绑架或欺骗等手段将美拉尼西亚人带上船,强迫美拉尼西亚人签署不为他们所理解的契约。有一俗称来形容这种招募过程,即"绑架或诱骗黑人作为廉价劳动力"(black-birding,在太平洋地区,这一术语意指一种强迫劳动或近似奴隶制的做法),该词表露了招募者及其雇主对黑人受害者,主要是年轻单身汉的蔑视。"达夫妮"号运输船看起来就像一艘运输非洲奴隶的船,它甲板下的空间可容纳58人,却装载了108名赤身裸体的美拉尼西亚人。[48] 1885年的一个皇家委员会称这种招募为"一连串关于欺骗、残忍背叛、蓄意绑架和冷血谋杀的记录"[49],然而,英国只是偶尔派出军舰来监控这种情况。

随着糖业的发展,美拉尼西亚人开始熟悉那些由返回家园的肯纳卡人所带的商品。武器的需求量很大。同样受到欢迎的有钢制工具、渔业和农业用具，以及医疗用品，它们可以提高生产力。传教士推广的布料、服装和家用物品，以及美拉尼西亚人甚至用作货币的成瘾性烟草，受欢迎程度也很高。诸如珠宝、戒指、雨伞、锡口哨、乐器的小物件，也很受欢迎。

经济史学家阿德里安·格雷夫斯写道："个人物品箱（trade box）制度是殖民资本主义利用前资本主义经济中的机制为其服务的一个例子。""在这个过程中，昆士兰糖业的增长和发展得到了保证……美拉尼西亚被纳入殖民主义的网络……只要贸易的货物在该地区被转化成礼物，美拉尼西亚就不再是殖民经济发展的受益者，甚至不是合作伙伴，而是它的仆人。"[50]

美拉尼西亚单身汉尤为着迷的一种物品是"个人物品箱"。个人物品箱最初是中等大小、可上锁的木箱，里面装满了商品和小饰品。随着越来越多的美拉尼西亚人成为契约劳工，他们的个人物品箱由松木或仿橡木制成，一般尺寸为 3 英尺长、18 英寸宽、18 英寸高，有把手和锁，他们自豪地将钥匙挂在腰带扣上。美拉尼西亚人用箱子存放珍宝，直到他们抱着宝贵的箱子凯旋，正如同时代的一名观察者指出的那样："除非是合法的拥有者，其他任何人都不得触碰这个箱子，这一点非常特殊。"[51]

等这些箱子回到家乡后，资历较长的部落成员接管了这些箱子，他们用箱子里的小物件装饰自己，并安排返回者的婚事。因为婚姻是美拉尼西亚的男性提高自己社会地位的唯一途径，所以对个人物品箱的渴望能促使忧愁的劳工继续工作，而他们所欠的债务在约束他们与其雇主的关系中起到了至关重要的作用。

美拉尼西亚契约劳工最初受到的待遇十分苛刻，以至于 5 年内，昆士兰州通过了《1868年波利尼西亚劳工法案》(The 1868 Polynesian Labourers Act)来规范契约制度。该法案规定了3年的合同期限，以及工作时间、最低工资、每日配给、服装、住宿和医疗服务。它允许期满的劳工要么返回家乡，要么重新签合同，可以选择雇主，并就工资、工作条件，甚至合同期限讨价还价。随后的法案允许雇主将自己的劳工转让或出租给其他农民。新南威尔士州禁止契约制度，但允许从昆士兰州雇用期满的美拉尼西亚人。

美拉尼西亚男性劳工发现，制糖业的艰苦工时和严格的纪律是他们难以想象的。到达后的几天内，这些没有经验的新劳工不得不清理土地、除草、锄地，还要收割和搬运甘蔗。在榨汁期，许多劳工活活累死。雷医生和汤姆森医生在1880年发表的一份关于种植园状况的报告中总结道："任何人都必须明白，从未工作过且在许多情况下像女性一样柔弱的年轻劳工，不能立即在甘蔗地里或糖厂里从事繁重的工作……新劳工经常被要求这样做，结果往往是致命的。"[52] 美拉尼西亚劳工被称为"男孩"，他们由白人监工和美拉尼西亚工头管控，美拉尼西亚工头则被称为"男孩头领""男孩老大""可信赖的人"或"酋长"。昆士兰的《主仆法》(Masters and Servants Act)明确规定，雇主拥有广泛的权利，劳工负有广泛的义务。他们劳动的报酬是合同结束时支付的工资，通常以商品的形式支付，其价值至少被提高了三分之一。

劳动监察员数量不足、薪酬微薄，如果他们批评种植园主，就会遭到报复。一位观察者评论说："那些种植园主完全蔑视法律和法规，并展现出一种高人一等的神气，有时你会认为，我们并不是在一个自由的国家生活。"[53] 在学会用"肯纳卡英语"或洋泾浜英语交流之前，这些岛民没有办法提出申诉。

常见的惩罚包括剥夺医疗护理、食物和闲暇时间，以及婚姻关系，即配偶经常被分开。体罚也是一种标准的惩罚手段。詹姆斯·富塞尔牧师报告说，如果岛民闲逛，他们会感受到"鞭子的刺痛"。种植园白人劳工约翰·赖利报告说，"一个名叫史密斯的黑人工头……在甘蔗地里残忍地虐待和殴打另一个黑人，用锄头打断了后者的三根肋骨和肩膀"。这个工人因伤势过重而死亡，但史密斯没有受到惩罚。[54]

对于美拉尼西亚劳工来说，他们的经历中最令人痛苦的一点是被迫与敌对部落或岛屿的男性一起劳作。在美拉尼西亚，村与村之间发生争斗是十分普遍的现象，美拉尼西亚劳工在种植园延续了这种冲突模式，他们在那里与传统敌人争斗，甚至杀死对方，并强奸"敌人"的女性。美拉尼西亚劳工也痛恨华人，他们经常光顾华人的鸦片烟馆、酒吧、赌坊和妓院，并经常袭击华人种植园主或雇员。

和以往的情况一样，种植园主尽可能降低安置劳工的成本，最初他们将劳工安置在木板工棚里。但是这些岛民害怕和敌对部落的人一起睡觉，于是他们建造了小草屋，在小草屋里他们感觉更加安全。后来，种植园主提供了木头和锡片，他们用这些材料拼凑搭成了棚屋（humpy，它原本是原住民对于用树枝和树叶搭建而成的圆顶休息小棚屋的称呼）。糖料种植园版本的"小棚屋"闷热、拥挤、肮脏，是传播肺病和肠道疾病的完美媒介。它们也象征着这些岛民在社会和经济等级中的地位，就像种植园主的漂亮大宅象征着他们在社会和经济等级中的地位一样。美拉尼西亚劳工的营养状况和他们的居住条件一样糟糕。种植园主以尽可能低廉的成本，向他们提供大量面粉、大米、糖蜜、山药或土豆，以及"肯纳卡牛肉"（即满是寄生虫的肉碎，其他人通常都不会吃）。他们还允许美拉尼西亚劳工自己种植食物，去打猎和捕鱼，没有将劳工完全限制在种植园里。

美拉尼西亚劳工的健康状况十分糟糕，以至于四分之一的人死于过度劳累、心理和情绪压力、营养不良或在家乡就已经开始折磨他们的旧有疾病，比如肺结核、流感、肺炎、支气管炎和痢疾，以及麻疹和天花等新传过去的欧洲疾病。在契约制度存在的最后20年里，美拉尼西亚劳工的死亡率虽然有所下降，但仍然远远高于欧洲人。美拉尼西亚劳工很少能享受到医疗服务，或者是因为白人反对与他们共用医疗设施，因而澳大利亚的种植园往往不向他们开放这些服务。

和以往一样，为了抗议对他们的剥削，美拉尼西亚劳工假装生病，不服从命令，偷窃雇主和其他人的物品，还焚烧甘蔗田，有时会袭击监工。但是很少有人选择逃跑，因为他们想要赚取一个个人物品箱的欲望非常强烈。

一些岛民试图在返回家园之前结婚，但在澳大利亚，这些岛民的男女比例大约是七八个男性对一个女性，这种情况只允许极少数男性结婚，但60%的女性能够这样做。由于缺乏文化上可接受的伴侣，许多男性违反了复杂而严格的美拉尼西亚婚姻管理规则。他们与部落以外的女性通婚，比如岛民、欧洲人、亚洲人或原住民，他们常常绑架原住民女性，以逃避支付聘金。有时，他们甚至与敌对部落的成员结婚。

尽管女性岛民不能回到"月经小屋"或遵循其他传统，而且很容易遭受敌对岛民和欧洲人的强奸，但她们往往更喜欢澳大利

图 56 在昆士兰州凯恩的甘蔗地里,这群南太平洋诸岛的岛民和他们的白人监工一起摆姿势拍照,这群劳工看起来既疲惫又阴沉。

亚而不是自己的家园。与男性不同,她们是经验丰富的农场劳动者,并不畏惧以女性工作团队的模式从事田间劳作。她们在澳大利亚比在家乡更自由,通过结婚,女性岛民获得了一个保护者和伴侣。她们和丈夫共度的时间比岛上的配偶多。她们也响应了基督教传教士的教导,后者教会了她们新的更独立的生活方式。一些人在传教士学校学会了读写,并鼓励自己的孩子识字。

19 世纪 80 年代中期,由于甜菜糖大量进入英国和美国市场,全球糖价暴跌,并且这种低价状态持续了 20 年之久。为了生存,昆士兰糖业不得不进行自我改造。这个过程被称为"重建",它将一个依赖契约劳工的种植园产业转变为一个由种植甘蔗的小农户组成的网络,他们向国家支持的中央糖厂供应糖料。改造后的糖业生产效率很高,拥有十分先进的技术,是"世界上唯一依赖欧洲劳动力的甘蔗产业……并且开创了田间作业机械化的先河"。[55]

改造后的糖业也是白人种族主义的产物，亦是工团主义者对日益增多的黑人契约劳工感到不安的结果，工团主义者不接纳非白人成员。从1890年开始，美拉尼西亚劳工的引进被禁止。种植园主在那些失业的矿工和一些被吸引到澳大利亚的欧洲移民中找到了替代工人，前者在糖业寻找工作，甚至是田间劳作的机会。随着白人甘蔗收割工的数量不断增加，黑人不得不与他们竞争工作。糖业中的少数亚洲人，即华人和一些印度人，也是白人种族主义的目标。由于中国的国际地位、离澳大利亚不算远的距离和拥有的庞大人口，白人尤其害怕华人，并对这种恐惧感到愤怒。

然而，种族主义情绪对糖业的改造影响，不如重新思考食糖的生产方式那样深刻。计算显示，大型种植园每5英亩雇用1个美拉尼西亚人，但在100英亩或规模更小的农场，这一比例是每10英亩雇用1名工人，通常是农民或家庭成员。原因是赚取工资的欧洲人或拥有自己土地的农民比受契约束缚的美拉尼西亚人工作更努力、时间更长、成效更高，而他们的风险要小得多。因此，小农户就可以更低的价格将糖料出售给糖厂。

这种重新思考促成了糖业的改造，在改造过程中，大型种植园被细分并出售，这改变了该行业的性质。随着甘蔗农民数量的增加，他们对联邦自由党的重要性也随之增长，该党派设想了一个自由派甘蔗农民社会，它不再由保守派种植园主主导。到1915年，从140个种植园中分割出多达4300个小农场，全部由英国人和其他欧洲人所有。而1901年，当昆士兰加入澳大利亚联邦时，其种植园糖业开始被数千名先进的甘蔗农民所取代。

与此同时，新技术的应用，比如真空锅、双重和三重压榨、三效蒸发器，使得糖厂变得更加复杂，并提高了它的产能。1885年，昆士兰政府为两家合作经营的中央糖厂拨款 5 万英镑，这些糖厂将只接受完全由白人劳动力生产的糖料。随后的立法为白人生产的糖料提供每吨 2 英镑的退税。在接下来的 10 年里，政府拨款 50 万英镑用于建立 11 个新的中央糖厂，糖产量增加了一倍多。然而，精炼糖实际上为殖民地制糖公司所垄断，该公司也应斐济总督的邀请，建立了斐济的糖业。

1901 年，当昆士兰州和新南威尔士州加入澳大利亚联邦时，新议会开始着手清除这个新国家的非白人居民，并下令在 1907 年前将他们驱逐出境。一个皇家委员会提出了一些可以留在澳大利亚的同情性理由：极高的年龄，身体虚弱，在澳大利亚居住超过 20 年，拥有土地或持有未到期的租约，以及早先违反了部落法或成为巫术或个人仇杀目标的人。[56]

岛民为了留在澳大利亚进行了艰苦的抗争。尽管困难重重，澳大利亚的生活比美拉尼西亚持续的严酷环境提供了更多的可能性。他们请愿，成立了太平洋岛民协会，并寻求同情他们的欧洲盟友。一些心怀不满的岛民放火焚烧了种植园的甘蔗田。其他人则逃跑了，和朋友们一起藏匿起来。然而，澳大利亚最终还是驱逐了 4000 多名岛民。

围观的人群呆滞地看着那些即将离开的被驱逐者，他们听到一群人喊道："再见，昆士兰；再见，白人澳大利亚；再见，基督徒。"[57] 一些被驱逐的美拉尼西亚人带着惊人的丰富物品离开，这些物品包括缝纫机、厨房炉灶、煤油灯、留声机、自行车、板球用具、拳击手套、铲子、锄头和其他一些新奇物件。然而，丛林部落的美拉尼西亚人离开时只带着一个不大的个人物品箱，或者什么都没带。一个空手而归的美拉尼西亚人痛苦地喊道:"白人不再需要黑人,他们榨干了我们,再将我们赶走,很多人没有钱返回家乡,回去后会再度变得赤贫。"[58] 大约有 2500 名美拉尼西亚人留在了澳大利亚,其中一些是非法的,他们定居在主要产糖区的小社区里。

"澳大利亚白化"运动赢得了胜利。到 1910 年,白人种植了昆士兰 93% 的甘蔗。种族主义是食糖贸易的可憎产物,它被明文写入了法律。昆士兰积极支持这一政策,并从中受益:允许糖自由进入澳大利亚市场,并对外国蔗糖和甜菜糖征收保护性关税。无耻的是,议会通过了这一法律,并要求希望租用超过 5 英亩土地的外国人通过政府选择的语言的听写测试。意大利人虽然因为皮肤太黑而被贬低,但他们是白人,得以被豁免。1916 年之后,只有白人才能在昆士兰种植甘蔗。

其他受害者是数百名华人,他们也种植了甘蔗,通常种植在欧洲人认为太难清理和耕种的土地上。华人对于澳大利亚糖业的发展做出了贡献,但这样的痕迹已无处可寻,历史地理学家彼得·格里格斯称这些亚洲人是"糖料种植的真正先驱"。[59]

澳大利亚及其糖业变得白人化,这得益于政府和工会的决心。但与其他以种族为驱动的糖业产地不同,澳大利亚终止了对非白人制糖工的剥削,而不是延续这种剥削。相反,白人男性在田地里辛勤劳作,收获了有利可图的甘蔗,打破了白人在炎热的阳光下无法长时间从事艰苦体力劳动的荒诞说法。澳大利亚解雇了美拉尼西亚人,这意味着它必须重新改造糖业,以适应白人工人的更多需求,因为他们将无法容忍糖业到此时为止所要求的剥削程度。

澳大利亚决心转型和扩展其利润丰厚的糖业，这需要立法保护和技术现代化。政府提供了支持，通过法规来规范和保护这个行业，许多白人依赖这个行业为生。中央糖厂（合作社或种植园所有）通过采用新技术和修建铁路来简化运营。与其他许多蔗糖产地不同，澳大利亚也出口精制糖。殖民地制糖公司对甘蔗的种植和育种进行了重要的研究。引进的新品种对澳大利亚甘蔗产业的成功至关重要。

第 11 章

相约在圣路易斯享受美味吧!

世界博览会,以及快餐和甜食革命

　　1904 年 4 月 30 日,世界博览会在美国密苏里州圣路易斯开幕,到 7 个月后的闭幕日,它则已改变西方世界的饮食方式。为了纪念成功收购路易斯安那 100 周年,这场博览会占地 1272 英亩,拥有 1500 多栋特色建筑。包括多种工业宫、美术宫、教育与社会经济宫在内的数十座"宫殿"是知识的奇妙世界。来访的孩子们可以在样板游乐场玩耍。诸如最新式的电话这样的技术,能够让人们从建筑物的两侧互相交谈,这令年轻人和老年人都兴奋不已。夜晚照亮博览会的电力也是如此新奇,以至于托马斯·爱迪生不得不亲自帮忙安装它们。

　　美国总统西奥多·罗斯福通过电报宣布圣路易斯世界博览会开幕,随后亲自参观了那里。据报道,他那自由奔放的 17 岁女儿爱丽丝在那里待了两周,她抽着烟,尽情地享受在那里的时光。(总统说:"我要么管理国家,要么照顾爱丽丝,但不能两者兼顾。")伟大的拉格泰姆作曲家斯科特·乔普林用作品《小瀑布》("The Cascades")来庆祝该博览会,但因为他是黑人,所以不能在白人音乐家表演的主会场演奏这首曲子。相反,乔普林加入了派克路上其他黑人表演者的行列,派克路是该博览会的主要通道,英语中也由此产生了"coming down the pike"(意指新的事物沿着主要通道走来,比喻即将出现的新情况)这种表达。

2000万游客目瞪口呆地看着博览会上的壮观景象,其中有许多与食物相关:密苏里全部由玉米制成的玉米宫殿,罗得妻子的盐雕像,用5英尺高的糖块雕刻而成的路易斯安那小姐像,加利福尼亚的杏仁大象,密苏里的梅干熊,明尼苏达用黄油雕刻的罗斯福总统像。许多奇珍异宝都是活生生的:世界上最多产的奶牛朱丽安娜·德·科尔;那匹会拼写"海尔斯根汁饮料"(Hires Root Beer)的马吉姆·基;以及公开展示的人类,其中包括传说中的阿帕奇战士杰罗尼莫、因纽特女童南希·哥伦比亚、菲律宾伊戈罗特男孩、矮小的非洲俾格米人和魁梧高大的巴塔哥尼亚人。

参观博览会既令人兴奋又令人疲惫,其间又饿又渴的游客纷纷涌向餐馆和小食摊,那里共有130家食肆,供应来自世界各地的美食。其中最受欢迎的是66号商铺,广受人们喜爱的烹饪书作者萨拉·泰森·罗勒在此主持一个卫生厨房,该厨房因其美味的餐食和咖啡而备受称赞。小吃摊供应茶、咖啡、软饮料、冰茶和其他饮料,还有小食。参观的人可以边走边吃,最受欢迎的是热狗、甜甜圈、冰激凌蛋筒和棉花糖。

博览会上的快餐被方便地设计成能边走边吃,而不是非得坐在餐桌旁食用,这样一来节省了时间,并且最终彻底改变了饮食方式。在此之前,边走边吃被视为一种粗俗的行为。圣路易斯食品历史学家苏珊娜·科比特解释道:"博览会改变了这一观念,真正促使我们认为快餐或流行文化食品是美国文化主流的一部分。"[1]

就像博览会上的热狗一样，快餐旨在易于食用、美味和令人满意。当与一种提神饮料一起提供时，快餐被证明是一种新的、广受欢迎的餐食。

在这些提神的软饮料和水果饮料中，最受欢迎的是橙味汽水、葡萄汁、柠檬水和苹果酒。这场博览会还推出了胡椒博士（Dr. Pepper，一种碳酸饮料）、可口可乐、姜汁汽水和根汁饮料。美国人一直喜欢饮用自制的薄荷茶、黄樟茶或姜茶，蔓越莓汁、覆盆子汁和接骨木果汁，以及未发酵的苹果酒。1807年，耶鲁大学化学教授本杰明·西利曼开始销售一种味道平淡的新饮料——瓶装苏打水。

加入香草、墨西哥菝葜、巧克力、生姜和橙子后，神奇的事情发生了，苏打汽水的销量激增（soda pop，因为瓶子打开时会发出砰砰声，1861年因此而得名）。橙味汽水是最早和最受欢迎的软饮料之一。同样受欢迎的还有姜汁汽水，它一开始是在爱尔兰研制出来的，1861年首次在波士顿生产。1876年，查尔斯·E. 海尔斯的根汁饮料在费城亮相。1885年，药剂师查尔斯·奥尔德顿在得克萨斯州韦科市创造出了听起来十分权威的胡椒博士碳酸饮料。一年后，约翰·斯蒂思·彭伯顿开发了可口可乐，作为一种治疗头痛和宿醉的药剂。1888年彭伯顿去世后，英国人约翰·马修斯发明了制造可口可乐的设备，并通过精明的广告宣传这一产品："年轻人在喝第一口苏打水时体验到的感觉，就像爱情的感觉一样，是难以忘怀的。"博览会结束时，含糖软饮料在不断扩增的快餐词汇中已经牢固确立了自己的地位。

该博览会有50个冰激凌小食摊，当装在锥形筒中作为便携式快餐时，它创造了博览会的历史。一名游客回忆道："冰激凌有点化了,从锥形筒底部的洞里滴下来,但味道很美味。"² 冰激凌苏打水结合了清爽、丰富气泡和甜味等特性,是另一种受欢迎的饮料。包括费城的罗伯特·格林在内的几位男士都声称是自己发明了冰激凌苏打汽水,罗伯特·格林的墓志铭宣称,他是"冰激凌苏打水的发明者"。³

到 1904 年圣路易斯世界博览会开幕时,美国已经有近 6 万个汽水饮料机,在药店、餐馆、糖果店和路边摊供应汽水和冰激凌苏打汽水。机械制冷和新型冷冻机的出现促进了冰激凌的生产,20 世纪初,冰激凌产量达到了 500 万加仑。与此同时,人们对冰激凌苏打汽水的喜爱也推动了碳酸饮料行业的爆炸性增长。

参观博览会的人还享受到了冰冻在锡管里的甜味水果,以及冰茶,前者是棒冰的前身,后者是热茶的一种变身,口味更清爽。推广果冻的聪明老板请大家免费品尝这种轻轻颤动的甜点,并提供了食谱,这样人们就可以在家里准备这种最快的快餐了。另一种美味、轻盈的新甜食是仙女丝棉花糖,纯粒状糖在电动机器中快速旋转,制成的糖丝缠绕起来非常像棉花,因此得名棉花糖。参观博览会的人非常喜欢棉花糖,以至于在此次博览会期间共售出 68,655 个纸盒装棉花糖,每盒的价格是 25 美分,这个价格与一直深受欢迎的甜品炖李子干的价格相同,是此次博览会门票价格的一半。

圣路易斯世界博览会之前的快餐和慢食

1904 年在圣路易斯开幕的世界博览会是一个世纪以来烹饪发展的高潮。快餐,大部分是甜食或含有脂肪,或者两者兼有,其实,它在19世纪已有先例,当时"狼吞虎咽,吃完就走"的饮食方式在繁忙的工人阶层十分盛行,他们看重快餐服务,因为这使他们拥有更多的工作时间。例如,在19世纪中叶的纽约市,一个商人"可以挂上'出去吃午饭'的牌子,花很少的钱大快朵颐,并且在15分钟内回到工作岗位"。《纽约论坛报》(*The New York Tribune*)的撰稿人乔治·福斯特欣喜地说道:"这是美国主义的高潮,集中体现了美国的活力、毅力、精力和实用性都处于顶峰的发展状态。"[4]

早期的美国饮食文化则大不相同。那时的食物通常是自家种植、采摘、猎杀或捕捞得来的,往往种类单一、口味平淡。根据食品历史学家詹姆斯·麦克威廉斯的描述,17世纪的科尔家族会将肉从骨头上撕下来,用苹果酒顺下肚,并且共用餐具。1744年,旅行者亚历山大·汉密尔顿医生拒绝加入一位渡轮看守人及其妻子的"家常鱼餐,没有任何调味料……他们桌上没有铺桌布,食物装在一个脏兮兮的深色木盘子里,他们直接用手抓取食物,连皮带鳞一起吞下。他们既不使用餐刀、叉子、勺子、碟子,也不使用餐巾,我猜可能是因为他们没有"。[5]一个典型的荷兰移民家庭则靠无尽的玉米粥和牛奶维持生计。当经济条件允许时,殖民地居民也会用糖蜜或枫糖浆为饮料和食物增添甜味,制作蜜饯。

到18世纪末,新世界开始缓慢走向工业化和城市化。叉子和勺子取代了手,厨房配备了一系列用具,烹饪用书传播了烹饪知识。由于要比通常不适合饮用的水更加安全,朗姆酒成为一种常见的饮料,咖啡和茶也开始流行起来,一般会加入少许红糖。北美的生活方式和饮食口味日趋英国化,尽管麦克威廉斯观察到,"传统的美国叙事很少承认这股力量",即对英伦文化及其带来的舒适感的迷恋。[6]

许多美国家庭主妇购买了英国女性汉娜·格拉斯撰写的《简便平易的烹饪艺术》(*The Art of Cookery Made Plain and Easy*)，以至于 1805 年该书出版了美国版。其他英国烹饪书也卖得很好。这些烹饪书里提供的食谱包括布丁和其他甜点，基本都要用到糖或糖蜜。署名为"费城的一位女士"（即伊丽莎·莱斯利）的作者在《75 种酥皮糕点、蛋糕和甜食食谱》(*Seventy-five Receipts for Pastry, Cakes, and Sweetmeats*) 一书中介绍了一种糖蜜棒糖。"波士顿"焗豆甜味浓郁，它用糖蜜增加黏稠度。糖正成为日常饮食的一种标准配料。温迪·沃洛森在《精致的品位》(*Refined Tastes*) 一书中写道："在蛋糕和软糖里加入糖，将糖溶解在酱汁里，淋在水果和蔬菜上，糖成为制作雕塑的糊状物的基础成分，是制作糖果的基础材料，也是制作冰激凌必不可少的成分。"[7]

到了 19 世纪，随着经济的繁荣令曾经自给自足的殖民地居民在菜单上有了更多的选择，杂货店应运而生。它们的标准配置之一是一台便携式碾磨机，可以将块状的黑砂糖磨成颗粒（黑砂糖比白糖更便宜，用途也更广，直到 19 世纪 80 年代）。但是价格本身并不能决定用途。正如食品历史学家韦弗利·鲁特解释的那样，"白糖和红糖之间的竞争谱写了一章势利的历史"。[8] 随着白糖的价格越来越能为普通人所承受，它也成了一种身份的象征，人们将白糖用于招待客人，将红糖降级到厨房或为私人所使用。作为势利的一种衡量标准，糖非常有效，糖蜜是最低级的，精制白糖是最高级的，而在这两者之间，还有许多等级的红糖和粗糖。

1858 年梅森罐的发明极大地推动了对于白糖的需求。梅森罐是一种可重复使用的厚重玻璃容器，能够紧密密封，使得女性能够保存水果和蔬菜，以供全年都能享用。由于罐装需要的是白糖，而不是红糖或糖蜜，这也促进了白糖消费量的大幅增长。

冰激凌和汽水

冰激凌也是含糖的，在城市里成了一种广受欢迎的美食。在纽约市，售卖冰激凌的街头小贩大声吆喝"我尖叫，你尖叫，我们都为冰激凌而尖叫"（I scream ice cream，英语谐音梗），叫卖自己的商品。[9]摊位或手推车上出售的冰激凌价格相对便宜。一位观察者指出，到了1847年，在费城，"市场里满是售卖冰激凌的摊位，街头的马车也在到处兜售冰激凌，无论你转到哪里，都会看到有大量冰激凌在售卖，价格便宜，而且品质并不因为价格低廉而有所逊色"。[10]更富有、更讲究的人也喜欢冰激凌。在所谓的游乐场，比如费城沃克斯豪尔花园的"冰激凌城"，他们聚在一起听音乐，享受美味佳肴，比如水果和冰激凌的混合物，大约两汤匙，盛装在精致的玻璃器皿里。

冰激凌逐渐与女性联系在一起，就像糖果一样，女性可以在被称为"女士冰激凌室""女士沙龙"或"女士会客厅"的地方满足自己对冰激凌的欲望。这些地方的装饰富丽堂皇，舒适、体面又安全。例如，在纽约，有两家装修典雅的冰激凌沙龙迎合了"宁愿饿死也不愿独自走进餐馆的女性心理"，专门为她们提供服务。[11]当然，男性也可以在公共场所享用冰激凌。纽约一家歌剧院的底楼就设有冰激凌沙龙。酒店的糕点师制作了迷人的冰激凌餐点。在19世纪中叶的纽约市，"在闷热的夏日夜晚，每一家时尚的冰激凌沙龙里都挤满了穿着考究的男女，他们大多属于庞大的

图 57　1907—1908 年，加拿大艾伯塔省卡尔加里市麦卡琴和麦吉尔商店的内部。椅子和桌子是供顾客享用冰激凌的。

中产阶层"。[12]

　　冰激凌爱好者也在家里自制冰激凌，这个过程有点费力又显得不太精确，首先用勺子搅拌奶油直至它变稠，然后把原料放进一个容器中冷却，该容器四周放有混有盐的冰块。1846 年，美国新泽西州的南希·约翰逊发明了一种手摇冰激凌冷冻机，威廉·扬将它专利化为"约翰逊专利冰激凌冷冻机"。这种冷冻机配有旋转桨叶，可解放人们酸痛的手臂，随着机械制冷的出现，这些冷冻机使冰激凌变得大众化。生产的冰激凌越多，对糖的需求就越大。

　　到了 1850 年，冰激凌已经变得十分普遍，以至于广受欢迎的杂志《戈迪女士手册》(*Godey's Magazine and Lady's Book*) 宣称，冰激凌是生活中"必要的奢侈品之一，没有它的聚会就像没有面

第11章 相约在圣路易斯享受美味吧！ 397

图58 1940年，在加拿大艾伯塔省切斯特米尔湖社区，一个小女孩开心地帮忙做冰激凌。

包的早餐或者没有烤肉的晚餐"。[13] 那时，改进的技术使得冰激凌的价格足够便宜，中产阶级可以定期享用它。（当然，也有不认同这种趋势的人。诗人兼哲学家拉尔夫·沃尔多·埃默森就对此表示不赞同："我们竟然不敢相信自己的智慧足以让我们的屋舍给我们的朋友带来快乐，所以我们购买了冰激凌。"[14]）

新的冷冻机也意味着冰激凌不必在消费地现场生产，而是可以在水果和奶油来源地附近生产，然后运输到遥远的市场。1851年，美国马里兰州巴尔的摩牛奶经销商雅各布·富塞尔开设了一家工厂，他用多余的奶油制造冰激凌，并以每夸脱25美分的价格出售，而不是通常的65美分。他的生意十分火爆，以至于1885年，他开始创办冰激凌工厂，先是在华盛顿，后来在波士顿、纽约、辛辛那提、芝加哥和圣路易斯，并被誉为"冰激凌行业之父"。1893

年，在加拿大多伦多，牛奶生产商威廉·尼尔森和妻子、5个孩子手动操作3台冷冻机，生产了3750加仑冰激凌。到1900年，蒸汽锅炉和汽油发动机取代了手动操作。19世纪80年代出现了一种更甜版本的冰激凌，即圣代（the sundae）。这个名字的由来可能与最初只在星期天供应的冰激凌上加糖浆有关，或者是因为当酒吧在星期天关门时，那些无法饮酒的顾客会用这种口味丰富而甜美的冰激凌来安慰自己。

不久，圣代就成了一种极富有创造力的甜品，冰激凌和糖浆上再撒上水果、坚果、棉花糖、发泡鲜奶油和糖果，并被冠以"天使双子"或"布法罗之顶"等华丽的名字。即便是总统的孩子，也很难抵挡这种诱惑。素来对子女宽容的西奥多·罗斯福写道："孩子母亲去纽约三天，她刚离开不久，梅米和昆廷就生病了。昆廷的病肯定是因暴食糖果和浇了巧克力酱的冰激凌引起的。"[15]

冰激凌苏打汽水是一种结合了冰激凌和苏打水的美味饮品，它比配料过于丰富的圣代更受欢迎。这种饮品衍生出了自己的词汇，例如，"黑与白"（black and white）意味着巧克力苏打水和香草冰激凌。随着冰激凌和软饮料种类的增加，冰激凌苏打汽水的种类也在增加。加了香草冰激凌的根汁饮料非常受欢迎，但年轻人也可以用其他组合来表达自己的个性，比如用胡椒博士搭配巧克力冰激凌，用可乐搭配樱桃冰激凌。

围绕着苏打汽水，无论是普通的还是加了冰激凌的，发展出一种文化，即汽水饮料柜台。在瓶装工艺成熟和单瓶装汽水被大量分销之前，汽水都是由汽水饮料柜台供应的。像冰激凌沙龙和冰激凌会客厅一样，汽水饮料柜台越来越吸引女性顾客。真正的汽水饮料柜台是专门打造的，通常由大理石制成，装饰高雅，一尘不染。一切都闪闪发光：台面、工作区、水龙头、华丽的镀银餐具、抛光镜子、闪亮的冰激凌和操作核心处的起泡汽水。

汽水饮料柜台通常设在百货商店或药房内，不仅能为购物者提供清凉的饮品，也是安全愉悦的社交场所。这些地方往往提供凳子，以便鼓励购物者短暂停留，而不是提供更舒适的椅子让顾客久坐不起。汽水饮料柜台吸引了时尚女性，她们的品位为有抱负的下层阶级树立了标准。这些店内的装饰精心挑选，以便与佩戴珠宝、拥有成熟魅力的女性顾客相得益彰。店内的侍者年轻、健康且迷人。其中一些男侍者外表令人"惊艳"。所有侍者都被要求友好，但不过于诱惑。有手册建议汽水饮料柜台经营者"在柜台后面安排一个英俊的年轻人。如果他专注于手上的工作，衣着整洁时尚，他将会吸引到城里最多的顾客"。[16]

糖 果

孩子们也喜欢冰激凌和苏打汽水，他们会跟随父母一起去冰激凌沙龙和汽水饮料柜台处。但还有比额外添加了糖的冰激凌和甜酸口味的汽水更好的东西，那就是糖果，专为儿童设计的糖果、孩子们可以选择和购买的糖果，会令儿童在成年后仍做此类消费，对他们来说，购买糖果是一种带有怀旧色彩的愉快习惯。正如19世纪中叶伦敦的一名"糖果商"告诉采访者亨利·梅休的那样，"先生，男孩和女孩是我最好的顾客，尤其是那些最小的孩子"。[17]

这种糖果还能帮助孩子们计划好自己的零花钱，做好预算，这是重要的生活技能。它必须很有吸引力，但需要花费的钱很少，比如1便士，这样孩子们才能买得起。便士糖改变了糖果商的角色，从销售包括蜜饯、饼干、蛋糕、糖浆和糖渍水果在内的高档糖果店转变为糖果小商店，它们"成为早期美国资本主义时期的儿童活动场所"。[18]便士糖像宝石一样，经过煮沸硬化，颜色鲜艳、味道甜美、形状各异。它们是为孩子们准备的，孩子们也渴望得到它们。

那些孩子们将鼻子贴在商店的橱窗上，打量着里面琳琅满目的商品，眼里满是渴望的照片反映了现实。带着1便士的孩子可以进去，但是没钱的孩子只能从外面盯着看。玻璃陈列柜和布置华丽的窗户是成功营销策略的早期范例。在仔细挑选后，孩子们可以用自己的钱换一种特别的糖果。在美国南北战争期间，糖果制造商更多地依赖儿童作为其顾客群，而不是成人。

许多孩子靠自己的劳动挣钱，他们卖报纸、鲜花或糖果，跑腿，或者在找不到工作时乞讨。糖果店的老板欢迎这些孩子，不会催促他们做出决定。一名美国男子回忆道："你可以从左到右、从右到左、从前到后，甚至歪斜着尽情地欣赏。"[19]可选择的糖果种类也很多：酸味水果糖、薄荷棒、橡皮软糖、果冻豆、棒棒糖、枫糖便士蛋糕、大块硬糖、棉花糖、柠檬糖和杜丝巧克力糖（第一款独立包装的便士糖），它们只是众多选择中的少数几种。加拿大的孩子也有着相似的选择，他们特别喜欢糖果棒和一种插在棍子上、可以全天候享用的硬糖（Ganong's All-Day Suckers）。

较为贫穷的成年人也会被吸引到糖果店里。一份行业期刊指出，"我们的商店橱窗是成年人的幼儿园，不仅仅是小孩子的"。[20]那位伦敦"糖果商"也有年长的顾客："他们中的一些人已经50岁了，是的，50岁了，天哪，一个老头子，即使没有一颗牙齿，他也会停下来买……然后他会说，'我身上还留有很多孩子气呢'。"[21]北美和英国一样，现代技术、更多的可支配收入和全民对甜食的喜

图 59 在这张英国照片中,孩子们将鼻子贴在窗户上,渴望地看着商店里的便士糖。

爱刺激了糖果的生产，使其消费大众化。不是所有的糖果都只卖1便士，更精致、更大的糖果，或者几个包装在一起的糖果价格更高，比如救生员糖果（Life Savers）。贫穷的成年人有时也可以放纵一下。糖果也具有区域性。果仁糖（焦糖杏仁味或榛子口味）是美国南方的特产，它们在新奥尔良非常受欢迎，以至于它们的克里奥尔供应商被称为胡桃糖匠；而在东北部，枫糖糖果很受欢迎。

随着北美糖果贸易的增长，女性被定位为糖果的购买者和食用者。她们"被认为"天生抵抗不了糖果的诱惑，这是她们可爱天性的一部分，但也需提醒她们防范自我放纵。女性会为家人购买糖果，而随着赠送糖果作为礼物的传统受到人们的鼓励，她们也会相应地收到糖果。19世纪末，面向农村社区的商店目录开始出现：在美国，蒙哥马利·沃德公司是第一个，始于1872年；随后1884年，在加拿大出现了伊顿商品目录，即"草原圣经"；1884年，美国又出现了西尔斯和罗巴克商品目录，这些奇妙的简编提供了丰富的商品，包括预包装食品和糖果。即使是无商店可去的农妇，现在也可以尽情享受了。

为了增加多样性和刺激销售，糖果是根据季节制作的，直到没有哪个节日可以不伴随着庆祝性的糖果就过去：圣诞节、万圣节、感恩节、华盛顿诞辰、母亲节、父亲节、情人节和复活节。求爱、婚礼和毕业典礼也是目标，儿童庆祝活动也不例外，特别是生日。

巧克力及其女性化在这些庆祝活动中发挥着关键作用。直到19世纪中叶，巧克力主要被视为一种饮料，味道浓郁、丰富，富含糖和香料，或者在精英阶层被视为一种美味糖果。后来，1828年，荷兰化学家昆拉德·范·豪滕发明了一种手动可可压榨机，可提取三分之二的可可脂，留下巧克力块，它们可以碾碎成我们所知的可可粉。1875年,丹尼尔·彼得(开办了瑞士通用巧克力公司)和亨利·内斯特莱联合生产牛奶巧克力,这完美地解决了纯巧克力异乎寻常的苦味难题。

当公众开始接受牛奶巧克力时,欧洲的巧克力制造商展开了激烈竞争,既相互窥探,又紧紧守住自己的工艺,彼此保密,他们生产出了不同口味的巧克力:英国的吉百利焦糖巧克力,瑞士三角牌牛奶巧克力和瑞士莲,意大利的芭绮黑巧克力。在定义"真正"的巧克力的争论中,势利和民族主义情绪交织在一起:对于许多欧洲人来说,英国和北美的巧克力过于甜腻、奶味太重。到1897年,英国消费了3600万磅巧克力,其他欧洲国家消费了1亿磅,美国消费了2600万磅。

直到19世纪下半叶,北美仍然从英国进口大部分巧克力糖果,英国布里斯托尔的弗赖伊家族、伯明翰的卡德伯里家族和约克的朗特里家族都是行业巨头,他们都是贵格会教徒。1761年,药剂师约瑟夫·弗赖伊博士接管了总部位于布里斯托尔的查尔斯·丘奇曼的巧克力业务,并生产了加糖巧克力片,这些巧克力片用热水煮沸,加入精细、湿润的糖和一点奶油或牛奶,可以制成可可热饮。1776年,布里斯托尔弗赖伊公司一磅巧克力的售价几乎相当于一个普通农业工人一周的收入。但是巧克力已经在布里斯托尔的精英阶层中流行起来,弗赖伊的生意蒸蒸日上。

1787年,当约瑟夫去世时,他的妻子安娜更改了公司名称(改为Anna Fry & Sons),并与第三个儿子约瑟夫·斯托尔斯·弗赖伊一起经营公司,斯托尔斯·弗赖伊在20岁时与伊丽莎白结婚,伊丽莎白后来以监狱改革者而闻名。1800年的一则广告显示,巧克力仍然被视为一种药用物质:"这款可可是由医学行业最杰出的人员推荐的,优于其他所有种类的早餐,适合那些习性纤弱、健康衰退、肺部虚弱或有坏血病倾向的人,它们容易消化,提供精细而清淡的营养,能极大地纠正体液的失调。"但是除非巧克力大量加糖,否则它的苦涩是令人难以忍受的,正如19世纪的推销员戴维·琼斯在向杂货商展示巧克力样品时所看到的那样,"他们品尝后,脸上的表情变得和往常不太一样,就好像他们喝了醋或吃到了蛀虫一样"。[22]

根据糖果历史学家蒂姆·理查森的说法,1789年,弗赖伊公司引入了英国第一台蒸汽驱动的可可豆研磨机,这是一项革命性的进展。[23]之后,铁路运输取代了马拉货车,将弗赖伊公司的巧克力运送到整个英国。英国的可可消费量随之增长:从1822年的122吨增加到1830年的176吨,再到1840年的910吨。[24]

1847年,弗赖伊公司研发出了一种混合了可可粉、糖和融化的可可脂的糊状物,在英国生产出了第一个"可吃的"巧克力,而不是可饮用的巧克力。这一创新导致了1853年第一块工厂制造的巧克力的诞生,即巧克力奶油棒。然而,制作巧克力的过程仍然十分费力,需要手工蘸料,随后是临时冷却。巧克力工人伯莎·法克雷尔回忆道:"哦,这份工作要求我们给巧克力降温!我记得有一次,当女孩们将产品放在窗台上降温时,有人不小心把整堆东西撞到了下面的院子里。"[25]最早的巧克力棒太苦了,不太受欢迎,但是到了1885年,弗赖伊公司的"五个男孩牛奶巧克力"味道更好、更具奶香,获得了巨大的成功。

从19世纪初开始,弗赖伊公司就面临吉百利和朗特里的竞争。卡德伯里兄弟,即乔治·卡德伯里和理查德·卡德伯里接管了父亲经营不善的生意后,理查德为吉百利巧克力设计了一些精

图 60　1885—1976 年，弗赖伊公司生产的"五个男孩牛奶巧克力"一直都颇受欢迎，销量高达数百万条。这五个男孩其实是同一个人，即摄影师的儿子林赛·波尔顿。为了让他摆出难受姿态，他的父亲将浸泡在氨水中令人作呕的抹布挑起，然后举到他的鼻子前。

美的包装图案：一个迷人的蓝眼睛 6 岁小女孩抱着一只猫；一位母亲及其孩子。1868 年，吉百利大规模生产了盒装巧克力，这是英国第一款盒装巧克力，1875 年，又生产了复活节巧克力蛋，巧克力外壳，里面满是裹有糖衣的坚果。到 19 世纪末，吉百利可提供 200 多种盒装巧克力，雇用了 2685 人，并在世界范围内都拥有市场。1905 年，吉百利的牛奶巧克力棒取得了巨大的成功，用劳伦斯·卡德伯里的话来说，它比"已被遗忘，以至于默默无闻"、可可含量更高的牛奶巧克力奶油味更浓，味道也更甜，而且包装精美，是淡紫色包装，带有金色和黑色文字。

朗特里是英国第三大糖果制造商，由亨利·艾萨克和约瑟夫·朗特里兄弟于19世纪60年代创立。石头巧克力糖是他们的主要产品,尽管他们也生产巧克力豆、奶油夹心巧克力、半便士球形巧克力和1便士球形巧克力,以及许多其他巧克力产品。员工当时只有7个人,轮流完成"磨碎、烘烤、揉搓、取糖"等工序。[26] 到1881年,朗特里裹了糖霜的透明果味软糖以每盎司1便士的价格获得了巨大成功。

这三大贵格会教徒家族在英国还有其他竞争者,其中包括1886年成立的特里巧克力公司,而瑞士的瑞士莲、托布勒三角巧克力,以及意大利的口福莱和其他欧洲公司也用自己的巧克力产品在市场占据强有力的地位。1879年,鲁道夫·林特发明了巧克力研拌机,彻底改变了这个行业。利用这种工艺,能生产出口感非常细腻的巧克力,到19世纪末,它使瑞士赢得了"世界上最受尊敬的巧克力产地"的声誉。法国巧克力也因品质优良而闻名。

糖果制造日益国际化,特别是英国公司向北美和英联邦成员国出口了大量巧克力棒。到了19世纪末,北美人也开始参与竞争,其中就有门诺派教徒米尔顿·斯内夫利·赫尔希,虽然他是糖果店一名受教育程度不高的青少年学徒,但他对糖果行业已足够了解,可以自己制作牛奶焦糖,他的母亲和姐姐负责手工包装。之后,赫尔希遇到了一位英国人,此人同意进口他生产的焦糖,赫尔希还遇到一名愿意贷款给他的银行家,于是他在宾夕法尼亚成立了兰开斯特焦糖公司,该公司有4家工厂,很快它的员工总人数达到了1500名。

1893年,在芝加哥举办的哥伦布世界博览会上,J. M. 莱曼展出的先进的巧克力制造设备令赫尔希大为震撼,这套设备能烘烤、去壳和研磨可可豆,并制成可可浆。在与糖、香草和可可脂混合并搅拌后,混合物被倒入方形模具中,硬化为巧克力棒。赫尔希购买了这套设备,并将他的未来押注在巧克力上。他开始进行密集的试验,试图向巧克力中添加牛奶,就像他之前向焦糖中添加牛奶一样。他观察到,他的奶牛场早上 4 点半开始挤奶,他将泽西奶牛换成了荷斯坦奶牛,然后将牛奶加工到微微变酸,这令欧洲的鉴赏家感到惊骇。其结果是革命性的:诞生了北美第一块牛奶巧克力,而且生产成本低廉。

1900 年,赫尔希卖掉了焦糖工厂,专注于巧克力的生产,他宣称,"巧克力不仅是一种糖果,还是一种食物"。到 1915 年,他的工厂每天生产的巧克力超过 10 万磅,品种超过 100 种,大部分的售价为每个 5 美分。其中,最受欢迎的是 1907 年推出的"好时之吻"。最优雅的巧克力用法式名称和华丽的包装与普通巧克力加以区分,如"黑猫"(Le Chat Noir)和"巧克力之王"(Le Roi de Chocolat)。正如约埃尔·格伦·布伦纳在《巧克力皇帝》(*The Emperors of Chocolate*)中指出的,"一条精美的丝带能将任何物品都变成高档商品"。[27] 赫尔希工厂生产的许多牛奶巧克力,其形状和价格都类似于便士糖,吸引了儿童。甚至连"好时之吻"的广告都搭配了男孩和女孩交换纯真之吻的图片。赫尔希及其竞争对手针对年轻男孩,推出了巧克力香烟和雪茄,这些产品既美味可口,又适合男性,是一种认同父亲和未来吸烟乐趣的方式。

年轻的弗兰克·马尔斯是赫尔希众多竞争对手中最重要的一位。马尔斯因脊髓灰质炎而致残,无法与其他男孩玩耍,他在厨房里跟着母亲学会了糖果制作。后来他制作了便士糖,但是他的生意失败了,他的婚姻也随之破裂了。经过几次艰难的糖果制作尝试后,马尔斯发明了"银河棒"。他的儿子福里斯特描述了这个过程:"起初是巧克力麦芽饮料。他在上面放了一些焦糖,外面裹了一层巧克力,并不是很好的巧克力,他购入的是便宜的巧克力,但那个该死的东西卖得很好。"[28] 售价只要 5 美分,馅料使得它看起来比赫尔希的实心巧克力棒更大,对于购买者来说,"银河棒"似乎是一个不错的选择。

加拿大人也喜欢巧克力,无论是进口的还是国内生产的。1885 年,新不伦瑞克省加农兄弟糖果公司研发出了"鸡骨糖",这种粉红色的肉桂糖果中间包有鸡骨头形状的苦味巧克力,自推出以来就非常受欢迎。1900 年,加农兄弟糖果公司推出了北美第一款售价 5 美分的巧克力坚果棒。他们的盒装巧克力上装饰有阿卡迪亚女英雄伊万杰琳的画像,伊万杰琳象征着"纯洁、卓越、恒久、浪漫和甜蜜"。

莫伊尔斯、维奥、考恩、洛尼等众多巧克力制造商迎合了加拿大人嗜甜的偏好。父母离婚后,福里斯特·马尔斯在加拿大萨斯喀彻温省北巴特尔福德由外祖父母抚养长大,他想将业务扩展到加拿大。冰激凌制造商威廉·尼尔森冒着风险制作盒装巧克力,他想赌一把,到 1914 年,他在加拿大的年销售额为 56.3 万英镑。在他的儿子莫登·尼尔森的领导下,该公司成为大英帝国最大的冰激凌制造商和加拿大最大的巧克力制造商。

加拿大最富有创造力的巧克力制造商弗兰克·奥康纳以 1812 年战争中一位英勇士兵的妻子之名(劳拉·西科德)命名自己的巧克力公司,她在战争期间不顾危险穿越沼泽和灌木丛警告英国人,美国人即将发动袭击。该公司生产的巧克力放在一个独特的盒子里出售,盒上印有劳拉·西科德理想化版本的浮雕侧像。1919 年,奥康纳将业务扩展到纽约,在那里他谨慎地以广受喜爱的烹饪书作家范妮·法默之名重新命名了自己的巧克力品牌,她的肖像为美国版的盒装巧克力增色不少。

在美国和加拿大边境,牛奶巧克力很受人们喜爱,它是可可制品、牛奶、糖和乳化剂的混合物,很容易销售。与我们更熟悉、适合烘焙的贝克巧克力不同,牛奶巧克力含有较少的可可豆非脂成分和更多的牛奶脂肪。它的糖分也比较高,热量的一半来自糖,另一半来自脂肪,一位营养研究人员说,这两者的结合"对于我们的大脑来说简直是天堂。从化学角度来讲,巧克力确实是完美食物"。[29]

巧克力是如此美味,以至于许多巧克力爱好者声称对它"上瘾"。女性似乎特别容易渴望吃巧克力,尽管没有科学证据表明有任何生理原因。可以肯定的是,自从牛奶巧克力出现后,人们就认为女性渴望它,尽管巧克力据称有刺激情欲的功效(可能正是因为这一点),它仍被推销给了她们。

四季皆宜的甜食

在向尽可能多的人销售巧克力的竞赛中,包装和呈现的方式几乎和盒子里的巧克力一样重要。巧克力早期昂贵的包装唤起了人们对法国、浪漫和女性的联想。虽然贝克巧克力生产的是不加糖和甜度比较低的巧克力,但其营销策略令人回想起了法国的糖果。1877 年,沃尔特·贝克为自己的巧克力产品选用了一幅易引发人们强烈情感共鸣的画像:《巧克力女孩》("La Belle Chocolatière"),即安娜·巴尔道夫的优雅肖像。1745 年的一个冬日下午,迪特里希施泰因伯爵在维也纳的一家巧克力店里与她相遇,并对她一见钟情,安娜当时为他端上了一杯精致的热巧克力。迪特里希施泰因伯爵爱上了这位巧克力女孩,并与之结婚,还委托宫廷画师画下这幅肖像来纪念他们的"一见钟情"或因巧克力而缔结的浪漫情缘。荷兰巧克力制造商德罗斯特、德容和范·豪滕,以及英国的朗特里在看到贝克巧克力的这一包装时,就知道这是个绝佳的商品形象,因而纷纷借鉴这种方式,为自己的品牌形象所用。

甚至在巧克力之前,用糖果来求爱就已经很普遍了,人们也很清楚交换糖果的意义。年轻人可以送给心上人"法国的秘密"(French Secrets,一种纸包硬糖,里面往往夹着一小张纸,上面写着几句浪漫的诗句),或者也可以赠送其他奢华包装的糖果。到了19世纪70年代,糖果商乔治·黑兹利特回忆道,随着硬糖逐渐被"巧克力核桃仁、焦糖巧克力、牛轧糖、意大利奶油夹心糖、奶油馅饼、巧克力豆等"取代,浪漫有了更多的表达方式。"股票经纪人通常持有的股票中,几乎有一半是优质的巧克力制造商。"[30] 巧克力正迅速取代软糖和硬糖,成为爱的语言。

与硬糖不同,软糖和巧克力必须装在盒子里,人们从包装的精美程度就可以判断里面的糖果。事实上,向心爱的人赠送一个外观简朴的糖果盒是一种十分严重的社交失态行为。1861年,吉百利推出了第一款心形的情人节糖果盒。随后,为了大规模生产既美观又符合特殊场合的糖果盒,糖果行业开始了竞赛。

过去,情人节意味着赠送贺卡。圣瓦伦丁寄送出了第一张情人节卡片,卡片上写着"来自你的瓦伦丁",当时他正身处监狱。他因违抗皇帝克劳狄乌斯二世的命令,为罗马士兵主持婚礼而被判处斩首——皇帝克劳狄乌斯二世曾下令罗马士兵必须保持独身。在很大程度上,得益于富有进取心的糖果制造商,情人节逐渐发展出了互相赠送糖果的节日庆祝环节。

圣诞节也成为赠送和享用糖果的绝佳时机。圣诞拐杖糖起源于欧洲，最初是白色、硬且直的糖棒，后来演变成类似牧羊人所用的曲柄杖的形状。在人们重现耶稣诞生的过程时，拐杖糖安抚了烦躁不耐的儿童，这一习俗在欧洲传播开来，后来传到了北美。更晚期发展出来的圣诞拐杖糖上红白色条纹的传统可能象征着耶稣的圣洁无瑕，以及他为人们所流的鲜血。

复活节彩蛋和兔子则与异教的节日有关联，早期基督徒将这些节日融入了自己的仪式。传统的复活节寻找彩蛋活动用的是真正的鸡蛋，人们通常会装饰鸡蛋，据说这些鸡蛋是由复活节的兔子运来的。孩子们会参与这些仪式，这也促使人们将真正的鸡蛋转化成糖果，以使得活动变得更容易、更受欢迎。1923年，吉百利首次制作了填充有软糖或棉花糖的复活节巧克力蛋。也有制造商生产了无糖的复活节蛋和兔子，这些都加强了复活节和赠送糖果之间的联系。

现代意义上的母亲节可以追溯到20世纪早期，并且迅速商业化，以至于它的主要推动者美国人安娜·贾维斯都对此表示了谴责。她宣称："我希望它能成为一个充满情感的日子，而不是利润。"但是母亲节及其相关商品已经势不可当，特别是糖果和巧克力。

感恩节、7月4日独立日、生日、周年纪念日，以及从毕业到成功接待等"特殊场合"都获得了类似的关注。到了20世纪，糖果（更合心意的是巧克力）成为庆祝和感激的通用物品。1912年，惠特曼巧克力公司推出了漂亮的惠特曼什锦巧克力黄色礼盒，它的外观是传统的装饰有刺绣图案的盒子，里面装有精选出来的各种口味的软心巧克力，适用于所有特殊场合。这样的礼盒看起来既雅致又家常,适合送给情人、祖母,甚至整个家庭。

甚至战争也能为糖果制造商和销售商提供机会。糖果代表舒适,以及童年和温馨甜蜜的家,它香甜美味,令人满足和充满活力。来自家乡的糖果让士兵们确信自己没有被遗忘,并提醒自己为何而战。英国维多利亚女王明白这一点,在布尔战争期间,她要求将定制的吉百利圣诞罐装巧克力送给英国军队。起初,乔治·卡德伯里拒绝了,理由是他是一名和平主义者。维多利亚女王很不高兴,她将请求变成了命令。卡德伯里及其竞争对手弗赖伊和朗特里遵从了这一命令,一起生产了 10 万罐巧克力,并且去掉了他们的品牌名称。在第一次世界大战期间,加拿大尼尔森公司向海外的盟军部队出口了大量的军用纯巧克力棒。有士兵的家庭经常将巧克力作为礼物送出。一名加拿大士兵在 1917 年圣诞节写道:"一盒加农巧克力几乎让人感觉像是回到了家。"[31] 美国士兵则依靠惠特曼生产的巧克力军需品,即一磅巧克力搭配一本节选版的经典著作抚慰了身心。

许多军事指挥官不屑于巧克力和其他糖果,认为它们偏女性化,不值得战斗人员享用,并推荐烈性酒作为替代品。但是在第二次世界大战期间,当美国的航母"列克星敦"号下沉时,水手们从货舱里打捞出冰激凌,并狼吞虎咽地吃掉它们,直到他们登上救生艇。[32] 在朝鲜战争期间,美国国防部总部下令每周向美国士兵发放三次冰激凌。美国士兵继续在被征服或解放的地区向当地的平民分发巧克力。

婚礼演变成了提供大量甜食的场合,它们通常是裹上了糖霜、精心装饰了的婚礼蛋糕。面包师纷纷逃离爆发了革命的法国,抵达英国后,他们开始销售裹有糖衣且堆叠起来的圆面包,这种华丽的糖霜婚礼蛋糕就诞生于这样的背景之下。1840年，维多利亚女王结婚，她的婚礼蛋糕周长近10英尺，她子女的婚礼蛋糕则更加华丽。维基公主的是多层裹了糖衣的圆形蛋糕，最底下那层是用纯糖制作的，其他层是蛋糕；而利奥波德王子的所有层都是蛋糕；路易丝公主的蛋糕形状是一个真人大小的微型神殿。

婚礼蛋糕显示的下一个"进步之处"是使用柱子来支撑和分隔每一层，这样它们就不再相互堆叠，在英国，装饰华丽的分层婚礼蛋糕可以追溯到19世纪末。它们日益增加的复杂性与"特殊事件"的商业化直接相关，面包师取代了缺乏制作复杂糖果技能的家庭主妇，这些复杂的糖果已经成为新的标准。在美国这个充满活力、富有进取心的国家，1866年出版的《糖果艺术》(The

图61 蒙特利尔人霍普·辛普森在美国红十字会服务，1943年，她在伦敦为美国士兵分发糖果和香烟。

Art of Confectionery）一书规定，将糖塑造成"精巧而奇特的形状……应该成为每位女士所受教育的一部分"。[33]

在美国，设计精美的婚礼蛋糕在19世纪早期已经十分普遍，《戈迪女士手册》将那些裹着糖衣的非蛋糕部分比喻婚姻的两面性："糖衣只是包裹在碳化表面的那一层，吃的时候会沉浸在'我的爱'和'我亲爱的'等甜言蜜语中，这些称呼最初听起来都很甜蜜，但很快就会发现底下脆硬的本质。"[34] 到了19世纪70年代，造型奇妙、有时甚至称得上巨大的蛋糕开始流行，并成为婚宴的标准。让客人带一块蛋糕回家的传统也自此开始出现。

那些与婚礼无关的普通蛋糕已经有几个世纪的历史了，到17世纪中叶，负担得起糖的欧洲人会烘焙圆形蛋糕，并撒上糖霜。生日蛋糕作为一种文化习俗，可以追溯到19世纪，当时越来越多的人买得起配料，并且拥有烘焙所需的烤箱和燃料。北美大陆的人热情地接受了生日蛋糕这一习俗，尤其是孩子们，他们可能会期待像范妮·法默推荐的天使或阳光生日蛋糕，配以"七分钟糖霜"，这种糖霜是用一杯糖、两个蛋白和沸水，加上香草或柠檬汁调味制成的。后来，生日蛋糕逐渐演变成用果酱或糖霜分层，并用糖霜装饰的蛋糕。美国南北战争结束后，当糖成为一种日常用品，而不是奢侈品时，糖衣变得更加精致，最后还可以展示个性化的信息，比如，"生日快乐，阿梅莉亚，愿你此后幸福美满"。

家，甜蜜的家

到了19世纪末，糖不仅用于特殊场合，还是日常生活的一个组成部分。正如19世纪初的一首美国民谣所颂扬的，"葫芦里的糖、号角里的蜂蜜,自从出生的那一刻起,我从未如此快乐过"。含糖产品的数量、可获得性和受欢迎程度都在增加。越来越多的女性杂志,以及蛋糕、饼干、糖果、果酱和冰激凌广告为家庭主妇设立了标准。技术上,即使是锅碗瓢盆和炊具的简单改进,也使得家庭烘焙变得更加容易。食谱书的作者,特别是萨拉·泰森·罗勒和范妮·法默,都详细说明了应该制作什么,以及如何制作。

范妮·法默是1896年出版的《波士顿烹饪学校食谱》(Boston Cooking School Cook Book)的作者,该书后来改名为《范妮·法默食谱》(The Fanny Farmer Cookbook),她对家庭烹饪的影响很大,并且通过提供精确的测量方法,彻底改变了家庭烹饪:法默没有使用"一撮""一块"或"满满一杯"这样的估算值,而是要求使用"一茶匙"或"三分之一杯"这样的精确计量,并定义了她所说的这些术语的含义。在关于蛋糕的长篇章节中,法默强调了糖的重要性,并警告读者不要偷工减料:"糖对于一个好蛋糕的风味平衡至关重要。如果你减少糖的用量,你就会失去一些基本的质地,结果肯定会让喜欢蛋糕的人失望……如果你要烤蛋糕,就把它做好。"[35] 法默还提供了一些补救措施来挽救不可避免的失败,比如塌陷或烤焦的蛋糕。现实生活中面临实际问题的普通女性可以向法默、罗勒或其他许多作者求助,以使自己的家庭生活变得更加甜蜜。沃洛森强调,家庭主妇在制作甜蜜美食时不仅要有天赋,还要慷慨大方,且后者是多么重要:"自制的甜食不仅是美味可口的小点心,更重要的是,它们是定义和决定社会地位、品位高雅程度的关键小食,即你如何对待甜食,就表明你自己过得有多甜蜜。"[36]

蛋糕、其他糕点和糖果是提供甜食的优雅方式,但并不是所有女性都有时间去制作它们。让她们高兴的是，果冻出现了。到了 19 世纪下半叶，随着冰激凌制作被确立为中产阶级的一种惯常习俗，广告商称果冻是一种简单而又安全的替代品，而且也是一种享受，"或多或少有些挑剔的女性宾客会对此表示赞许"。作为即食明胶甜品，果冻还允许所有社会阶层制作曾经仅限于精英阶层的甜点。果冻将自己宣传为一种时髦的甜点，这与区分各种甜食的社会标准是一致的，因为人们将糖"作为一种有效的社会沟通工具，只不过以纯真的饮食调味品为幌子"。[37]

糖也是简朴实用的水果保存剂，将果酱涂抹在吐司上，可以使早餐或茶点变得甜蜜可口，口味也变得丰富起来，因为它含有水果，并非完全不健康的食物。人们很早以前就用蜂蜜、枫糖浆或糖蜜和苹果皮果胶保存水果，但随着更安全的罐装技术的发展，商业生产的果酱和果冻也变得较为普遍。到 19 世纪 70 年代，含糖量高、水果含量低的果酱已经成为英国家庭主食的一部分。19世纪末，北美开始生产自己的果酱。杰罗姆·斯马克制作了苹果酱。加拿大的 E. D. 史密斯开设了一家工厂，在那里，李子酱、葡萄酱和苹果酱是在开放式的大锅里熬煮的。1918 年，保罗·韦尔奇研发出了一款叫作"葡萄糕"（Grapelade）的葡萄果酱，它在第一次世界大战期间流行起来，当时美国军方将这款葡萄果酱运送给了驻扎在法国的美国士兵，他们非常喜欢它，以至于回家后还寻找这款产品。于是，以另一种形式存在的糖在普通家庭的食品储藏室里找到了永久的位置。

对于茶、咖啡、可可、蛋糕、普通糕点、冰激凌、苏打汽水、糖果、巧克力和果酱的需求和供应日益增长，技术也有了大幅改进，使得大规模生产和分销这些产品成为可能。由于人们对于甜味的需求增加，甚至有食谱要求在汤和炖菜等美味菜肴中也要使用糖，以及将糖作为衡量社会地位和好客程度的标准，加上经济日益繁荣，还有就是历史上的反常现象，即在19世纪，糖是唯一价格暴跌且一直保持这种态势的食品，这些因素促使西方世界的食糖消费量稳步增长，有时甚至出现了惊人的增长。在美国，人均糖消费量从1801年的8.4磅上升到1905年的70.6磅。[38]

糖的女性化

正如温迪·沃洛森在《精致的品位》一书中巧妙展示的，当糖主要限于富人阶层享用时，它更多地与男性的经济实力相关联。随着糖价下跌，不那么富裕的人也开始在日常饮食和甜点中加入糖，糖的性质也随之发生了变化。她解释道："它的经济贬值与其文化地位的降级同时发生。"到19世纪末，当精制糖被公认为是一种日常必需的食品时，"消费者和被消费的商品已经完全混为一谈，甜食被女性化，而女性则被视为甜美的"。[39]

经典童谣《小男孩是用什么做成的？》（"What Are Little Boys Made Of?"）概括了这个观点，它宣称小男孩是由"青蛙、蜗牛和小狗的尾巴"做成的，而小女孩是由"糖和香料，以及一切美好的东西"做成的。和糖一样，女孩天生就是甜美的；也和缺乏营养价值的糖一样，女孩被认为是轻浮和不切实际的。就像要抓住男人的心就要抓住他的胃一样，要抓住女人的心就要靠甜美的糖果。在广告的大力支持下，与糖相关的零售业务鼓励并依赖公众对于这些文化内涵的接受程度。

女性也是可口可乐最早的目标客户群之一。1907年，广告称可口可乐为"购物者的灵丹妙药",并展示了一位快乐的夫人成功购物的"绝妙秘诀"。"当我开始购物时,我会喝一杯可口可乐,它让我保持冷静。在回家的路上,我再喝一杯。它会减轻我的头痛,我回到家时就和出发时一样精神焕发。"

糖的女性化物化了女性,就像大量廉价的糖一样,她们被低估了。沃洛森总结道:"糖也使她们变得甜腻——非必需的、装饰性的、甜美的、空灵的,通常缺乏实质内容。""通过将女性与她们购买的商品联系起来,这鼓励了将女性降级到一个单独领域的做法。它也形成了一种表述明确的方式,理所当然地认为女性本质上与男性不同,并且不如男性。"[40]

从文化上来讲,被视为女性化的糖遭到了激烈的批评,人们谴责糖空洞而又诱人,应该要避免受其诱惑。19世纪初,道德纯洁运动在北美和西欧兴起,认为糖、蜜饯和蛋糕会降低士气,削弱男子气概,一个世纪后才逐渐消停。似乎这样说还不够,人们还批评糖是不健康的,会导致蛀牙。

甚至连孩子也容易受到"糖即罪"的影响。《朋友报》(The Friend)警告说,孩子会受到糖果的不利影响,穷人家的孩子尤其会被引到"放纵、暴饮暴食和放荡"的道路上去。从1836年创刊到1841年停刊,最有影响力的非裔美国人报纸《有色美国人》(The Colored American)谴责糖果店是"疾病的温床""充满腐烂的气息"。[41]儿童很容易对糖果上瘾,甚至这有可能不可避免地演变为成年后的酗酒行为。就连理智的萨拉·泰森·罗勒也反对糖和那些将糖塞进嘴里的女性的行为,认为她们会使自己得病,也认为母亲们在谷物和其他食物中添加了过量的糖,导致孩子们对糖充满渴望。

牛奶巧克力的慈善事业

在奴隶制度废除后，取代了奴隶的制糖工人的痛苦几乎没有引起人们的关注，糖的生产不再是改革者的主要目标。但是糖并没有完全摆脱关注：批评者将目标对准了消费者自我放纵的行为及其可怕的医疗后果。具有奇怪的讽刺意味的是，尽管巧克力制造商依靠糖来使他们的产品变得可口，但他们基本上没有受到反糖运动的困扰，其中一些人是杰出的慈善家，米尔顿·赫尔希尤为如此。

巧克力制造商的慈善行为并非出于内疚或者不安，约瑟夫·朗特里的传记作者安妮·弗农的一句评论几乎适用于他们所有人："他的父亲在一封信的同一个段落里提到糖的库存情况和圣灵，似乎对此没有意识到有什么不协调，而约瑟夫也从来没有想过，可能会有一套仅适用于商业的道德准则。"[42]

在英国，弗赖伊、吉百利和朗特里三家公司试图将贵格会的准则应用到他们生活的各个方面。约瑟夫·弗赖伊每天都会以强制性的《圣经》阅读、一首赞美诗和一次祈祷来开启工厂的运营。经营该公司的家庭成员发明了"工作中的幸福感"（Happiness in Industry）一词，创造了良好的工作条件，并提供青年俱乐部、体育活动、健康和疾病福利，以及养老金。

约瑟夫的妻子伊丽莎白·弗赖伊在实现英国的监狱改革方面发挥了重要作用。她还为无家可归者、精神病患者和济贫院里的囚犯开展了运动，并坚决反对死刑。维多利亚女王向她的事业捐款，并在日记中写道，伊丽莎白·弗赖伊是一个"非常卓越的人"。她的工作与家族企业无关，但对其产生了积极的影响。

卡德伯里兄弟是开明的雇主，乔治·卡德伯里在伯明翰的伯恩维尔村建造了一座"花园模范工厂"和企业生活区，为工人提供了宽敞的住房，还有学校、图书馆和医院。他们还赞助了许多体育和娱乐活动。一名前雇员回忆道："在我看来，生活在那里完全像是度假，那里的工厂简直是仙境。"[43] 1901年，卡德伯里将该村庄捐赠给了伯恩维尔村信托基金，直到今天，它还居住着2.5万人。

朗特里家族也关心员工，他们最终通过建造一座新工厂，改善了艰苦的工作条件，之前工作区域十分阴暗，缺乏洗手间或制作热食的设施，甚至不能喝茶。在西博姆·朗特里的指导下，该公司设立了工人养老金计划、每周工作5天制和其他福利。另一个朗特里项目是新伊尔斯威克，这个项目占地150英亩，建造的房子"外形美观、卫生、建筑质量良好"，即使是低收入工人也负担得起。

朗特里家族以对贫困的根源和相关问题进行的研究而著称。约瑟夫成立了3个朗特里信托基金，资助对贫困原因的研究，并发表了关于酗酒和贫困的开创性研究论述。他的儿子西博姆撰写的著作《贫困：城市生活研究》至今仍然是一部经典之作。

在美国，米尔顿·赫尔希用自己的巧克力财富在宾夕法尼亚州打造了一个田园诗般的工厂小镇——好时镇，它有一些街道被命名为巧克力街和可可街。好时镇是安宁幸福之地，拥有漂亮的住宅、公园、学校、教堂、酒店、免费的初级学院、体育和娱乐设施，以及令人印象深刻且带有剧院的社区中心。一位居民回忆说："我们拥有大城市里的一切，也许更多。"[44] 为了保持完好的状态，赫尔希聘请了调查员向他报告不修整草坪、乱扔垃圾和非法饮酒等行为。像美德一样，好时镇本身就是一种奖赏。人们蜂拥而至，欣赏它的奇迹，并使"好时"成为激动人心和优雅生活的代名词。赫尔希也为员工提供健康和意外保险、退休计划和死亡抚恤金。他还为贫困孤儿建立了一所学校，他解释说："嗯，我没有继承人，所以我决定让美国的孤儿成为我的继承人。"[45]

1916年，赫尔希复制了美国宾夕法尼亚州的好时镇，在古巴建立了一个类似的理想工厂小镇。他在那里购买了10多万英亩的甘蔗田，以确保在第一次世界大战期间的配给制度下糖的供应，并建造了世界上最大的炼糖厂，雇用了1.2万名员工。（根汁饮料制造商查尔斯·海尔斯也收购了古巴的糖厂。）好时中央工厂实现了电气化，拥有电气化铁路、自来水、医生、牙医、教师、棒球场、高尔夫球场、赛马场和乡村俱乐部。就像在美国一样，赫尔希也创办了一所孤儿学校。赫尔希被誉为"巧克力沙皇"，古巴总统杰拉尔多·马查多曾盛赞他是"一位杰出的大使"。[46]

恶魔朗姆酒与禁酒

在拥有大量含酒精饮品的北美大陆，殖民地普通民众的含酒精饮品消费量是当今美国普通民众的两倍多，其中大部分是朗姆酒。朗姆酒缓解了新英格兰地区婴儿经常发生的肚腹绞痛，增强了害怕考试的学生决心，在工作间隙还能鼓舞工人，也可以缓解老年人的病痛。朗姆酒也影响了选举，因为政治家会用含酒精饮品拉拢选民：1758年，乔治·华盛顿的选民可以尽情享用28加仑朗姆酒和50多加仑朗姆潘趣酒。

北美大陆的人喝了太多朗姆酒，到1770年，已有141家酿酒厂,以及 24 家相关的制糖厂生产朗姆酒所需的糖蜜。食品历史学家麦克威廉斯认为,糖厂和朗姆酒厂在东北部的殖民地利润丰厚,经济刺激如此之大,以至于通过这种"以恶魔朗姆酒为名的商业活动……商人们开始将北美殖民地的不同地区拉进某种紧密的关系之中"。[47]

从字面意义上来说,在提纯酒精的过程中使用的糖是促成过度饮酒和酗酒不可或缺的因素,但理智的节制倡导者更喜欢称赞它的甜味,这使得茶、咖啡、可可和后来流行的苏打汽水成为令人愉快的啤酒和烈性酒替代品。例如,可口可乐被宣传为"智力饮料和节制饮料"。(但其批评者声称,它的可卡因含量正在将大口喝可口可乐的黑人变成恐吓白人的瘾君子,尽管吸食一次可卡因相当于一次性狂饮 30 杯可口可乐。到了 20 世纪初,可口可乐公司将可卡因从配方中剔除了。)

令糖的生产商高兴的是,无论是用来制作朗姆酒,还是让食品或饮料变甜,糖的销量都非常好。

第12章

糖的遗产和前景

在世界各地：糖兜了一圈，回到了原点

到了20世纪，甘蔗已经遍及全球，从新几内亚向北和向西传播，然后又回到太平洋地区，其遗产标志着甘蔗的全球传播路径，即使是在不再种植甘蔗的地方，也是如此，特别是在加勒比地区。在加勒比地区，糖业作为一个主要产业正在不断衰退（圭亚那、多米尼加共和国和古巴则是例外），而且大部分之前是殖民地的地区现已独立，政治和商业联盟仍然沿袭历史形成的格局。蔗糖文化是导致非洲裔特立尼达人和印度裔特立尼达人，以及圭亚那人陷入政治仇恨的根源，是导致夏威夷和斐济的原住民与其亚裔群体之间持续冲突的原因，也是导致毛里求斯（位于非洲海岸）的官方货币是卢比，其人口主要是印度人的原因。

在亚洲，糖业现今是一个巨大的产业，它的遗产同样根深蒂固，尤其是在印度、巴基斯坦和中国。它们与加勒比地区种植园式、宗主国导向的蔗糖贸易大不相同。在印度，糖业发展成为国家的第二大农业产业，20世纪的现代工厂建立起来，以供应外籍人士和城市居民所需的精制白糖。但是大多数印度人更喜欢传统

种类的糖,即印度粗糖(主要种类有 khandsari、gur),他们认为粗糖比精制白糖更有营养,更适合制作糖果。此外,印度社会对没有经过精炼的糖蜜,甚至是未经加工的甘蔗都有很大的需求,用来喂养马、奶牛和国兽大象。

在印度,糖留下来的最有趣的遗产是那里的糖业不是以种植园为基础的。大多数甘蔗来自小农种植的土地,并且在私人资本家拥有的工厂或在印度西部由农民合作社拥有的工厂中加工。蔗农大约有 5000 万人,雇用了数百万劳动者。与许多其他产糖的殖民地和采用种植园体系的地区不同,印度不是一块向定居者开放并提供大片廉价土地的新领地。此外,印度的农民不会被驱离自己的土地,在新建立的种植园里变成低薪劳工,就像在爪哇和拉丁美洲发生的事情那样。1920 年,由官方任命的印度糖业委员会为政府提供国家糖业政策方面的建议,该委员会谴责了强制购买土地和试图在印度创建种植园式糖业所需的其他强制措施:"我们无法镇定地思考在一群愤愤不平、阴沉不快的农民中间建立工厂的可能性……这是不可避免的结果。"[1]

糖在中国留下的遗产是独一无二的,因为与几乎所有其他民族不同,中国人从未将糖用作食物,中国的人均食糖消费量仍处于世界较低水平。中国人嚼食甘蔗秆,饮用加热的甘蔗汁,将糖用作药物和调味品,用于保存水果和蔬菜、烘焙月饼和动物形状的装饰性糖果、发酵甘蔗汁,以及用糖蜜酿酒。但是中国人喝茶不加糖,在软饮料和糖果出现之前,他们的食物中很少加糖,或者根本不加糖。

和印度一样,中国也发展出了一种非种植园体系的糖文化,学者唐立教授在他的权威著述《农用工业:甘蔗制糖技术》中描述了这种文化。农民种植甘蔗,作为作物之一,他们通常雇用流动的制糖工人来榨取糖汁,除非他们有机会接触到一家较大的糖厂合作社。1797 年,一位英国观察者指出,制糖师傅将大铁锅、火炉和滚筒等设备纳入用竹席搭成的临时工作区域,"这套简单的设备足以达到其目的,但西印度群岛的种植园主会认为它是无效且可鄙的"。加工完的糖质量虽然参差不齐,有棕色的粗糖、半精炼糖和硬质的结晶糖(被称为岩糖),但满足了当地市场的需求。旅行的商人和贸易商购买了这些糖,并将它们运往目的地。这些人还阻止外国人进入中国的糖业。今天,中国是世界上第四大糖生产国,能够为其 10 多亿公民提供每年人均 20 磅的食糖消费量。

甘蔗的环境遗产

甘蔗(不是甜菜)已经不可逆转地改变了环境,世界自然基金会报告称,甘蔗"对地球造成的生物多样性损失可能比其他任何单一作物都更严重,因为它破坏了栖息地,为种植园让路,需要大量的灌溉用水和农药,以及在制糖过程中经常排放污水"。[2]

历史地理学家戴维·沃茨在伟大著作《西印度群岛:自 1492 年以来的发展模式、文化和环境变化》(*The West Indies: Patterns of Development, Culture nd Environmental Change Since 1492*)中描述了,在巴巴多斯,种植园主是如何几乎完全破坏了"一个完整的自然岛屿生态系统的",并用甘蔗和其他外来物种取而代之,比如椰子树,创造了"一个有吸引力,但生态和环境不稳定的景观"。[3] 17 世纪,包括雨林在内的岛上森林被夷为平地;未受到保护的土壤被侵蚀和压实,肥力下降。树冠层的消失干扰了蒸散发冷却空气的过程,加剧了贸易风的影响,并增加了陆地上沉积的海盐量。光秃秃的土地上长满了杂草。一些种植园主试图通过命令奴隶在田地上撒粪肥,并将雨水冲走的表层土壤运回裸露的山坡,以抵消破坏,恢复土壤的养分。即便如此,到了19世纪30年代,沃茨总结道,"大部分由农业引起的环境改造……可以归为两类,即进一步的森林砍伐及其生物学后果,以及额外的土壤侵蚀"。[4]

在水资源短缺的地方,甘蔗也与人争夺水资源。例如,在印度容易发生旱情的马哈拉施特拉邦,甘蔗仅占耕地面积的4%,却

图62 1942年1月,在波多黎各的瓜尼卡镇,一片甘蔗田正在燃烧。文森特·林所写的故事集《停止呼吸》(*Bloodletting & Miraculous Cures*)中的一个角色说道:"他们烧树叶来加工甘蔗。是有控制的焚烧。当你喝咖啡放糖时,想想这个。"

消耗了一半的灌溉用水，迫使人们不得不长途跋涉去寻找饮用水。

甘蔗文化也摧毁或消灭了数百万的动植物。猴子和鸟类失去了它们在树枝和树冠中的家园。至少有16种鹦鹉消失了，它们被捕获作为宠物或食物，或者被从欧洲带来的猫的后代杀死了。在印度和其他地方，糖厂产生的液体和固体废物污染了附近的溪流或沿海水域，杀死了海洋生物。一家每天压榨1250吨甘蔗的糖厂，每小时消耗4万加仑水，并且每小时排放8000至2万加仑的液体废物，以及固体和气体废物，还有其他污染物。[5]

在澳大利亚，每年有1500万吨甘蔗产业沉积物受到7700吨氮和1.1万吨磷的污染，这些沉积物侵蚀了大堡礁的珊瑚，大堡礁是世界遗产，绵延1200英里，也是唯一从太空可见的生物体。珊瑚礁需要几个世纪才能生长几英尺，却可能在短短几年内就被摧毁。

老鼠这种外来物种成了甘蔗田里的祸害，它也对当地物种造成了严重破坏，杀死并吃掉了行动缓慢的地面动物，其中包括传播当地植物种子的鬣蜥幼崽。为了控制老鼠，西印度群岛、英属圭亚那、苏里南、哥伦比亚、夏威夷和斐济的种植园主兴致勃勃地引进了印度猫鼬去对付它们。等他们意识到贪婪、多产、适应性强的猫鼬也捕食家禽、野生鸟类，甚至还有许多与老鼠为敌的小动物时，为时已晚。例如，在牙买加，猫鼬对巨草蜥、黑游蛇、稻大鼠、弱夜鹰和海燕的灭绝负有责任。

尽管如此，1934年，由于未能意识到引进外来物种的危险，夏威夷和澳大利亚的甘蔗种植园主引进了原产于中美洲和南美洲、现在声名狼藉的甘蔗蟾蜍。人们期望这些蟾蜍能消灭甘蔗甲虫及其幼虫，这些甲虫通过啃食甘蔗的根部来杀死甘蔗或阻止甘蔗生

图63 在澳大利亚，甘蔗蟾蜍是公认的入侵物种。

长。但是种植园主很快就了解到，虽然甘蔗蟾蜍跳得不够高，无法捕捉到附着在甘蔗茎秆上部的甲虫，但其毒素能杀死青蛙、巨蜥、鳄鱼、虎蛇、红腹黑蛇、死亡蝰蛇、澳洲野狗、袋鼠、西部袋鼬、狗和猫，甚至连蜜蜂也不放过。此外，它们没有天敌，繁殖力强，能长得像餐盘一样大。在澳大利亚，甘蔗蟾蜍可能有1亿多只，现在它们已经是公认的入侵物种了。

糖的精炼和未精炼政治

游说的艺术是糖业的持久遗产之一，也是其他特殊利益集团的典范。直到今天，无论是代表蔗糖、甜菜糖，还是两者兼有，糖业游说集团仍然非常强大。在欧洲，当拿破仑时代的第一批糖块重新定义了欧洲大陆的糖业利益，并与其他欧洲国家和殖民地的蔗糖相对立时，各国政府以其通常的贸易政策、关税和补贴等惯用策略来回应强大的游说集团，以建立或维持霸权地位。甜菜糖和蔗糖利益集团也受益于公民享受大量廉价糖的传统"权利"，这一点甚至连拿破仑和希特勒都必须予以考虑。

在糖业内部，精炼商已经崛起，他们取代了生产商，成为政治掮客，许多精炼商也主导了糖的生产。在美国，精炼商加工蔗糖和甜菜糖。在英国，精炼商已经分配了利益：英国糖业公司的6家工厂负责加工甜菜；泰莱公司位于伦敦东区的锡尔弗敦精炼厂（世界上最大的精炼糖厂）负责加工每年英国进口的约70%的蔗糖原糖。这种愉快的生产分工使他们每年从甜菜中提取生产了140万吨白糖，从甘蔗中提取生产了110万吨白糖。无论他们经营的是蔗糖、甜菜糖，还是两者兼而有之，今天的政治掮客都是在追随他们强大前辈的足迹。

在美国，糖业巨头每年向政治候选人和政党捐赠数百万美元，以维护自1934年以来保护蔗糖和甜菜糖生产商、糖厂主和精炼商免受经营亏损的糖业计划。其他农业支持包括政府的直接资助，但是糖业计划的运作方式不同。它主要通过市场分配以控制产量、优惠贷款，以及通过关税配额限制外国糖的进口来维持国内食糖相对来说较高的最低售价。实施进口配额会导致征收禁止性关税，这实际上使外国糖在美国市场失去了竞争力。

实施进口配额的反对者争辩说，该政策会激怒印度、巴西、智利、泰国、菲律宾、哥伦比亚、哥斯达黎加、萨尔瓦多、危地马拉、洪都拉斯、尼加拉瓜和巴拿马等国的糖料种植者，据乐施会估计,由于无法进入美国市场,这些国家每年损失16.8亿美元,美国的糖业计划会招致它们对美国的其他农作物征收报复性高关税。糖业改革联盟的艾拉·夏皮罗说:"每个国家都有自己的敏感性商品,糖显然是我们的敏感性商品之一。"[6]

糖业巨头已经想出了避免违反美国反垄断法律的方法,主要是通过合作社进行市场营销。糖料种植者设法取得了部分劳动法规的豁免,特别是支付加班工资的义务。不管他们的工作日有多长,甜菜工人的平均时薪为5.15美元到7.5美元,甘蔗工人则约为6美元。种植者还成功游说,使糖业工人免于里根政府在1986年对季节性农业工人的临时特赦,剥夺了他们获得绿卡和在美国合法身份的机会。

佛罗里达的甘蔗田有着独特的劳工历史。甘蔗种植者从南方各州招募,有时甚至绑架非裔美国人前来收割甘蔗,并承诺免费将他们送到工作地点,日薪6美元,直到1942年。抵达佛罗里达后,这些人了解了真相:减去食宿费用后,日薪只有1.8美元;挣取的工资还需扣除乘坐拥挤的公共汽车或卡车的费用8美元,以及甘蔗刀的费用90美分。如果试图逃跑,一位年长的甘蔗收割者说:"他们会来抓你,晚上把你锁在床上。我见过人们被锁在床上……我看到一些人被打。他们会用甘蔗刀击打你。"[7]

到1942年,甘蔗收割工受到的虐待非常严重且十分普遍,以至于联邦政府起诉了美国糖业公司,指控该公司犯有强制奴役罪,这是一种对苦工或工人的非自愿奴役,只因他们对债权人负有债务,这种行为是《美国宪法第十三条修正案》(The Thirteenth Amendment)严厉禁止的。该案件最终被驳回,但是起诉书明确表明不能奴役美国人。因此,糖业巨头开始招募西印度群岛的人,他们可以利用驱逐出境的威胁来控制这些人。（而波多黎各人因为无法被驱逐，所以不受糖业巨头的欢迎。）联邦政府帮助这些劳工谈判了合同，并承担了将工人运送到美国和离开美国的费用。

到了1986年，这种局面被打破，糖业巨头中最著名的成员凡胡尔家族雇用的西印度甘蔗收割工停止工作，抗议他们的工资被克扣。凡胡尔家族派遣了着防暴装的棕榈滩县警察，并使用警犬强迫所有的收割工和其他种植园员工都登上开往迈阿密的公共汽车，不管他们是否反抗。在这场后来被称为"狗战"的事件中，西印度群岛的人不得不留下所有的财物，一些人被"遣返"时只穿着内衣。凡胡尔家族的奥基兰塔公司最终向每位被驱逐者支付了1000美元，作为对他们丢失物品的赔偿。阿方索·凡胡尔承认，"我们处理'狗战'的方式不当，对于这次事件如此处理，我很遗憾"。[8]

阿方索·凡胡尔及其兄弟何塞、安德烈斯、亚历山大都是糖业巨头的化身。他们是古巴糖料种植园家族的后代，因古巴爆发革命而离开家乡，他们在美国重新打造了糖业世界，他们在佛罗里达开设的水晶糖业公司拥有大约18万英亩的土地，用于糖料的种植、榨汁和精炼。有一次，为了体验田间工作，阿方索尝试收割甘蔗，但发现这项工作"太酷烈了，我坚持不了20分钟……我以为我的心脏病要发作了"。[9]

凡胡尔家族提供大笔战略性政治捐款，阿方索捐给民主党，何塞捐给共和党，他们还资助游说团体，以维持或提升自己所享有的有利经济地位。凡胡尔家族的密友包括政府高层成员、国会议员和佛罗里达的政治精英，无论哪个政党执政。他们在多米尼加共和国修建的奢华的7000英亩"田园之家"接待的名人包括亨利·基辛格、罗斯柴尔德家族成员、嘻哈音乐艺术家"吹牛老爹"肖恩·康姆斯，甚至还有丽莎·玛丽·普雷斯利和迈克尔·杰克逊，1994年，他们在那里结婚。

莫妮卡·莱温斯基在向斯塔尔委员会作证时回忆说，当她在比尔·克林顿总统的办公室里得知他们的性关系结束时，阿方索·凡胡尔打来了电话，电话记录显示，他和总统通话了22分钟。小说家兼《迈阿密先驱报》(*Miami Herald*)专栏作家卡尔·希尔森评论说："这足以说明凡胡尔家族的影响力。"[10] 他们家族的绰号，即"企业福利第一家族"也反映了这样的事实，也就是说凡胡尔家族从糖业计划中获益匪浅。

1989年，伯纳德·拜格雷夫代表2万名牙买加甘蔗收割工提起了一项集体诉讼，起诉大西洋糖业协会、佛罗里达水晶糖业公司旗下的奥基兰塔公司、美国糖业公司和奥西奥拉县的农场，以及佛罗里达糖料种植者合作社，要求它们支付1987—1991年总计数百万美元的欠薪。尽管收割工每天要工作10到12个小时，但他们每日最多只能赚取40到45美元，通常只有15美元，由于害怕失业或者被列入黑名单，他们不敢抱怨。他们也非常了解"狗战"事件的来龙去脉。

拜格雷夫的诉讼没有带来更公平的工作条件。相反，大多数收割工失去了工作，因为凡胡尔家族、美国糖业公司和其他种植者采用机械化手段，纷纷在他们的田地上使用甘蔗切割机。美国糖业公司最终与甘蔗收割工达成了和解，支付了570万美元的赔偿。凡胡尔家族则更倾向于继续向法院提起诉讼，因为他们知道甘蔗收割工的资源非常有限。这起案件现在已经被分为多起诉讼，即对每个糖料种植原告分别提起诉讼，而2001年，玛丽·布伦纳在杂志《名利场》(*Vanity Fair*)发表的关于此事的曝光文章《大糖王国》("In the Kingdom of Big Sugar"),启发了电影《糖业帝国》(*Sugarland*)的创作。

在佛罗里达南部的大沼泽地,糖业的政治影响是最具灾难性的。大沼泽地曾经是一条"草河",长 120 英里,宽 50 英尺,水位比较浅,它是一片亚热带沼泽湿地,拥有世界上独一无二的复杂而脆弱的生态系统。那里生活着众多植物、鸟类和动物,包括珍稀且濒危的美洲鳄、佛罗里达豹和西印度海牛。1947 年,玛乔丽·斯通曼·道格拉斯撰写了《大沼泽地:草之河》(*Everglades: River of Grass*)一书,该书聚焦于论述无情的定居和农业是如何破坏生态系统,并转移和排干其水资源的。哈里·杜鲁门总统以一项行政命令作为回应,该命令保护了超过 200 万英亩的大沼泽地国家公园,包括 20% 的原始湿地。

然后甘蔗到来了,破坏加剧了。这种出了名耗水的作物不断吸取大沼泽地的水分,改变其流向,并将来自其径流的磷排入地下水和地表水。磷使土壤表层饱和,随后土壤变干并被冲走。它还滋养了香蒲,这种草会扼杀其他植物,并破坏成千上万英亩的水下海草。涉禽再也无处降落、觅食或筑巢了,比如林鹳、美洲白鹮、大白鹭。

糖业巨头嘲讽环境评论家。例如,美国糖业公司发言人奥蒂斯·雷格三世说:"100 年前,我们称这个地方为大沼泽地,我们把它排干了。现在,我们称它为脆弱的生态系统。"[11] 1990—1998 年,糖业巨头花费了 1300 万美元,用于总统和国会的竞选活动,他们在地方选举中花费更多,在佛罗里达州至少花费了 2600 万美元,以破坏要求糖料种植者支付清理费用的努力。其中一个受益者是1998年当选为佛罗里达州州长的杰布·布什。

这种联系使我们回想起了克林顿总统接到阿方索·凡胡尔打来的电话,那天他比莫妮卡·莱温斯基还心烦意乱,因为副总统戈尔想通过征收"污染者税"来保护大沼泽地,并将10万英亩的甘蔗田恢复成沼泽地。一名说客说:"阿方索觉得自己被耍了。他积极为克林顿竞选,带来了很多选票,而戈尔却用税收来回报他。阿方索实际上是在向克林顿抱怨,他大发雷霆,大喊大叫。"[12]

他的大喊大叫奏效了。克林顿不想让佛罗里达州落入共和党之手,因而他选择屈服于阿方索。随后的大沼泽地恢复计划放过了糖业的农场,尽管大沼泽地国家公园的科学家引用了"大量可靠和令人信服的证据",表明新的"恢复计划"不会使受损的生态系统再生。[13] 阿方索·凡胡尔则称赞克林顿是"一位伟大的总统"。

乔治·布什政府进一步削弱了大沼泽地的恢复计划,并有效地将清除工作推迟了10年。而当杰布·布什将该计划签署成为法案时,何塞·凡胡尔站在了他一边。糖业巨头投入了数百万美元的战略性捐赠,雇用大量说客、律师和所谓的专家证人,以及用于宴请、暗中操纵和说服,他们的投入和开支都远超支持大沼泽地恢复计划的人。

在多米尼加共和国,凡胡尔家族也是糖业之王,糖业的政治就像甘蔗茎秆一样原始粗野。这个国家的历史有助于解释其对糖业特有的痴迷。19世纪,多米尼加在法国、西班牙和独立之间来回摇摆;1822—1844年,它被海地占领,然后再次独立,之后饱受独裁统治、无政府状态、混乱和腐败的困扰。1865年,美国拒绝了吞并多米尼加的邀请,就像它对古巴所做的那样。然而,到20世纪初,美国日益增长的兴趣,导致它在多米尼加共和国的事务中扮演了积极角色，1916年，美国派出了海军陆战队去占领多米尼加共和国，当时美国的海军陆战队已经控制了它的邻国海地。

那时，多米尼加共和国的糖业正蓬勃发展，糖业也是该国最大的雇主。逃离十年战争的古巴人也开始发展糖业，但在19世纪七八十年代，美国人、欧洲人和加拿大人接管了这个行业。新来者使糖厂现代化，修建了运输甘蔗的铁路，提高了产量，并向英国、法国和加拿大出口食糖。持续到1924年的美国占领巩固了这些趋势，带来了包括铁路和公路在内的基础设施改善，以及外国投资。但是随着糖业的发展，英属西印度群岛的人或称科科洛斯人在甘蔗地里取代了多米尼加人。然后在20世纪20年代，随着科科洛斯人在糖厂从事更需要技能的工作，海地人在甘蔗地里取代了他们。由此产生了一种潜在的危险局面：在一个贫穷的农业国家，外国人拥有最重要的产业，而多米尼加人则很少被雇用。拥入甘蔗田的海地人作为前占领者仍然被憎恨和恐惧，而作为革命的制造者，他们不断地反抗美国对海地的占领。

在多米尼加共和国，甘蔗种植园的条件恶化了。1926年，美国驻圣多明各领事描述那里的状况"极端原始"。大多数海地人到其他地方寻找工作，那些留在种植园里的人则以传统的方式反抗：放火焚烧甘蔗田；破坏财产、设备和工具；偷窃和工作散漫、粗心大意。他们还抗议工资遭到削减（1930年减半），并反对在称量甘蔗时作弊。海地政府对此没有干预。如果招聘人员想雇用人手收割多米尼加的甘蔗，就必须为新员工购买许可证，这是海地政府最重要的收入来源。

1930年，多米尼加独裁者拉斐尔·特鲁希略掌权。特鲁希略痛恨海地人，指责他们对多米尼加的"种族"和文化构成了威胁，他对此做出的描述是，多米尼加人是西班牙人而非非洲人，肤色较浅，不是黑人，信仰基督教而非伏都教。他助长了多米尼加人对海地人的大量涌入会将共和国海地化的恐惧，并且策划了一些活动来引进欧洲人与多米尼加人通婚，以便使多米尼加人的肤色变浅。他设计了一套至今仍在使用的身份证件系统，将多米尼加人识别为原住民（Indio，这种身份虚构了泰诺-西班牙的混合血统，忽略了自身的非洲根源）或"白人"，以及被诅咒的少数群体"黑人"。

1937年10月，在特鲁希略的命令下，国民警卫队围捕了多达2万名的海地男女和儿童，并用棍棒、刺刀将他们击沉在河里，意图溺死他们，他们的鲜血染红了这条河流，艾薇菊·丹提卡在小说《锄骨》（*The Farming of Bones*）中叙述了这一悲剧。大屠杀是族裔-种族仇恨的一种表现形式，也是旨在转移遭受大萧条煎熬的多米尼加人注意力的政治举动。大多数受害者生活在海地-多米尼加边境附近，但是特鲁希略放过了多米尼加糖料种植园里的海地人。从那以后，海地人明白了多米尼加只会容忍他们作为甘蔗收割工存在。

后来，在驱逐了外国糖业利益集团，接管了他们的产业，成为多米尼加糖业的主要生产商之后，特鲁希略承认，甚至连他也需要海地人来收割甘蔗。多米尼加政府向海地总统（通常实行独裁统治）行贿，以便向多米尼加供应短工。老杜瓦利埃得到了100万美元，并动员他的民兵组织，即令人畏惧的通顿马库特来填补配额。这些可耻的安排直到1986年海地独裁者让-克洛德·杜瓦利埃（小杜瓦利埃）被驱逐出海地才终结。从那以后，如果招募不到足够多的海地劳工，腐败的士兵和暴徒就会从边境城镇的街头绑架人,并将他们运送到多米尼加的仓库里,然后分配到各个甘蔗种植园。

今天,数十万海地人在多米尼加收割甘蔗。这些人几乎都被认为是"非法移民",包括出生在多米尼加共和国的 50 万人,他们几乎没有或完全没有公民权利,可以在不定期的突袭中被任意驱逐出境,甘蔗种植园里的人尤为恐惧这些突袭,它们不断地提醒种植园里的人自身是受官方鄙视的。甘蔗收割工从黎明一直工作到黄昏,每收割 1 吨甘蔗可挣取 55 比索(相当于 1.2 美元),他们共同住在棚屋里,虽然是免费的,但没有水、厕所或烹饪设施。大多数人被禁止自行种植蔬果,必须从种植园的商店里购买

图 64　作者在多米尼加共和国见到了这些海地人,他们大多数是第一次收割甘蔗。在图片里,他们站在水泥营舍前,6 个人住在一个小房间里,没有厕所,也没有自来水。将直直耸立的甘蔗茎秆切成可食用的碎片,那是他们唯一的早餐。

食物。尽管有外国调查人员和人权组织的报道,他们对海地人的困境表示哀叹,但糖业中诸如种族主义、暴行和强制劳役的遗产继续存在。

1985年,凡胡尔家族从美国海湾与西部工业集团购买了多米尼加共和国拉罗马纳省近25万英亩郁郁葱葱的土地,现在这片土地能生产多米尼加共和国一半的糖产量。(多米尼加国家糖业委员会拥有许多产业,其中有很多曾为特鲁希略所有,它和家族企业卡萨·维奇尼公司生产了其余的大部分糖。)凡胡尔家族的糖业帝国从美国的配额制度中获得了极大的好处,该制度允许他们在美国的公司进口一半的多米尼加糖配额,而不用被征惩罚性关税。[14]

凡胡尔家族雇用了近2万名薪酬低廉的海地人在甘蔗田里辛勤劳作。不同于佛罗里达的甘蔗收割工,海地人没有配备金属的

图65 这些来自热雷米的海地人正在用煤炉锅做饭。每个人把能找到的食物扔进锅里去。左边那名22岁男子在将甘蔗装到一辆由牛拉进地里的货运车厢里时受了重伤。

手臂和小腿护具，他们的肉体上留下了收割甘蔗这一危险职业带来的疤痕和伤口。他们还经常挨饿，并抱怨在凡胡尔的甘蔗种植园里禁止种植蔬菜或饲养家禽，这是现今对奴隶制时期供应地政策的变种。2005 年，加拿大纪录片《糖业巨头》将这些甘蔗收割工的采访画面与在佛罗里达的上流社会宴请中啜饮葡萄酒的何塞·凡胡尔画面并列，何塞·凡胡尔否认家族种植园里的恶劣条件，并称之为"先进的"。2007 年，美国纪录片《糖业婴童：多米尼加共和国糖业农业工人子女的困境》(*The Sugar Babies: The Plight of the Children of Agricultural Workers in the Sugar Industry of the Dominican Republic*)，艾薇菊·丹提卡为这部纪录片配解说词，讲述了甘蔗收割工子女的艰难处境，尤其是在拉罗马纳

图 66　来自海地热雷米的甘蔗收割工新手约翰和沃尔森看起来比他们自己声称的 15 岁要年轻。他们告诉作者，自己的工作很辛苦，他们很想念家人。

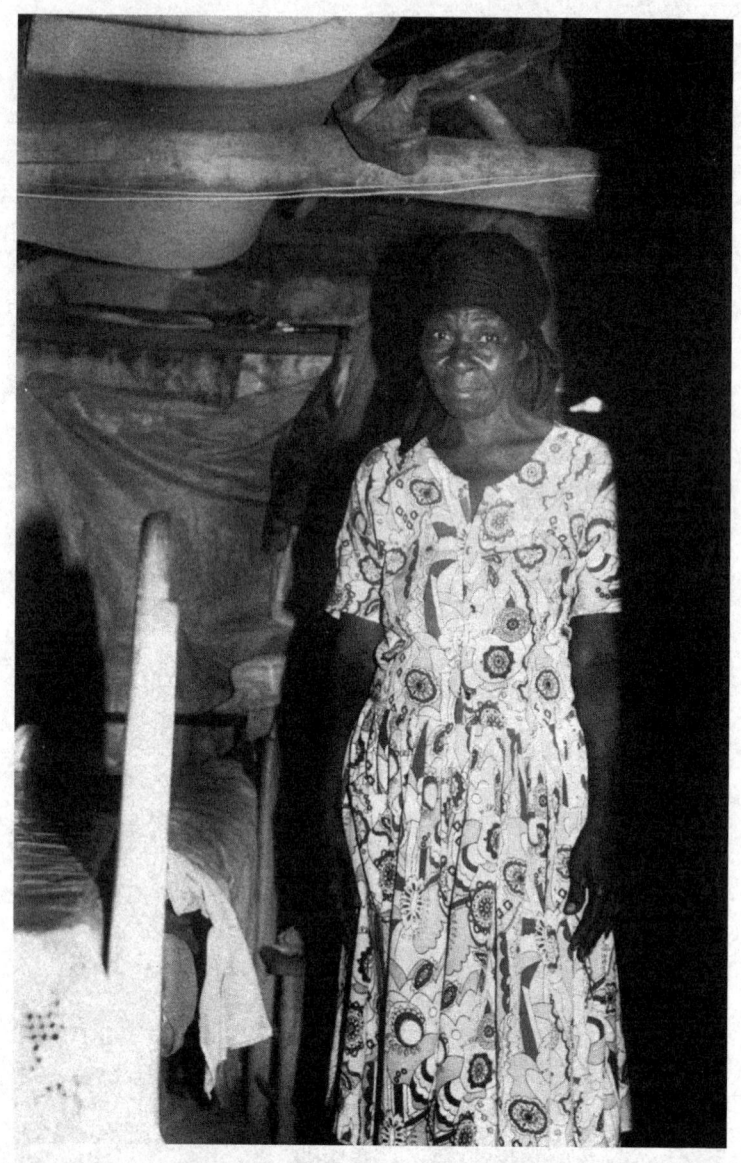

图 67 这位现已退休的甘蔗收割工十几岁时就离开了海地,前往多米尼加共和国。她住在茅屋里,依靠家人和朋友维持生计。如今,只有5%的甘蔗收割工是女性。

省。愤怒的多米尼加官员试图贿赂多米尼加的记者，给这部电影予以恶评。比尔·黑尼拍摄了纪录片《糖的代价》(The Price of Sugar)，由保罗·纽曼为这部纪录片配解说词，它聚焦于多米尼加甘蔗田里海地人的困境。这部纪录片跟踪拍摄了糖业大亨维奇尼家族种植园里的甘蔗工人。

凡胡尔家族是西印度群岛糖料种植园主在21世纪的当代对应人物，英国社会曾嘲笑他们，却又寻求他们作为婚姻和商业伙伴。社交版面拍摄他们的照片，详细报道他们的婚姻状况、不忠行为、越轨行为和慈善事业。当然，最后一项，即慈善行为是适度的，因为就像老式的糖料种植园主那样，凡胡尔家族更倾向于炫耀性的个人消费，而不是慈善事业。

而在邻国古巴，菲德尔·卡斯特罗及其同志将1959年的革命转变成一个关于糖的力量的非凡故事。卡斯特罗成立的新政府首

图68　这个海地人像他的祖先一样收割甘蔗，生活条件也与其祖先类似。

先通过提高甘蔗收割工的最低工资来挑战糖业巨头,并通过实施《土地改革法》(The Agrarian Reform Law),没收巨头的甘蔗种植园和糖厂。这严重打击了美国人的利益,因为他们拥有古巴四分之一品质最上乘的土地,而美国随后通过重新分配其 95% 的糖进口配额进行报复。由于糖占古巴出口量的 82%——在过去 40 年里,有一半的糖出口到美国,古巴的经济岌岌可危。

苏联也进入了这一复杂的局面。1960 年,古巴与苏联签署了关于糖出口和石油进口的多项协议中的第一个协议。古巴继续国有化美国的资产,并不断袭扰美国企业。1960 年 11 月,美国对古巴实施了经济制裁,德怀特·艾森豪威尔总统最后的官方行动之一是宣布美国与古巴断绝外交关系。几个月后,"猪湾事件"促使卡斯特罗推动古巴投入共产主义经济共同体的怀抱。

古巴决定专注于发展糖业,并不打算拆分大规模持有的土地。正如当时古巴的工业部部长切·格瓦拉解释的那样,"古巴的整部经济史表明,没有任何其他农业活动会带来像甘蔗种植那样的回报。在革命之初,我们中的许多人没有意识到这个基本的经济事实,因为一种迷信的观念将糖与我们对帝国主义的依赖,以及农村地区的苦难联系在一起,而没有分析真正的原因,即与贸易不平衡的关系"。[15] 糖价很高,而且由于与东欧国家的有利安排,糖价稳定。但是革命者继承了一个结构上有缺陷的糖业,由于缺乏经验和无知,他们进一步削弱了这个产业。

1962 年,被没收的种植园变成了国有农场,其工人得到了长期就业的保障,这是革命的目标,也是糖业中的一个反常现象。为了让工人们摆脱"对金钱之神的崇拜",道德激励取代了物质激励。这样一来,工人们有了工作保障,却没有实际奖励,他们不愿意长时间辛勤地工作，也不太关心生产力。许多人转而去从事更轻松、同样有保障的工作。外国的理想主义者和不太情愿的古巴人取代了这些工人，结果是灾难性的，以至于1968年甘蔗收割工作被军事化。卡斯特罗本人走进甘蔗地里，大力挥砍甘蔗，宣讲和赞扬这项工作，并在一起劳作的同事砍刀上签名。尽管他做出了努力，但生产力仍然很低。

糖业管理人员和技术人员也严重不足。许多人逃离了古巴，还有一些人因为缺乏革命精神而被取消资格。后来，卡斯特罗承认，"有时，连住在附近的傻瓜都被任命为糖厂管理员……乞求傻瓜的原谅"。[16] 组织不善和规划不周密加剧了糖业的人员、技术和行政问题。将古巴糖业改造成世界上自动化程度最高的行业的尝试失败了，原因有缺乏经验，以及古巴的东欧顾问具有的专业知识和技能更多针对的是甜菜，而非甘蔗。

尽管如此，卡斯特罗还是决定将一切都押在1970年收获的1000万吨甘蔗上，作为"对我们国家的一个根本性经济挑战……以增强外国对我们人民的信心"。[17] 这次收成比1969年这一"决定性努力之年"提高了90%，比1952年创纪录的720万吨高出130万吨。但是850万吨未能达到卡斯特罗所定的目标，他公开提出辞职，但很快就被说服继续执政。

在这次收成过后，卡斯特罗发誓要"勇敢地纠正我们可能犯下的任何理想主义错误"。政府取消了道德激励，代之以电视机、新房、汽车和其他福利。很快，甘蔗工人及其家人（占古巴人口的六分之一）的生活水平明显提高。管理权下放，由此产生了更好的决策。以巨额费用和其他产业的牺牲为代价，糖业实现了现代化。1971年，只有2.4%的甘蔗是由机器收割的。这一比例在

1975年上升到25%，后来又上升到66%。由于与苏联签署了友好协议，糖价很高，足以使古巴支付其进口商品的费用。1973年，卡斯特罗高兴地说道："古巴的糖不受世界市场波动的影响，保证了苏联和所有其他社会主义国家的需求。此外，糖业仍然是古巴最重要的行业，也是古巴经济发展的重要支柱。"[18]

20年来，古巴将糖业作为其革命的经济引擎，赋权曾经受剥削的糖业工人，借鉴外国技术，并依靠外国市场为古巴甘蔗支付高价。随后苏联解体，由于古巴的糖业有85%依赖苏联市场，古巴以糖业为基础的经济也崩溃了。古巴艰难求索，努力支付燃料费，用以维持其机械化程度很高的糖业的运作。古巴糖业的产量骤降。古巴糖只能以较低的价格出售，这几乎导致其所有行业出现物资短缺的现象。严重的石油短缺迫使古巴人使用自行车和牛代替汽车和拖拉机，忍受灯火管制、严格的食物配给，以及进口药品、备用零件和衣物的短缺，没完没了地等待公共交通。（20世纪90年代初，在特立尼达市，作者访问了一家冰激凌店和一家国营服装店，前者没有冰激凌，后者的主要库存是大号文胸。）

多年以来，古巴的156家糖厂中有71家已经关闭，60%的甘蔗田已被改造成蔬菜农场或牧场，10万甘蔗工人接受了再培训。但随着乙醇的出现，糖业突然复兴。为了将目前的乙醇产量提高4倍，古巴正在对蒸馏厂进行现代化改造，并开设了新的蒸馏厂，它们能为古巴疲惫的电网输送甜美的能量。

大糖面临的挑战

如同在帝国时代一样，全球化不断挑战以甘蔗和甜菜为原料的糖业巨头。一个反复出现的担忧是那些发展程度较低的食糖生产国具备的竞争优势，它们拥有截然不同的条件，尤其是更适宜的气候和更具剥削性的劳动文化，从而能够生产出廉价的食糖。例如，尽管法律上禁止，但童工现象在发展糖业的大部分地区仍然很猖獗。海地的一些青少年（以及一部分更为年幼的孩子）继续在多米尼加的甘蔗地里工作，有些孩子是和自己的父亲一起劳作。童工现象在萨尔瓦多和巴西东北部的巴伊亚地区十分普遍，在萨尔瓦多，甘蔗在第二次世界大战结束后才成为一种重要的作物；而在巴伊亚地区，4个世纪的甘蔗文化遗留下来的问题是识字率低下、卫生标准差和儿童死亡率高。成年后，甘蔗工人的工资仍然很低，他们仍需面临过度工作、待遇也很差等问题。

对于不可调和的不同劳动条件和其他问题的担忧，使甜菜种植者与甘蔗种植者对立，前殖民地与前殖民地对立，以及发展中国家、欠发达国家和最不发达国家与前帝国主义国家对立。自由贸易、放宽贸易政策和保护主义等对立的意识形态在争取认可的过程中展开了竞争，同时消费者权益倡导者也在呼吁更低的价格，社会正义倡导者则要求公平贸易。一系列国际协议正式确定了传统食糖贸易关系中的这些变化。例如，《中美洲自由贸易协定》（The Central American Free Trade Agreement）促使美国食糖生产商与5个中美洲国家，以及多米尼加共和国展开竞争，尽管只涉及美国食糖产量的1%。

糖面临来自非传统甜味剂的严重挑战。阿斯巴甜、糖精、安赛蜜和甜蜜素等人工合成、无营养、比糖甜很多倍的高甜度甜味剂热量低或不含热量，它们虽然在不提供热量的情况下就能增加甜度，但不会让人发胖。它们已经赢得了许多喜爱甜食的人的青睐，并且很可能会继续在糖市场上取得进展。面对理想化瘦身的时尚标准，许多消费者选择放弃糖，转而饮用纯净水或人工增甜的饮料。汽水和食品制造商通过生产低热量产品来应对这种需求。

高果糖玉米糖浆是通过将玉米转化为果糖而生产出来的，它是一个更难对付的竞争者，因为它与糖有相同的甜味，但其生产和运输成本更低。高果糖玉米糖浆已经从甜菜和甘蔗手中夺走了庞大的美国软饮料市场，并且还被用于增甜许多知名或经典的产品，比如纽曼自家（Newman's Own）的粉红柠檬水、优鲜沛（Ocean Spray）蔓越莓汁、星巴克的星冰乐等著名或经典的饮料；非凡农庄（Pepperidge Farms）100%全谷物面包系列；萨拉·李（Sara Lee）的全谷物健康面包；神奇面包（Wonderbread）；数十种家乐氏（Kellogg）早餐麦片；家乐氏旗下品牌的松饼（Eggo）；救生员糖果；亨氏番茄酱、汉斯（Hunt's）番茄酱和奇妙沙拉酱；纳贝斯克无花果酥（Nabisco）和奶奶牌家常花生酱饼干；惠菲宁（Robitussin）、得敏脱（Dimetapp）和维克斯（Vicks）等品牌的止咳糖浆；纳贝斯克乐之饼干；冰凉维普（Cool Whip，一种人造奶油）；克劳森（Claussen）腌菜；本和杰瑞（Ben & Jerry's）冰激凌、德雷尔（Dreyer's）冰激凌；果酱、果冻和糖浆；吉露牌（Jell-O）免烘焙奥利奥甜点和非凡农庄的酥皮；诸如A1牛排酱、芝加哥牛排调料和照烧腌料之类的调味汁；卡夫菲力奶油奶酪草莓芝士蛋糕；奥斯卡·梅耶牌方便午餐盒；坎贝尔公司的蔬菜汤。

焦虑的食糖生产商极力反击，强调糖和高果糖玉米糖浆之间的差异，提醒消费者1茶匙糖只含有约15卡路里，是纯天然的，且不含脂肪，还可以满足饥饿感。另一方面，他们认为，用甜菜业高管吉姆·霍瓦特的话来说，高果糖玉米糖浆则"直接转变成脂肪"。[19]

除了这些新的挑战，糖业还面临与健康有关的传统对手的怒火。糖仍然被视为导致蛀牙的主要原因，尽管使用牙线和刷牙可以抵消其影响。糖还被指责为导致肥胖的帮凶，进而引发肥胖所触发的 2 型糖尿病和心脏病这一可怕的二重奏。它与黄油等脂肪或面粉和谷物等碳水化合物美味但危险地组合在一起，制造出巧克力棒、谷物早餐和其他肥胖利器。它还通过软饮料来实现这一点，软饮料的绰号是"液态糖"，这也是许多反糖斗争的焦点。

软饮料是世界上含糖热量的主要来源，据统计，在人类每天消费的 470 亿份饮料中，仅可口可乐就占了 10 亿份，实现了 1971 年它的经典商业广告中表达的希望："我想给世界买一杯可乐，并与它相伴。"（有一个和可口可乐一样经典的故事是这样讲述的，1945 年，一名警卫问一群刚到达新泽西州霍博肯的德国战俘，为什么他们突然显得如此兴奋。一名囚犯回答说："我们很惊讶，你们这里也有可口可乐。"）现在，北美的大部分汽水都使用高果糖玉米糖浆，但世界上其他肥胖的地区仍然主要用糖来增加甜味。

随着肥胖率的飙升，与肥胖常常相伴的 2 型糖尿病的发病率也是如此。医学专家将糖视为帮凶，它助长了肥胖，尽管糖本身并不直接导致糖尿病或心脏病。糖的消费还会造成令人不安的社会影响，因为糖和垃圾食品的消费，以及由此导致的肥胖，在较为弱势的阶层中更为普遍。糖仍然很便宜，例如，在美国，买 1 磅糖只需花费 1.4 分钟的工作时长，而在甘蔗生产国印度，需要超过 45 分钟的工作时长。它的可获得性，加上美味，更不用说它的无处不在了，使得试图说服过度消费者减少糖的消费变得非常困难。含糖的垃圾食品对儿童尤其具有诱惑力,他们是糖尿病的最新受害者。

1985 年,据估计,在全球范围内,有 3000 万人患有糖尿病。到 2000 年,这个数字已经增加到了 1.71 亿。世界卫生组织预计,到 2030 年,这个数字将翻倍,达到至少 3.66 亿,比许多糖尿病研究人员预测的增长速度更快。糖尿病是不可治愈且逐渐恶化的,如果管理不善,它会破坏器官和四肢,并导致包括截肢和失明在内的多种医疗并发症。肆虐的糖尿病将加重医疗系统的负担,侵蚀劳动力,阻碍军事征募,并改变糖尿病患者的家庭。纽约内分泌学家丹尼尔·洛伯做出了严峻的预测:"从现在起,50 年后的劳动力将变得肥胖、独腿、失明,每个层面上的健全工作者都将减少。"[20]

反糖斗争

糖业与糖的反对者在媒体领域展开了一场持续的战争,因为杂志、报纸、电视和广播电台经常报道一些警示性的故事,将过量摄入糖分与各种疾病联系在一起,从肥胖、糖尿病到心脏病和注意力缺陷障碍。(但它们也有很多宣传糖果和巧克力、饼干和蛋糕的广告,并且它们还特别推荐含糖食谱。)1971 年,迈克尔·雅各布森创建了一个非营利性健康倡导组织,即美国公众利益科学中心,他创造了"垃圾食品"和"空热量"这两个短语,非常有效地抨击了糖果行业,以至于糖果消费量一度下降了 25%。一系列烹饪书籍宣传无糖或减糖食谱。

1976 年,威廉·达夫蒂出版了畅销书《糖的阴影》(*Sugar Blues*),1993 年该书再版。这本书谴责了精制白糖,并指责标志性人物范妮·法默是"美国嗜甜者的杀手……因为她是在面包、蔬菜、沙拉和沙拉酱等几乎所有食物中加糖这一致命想法的始作俑者"。[21] 1978年,约翰·尤德金在英国出版了《甜蜜与危险》(Sweet and Dangerous)一书,该书也传达了类似的信息。

糖业及其盟友进行了反击,他们最有说服力的武器是士力架巧克力棒、巧克力蛋糕、泡泡糖、加糖的茶、加了两种奶油和两种糖的咖啡!这种矛盾的情况随处可见。正如美国作家希拉里·利夫廷在《糖果与我:一个爱情故事》(Candy and Me: A Love Story)一书中思索的那样,"一方面,糖果是邪恶的。它明亮、美丽、甜美,像一个捉摸不定的情人。一旦它抓住了你,你就会越陷越深;另一方面,糖果可以带来简单的快乐。它有趣、美味,让人想起童年。对我来说,糖果的味道是复杂多样的,吃糖果时,怀疑、恐惧、内疚、希望和爱等万般滋味一齐涌上心头"。[22]

而糖业及其盟友则没有这种矛盾心理,他们专注于反击。一种策略是试图影响世界卫生组织和政府的食品指南,宣布在健康饮食中可以摄入大量糖分。这样做的风险很高。政府指南会影响食品标签、政府饮食教育,甚至学校午餐计划。全球有数百万人部分或全部依靠非政府组织提供的食物,这些组织基于世界卫生组织的指南准备餐食。食品和营养作家也会参考引用这些指南。

幕后爆料描绘了一幅糖业说客向政策制定者施压,后者受到胁迫,以至于无奈妥协,以及蔗糖、甜菜糖和高果糖玉米糖浆抛开竞争,为了共同利益而合作的图景。英国牙科公共卫生教授奥布里·谢哈姆撰写了《2000年度欧洲膳食指南》中有关糖的部分,这是欧洲共同体的饮食指南。奥布里·谢哈姆回忆了"糖业人士"是如何向他及其同事施压的,他们威胁说要阻止报告发布,

"如果报告中包含了 10% 的限制……我们与各界人士及一些外交官进行了讨论，我们在卧室里开会说，我们应该如何解决这个问题"。他们想出的机智的解决办法是建议每天吃糖不超过 4 次，这实际上相当于未被提及的 10%。[23]

《2005 年美国农业部指导方针》打破了过去 25 年里反对"摄入过多糖分"的建议，转而赞扬碳水化合物和天然糖的健康益处，只指出"添加的糖提供热量，但营养成分很少或几乎没有。因此，明智地选择碳水化合物是很重要的"。正如《纽约时报》上的一篇社论所观察到的，"很难相信糖业没有在这次事件中施加不当影响。政府应该通过重新制定关于糖的建议来履行自身促进健康的使命，而不是去实现糖业游说团体的目的"。[24]

糖业游说团体对于世界卫生组织健康饮食指导方针的影响则有限。糖业游说团体与世界卫生组织之间的争议具有重要的影响力：世界卫生组织建议健康饮食中的糖含量不超过 10%，而包括美国主要的甘蔗和甜菜制糖企业在内的糖业协会则要求荒谬的 25%，并指责世界卫生组织依赖"不基于科学的误导性报告，这些报告没有增加美国人的健康和福祉，更不用说世界其他地区了"。[25] 该协会还威胁要施加压力，要求美国撤回对世界卫生组织提供的资金，除非世界卫生组织撤销该指导方针。但总干事格罗·哈莱姆·布伦特兰仍将 10% 的指导原则视为"应对……慢性病发病率激增的全球政策的基础"。[26]

无论是作为纯粹的糖果消费，还是作为甜味剂用来增甜饮料或其他食品，糖以其诱人的美味成为那些关注公共健康者批评的焦点。他们与强大的糖业游说团体的斗争，与废奴主义者和同一利益集团的斗争没有什么不同。

糖的新力量

令人震惊的是,在糖业无情的悲惨故事中,又增添了新的篇章,它是充满希望和可能的救赎的。最好从巴西说起,对于欧洲来说,巴西是教皇在遥远之地的政治杰作,也是处于遥远之地、受剥削的殖民地。今天的巴西是世界上最大的蔗糖生产国,在20世纪70年代石油短缺和价格上涨期间,巴西将数量庞大的甘蔗加工成燃料和糖。

这是一个明智之举,因为甘蔗用途极其广泛,具有可持续性,是唯一的可再生碳源。正如可持续发展专家平卡斯·贾韦茨和乔治·萨缪尔斯所解释的,它"是世界上最好的活体阳光收集器,将能量以生物质的形式大量储存为纤维(木质纤维素)和可发酵糖"。[27] 巴西政府通过"国家乙醇计划",执行包括将甘蔗衍生乙醇与汽油混合在一起的新政策。(这种做法越来越普遍。例如,在美国、加拿大、中国和澳大利亚,现在汽油中的乙醇含量为10%到15%。)巴西政府鼓励民众购买以乙醇为燃料的汽车。到1988年,在巴西销售的汽车中,有90%以上都是以乙醇为燃料的。

然而,巴西的新政策执行情况不是有着童话般结局的线性叙事,而是充满起伏的现实,需要克服重重障碍。当汽油价格下降时,以乙醇为燃料的汽车的销售也随之下降。到20世纪90年代末,以乙醇为燃料的汽车还不到汽车销售总量的1%。为了保护自己免受糖和汽油价格、汇率和政府政策变化的影响,巴西人转向了使用灵活燃料的汽车,比如菲亚特、雪佛兰、福特、雷诺和标致等汽车,以及大众高尔夫全柔性燃料汽车(TotalFlex Golf)和萨博生物燃料汽车(Saab)。(一个世纪前,亨利·福特推出了第

图69　这些人可能更自豪于 T 型车由环形车身改装而成的运动风格，而不是其灵活的燃料能力，它既可以使用汽油，也可以使用乙醇作为燃料，约摄于 1910 年。

一辆柔性燃料 T 型车，它既可以使用汽油，也可以使用乙醇。)

巴西的糖业既高效又具有剥削性，它依靠精简的技术和工资低廉的工人来廉价种植甘蔗。蔗糖业雇用了 100 多万巴西人，在巴西农业中的占比超过了十分之一。它的种植成本比柑橘类水果或牧草等作物更低，而且从历史上来看，投资回报率也更高。与此同时，巴西的石油生产是政府燃料政策的另一个因素。要求汽油至少含有 25% 的乙醇，可以确保定期且经济的燃料供应，并支持体量巨大的糖业。大约一半的巴西蔗糖被转化为乙醇，其余的大部分被出口，巴西成为世界上最大的糖出口国，领先于欧洲联盟。

在一个"发展"意味着有权拥有汽车的世界里，汽车和燃料产业是一对必须找到共存方式的夫妇。在巴西，柔性燃料汽车和单一燃料汽车的成本相当，消费者对未来乙醇供应的信心提高了柔性燃料汽车的转售价值，这有利于促进它们的共同利益。虽然给汽车添加的乙醇比汽油要多得多，但是乙醇的价格更便宜，因而它成为更划算的购买选择。

巴西成功采用了甘蔗衍生的乙醇燃料，其益处不止于经济方面。尽管巴西的甘蔗生产对环境的破坏是出了名的，但甘蔗衍生的燃料恰恰相反。它比化石燃料更清洁，不含有二氧化硫等污染物。它排放的二氧化碳要少得多，并通过大幅减少碳排放来保护气候，从而减少污染。它是可持续的，产生的能量是制造它所消耗能量的 8.3 倍，随着新甘蔗品种的开发，它将产生更多的能量。甚至连它的副产品也是有价值的，巴西的糖厂将它们转化成电能自用，并出售给国家电网。其他用甘蔗生产乙醇和电力的国家和地区包括印度、澳大利亚、毛里求斯、留尼汪、瓜德罗普、夏威夷、危地马拉、哥伦比亚、泰国、委内瑞拉、秘鲁和厄瓜多尔。

以甘蔗为原料生产的乙醇是 21 世纪有待挖掘的奇迹，这种天然物质可以通过结束或至少减少对于中东石油储量丰富的激进主义政权的依赖，从而显著改变国际经济和外交关系。这些政权目前供应着大量排放碳的燃料，这些燃料使全球变暖现象持续，加剧了从墨西哥湾到印度洋的自然灾害。一种可快速生产（将甘蔗转化为乙醇只需要 3 天时间）且在大多数方面都优于传统燃料的替代性燃料的存在，可能会带来与历史上的糖一样重要的政治和外交影响。一个显而易见的事实是，乙醇的可获得性将鼓励以前需要石油的国家停止同流合污，不再支持得到政府认可的不光彩行为，例如许多石油资源丰富的国家侵犯人权的行为。

使用乙醇作为燃料，将使发展中国家和许多欠发达的甘蔗生产国走向自给自足的道路。海地总统勒内·普雷瓦尔在2006年当选后发表的第一批声明中，概述了他振兴该国糖业的计划，并在巴西的帮助下生产乙醇，为汽车提供燃料和发电。除了海地，巴西还就乙醇的生产为牙买加和危地马拉等其他甘蔗种植国提供建议，海地的邻国多米尼加共和国也在建设乙醇蒸馏厂。多米尼加国家糖业合作社的总经理安东尼奥·贾帕预测，"在未来的10到15年里，乙醇将成为燃料之王"。[28]

乙醇及其副产品之一的电力不仅可以从甘蔗中生产出来，还可以从甜菜，以及玉米和其他粮食作物中生产出来。例如，在英国，英国糖业公司正在生产生物乙醇，以便与汽油混合使用。但是欧洲人对甜菜衍生乙醇的兴趣受到了以下事实的影响：甜菜的生产成本高于其生物能源竞争对手小麦。这种情况在美国则表现为玉米的价格相对来说更低。2004年，欧洲联盟仅将其1.31亿吨甜菜中的0.8%，即约100万吨，转用于乙醇生产（相比之下，欧洲联盟将138吨小麦中的0.4%用于乙醇生产）。

然而，这却是反直觉的，以上做法将眼前的经济效益与长期的环境代价对立起来。虽然小麦和玉米的种植成本更低，但它们的能源产量远低于甜菜和甘蔗。甜菜糖仅使用100.5个能量单位就能生产150个能量单位，而小麦则需要136.5个能量单位，不过小麦仍然优于汽油，汽油需要184.5个能量单位。将这些转化为温室气体排放量，和以汽油为燃料的车辆相比，基于甜菜和小麦的乙醇燃料每千米分别减少35%至56%和19%至49%的温室气体排放量。在美国，玉米的能量产出与消耗的比率仅为1.3，而甜菜则高达8.3，令人印象深刻。

在与糖有关的故事叙述中，它的生物燃料衍生物具有救赎的性质。它们削弱了石油资源丰富的专制政权的诱惑力，并鼓励了道德政治立场。它们使贫困的前殖民地走上了自给自足的道路。与对手化石燃料相比，它们是清洁的，化石燃料污染大气，助长了全球变暖的趋势，加剧了自然灾害。它们将甘蔗的性质从奢侈和深受喜爱的食品转变成一种多用途作物，现在它既是能源，又是食物。一个经典的圆满结局是，糖生物燃料被奉为世界上大部分地区的理想能源。

但作为生物能源，糖的故事还含有复杂的潜在问题。其中一个是短视的传统，它允许即时成本因素和特殊利益超越长期的环境后果。在种植甜菜的欧洲，政治意愿可以克服这种不太情愿的倾向，大规模生产和推广甜菜衍生能源。欧洲立法者可以修改糖业市场法规，使甜菜成为一种负担得起的能源，无论是混合能源还是单独能源，德国、法国、比利时和奥地利可能是最具竞争力的生产国。

甘蔗乙醇产业面临的另一个次要问题是对环境的长期漠视，这种漠视毒害了甘蔗文化。例如，在巴西，随着甘蔗种植者努力扩大自身蓬勃发展的业务，他们与食品生产商展开了竞争，并迁移到以前的牧场和生态敏感的湿地。被迫搬迁的牧场主随后寻找新的牧场，随之而来的是森林被砍伐。现今，甚至连亚马孙地区也面临风险。在澳大利亚、佛罗里达和其他地方，污染物排放到水和空气中仍然是关键问题。以尽可能低廉的成本向前迈进的诱惑通常会压倒这些顾虑，而且糖业巨头拥有足够的政治影响力来打消环境方面的反对意见。

然而，解决方案还是存在的。中国传统的甘蔗种植并没有破坏环境。今天，古巴的种植园糖文化也没有破坏环境，尽管考虑到它侵犯人权和错误的经济规划的历史，古巴是一个不太合适的模式，但是计划经济已经取代了其正在解体的糖业，转而发展旅游业，包括生态旅游。古巴推广了林业和自然资源保护，创建了可观的自然保护区，并且是拉丁美洲森林砍伐率最低的国家。由政府管理的国家动植物保护产业组织的负责人吉列尔莫·加西亚·弗里亚斯热情洋溢地谈论"为地球上的生命而战"，并补充说，"大自然是感恩的，它会回报你一个更美好的世界"。"由于无法购买杀虫剂、除草剂和化肥，古巴创造了自己独有的有机糖料作物种植和高效回收模式，用甘蔗渣发电、饲养牲畜，甚至制作家具。世界自然基金会加拿大分部的迈克·加维认为，"面对经济挑战，古巴以其环境保护方面的努力而闻名"。[29]

就像环境受益于古巴糖业的衰退一样，它也可以从古巴糖业的复兴中受益。研究生物多样性的生态学家爱德华多·桑塔纳解释了美国如何能够再次进口大量有机生产的古巴糖，来替代目前出产于佛罗里达受损害的沼泽地里的蔗糖。美国和古巴签署的双边贸易协定将包括保护候鸟和西半球生物多样性等环境问题。[30]

不管古巴的糖业是否获得了新生，所有甘蔗都应该有机种植在适宜的土地上，而不是从湿地和其他环境敏感的土地上收割出来。巴西曾是严重的违规者，必须说服它遵守新的国际标准。所有的甜菜糖生产商也必须这样做。糖料残渣虽然大量减少，毒性也降低了，但必须确保它们远离附近的水源。国际公认的最高环境标准应该被用于指导糖的生产和转化为生物燃料，以确保清洁能源的清洁生产。清洁蔗糖的生产成本似乎更高，只是因为标准的经济分析没有考虑到环境退化的经济后果。如果将这些因素考虑在内，清洁的蔗糖和生物燃料将被证明更便宜。

甜菜的优越性在甜菜与甘蔗的讨论中仍然是一个潜台词。环境研究证实，与多种冬季谷物搭配种植，甜菜可间接帮助濒危鸟类的生存。它还通过庇护小型啮齿动物，为鹰、猫头鹰等动物，以及一些濒危蛇类提供猎物。因为甜菜是一种轮作作物，它和轮作种植的作物几乎不需要肥料或农药。甜菜不会污染土壤，只会轻微侵蚀土壤；收获后的甜菜可埋在土里，临时储存于田间地头，这样的土壤可以回收而不是丢弃。甜菜渣可被用来喂养牛。它的糖蜜残渣被加工成富含钾的"萃余液"，可用作肥料。从甜菜中提取糖所用到的石灰被回收，用于中和土壤。

无论是在甜菜田还是甘蔗地里，糖业劳动力都必须得到公平的对待。得到了公平报酬的工人将致力于有机、环保的农业，这有助于可持续发展，而可持续发展正是糖料及其生物燃料最大的优势之一。

大型（且更好的）糖业仍将面临竞争对手——新世界的玉米与旧世界的小麦——和急剧变化的政治优先事项。在美国，人们对依赖石油（或对石油上瘾）所造成的政治和环境后果的反感与日俱增，这引发了对乙醇的热潮，并为乙醇的生产提供了联邦税收抵免。但是，大规模生产乙醇的紧迫性和激励措施产生了严重的新问题。其中一个问题是，玉米和其他谷物低廉的生产成本压倒了糖料优越的能源效率，虽然实现了自给自足，但并没有大幅减少化石燃料的使用。另一个问题是，如同在巴西一样，用于转化为乙醇的作物将与粮食作物竞争，许多种植者将屈服于这种诱惑，将其耕种活动扩展到脆弱、贫瘠或其他不适宜的土地上。

在出现更好的糖料乙醇替代品，即由农业废料或甘蔗渣加工而成的纤维素乙醇，并显示出潜力之前，公平交易、无害环境和可再生的甘蔗和甜菜应引领乙醇革命。尽管糖将继续给人们带来愉悦和安慰,并成为庆祝活动的帮手,但它将不再需要依靠推广极其不健康的消费来维持业务。研究人员已经在开发糖在塑料等其他领域的潜力。例如,糖作为药物,通过生物医学研究转化为可溶解的外科手术板,这可能是糖的另一种新用途。总有一天,"糖"这个词的含义可能会变得像其隐喻一样甜蜜。

注 释

导 言

1. 我将这个场景归功于西敏司的《甜与权力》,西敏司在这本书中提到了这样一位农场工人的妻子。

第1章

1. Hobhouse, *Seeds of Change*, p. 45.
2. Judith Miller and Jeff Gerth, "Trade in Honey Is Said to Provide Money and Cover," *The New York Times*, Oct. 11, 2001.
3. Flannigan, *Antigua and the Antiguans*, vol. 1, p. 173.
4. 引自 Mintz, *Sweetness and Power*, pp. 105 and 41。
5. Mintz, *Sweetness and Power*, p. 25.
6. Galloway, *The Sugar Cane Industry*, p. 25.
7. Deerr, *The History of Sugar*, vol. 1, p. 74.
8. Albert van Aachen,记录了第一次十字军东征老兵的经历,引自 Mintz, *Sweetness and Power*, p. 28。
9. Davidson, *Black Mother*, p. 54.
10. 同上,p. 57。
11. Galloway, *The Sugar Cane Industry*, p. 42.
12. 同上,p. 37。
13. 引自 Deerr, *The History of Sugar*, vol. 1, p. 78。
14. Galloway, *The Sugar Cane Industry*, p. 32.
15. Day, *Royal Sugar Sculpture*, p. 7.

16. Mintz, *Sweetness and Power*, p. 89. Ivan Day's *Royal Sugar Sculpture: 600 Years of Splendour* 对糖雕技艺和相关作品进行了出色而全面的研究。阿姆斯特丹历史博物馆的展览图册 *Suiker/Sugar* 内含荷兰糖雕的插图。到 1700 年，阿姆斯特丹有近 100 家糖雕工作坊，制作精美的糖雕。
17. Mintz, *Sweetness and Power*, pp. 243–44, n. 52.
18. 同上，p. 90。
19. 同上，引用的 1968 年重印的 William Harrison's 1587 *The Description of England*, p. 129。
20. Galloway, *The Sugar Cane Industry*, p. 42.
21. "King Ferdinand's letter to the Taino/Arawak Indians"，由 Bob Corbett 提供，也可登录 www.hartford-hwp.com/archives/41/038.html 查阅。
22. Deerr, *The History of Sugar*, vol. 1, p. 117.
23. 引自同上作品，p. 122。
24. Sale, "What Columbus Discovered," pp. 444–46.
25. James Hamilton, "New Report Slams Sugar Industry for Environmental Destruction," *Sunday Herald*, Nov. 14, 2004.
26. 引自 Sale, *The Conquest of Paradise*, pp. 96, 197。
27. 引自同上作品，pp. 313–14。
28. 这个有争议的问题仍未解决。David Watts, *The West Indies*，倾向于相对保守的数据，即 300 万人。Sale, *The Conquest of Paradise*，令人信服地辩驳为将近 800 万人，David E. Stannard in *American Holocaust* 中也这样认为。
29. E. Williams, *From Columbus to Castro*, p. 37.
30. Patterson, *The Sociology of Slavery*, p. 15.
31. 引自 Kolbert, "The Lost Mariner," *The New Yorker*, Oct. 14, 2002。
32. "The Legend of Hatuey"，由 J. A. Sierra 撰写和整理，www.historyofcuba.com/history/oriente/hatuey.htm。Allahar, *Class, Politics, and Sugar in Colonial Cuba*, p. 48: "让我再次提醒你，这些暴君崇拜的神是埋藏在我们土地里的黄金。黄金是他们的主人，是他们服务的对象。"
33. Clifford Krauss, "A Historic Figure Is Still Hated by Many in Mexico," *The New York Times*, March 26, 1997.
34. 同上。

35. Sanderlin, *Bartolomé de Las Casas*, pp. 80–81.
36. Bonar Ludwig Hernandez, "The Las Casas-Sepúlveda Controversy, 1550–1551," www.sfsu.edu/~epf/2001/hernandez.html.
37. Carrozza, "Bartolomé de Las Casas," www.lascasas.org/carrozo.htm.
38. 同上。
39. 引自 Sanderlin, *Bartolomé de Las Casas*, pp. 183–85。
40. Davidson, *Black Mother*, p. 66.
41. Sanderlin, *Bartolomé de Las Casas*, p. 102.
42. E. Williams, *From Columbus to Castro*, p. 43.
43. Las Casas, *Obras Escogidas*, vol. II, 487–88，引自 Sanderlin, *Bartolomé de Las Casas*, pp. 100–102。
44. E. Williams, *From Columbus to Castro*, p. 43.
45. Herrara, *History of the Indies*，引自 Williams, *From Columbus to Castro*, p. 43。
46. Beckles, *White Servitude and Slavery in Barbados*, p. 5.
47. E. Williams, *From Columbus to Castro*, p. 96.
48. William Dickson, LL. D., *Mitigation of Slavery, In Two Parts. Part I: Letters and Papers of The Late Hon. Joshua Steele*, www.yale.edu/glc/archive/1162.htm.
49. E. Williams, *From Columbus to Castro*, p. 103.
50. 同上。
51. 同上。
52. 同上，p. 110。
53. David Watts, *The West Indies*, p. 119.
54. E. Williams, *Capitalism and Slavery*, p. 24.

第 2 章

1. Strong, *Feast*, p. 199. 对这部分的整理来自罗伊。
2. K. Hall, "Culinary Spaces, Colonial Spaces," p. 173.
3. 同上，p. 178。
4. 引自同上，p. 175。
5. 19 世纪英国历史学家 William B. Rye，引自 Mintz, *Sweetness and Power*,

p. 135。

6. Ayrton, *The Cookery of England*, p. 429.
7. 同上，p. 430。
8. 同上，pp. 463–64。
9. 引自 Powell, *Cool*, p. xiii。
10. Root and de Rochemont, *Eating in America*, p. 425.
11. 同上。
12. 同上，p. 426。
13. 关于加拿大的冰激凌，一个很好的资料来源是 Douglas Goff 教授的项目"乳制品技术教育系列"，尤其是"Ice Cream History and Folklore"，见 www.foodsci.uoguelph.ca/dairyedu/icecream.html。
14. Mintz, *Sweetness and Power*, p. 110.
15. 引自同上，p. 111。
16. "The Character of a Coffee-House, 1673," www.fordham.edu/halsall/mod/1670coffee.html.
17. 引自 Botsford, *English Society in the Eighteenth Century*, p. 69。
18. 引自 Mintz, *Sweetness and Power*, p. 106。
19. Mintz, *Tasting Food, Tasting Freedom*, p. 71.
20. Woloson, *Refined Tastes*, p. 113.
21. P. Morton Shand, *A Book of Food*, 1927，引自 Mintz, *Sweetness and Power*, p. 141。
22. Mintz, *Sweetness and Power*, p. 39.
23. Smith, "From Coffeehouse to Parlour," p. 159.
24. 同上，p. 161。
25. P. Morton Shand, *A Book of Food*, p. 39，引自 Mintz, *Sweetness and Power*, pp. 141–42。
26. Landes, *The Unbound Prometheus*, p. 41.
27. Gaskell, *The Manufacturing Population of England*, p. 185.
28. 引自 Edward Royle, *Modern Britain: A Social History 1750–1997*, p. 169。
29. Shammas, "Food Expenditures and Economic Well-Being in Early Modern England," p. 90.
30. 这些统计数据取自 Mintz, *Sweetness and Power*, p. 67。

31. Deerr, *The History of Sugar*, vol. 2, p. 532.
32. Shammas, "Food Expenditures and Economic Well-Being in Early Modern England," p. 99.
33. Davies, *The Case of Labourers in Husbandry Stated and Considered*, 1795, p. 21, 引自 Oddy, "Food, Drink and Nutrition," p. 255。
34. Shuttleworth, "The Moral and Physical Condition of the Working Classes of Manchester."
35. Oddy, "Food, Drink and Nutrition," pp. 269–70。
36. Burnett, *Plenty and Want*, pp. 14–15，提供了一张来自1801—1850年的蔗糖消费表格，这张表格显示了人均年消费量的波动是如何"与价格直接相关的"，价格越低，消费量越高。
37. *6th Report of the Medical Officer of the Privy Council, PP 1864*, 28, p. 249，引自 Oddy, "Food, Drink and Nutrition," p. 44。
38. Thompson, *The Making of the English Working Class*, p. 316.
39. 引自 Oddy, "Food, Drink and Nutrition," p. 271。
40. Rowntree, *Poverty: A Study of Town Life*, p. 135, n. 1, 引自 Oddy, "Food, Drink and Nutrition," pp. 272–73。
41. Mintz, *Sweetness and Power*, pp. 64, 61.
42. Bayne-Powell, *English Country Life in the Eighteenth Century*, p. 207.
43. Duncan Forbes in 1744，引自 Pettigrew, *A Social History of Tea*, p. 52。
44. Smith, "From Coffeehouse to Parlour," p. 161.
45. Mintz, *Sweetness and Power*, p. 141.
46. 同上, p. 165。
47. Richardson, *Sweets*, p. 316.
48. Mintz, *Sweetness and Power*, p. 172.
49. 同上, p. 186。
50. The Nepal Distilleries, www.khukrirum.com/history.htm.
51. Rutz, "Salt Horse and Ship's Biscuit".
52. Toussaint-Samat, *A History of Food*, p. 560.

第3章

1. 第10章涉及契约劳工，契约劳工制度是奴隶制废除后种植园主采取的一种奴役形式。在殖民早期，白人契约佣工和黑人奴隶一起劳作。在巴西，当地土著也是如此。

2. 这些数字一直是研究和辩论激烈争论的主题，Hugh Thomas 在 *The Slave Trade*, pp. 861–62 中进行了总结。我所使用的统计数据即便未被普遍认可，也是得到了广泛认可的；一些历史学家认为，上下再浮动数百万，或者更多，或者更少，会更准确。

3. Thistlewood's journal, Aug. 12, 1776，引自 Hall, *In Miserable Slavery*, p. 178。

4. 引自 Thomas, *The Slave Trade*, pp. 395, 396。

5. Equiano, *The Life of Olaudah Equiano*, p. 33.

6. Ferguson, *Empire*, p. 82，计算了从 1662—1807 年，七分之一非洲人死于英国奴隶贩子之手，在此之前，死亡率是四分之一。

7. 引自 Augier et al., *The Making of the West Indies*, p. 73。

8. 引自 Richardson, "Shipboard Revolts", p. 3。

9. Patterson, *The Sociology of Slavery*, p. 151.

10. A statement made in the Antigua Legislature, 1788，引自 Goveia, *Slave Society in the British Leeward Islands*, p. 121。

11. Higman, *Slave Population and Economy in Jamaica*, p. 188，引用 Edwin Lascelles, *Instructions for the Management of a Plantation in Barbados, and for the Treatment of Negroes*, 1786。

12. "The Professional Planter" advised that a working five-year-old could earn his keep. Patterson, *The Sociology of Slavery*, p. 156.

13. Higman, *Slave Population and Economy in Jamaica*, p. 192.

14. Beckles, *Natural Rebels*, p. 31.

15. 引自 Braithwaite, *The Development of Creole Society in Jamaica*, p. 155。

16. D. Hall, *In Miserable Slavery*, p. 234.

17. 苏格兰访客 Janet Schaw 的话引自 Goveia, *Slave Society in the British Leeward Islands*, p. 131。

18. Tomlich, *Slavery in the Circuit of Sugar*, p. 146 指出，19 世纪，在法属西印度群岛，变质的鳕鱼、干牛血和被北大西洋渔业丢弃的内脏可以制成优质但价格往往比较高昂的肥料。

19. 同上。

20. Klein, *African Slavery in Latin America and the Caribbean*, p. 55.
21. 引自 Dyde *A History of Antigua*, p. 112。
22. 两者均出自 Patterson, *The Sociology of Slavery*, pp. 255–57。
23. William Henry Hurlbert, *Gan-Eden; or, Picture of Cuba*, 引自 Perez, *Slaves, Sugar, and Colonial Society*, p. 111。
24. Richard Henry Dana Jr., *To Cuba and Back: A Vacation Voyage*, 引自 Perez, *Slaves, Sugar, and Colonial Society*, p. 62。
25. 引自 Fick, *The Making of Haiti*, p. 28。
26. Lewis, *Journal of a West India Proprietor*, pp. 65–66.
27. 引自 Higman, *Slave Population and Economy in Jamaica*, p. 124。
28. C. Williams, *Tour Through Jamaica*, 1826, pp. 13–14, 引自 Patterson, *The Sociology of Slavery*, p. 155。
29. Beckles, *Natural Rebels*, p. 37.
30. Seventeenth-century account by Richard Ligon, 引自 Beckles, *Afro-Caribbean Women and Resistance to Slavery*, p. 23。
31. Julia M. Woodruff (writing as W. M. L. Jay), *My Winter in Cuba*, 1871, 引自 Perez, *Slaves, Sugar, and Colonial Society*, p. 73, 72。
32. Samuel Hazard, *Cuba with Pen and Pencil*, 1871, 引自 Perez, *Slaves, Sugar, and Colonial Society*, p. 76。
33. 引自 Beckles, *Natural Rebels*, p. 39。
34. William Drysdale, *In Sunny Lands*, 1885, 引自 Perez, *Slaves, Sugar, and Colonial Society*, p. 92。
35. D. Hall, *In Miserable Slavery*, p. 125.
36. 引自 Scarano, *Sugar and Slavery in Puerto Rico*, p. 29。
37. 引自 Forster and Forster, *Sugar and Slavery, Family and Race*, p. 17。
38. Fredrika Bremer, *The Homes of the New World: Impressions of America*, 1853, 引自 Perez, *Slaves, Sugar, and Colonial Society*, p. 117。
39. Julia Ward Howe, *A Trip to Cuba*, 1860, 引自 Perez, *Slaves, Sugar, and Colonial Society*, p. 122。
40. Fick, *The Making of Haiti*, p. 34, 引自 Baron de Wimpffen, 他带着"一种难以置信的感觉"指出了这一点。
41. 引自 Goveia, *Slave Society in the British Leeward Islands*, p. 131。

42. Prince, *The History of Mary Prince, a West Indian Slave*, pp. 18, 23.
43. 引自 Walvin, *Black Ivory*, p. 241。
44. Forster and Forster, *Sugar and Slavery, Family and Race*, p. 17.
45. D. Hall, *In Miserable Slavery*, p. 47.
46. Prince, *The History of Mary Prince, a West Indian Slave*, p. 17.
47. Goveia, *Slave Society in the British Leeward Islands*, p. 117, 引自 18 世纪末 James Ramsay 的证词, *An Essay on the Treatment and Conversion of African Slaves in the British Sugar Colonies*, 1784, pp. 69–70。
48. 引自 Goveia, *Slave Society in the British Leeward Islands*, p. 29。
49. 引自同上, p. 118。
50. 引自同上, p. 119。
51. 引自同上, p. 222。
52. Henry T. De La Beche, *Notes on the Present Condition of the Negroes in Jamaica*, 1825, p. 7, 引自 Patterson, *The Sociology of Slavery*, p. 156。
53. Frederick T. Townshend, *Wild Life in Florida with a Visit to Cuba*, 1875, 引自 Perez, *Slaves, Sugar, and Colonial Society*, p. 86。
54. Poyen de Sainte-Marie, 引自 Moitt, *Women and Slavery in the French Antilles*, p. 43。
55. D. Hall, *In Miserable Slavery*, p. 154.
56. 牙买加自由民、黑人反奴隶制倡导者 William Dickson, *Letters on Slavery*, 引自 Beckles, *Natural Rebels*, p. 51。
57. Patterson, *The Sociology of Slavery*, p. 159.
58. D. Hall, *In Miserable Slavery*, p. 50.
59. 引自 Patterson, *The Sociology of Slavery*, p. 58。
60. 引自 Goveia, *Slave Society in the British Leeward Islands*, p. 150。
61. 引自同上, p. 141。
62. 引自 Braithwaite, *The Development of Creole Society in Jamaica*, p. 142。
63. 引自 Pares, *A West-India Fortune*, p. 58。
64. 引自 Forster and Forster, *Sugar and Slavery, Family and Race*, pp. 60, 73。
65. 引自 D. Hall, *In Miserable Slavery*, pp. 118, 128。
66. 引自同上, p. 72。
67. 引自同上, pp. 282, 283, 293, 72–73。

68. 引自 Forster and Forster, *Sugar and Slavery, Family and Race*, p. 167。
69. 引自 D. Hall, *In Miserable Slavery*, p. 46。
70. 引自 Goveia, *Slave Society in the British Leeward Islands*, p. 242。
71. Patterson, *The Sociology of Slavery*, p. 9.
72. Donoghue, *Black Women/White Men*, p. 134.
73. Miguel Barnet, *Biography of a Runaway Slave*, 引自 Chomsky et al., *The Cuba Reader*, pp. 58–59。
74. Woodruff, *My Winter in Cuba*, 引自 Perez, *Slaves, Sugar, and Colonial Society*, p. 71。
75. Schwartz, *Sugar Plantations in the Formation of Brazilian Society*, p. 137.
76. 引自 Fick, *Haiti in the Making*, p. 33。
77. William Dickson, 引自 Beckles, *Natural Rebels*, p. 45。
78. Barnet, *Biography of a Runaway Slave*, p. 59.
79. 引自 Beckles, *Natural Rebels*, p. 79。这就是奴隶出售几内亚玉米去购买其他食物的原因。
80. 引自 E. Williams, *Capitalism and Slavery*, p. 59。
81. 引自 Beckles, *Natural Rebels*, p. 48。
82. Schwartz, *Sugar Plantations in the Formation of Brazilian Society*, p. 138.
83. Tomlich, *Slavery in the Circuit of Sugar*, pp. 259–60.
84. 引自 Goveia, *Slave Society in the British Leeward Islands*, p. 238。
85. 引自 Bush, *Slave Women in Caribbean Society*, p. 93。
86. Fick, *The Making of Haiti*, p. 31.
87. Higman, *Slave Population and Economy in Jamaica*, 关于生活安排的长时间讨论。
88. Howe, *A Trip to Cuba*, 引自 Perez, *Slaves, Sugar, and Colonial Society*, p. 124。
89. 引自 Bush, *Slave Women in Caribbean Society*, p. 101。
90. 引自 Forster and Forster, *Sugar and Slavery, Family and Race*, p. 46。
91. 引自同上，p. 47。
92. 引自 Moitt, *Women and Slavery in the French Antilles*, p. 80。
93. 引自 Schwartz, *Sugar Plantations in the Formation of Brazilian Society*, p. 384。
94. 引自 D. Hall, *In Miserable Slavery*, pp. 77, 189。

95. Beckles, *Natural Rebels*, p. 94.
96. 引自 Schwartz, *Sugar Plantations in the Formation of Brazilian Society*, p. 354。
97. 引自 Forster and Forster, *Sugar and Slavery, Family and Race*, p. 117。
98. 引自 D. Hall, *In Miserable Slavery*, pp. 184, 186。
99. Schwartz, *Sugar Plantations in the Formation of Brazilian Society*, p. 370.
100. Woodruff, *My Winter in Cuba*, 引自 Perez, *Slaves, Sugar, and Colonial Society*, p. 73。
101. 这种情况非常普遍，以至于1810年安提瓜议会决定，医生必须持有"外科医生协会颁发的证书或者英国某些大学的证明，能够证明他在这些大学受过教育"。Dyde, *A History of Antigua*, p. 112。
102. 引自 Fick, *Haiti in the Making*, p. 39。
103. 引自 Forster and Forster, *Sugar and Slavery, Family and Race*, p. 136。
104. 引自 Goveia, *Slave Society in the British Leeward Islands*, p. 139。
105. 引自 Moitt, *Women and Slavery in the French Antilles*, p. 74。

第4章

1. Charles Leslie, *New History of Jamaica*, 1740, 引自 Matthew Mulcahy, "Weathering the Storms: Hurricanes and Plantation Agriculture in the British Greater Caribbean," www.librarycompany.org/Economics/PDF%20Files/C2002-mulcahy.pdf。
2. 同上。
3. Lewis, *Journal of a West India Proprietor*, p. 43.
4. Nugent, *Lady Nugent's Journal*, p. 103.
5. 同上，p. 98。
6. 同上，p. 108。
7. 引自 Braithwaite, *The Cultural Politics of Sugar*, p. 111。
8. 卫理公会传教士 John Shipman, 引自 Braithwaite, *The Development of Creole Society in Jamaica*, p. 299。
9. 引自 McDonald, *Between Slavery and Freedom*, p. 104。
10. Nugent, *Lady Nugent's Journal*, p. 66.
11. Lewis, *Journal of a West India Proprietor*, pp. 81, 209, 82.

12. 同上，p. 55。
13. 引自 Braithwaite, *The Development of Creole Society in Jamaica*, p. 105。
14. 海地的甘蔗种植园主 St. Foäche 对庄园管理人员的指示，引自 Fick, *The Making of Haiti*, p. 37。
15. 引自 Forster and Forster, *Sugar and Slavery, Family and Race*, p. 111。
16. 引自同上，p. 42。
17. Lewis, *Journal of a West India Proprietor*, p. 111。
18. 引自 D. Hall, *In Miserable Slavery*, p. 46。
19. Nugent, *Lady Nugent's Journal*, p. 226.
20. 引自 D. Hall, *In Miserable Slavery*, p. 69。
21. 引自 Burnard, *Mastery, Tyranny, and Desire*, pp. 237–38。
22. 引自 Beckles, *Natural Rebels*, p. 136。
23. 引自 Braithwaite, *The Development of Creole Society in Jamaica*, p. 191。
24. 引自 D. Hall, *In Miserable Slavery*, p. 19。
25. 引自 Forster and Forster, *Sugar and Slavery, Family and Race*, p. 112。
26. Koster, *Travels in Brazil*, p. 144.
27. Nugent, *Lady Nugent's Journal*, pp. 32, 162.
28. Patterson, *The Sociology of Slavery*, p. 129.
29. 引自 Mulcahy, "Weathering the Storms"。
30. 引自 Beckles, *Natural Rebels*, p. 69。
31. 引自同上，p. 24。
32. 引自 Forster and Forster, *Sugar and Slavery, Family and Race*, p. 189。
33. Richard Ligon, 1647，引自 Galenson, *Traders, Planters, and Slaves*, p. 137。
34. Burnard, *Mastery, Tyranny, and Desire*, p. 17; John, *The Plantation Slaves of Trinidad*, p. 104.
35. Patterson, *The Sociology of Slavery*, p. 33.
36. 引自 Goveia, *Slave Society in the British Leeward Islands*, p. 208。
37. Drax, 1680，引自 Galenson, *Traders, Planters and Slaves*, p. 139。
38. Richard Robert Madden, *The Island of Cuba*，引自 Perez, *Slaves, Sugar, and Colonial Society*, p. 50。
39. D. Hall, *In Miserable Slavery*, p. 72.
40. Nugent, *Lady Nugent's Journal*, pp. 118, 46.

41. Forster and Forster, *Sugar and Slavery, Family and Race*, p. 253.
42. Elizabeth Fenwick，引自 Beckles, *Natural Rebels*, p. 65。
43. Freyre, *The Masters and the Slaves*, p. 305.
44. 引自 Burnard, *Mastery, Tyranny, and Desire*, p. 309。
45. Lewis, *Journal of a West India Proprietor*, p. 146.
46. 引自 Braithwaite, *The Development of Creole Society in Jamaica*, p. 158。
47. Lewis, *Journal of a West India Proprietor*, p. 105.
48. Long, *History of Jamaica*, vol. 2, p. 332.
49. Lewis, *Journal of a West India Proprietor*, p. 52.
50. Goveia, *Slave Society in the British Leeward Islands*, p. 318.
51. 引自同上，pp. 232–33。
52. Nugent, *Lady Nugent's Journal*, p. 132.
53. 引自 Patterson, *The Sociology of Slavery*, p. 171。
54. Freyre, *The Masters and the Slaves*, p. 347.
55. Nugent, *Lady Nugent's Journal*, pp. 107, 193.
56. Beckles, *Black Rebellion in Barbados*, p. 121.
57. 引自 D. Hall, *In Miserable Slavery*, p. 94。
58. Burnard, *Mastery, Tyranny, and Desire*, p. 233.
59. Burnard, in *Mastery, Tyranny, and Desire*，将 Thistlewood 的日记制成了表格，并计算了他的性关系。例如，p. 238。
60. 引自 D. Hall, *In Miserable Slavery*, p. 67。
61. 引自同上，pp. 79, 80。
62. 引自 Burnard, *Mastery, Tyranny, and Desire*, p. 309。
63. Burnard, *Mastery, Tyranny, and Desire*, p. 237.
64. 引自同上，p. 238。
65. 这一部分的资料来源是 Guédé, *Monsieur de Saint-George*。
66. 这一部分的资料来源是 Forster and Forster, *Sugar and Slavery, Family and Race*, pp. 11, 92–98, 149。
67. Forster and Forster, *Sugar and Slavery, Family and Race*, p. 11.

第 5 章

1. 引自 Duffy, *Soldiers, Sugar, and Seapower*, p. 6。

2. E. Willliams, *Capitalism and Slavery*, p. 65.
3. 同上，p. 105。
4. 同上，pp. 52–53。
5. Butler 出色的 *Economics of Emancipation* 详细描述了钱的去向，"这笔'巨额资金'中只有很少一部分流向了西印度殖民地。大部分被支付给了针线街这一小圈子里或附近的抵押人"（p. 141）。针线街是英格兰银行所在地。
6. 引自 E. Williams, *Capitalism and Slavery*, p. 61。
7. G. Williams, *History of the Liverpool Privateers*, p. 477.
8. E. Williams, *Capitalism and Slavery*, p. 37.
9. 引自 G. Williams, *History of the Liverpool Privateers*, p. 594。
10. Dalby, *Historical Account of the Rise of the West-India Colonies* (1690)，引自 Matthew Mulcahy, "Weathering the Storms"。
11. Galloway, *The Sugar Cane Industry*, pp. 88–90.
12. Mulcahy, "Weathering the Storms."
13. *From The West Indian*, by Richard Cumberland, www.joensuu.fi/fld/english/meaney/playtexts/wi/west_indian_2v.html.
14. From James Boswell's *Life of Johnson*, p. 3, www.public-domain-content.com/ books/Johnson/C14P3.shtml.
15. Gregson Davis, "Jane Austen's *Mansfield Park*: The Antigua Connection," presented at the Antigua and Barbuda Country Conference, Nov. 13–15, 2003, www.uwichill.edu.bb/bnccde/antigua/conference/paperdex.html.
16. E. Williams, *Capitalism and Slavery*, p. 87.
17. 引自 Pares, *A West-India Fortune*, p. 65。
18. 引自同上，p. 69。
19. Pares, *A West-India Fortune*, p. 80.
20. 引自同上，pp. 101–2。
21. 引自同上，p. 196。
22. 引自同上。
23. Pares, *A West-India Fortune*, p. 198.
24. 引自同上。
25. E. Williams, *Capitalism and Slavery*, p. 95.

26. 引自 E. Williams, *From Columbus to Castro*, p. 130。
27. 引自 Ragatz, *The Fall of the Planter Class*, p. 150。
28. 引自 Duffy, *Soldiers, Sugar, and Seapower*, p. 385。
29. Ragatz, *The Fall of the Planter Class*, p. 206。
30. 到1787年，英国在欧洲大陆糖贸易中的份额已经上升到65.7%，1800—1802年，美国的份额从零上升到18.2%（Duffy, *Soldiers, Sugar, and Seapower*, p. 384）。
31. 引自 Ragatz, *The Fall of the Planter Class*, p. 306。
32. 引自同上，p. 307。
33. Medford, "Oil without Vinegar, and Dignity without Pride," Philadelphia, 1807, online resource #392198, 多伦多大学图书馆。
34. 引自 Ragatz, *The Fall of the Planter Class*, p. 375。
35. 引自同上，p. 383。
36. 这是用未精制的糖来表示的。他们吃精制糖，因此人均消耗的磅数要少得多。
37. Duffy, *Soldiers, Sugar, and Seapower*, pp. 7, 13。
38. 引自 Stein, *The French Sugar Business in the Eighteenth Century*, p. 78。
39. Stein, *The French Sugar Business in the Eighteenth Century*, p. 108。
40. 同上，p. 120。
41. 同上，p. 126。
42. Robertson, *Sugar Farmers of Manitoba*, p. 17。
43. Harris, *The Sugar-Beet in America*, pp. 11–12。
44. Inikori, *Forced Migration*, p. 54。

第6章

1. E. Williams, *Capitalism and Slavery*, p. 7。
2. Goveia, in *Slave Society in the British Leeward Islands* 描述了奴隶制是如何蔓延到其他地区的。
3. Lewis, *Journal of a West India Proprietor*, p. 68.
4. Goveia, *Slave Society in the British Leeward Islands*, p. 319。
5. Koster, *Travels in Brazil*, p. 174。
6. Dunn, *Sugar and Slaves*, pp. 254–55。

注 释 473

7. Goveia, *Slave Society in the British Leeward Islands*, p. 167.
8. Dunn, *Sugar and Slaves*, p. 256.
9. Alexander von Humboldt, *The Island of Cuba*, 引自 Perez, *Slaves, Sugar, and Colonial Society*, p. 98。
10. 在过去 10 年的奴隶制中，美国南方白人人均可以拥有 20.6 个奴隶。Schwartz, *Sugar Plantations in the Formation of Brazilian Society*, p. 462。
11. 引自 Goveia, *Slave Society in the British Leeward Islands*, p. 174。
12. Goveia, *Slave Society in the British Leeward Islands*, p. 191.
13. 当时的一名废奴主义者，引自 John, *The Plantation Slaves of Trinidad*, p. 122。
14. 引自 Goveia, *Slave Society in the British Leeward Islands*, pp. 190–91。
15. 引自 Forster and Forster, *Sugar and Slavery, Family and Race*, p. 66。
16. 引自 Fick, *The Making of Haiti*, p. 46。
17. 引自 Forster and Forster, *Sugar and Slavery, Family and Race*, pp. 55, 143, 145。
18. Lewis, *Journal of a West India Proprietor*, pp. 77–78.
19. Schwartz, *Sugar Plantations in the Formation of Brazilian Society*, p. 403.
20. Lewis, *Journal of a West India Proprietor*, p. 72.
21. 同上，pp. 87, 89。
22. Beckles, *Natural Rebels*, pp. 157–58.
23. Vallentine Morris, 引自 Gaspar, *Bondsmen and Rebels*, p. 220。
24. 引自 McDonald, *Between Slavery and Freedom*, p. 119。
25. Beckles, *Natural Rebels*, pp. 66–68, 159.
26. 引自 Beckles, *Black Rebellion in Barbados*, p. 75。
27. Nugent, *Lady Nugent's Journal*, pp. 161–62.
28. Phillip, "Producers, Reproducers, and Rebels."
29. 引自 Patterson, *The Sociology of Slavery*, p. 178。
30. Koster, *Travels in Brazil*, p. 182.
31. Lewis, *Journal of a West India Proprietor*, p. 127.
32. Charles Campbell's 1828 memoirs, 引自 Braithwaite, *The Development of Creole Society in Jamaica*, pp. 207–8。
33. Goveia, *Slave Society in the British Leeward Islands*, p. 180.

34. 同上，p. 163。
35. 引自 Hall, *In Miserable Slavery*, p. 176。
36. 引自 James, *The Black Jacobins*, p. 15。
37. Beckles, *Natural Rebels*, p. 159.
38. Lewis, *Journal of a West India Proprietor*, p. 63.
39. John, *The Plantation Slaves of Trinidad*, p. 159.
40. 引自 Phillip, "Producers, Reproducers, and Rebels"。
41. 引自 Beckles, *Natural Rebels*, p. 120。
42. D. Hall, *In Miserable Slavery*, pp. 54–55. 西斯尔伍德对萨姆提出了攻击指控，并将他送进监狱等待审判。然而，奴隶 London 拒绝作证，萨姆被无罪释放。Paton, "Punishments, Crime, and the Bodies of Slaves"。
43. 引自 Goveia, *Slave Society in the British Leeward Islands*, p. 154。
44. Fick, *The Making of Haiti*, pp. 7–8, 讨论了逃奴社区的含义和启示，包括它作为"奴隶制和奴隶反抗态势中不可或缺且积极的组成部分，以及作为一种促进其他形式（包括革命中的起义活动）的反抗的意义"（p. 10）。
45. Campbell, *The Maroons of Jamaica*, pp. 3–4.
46. McFarlane, *Cudjoe of Jamaica*, p. 29.
47. 引自 Campbell, *The Maroons of Jamaica*, p. 80。
48. Campbell, *The Maroons of Jamaica*, p. 6.
49. 同上，p. 46，以及 D. Hall, *In Miserable Slavery*, p. 110。
50. 引自 Hall, *In Miserable Slavery*, p. 14。
51. 引自 Campbell, *The Maroons of Jamaica*, p. 115。
52. 同上，p. 229。
53. 引自 Miguel Barnet et al., "Fleeing Slavery", in Chomsky et al., *The Cuba Reader*, p. 67。
54. 引自 Beckles, *Black Rebellion in Barbados*, p. 75。
55. 一篇匿名文章，引自 Burnard, *Mastery, Tyranny, and Desire*, p. 140。
56. Edward Long, *History*, 引自 Burnard, *Mastery, Tyranny, and Desire*, p. 171。
57. 引自 D. Hall, *In Miserable Slavery*, p. 97。
58. 引自同上。

59. 引自 Paton, "Punishments, Crime, and the Bodies of Slaves"。
60. James, *The Black Jacobins*, p. 88.
61. 引自 Fick, *The Making of Haiti*, p. 110。
62. Fick, *The Making of Haiti*, p. 110.
63. 同上，p. 201。
64. Nugent, *Lady Nugent's Journal*, pp. 82, 182, 222, 175.
65. Dubois, *Avengers of the New World*, p. 277，引用了这名军官的话，但没有指明他的身份。
66. 引自 James, *The Black Jacobins*, p. 364。
67. Dubois, *Avengers of the New World*, pp. 298–99.
68. 回到德萨利纳的时代，在海地的克里奥尔语中，"neg"一词仍然是指人，没有透露任何起源的线索；为了说明种族，克里奥尔语需要使用"nwa"（黑色）或"blan"（白色）。而且，因为"blan"也意味着外国人，一个非裔美国游客就成了"黑皮肤的外国人"（blanc nwa）。

第 7 章

1. 1826年废奴主义者的小册子，*What Does Your Sugar Cost?* 引自 Charlotte ussman, "Women and the Politics of Sugar, 1792," *Representations*, no. 48 (Autumn 994), p. 57。
2. Wise, *Though the Heavens May Fall*, p. xiv.（原文斜体。）全面和戏剧性地描述、分析了格兰维尔·夏普代表英国奴隶进行的法律斗争。
3. 引自 Wise, *Though the Heavens May Fall*, p. 209。
4. 引自同上，p. 194。
5. Shyllon, *Black Slaves in Britain*, p. 188.
6. 引自 Anstey, *The Atlantic Slave Trade and British Abolition*, p. 103。
7. 同上，pp. 114–15。
8. 同上，p. 127。
9. 科德林顿学院现在是西印度群岛大学的宗教系，也是一所国际公认的圣公会神学院。
10. 引自 Goveia, *Slave Society in the British Leeward Islands*, p. 268。
11. 引自 Michael Craton, "Slave Culture, Resistance and the Achievement of Emancipation in the British West Indies, 1783–1838," in Walvin, *Slavery*

and British Society, p. 109. Goveia, *Slave Society in the British Leeward Islands*, pp. 284–85, 305。

12. 引自 Northcott, *Slavery's Martyr*, p. 106。
13. Hurwitz, *Politics and the Public Conscience*, p. 88.
14. "莱姆里吉斯的女士"向上议院请愿，要求废除奴隶制，引自 Hurwitz, *Politics and the Public Conscience*, p. 89。
15. 引自 E. Wilson, *Thomas Clarkson*, p. 24。
16. Wesley，为 Brycchan Carey 引用，"British Abolitionists: John Wesley", www.brycchancarey.com/abolition/wesley.htm。
17. 引自基督教史研究院，chi. gospelcom. net/DAILYF/2002/06/daily-06-30-2002. shtml。
18. 克拉克森的朋友 Samuel Coleridge，引自 Wilson, *Thomas Clarkson*, p. 1。
19. E. Wilson, *Thomas Clarkson*, pp. 61, 31.
20. Carey et al., *Discourses*, p. 85.
21. Hochschild, "Against All Odds," p. 10.
22. Cugoano, *Narrative of the Enslavement of a Native of Africa.*
23. "Valuable Articles for the Slave Trade"，日期不明，www.discoveringbristol.org.uk/showImageDetails.php?sit_id=1&img_id=716。
24. James Gillray, 1792, "Barbarities in the West Indies," www.discoveringbristol.org.uk/showImageDetails.php?sit_id=1&img_id=2388.
25. 引自 Anstey, *The Atlantic Slave Trade and British Abolition*, p. 289。
26. 引自 Hochschild, "Against All Odds," p. 10。
27. Anonymous, *Remarkable Extracts and Observations on the Slave Trade with Some Considerations on the Consumption of West India Produce*, 1792，引自 Williams, *Capitalism and Slavery*, p. 183。
28. 引自 Kitson, "'The Eucharist of Hell.'"。
29. From "London Debates: 1792," London Debating Societies 1776–1799 (1994), pp. 318–21, British History Online, www.british-history.ac.uk/report.asp?compid=38856.
30. 引自 Midgley, Women Against Slavery, p. 39。
31. Brycchan Carey's scholarly website is an excellent source for abolitionist poetry: www.brycchancarey.com/slavery/cowperpoems.htm.

32. 引自 Warner, *William Wilberforce*, p. 55。
33. 引自 Walvin, *Slavery and British Society*, p. 124。
34. 引自 Warner, *William Wilberforce*, p. 139。
35. 引自 Drescher, "Whose Abolition?"。
36. Wilberforce to William Hey, Feb. 28, 1807, 引自 Brycchan Carey, "William Wilberforce," www.brycchancarey.com/abolition/wilberforce.htm。

第 8 章

1. Drescher, "Whose Abolition?"
2. 引自 Northcott, *Slavery's Martyr*, p. 27。
3. 引自 Matthews, "The Rumour Syndrome."。
4. 引自 Northcott, *Slavery's Martyr*, pp. 32, 46。
5. 同上，p. 119。
6. 引自 "Records relating to the Birmingham Ladies' Society for the Relief f British Negro Slaves, 1825–919, in the Birmingham Reference Library," http://dydo1.lib.unimelb.edu.au/index.php?view=html;docid=1837;groupid=。
7. Heyrick, *Immediate, Not Gradual, Abolition*, p. 9.
8. 引自 Sussman, *Consuming Anxieties*, p. 139。
9. Heyrick, *Immediate, Not Gradual, Abolition*, p. 4.
10. *Reasons for Using East India Sugar*, 1828，为佩卡姆的非洲和反奴隶制女士协会印制。
11. 引自 Sussman, *Consuming Anxieties*, p. 122。
12. Heyrick, *Immediate, Not Gradual, Abolition*, p. 24.
13. Midgley, *Women Against Slavery*, p. 62.
14. 第三版 *The History of Mary Prince*, docsouth.unc.edu/neh/prince/prince.html。
15. 引自 C. Hall, "Civilising Subjects"。
16. 引自 Alan Jackson, "William Knibb, 1803–845, Jamaican Missionary and slaves' Friend," *The Victorian Web*, www.victorianweb.org/history/knibb/knibb.html。
17. 引自 E. Williams, *From Columbus to Castro*, p. 325。
18. Butler, *The Economics of Emancipation*, p. 19.

19. Sussman, *Consuming Anxieties*, p. 191.
20. Butler, *The Economics of Emancipation*, p. 141.
21. Mrs. A. C. Carmichael, 1834, 引自 Craton, "Slave Culture, Resistance and the Achievement of Emancipation in the British West Indies", p. 100。
22. E. Williams, *Capitalism and Slavery*, p. 158.
23. 引自 Dyde, *A History of Antigua*, p. 132。
24. J. Williams 的所有言论均引自 Williams, *A Narrative of Events*。
25. Altink, "To Wed or Not to Wed?" p. 98.
26. 引自 Sturge 为 J. Williams's *A Narrative of Events* 所写的附言。
27. Altink, "To Wed or Not to Wed?" p. 97.
28. Sheller, "Quasheba, Mother, Queen."
29. 引自 Boa, "Experiences of Women Estate Workers"。
30. 引自 C. Hall, *Civilising Subjects*, p. 118。
31. 引自同上。
32. 引自同上，p. 127。
33. Knibb，引自同上。
34. Knibb，引自同上，p. 165。

第9章

1. 引自 E. Williams, *From Columbus to Castro*, p. 319。
2. 引自 *The Making of the West Indies*, p. 211。
3. Allahar, *Class, Politics, and Sugar in Colonial Cuba*, p. 63.
4. 引自同上，p. 87。
5. Rachel Wilson Moore, *The Journal of Rachel Wilson Moore*，引自 Perez, *Slaves, Sugar, and Colonial Society*, p. 127。
6. Robert Paquette, in *Sugar Is Made with Blood*, 探讨了一种假设，即阴谋从未存在过，它是由当局想出来的，以使言论合法化。
7. Fredrika Bremer, *The Homes of the New World: Impressions of America*，引自 Perez, *Slaves, Sugar, and Colonial Society*, p. 117。
8. Calatrava, 引自 Allahar, *Class, Politics, and Sugar in Colonial Cuba*, p. 87。
9. Moreno Fraginals, 引自 Perez, *Slaves, Sugar, and Colonial Society*, p. 109。
10. Dye, *Cuban Sugar in the Age of Mass Production*, pp. 74-5 讨论了这一点，

引自 Laird Bergad、Rebecca Scott 和其他人的研究。
11. 引自 Allahar, *Class, Politics, and Sugar in Colonial Cuba*, p. 161。
12. Perez, *Slaves, Sugar and Colonial Society*, 1100 家钢铁厂中只有 207 家在战争中幸免于难。在 *Cuban Sugar in the Age of Mass Production* 中, Alan Dye 认为，这些工厂中有许多已经过时，它们的毁灭是一个淘汰的过程，有助于古巴糖业实现现代化。
13. 引自 Allahar, *Class, Politics, and Sugar in Colonial Cuba*, p. 158。
14. Dye 在 *Cuban Sugar in the Age of Mass Production* 中概述了这些新技术, pp. 78–82。
15. Dec. 28, 1886，引自 Perez, *Slaves, Sugar and Colonial Society*, p. xvii。
16. 引自 Richard Follett, "On the Edge of Modernity: Louisiana's Landed Elites n the Nineteenth-Century Sugar Country," in Del Lago and Halpern, *The American South and the Italian Mezzogiorno*, p. 76。
17. 引自 Follett, "Heat, Sex, and Sugar," pp. 511, 510。
18. Martineau, *Society in America*.
19. 引自 Follett, *The Sugar Masters*, p. 46。
20. Northup, *Twelve Years a Slave*, p. 213.
21. 引自 Follett, *The Sugar Masters*, p. 46。
22. Follett, *The Sugar Masters*, p. 140. Follett, "On the Edge of Modernity," pp. 88–9.
23. Follett, *The Sugar Masters*, p. 50.
24. 引自 Follett, "Heat, Sex, and Sugar," p. 528。
25. 引自 Follett, *The Sugar Masters*, p. 180。
26. Northup, *Twelve Years a Slave*, p. 196.
27. 引自 Follett, *The Sugar Masters*, p. 161。
28. Northup, *Twelve Years a Slave*, p. 200.
29. 同上，pp. 214, 196。
30. 同上，p. 215。
31. 引自 Malone, *Sweet Chariot*, p. 245。
32. 引自 Follett, *The Sugar Masters*, p. 231。
33. 引自 Malone, *Sweet Chariot*, p. 246。
34. 引自同上，p. 149。

35. 引自 Follett, "On the Edge of Modernity", p. 86。
36. 引自 Follett, *The Sugar Masters*, p. 115。
37. Albert, *The House of Bondage*, p. 106.
38. 引自 Follett, "On the Edge of Modernity", p. 80。
39. 引自 King, *A Northern Woman in the Plantation South*, p. 10。
40. 引自 "Louisiana Tourist Guide", www.louisianatourguide.com/aariverroad.htm。
41. 引自 Follett, *The Sugar Masters*, p. 68。
42. 引自 同上，p. 85。
43. 引自 Rodrigue, *Reconstruction in the Cane Fields*, p. 36。
44. 引自同上，p. 48。
45. 引自 Mayhew, *America's Civil War*, July 2004, The History Net, www.thehistorynet.com。
46. 引自 Mayhew, *America's Civil War*, July 2004。
47. 引自 Wade, *Sugar Dynasty*, p. 73。
48. 引自同上，p. 88。
49. 引自 Rodrigue, *Reconstruction in the Cane Fields*, p. 95。
50. 引自同上，p. 64。
51. Planter William T. Palfrey, 引自同上，p. 81。
52. 引自同上，p. 95。
53. 引自同上，p. 100。
54. 引自同上，p. 107。
55. 引自同上，p. 183。
56. Rodrigue, *Reconstruction in the Cane Fields*, p. 191.
57. 引自 Robertson, *Sugar Farmers of Manitoba*, p. 79。
58. Vera Bloom, "Oxnard: A Social History of the Early Years," *Ventura County Historical Society Quarterly* 4 (Feb. 1956), p. 19, 引自 Tomás Almaguer, "Racial Domination and Class Conflict in Capitalist Agriculture: The Oxnard ugar Beet Workers' Strike of 1903", in *Working People of California*, edited by Daniel Conford (Berkeley: University of California Press, 1995)。
59. JMLA 新闻稿，引自 Prof. G. Amatsu's Class Web Magazine, www.sscnet.ucla.edu/aasc/classweb/winter02/aas197a/apaplabo_fp.html，2003 年 9 月

15 日。
60. Murray, "A Foretaste of the Orient."
61. Laliberte and Satzewich 对他们的处境做了极好的学术阐释，"Native Migrant Labour in the Southern Alberta Sugar Beet Industry"。
62. Perkins, "Nazi Autarchic Aspirations and the Beet-Sugar Industry," pp. 497–518.
63. 引自 Randall L. Bytwerk, *German Propaganda Archive*, www.calvin.edu/academic/cas/gpa/zd3.htm。

第 10 章

1. 这是关于契约劳工的主要资料的标题。Tinker, *A New System of Slavery*。
2. Adamson, "Immigration into British Guiana," in Saunders, *Indentured Labour in the British Empire*, p. 45.
3. 引自 Adamson, *Sugar without Slaves*, p. 51。
4. Adamson, *Sugar without Slaves*, p. 51.
5. E. Williams, *History of the People of Trinidad and Tobago*, p. 108.
6. 引自 Tinker, *A New System of Slavery*, p. 119。
7. 引自同上，p. 52。
8. Jenkins, *The Coolie*, p. 194.
9. Sewell, *The Ordeal of Free Labor in the West Indies*, pp. 123–24.
10. Jenkins, *The Coolie*, p. 388.
11. 引自同上，p. 424（原文斜体）。
12. 引自 Adamson, "The Impact of Indentured Immigration on the Political Economy of British Guiana," in Saunders, *Indentured Labour in the British Empire*, p. 49。
13. 引自 Adamson, *Sugar without Slaves*, p. 147。
14. 均引自 Adamson, "The Impact of Indentured Immigration," p. 49。
15. 引自 Tinker, *A New System of Slavery*, p. 182。
16. Tinker, *A New System of Slavery*, p. 187.
17. 同上，p. 184。
18. 引自 Adamson, *Sugar without Slaves*, p. 117。
19. E. Williams, *History of the People of Trinidad and Tobago*, p. 121.

20. 引自 Tinker, *A New System of Slavery*, p. 215。
21. 引自 E. Williams, *History of the People of Trinidad and Tobago*, p. 100。
22. Adamson, "The Impact of Indentured Immigration," p. 50.
23. Jagan, "Indo-Caribbean Political Leadership," in Birbalsingh, *Indenture and Exile*, p. 24.
24. Adamson, *Sugar without Slaves*, p. 266.
25. Deerr, *The History of Sugar*, p. 394.
26. Halpern, "Solving the 'Labour Problem,'" pp. 9, 10.
27. 引自 Beinart, "Transkeian Migrant Workers", p. 58。
28. 法卡的故事是由 Beinart 在 "Transkeian Migrant Workers" p. 44 中讲述的。
29. 引自 Lal, *Bittersweet*, p. 15。
30. Walter Gill, "Turn North-East at the Tombstone", 引自 Ali, "Girmit-The Indenture Experience in Fiji"。
31. 1887 年，雷瓦糖业公司的 William Mune 致信斐济殖民秘书处，引自 Ali, "Girmit—The Indenture Experience in Fiji"。
32. *The Cuba Commission Report*, p. 42.
33. *The South Pacific Times,* Sept. 11, 1873，引自 Stewart, *Chinese Bondage in Peru*, p. 68。
34. 引自 Augier et al., *Making of the West Indies*, p. 202。
35. De Sagra, 引自 Perez, *Slaves, Sugar, and Colonial Society*, p. 112。
36. 引自 Guterl, "After Slavery"。
37. Julia Woodruff, *My Winter in Cuba*, 引自 Perez, *Slaves, Sugar, and Colonial Society*, p. 69。
38. 引自 Guterl, "After Slavery"。
39. 引自 Gonzales, *Plantation Agriculture and Social Control in Northern Peru*, p. 121。
40. Public Law 103–150, the "Apology Resolution" to Native Hawaiians, November 23, 1993, www.hawaii-nation.org/publawsum.html.
41. 引自 Okihiro, *Cane Fires*, p. 39。
42. Mark Twain, "The High Chief of Sugardom," in *The Sacramento Daily Union*, Sept. 26, 1866，写到夏威夷糖业："它对美国的重要性超过了其他所有这些。一片未施肥的土地每英亩产 6000 磅、8000 磅、1 万磅、

1.2 万磅，甚至 1.3 万磅糖！……就惊人的生产力而言，这块土地是糖业之王。迄今为止，毛里求斯一直占据着这一高位。"

43. 引自 Okihiro, *Cane Fires*, p. 28。
44. Liliuokalani, *Hawaii's Story by Hawaii's Queen*, pp. 237–8。
45. Grover, 引自 www.hawaii-nation.org/cleveland.html。
46. 引自 R. Wilson, "Exporting Christian Transcendentalism, Importing Hawaiian Sugar", p. 19。
47. *The Advertiser*, 引自 Okihiro, *Cane Fires*, p. 79。
48. Docker, *The Blackbirders*, p. 61.
49. Saunders, *Exclusion, Exploitation and Extermination*, p. 161.
50. Adrian Graves, "Truck and Gifts: Melanesian Immigrants and the Trade Box System in Colonial Queensland," *Past and Present*, no. 101 (Nov. 1983) pp. 123–4.
51. H. I. Blake, "The Kanaka. A Character Sketch," *The Antipodean*, 1882, 引自 Saunders, *Exclusion, Exploitation and Extermination*, p. 394。
52. 引自 Saunders, *Exclusion, Exploitation and Extermination*, p. 183。
53. 引自同上, p. 196。
54. 引自同上, pp. 173, 197。
55. Galloway, *The Sugar Cane Industry*, p. 229.
56. Docker, *The Blackbirders*, pp. 263–4.
57. Mercer, *White Australia Defied*, p. 98.
58. 引自 Docker, *The Blackbirders*, p. 165。
59. Peter Griggs, "Alien Agriculturalists: Non-European Small Farmers in the Australian Sugar Industry, 1880–1920" in Ahluwalia et al., *White and Deadly*, p. 155。

第 11 章

1. 引自 Shawn McCarthy, "Hot Dog! A Century of Fast Food Is Relished", *The Globe and Mail*, Dec. 27, 2003。
2. 引自 Vaccaro, *Beyond the Ice Cream Cone*, p. 127。
3. Powell, *Cool*, p. 202.
4. Batterberry, *On the Town in New York*, pp. 69–70.

5. 引自 McWilliams, *A Revolution in Eating*, p. 179。
6. McWilliams, *A Revolution in Eating*, p. 211.
7. Woloson, *Refined Tastes*, p. 10.
8. Root, *Food*, p. 293.
9. Powell, *Cool*, p. 162.
10. 引自 Woloson, *Refined Tastes*, p. 102。
11. Batterberry, *On the Town in New York*, p. 92.
12. 引自 Woloson, *Refined Tastes*, p. 83。
13. 引自 Root and de Rochemont, *Eating in America*, p. 427。
14. 引自同上。
15. Theodore Roosevelt to Kermit, Feb. 7, 1904，引自 Theodore Roosevelt, *Letters To His Children*, New York: Charles Scribner, 1919, The Project Gutenberg Ebook of *Letters to His Children*, Joseph Bucklin Bishop 编辑, www.gutenberg.org。
16. 引自 Woloson, *Refined Tastes*, p. 94。
17. Mayhew, *London Labour and the London Poor*，引自 Richardson, *Sweets* 的致谢页。
18. Woloson, *Refined Tastes*, p. 33.
19. 引自同上，p. 40。
20. 引自同上，p. 39。
21. Mayhew, *London Labour and the London Poor*，引自 Richardson, *Sweets* 的致谢页。
22. 引自 Chinn, *The Cadbury Story*, p. 18。
23. Richardson, *Sweets*, p. 225.
24. Chinn, *The Cadbury Story*, p. 7.
25. 引自同上，p. 16。
26. Vernon, *A Quaker Business Man*, p. 82 引用了老员工的话。
27. Brenner, *The Emperors of Chocolate*, p. 73.
28. 同上，p. 54。
29. Michael Levine，引自同上，p. 97。
30. 引自 Woloson, *Refined Tastes*, pp. 151–2。
31. 引自 Folster, *The Chocolate Ganongs of St. Stephen*, New Brunswick, p. 78。

32. Visser, *Much Depends on Dinner*, p. 312.
33. 引自 Woloson, *Refined Tastes*, p. 211。
34. 引自同上，p. 169。
35. Farmer, *The Fanny Farmer Cookbook* (New York, Toronto: Bantam Books, 1994), p. 784. 1990 年，这本书再次修订，未删除原版里的任何内容。
36. Woloson, *Refined Tastes*, p. 197.
37. 同上，p. 221。
38. 同上，p. 194。
39. 同上，p. 3，我要感谢 Woloson 所做的解释。
40. 同上，p. 226。
41. 引自同上，p. 35。
42. Vernon, *A Quaker Business Man*, p. 197.
43. 引自 Richardson, *Sweets*, p. 258。
44. Monroe Stover，引自 Brenner, *The Emperors of Chocolate*, p. 117。
45. 引自同上，p. 117。
46. 引自同上，p. 138。
47. McWilliams, *A Revolution in Eating*, p. 266.

第 12 章

1. 引自 Attwood, *Raising Cane*, p. 71。
2. 世界自然基金会，"Sugar and the Environment: Encouraging Better Management Practices in Sugar Production and Processing," www.panda.org。
3. Watts, *The West Indies*, p. 231.
4. 同上，p. 434。
5. Singh and Solomon (eds.), *Sugarcane*, p. 419.
6. Shapiro 代表糖业改革联盟，2000 年 7 月 26 日，在美国参议院农业委员会面前发言。
7. Wilkinson 在 *Big Sugar*, p. 82 中引用的无名伐木工。
8. 引自 Brenner, "In the Kingdom of Big Sugar," *Vanity Fair*, Feb. 2001。
9. 引自同上。
10. Hiassen，引自 Brenner, "In the Kingdom of Big Sugar," *Vanity Fair*, Feb. 2001。

11. 引自 Daniel Glick, "Big Sugar vs. the Everglades", *Rolling Stone*, May 2, 1996。
12. Roberts, "The Sweet Hereafter," *Harper's Magazine*, Nov. 1999.
13. 同上。
14. 美国消费的糖中至少有 10% 来自多米尼加共和国。
15. 引自 Pollitt and Hagelberg, "The Cuban Sugar Economy in the Soviet Era and After", *Cambridge Journal of Economics*, vol. 18 (Dec. 1994), p. 558。
16. 引自 Roca, *Cuban Economic Policy and Ideology*, p. 61。
17. 引自同上，p. 7。
18. 1979 年和 1985 年的演讲，引自 Perez-Lopez, "Sugar and Structural Change in the Cuban Economy", in *World Development*, vol. 17, no. 10 (1989), p. 1628。
19. James Horvath, "Changes and Challenges in the Sugar Industry Today", 2004 年 4 月 7 日在北达科他州州立大学的演讲, www.ag.ndsu.nodak.edu/qbcc/BloomquistLectures/2004。
20. 引自 N. R. Kleinfield, "Diabetes and Its Awful Toll Quietly Emerge as a Crisis", *The New York Times*, Jan. 9, 2006。
21. Dufty, *Sugar Blues*, p. 221.
22. Liftin, *Candy and Me*, p. 186.
23. Sarah Bosely, "Sugar Industry Threatens to Scupper WHO," *The Guardian*, April 21, 2003.
24. "The Food Pyramid Scheme," *The New York Times*, Sept. 1, 2004.
25. "Sugar Lobbyists Sour on Study," *CBS News*, April 23, 2003.
26. "FAO/WHO launch expert report on diet, nutrition and prevention of chronic diseases", WHO 新闻稿, April 23, 2003, www.who.int/hpr/gs_comments/sugar_research.pdf。
27. 引自 F. Joseph Demetrius, "Ethanol as Fuel: An Old Idea in New Tanks," in Scott B. MacDonald and Georges A. Fauriol (eds.), *The Politics of the Caribbean Basin Sugar Trade*, p. 149。
28. 引自 "Ethanol Fuels Hope for Sugar Industry", *Dominican Today*, June 2, 2006。
29. 引自 Ralf Kircher, "The Changing Face of Cuba", *Naples Daily News*, Dec.

2, 2003。

30. Santana, "Saving Tax $$, the Everglades and Birds … Using Cuban Sugar," *Progreso Weekly*, Nov. 1, 2003, www.progresoweekly.com/2003/11Nov/04week/Santana.htm.

参考文献

著 作

Alan Adamson, *Sugar without Slaves: The Political Economy of British Guiana, 1838–1904*. New Haven: Yale University Press, 1972.

Pal Ahluwalia, Bill Ashcroft and Roger Knight (eds.), *White and Deadly: Sugar and Colonialism*. Commack, N. Y.: Nova Science Publishers, 1999.

Bill Albert and Adrian Graves (eds.), *The World Sugar Economy in War and Depression, 1914–1940*. New York: Routledge, Chapman and Hall, 1988.

Octavia V. Rogers Albert, *The House of Bondage or Charlotte Brooks and Other Slaves, Original and Life-like, as They Appeared in Their Old Plantation and City Slave Life; Together with Pen-pictures of the Peculiar Institution, with Sights and Insights into Their new Relations as Freedmen, Freemen, and Citizens*. New York: 1890, http://docsouth.unc.edu/neh/albert/albert.html.

Anton Allahar, *Class, Politics, and Sugar in Colonial Cuba*. Lewiston, N. Y.: Edwin Mellon Press, 1990.

Roger Anstey, *The Atlantic Slave Trade and British Abolition, 1760–1810*. London: Macmillan, 1975.

Donald W. Attwood, *Raising Cane: The Political Economy of Sugar in Western India*. Toronto: HarperCollins, 1991.

F. R. Augier et al., *The Making of the West Indies*. London, Trinidad and Tobago: Longman, 1976.

Elisabeth Ayrton, *The Cookery of England*. Harmondsworth, Middlesex: Penguin, 1977.

Michael Batterberry and Ariane Ruskin Batterberry, *On the Town in New York*. New York: Scribner, 1973.

Rosamond Bayne-Powell, *English Country Life in the Eighteenth Century*. London: J. Murray, 1935.

R. W. Beachey, *The British West Indies Sugar Industry in the Late 19th Century*. Oxford: Basil Blackwell, 1957.

Hilary Beckles, *Afro-Caribbean Women and Resistance to Slavery in Barbados*. London: Karnak House, 1988.

—*Black Rebellion in Barbados*. Bridgetown, Barbados: Carib Research and Publications, 1987.

—*Natural Rebels: A Social History of Enslaved Black Women in Barbados*. New Brunswick, N. J.: Rutgers University Press, 1989.

—*White Servitude and Slavery in Barbados, 1627–1715*. Knoxville: University of Tennessee Press, 1989.

Frank Birbalsingh (ed.), *Indenture and Exile: The Indo-Caribbean Experience*. Toronto: TSAR, 1989.

Jay Barrett Botsford, *English Society in the Eighteenth Century as Influenced from Oversea*. New York: Macmillan, 1924.

Kamau Braithwaite, *The Development of Creole Society in Jamaica, 1770–1820*. Oxford: Clarendon Press, 1971.

Joël Glenn Brenner, *The Emperors of Chocolate: Inside the Secret World of Hershey and Mars*. New York: Random House, 1999.

Trevor Burnard, *Mastery, Tyranny, and Desire: Thomas Thistlewood and His Slaves in the Anglo-Jamaican World*. Chapel Hill: University of North Carolina Press, 2004.

John Burnett, *Plenty and Want: A Social History of Diet in England from 1815 to the Present Day*. London: Scholar Press, 1979.

Barbara Bush, *Slave Women in Caribbean Society, 1650–1838*. Kingston, Jamaica: Heinemann; Bloomington: Indiana University Press; London: J. Currey, 1990.

Kathleen Mary Butler, *The Economics of Emancipation: Jamaica and Barbados, 1823–1843*. Chapel Hill and London: University of North Carolina Press, 1995.

Mavis Christine Campbell, *The Maroons of Jamaica, 1655–1796: A History of Resistance, Collaboration and Betrayal.* Granby, Mass.: Bergin, Garvey, 1988.

Brycchan Carey, Ellis Markman and Sarah Salih (eds.), *Discourses of Slavery and Abolition: Britain and Its Colonies, 1760–1838.* Basingstoke: Palgrave Macmillan, 2004.

Selwyn H. Carrington, *The Sugar Industry and the Abolition of the Slave Trade, 1775–1810.* Gainesville: University Press of Florida, 2002.

Carl Chinn, *The Cadbury Story.* Studley, Warwickshire: Brewin Books, 1998.

Aviva Chomsky, Barry Carr and Pamela Maria Smorkaloff (eds.), *The Cuba Reader: History, Culture, Politics.* Durham, N. C., and London: Duke University Press, 2003.

Belinda Coote, *The Hunger Crop: Poverty and the Sugar Industry.* London: Oxfam, 1987.

The Cuba Commission Report: A Hidden History of the Chinese in Cuba: The Original English-language Text of 1876. Baltimore and London: Johns Hopkins University Press, 1994.

Ottobah Cugoano, *Narrative of the Enslavement of a Native of Africa ... 1787,* docsouth. unc. edu/neh/cugoano/menu. html.

Richard Cumberland, *The West Indian,* www.joensuu.fi/fld/english/meaney/playtexts/wi/west_indian_2v.html.

Christian Daniels, "Agro-Industries: Sugarcane Technology," in Joseph Needham, *Science and Civilisation in China,* vol. 6, part 3. Cambridge: Cambridge University Press, 1996.

Basil Davidson, *Black Mother: Africa and the Atlantic Slave Trade.* Harmondsworth, Middlesex: Penguin Books, 1980.

Ivan Day, *Royal Sugar Sculpture: 600 Years of Splendour.* Barnard Castle: The Bowes Museum, 2002.

Noel Deerr, *The History of Sugar,* 2 vols. London: Chapman and Hall, 1949–50.

Enrico Del Lago and Rick Halpern (eds.), *The American South and the Italian Mezzogiorno: Essays in Comparative History.*

David Denslow, *Sugar Production in Northeastern Brazil and Cuba.* New York: Garland, 1987.

William Dickson and Joshua Steele, *Mitigation of Slavery, In Two Parts*. Westport, Conn.: Negro Universities Press, 1970, www.yale.edu/glc/archive/1162.htm.

Edward Wybergh Docker, *The Blackbirders*. London and Sydney: Angus and Robertson, 1981.

Eddie Donoghue, *Black Women/White Men: The Sexual Exploitation of Female Slaves in the Danish West Indies*. Trenton, N. J.: Africa World Press, 2002.

Laurent Dubois, *Avengers of the New World*. Cambridge, Mass., and London: Harvard University Press, 2004.

Michael Duffy, *Soldiers, Sugar, and Seapower: The British Expeditions to the West Indies and the War against Revolutionary France*. Oxford: Clarendon Press; New York: Oxford University Press, 1987.

William Dufty, *Sugar Blues*. New York: Warner, 1993.

Richard Dunn, *Sugar and Slaves: The Rise of the Planter Class in the English West Indies*. New York: Norton, 1973.

Brian Dyde, *A History of Antigua: The Unsuspected Isle*. London: Macmillan Caribbean, 2000.

Alan Dye, *Cuban Sugar in the Age of Mass Production: Technology and the Economics of the Sugar Central, 1899–1929*. Stanford: Stanford University Press, 1998.

Oscar A. Echevarría (ed.), *Captains of Industry, Builders of Wealth: Miguel Angel Falla: The Cuban Sugar Industry*. Washington, D. C.: New House Pub., 2002.

P. C. Emmer (ed.), *Colonialism and Migration: Indentured Labour Before and After Slavery*. Higham, Mass. ; Dordrecht: Nijhoff, 1986.

Olaudah Equiano, *The Life of Olaudah Equiano, or Gustavus Vassa, the African*. Mineola, N. Y.: Dover Publications, 1999.

Raymond Evans, Kay Saunders and Kathryn Cronin, *Exclusion, Exploitation and Extermination: Race Relations in Colonial Queensland*. Sydney: Australia and New Zealand Book Co., 1975.

Fanny Farmer, *Fanny Farmer Cookbook*, edited by Marion Cunningham; revised 1990. Formerly *The Boston Cooking School Book*. New York, Toronto: Bantam Books, 1994.

Niall Ferguson, *Empire: The Rise and Demise of the British World Order and the*

Lessons for Global Power. New York: Basic Books, 2002.

Jose D. Fermin, *1904 World's Fair: The Filipino Experience*. Hawaii: University of Hawaii Press, 2005.

Carolyn Fick, *The Making of Haiti: The Saint Domingue Revolution from Below*. Knoxville: University of Tennessee Press, 2000.

Mrs. Flannigan, *Antigua and the Antiguans*, 2 vols. London: 1884; reprinted by Elibron Classics, no date.

Richard J. Follett, *The Sugar Masters: Planters and Slaves in Louisiana's Cane World, 1820-1860*. Baton Rouge: Louisiana State University Press, 2005.

David Folster, *The Chocolate Ganongs of St. Stephen*, New Brunswick. St. Stephen, N. B.: Ganongs, 1999.

Elborg Forster and Robert Forster (eds.), *Sugar and Slavery, Family and Race: The Letters and Diary of Pierre Dessalles, Planter in Martinique, 1808-1856*. Baltimore: Johns Hopkins University Press, 1996.

Tryphena Blanche Holder Fox, *A Northern Woman in the Plantation South: Letters of Tryphena Blanche Holder, 1834-1912*. Edited by Wilma King. Columbia: University of South Carolina Press, 1993.

Gilberto Freyre, *The Masters and the Slaves: A Study in the Development of Brazilian Civilization*. New York: Alfred A. Knopf, 1967.

David Galenson, *Traders, Planters, and Slaves*. Cambridge, and New York: Cambridge University Press, 1986.

Jock H. Galloway, *The Sugar Cane Industry: An Historical Geography from Its Origins to 1914*. Cambridge: Cambridge University Press, 1989.

P. Gaskell, *The Manufacturing Population of England: Its Moral, Social, and Physical Conditions, and the Changes Which Have Arisen from the Use of Steam Machinery; with an Examination of Infant Labour*. London: 1833.

David Barry Gaspar, *Bondsmen and Rebels: A Study of Master-Slave Relations in Antigua*. Durham, N. C.: Duke University Press, 1993.

Carol Gistitin, *Quite a Colony: South Sea Islanders in Central Queensland, 1867 to 1993*. Brisbane: AEBIS Publishing, 1995.

Michael Gonzales, *Plantation Agriculture and Social Control in Northern Peru, 1875-1933*. Austin: University of Texas Press, 1985.

Elsa V. Goveia, *Slave Society in the British Leeward Islands at the End of the Eighteenth Century*. New Haven and London: Yale University Press, 1965.

Alain Guédé, *Monsieur de Saint-George: Virtuoso, Swordsman, Revolutionary: A Legendary Life Rediscovered*. New York: Picador, 2003.

Catherine Hall, *Civilising Subjects: Metropole and Colony in the English Imagination 1830–1867*. Chicago and London: University of Chicago Press and Polity Press, 2002.

Douglas Hall, *In Miserable Slavery: Thomas Thistlewood in Jamaica, 1750–86*. Jamaica: University of the West Indies Press, 1999.

Kim F. Hall, "Culinary Spaces, Colonial Spaces: The Gendering of Sugar in the Seventeenth Century," in Valerie Traub, M. Lindsay Kaplan and Dympna Callaghan (eds.), *Feminist Readings of Early Modern Culture: Emerging Subjects*. Cambridge: Cambridge University Press, 1996.

Franklin Stewart Harris, *The Sugar-Beet in America*. New York: Macmillan, 1919.

Elizabeth Heyrick, *Immediate, Not Gradual, Abolition; or, an Inquiry into the Shortest, Safest, and Most Effectual Means of Getting Rid of West Indian Slavery*. London: 1824. Cornell University Library, Division of Rare and Manuscript Collections, Samuel J. May Anti-Slavery Collection, http://dlxs.library.cornell.edu/m/mayantislavery/index.htm.

Barry Higman, *Slave Population and Economy in Jamaica, 1807–1834*. Cambridge: Cambridge University Press, 1979.

Henry Hobhouse, *Seeds of Change: Five Plants That Transformed Mankind*. New York: Harper and Row, 1986.

Adam Hochschild, *Bury the Chains: Prophets and Rebels in the Fight to Free an Empire's Slaves*. Boston: Houghton Mifflin, 2005.

Edith F. Hurwitz, *Politics and the Public Conscience: Slave Emancipation and the Abolitionist Movement in Britain*. London: Allen and Unwin; New York: Barnes and Noble Books, 1973.

Joseph Inikori, *Forced Migration: The Impact of the Export Slave Trade on African Societies*. New York: Africana Publishing, 1982.

C. L. R. James, *The Black Jacobins*. London: Allison and Busby, 1980.

John Edward Jenkins, *The Coolie: His Rights and Wrongs*. New York: 1871.

Meredith John, *The Plantation Slaves of Trinidad, 1783–1816*. Cambridge: Cambridge University Press, 1988.

Sir James Kay-Shuttleworth, "The Moral and Physical Condition of the Working Classes of Manchester in 1832," www.historyhome.co.uk/peel/p-health/mterkay.htm.

Herbert S. Klein, *African Slavery in Latin America and the Caribbean*. Oxford: Oxford University Press, 1986.

Henry Koster, *Travels in Brazil*. Carbondale: Southern Illinois University Press, 1966.

Brij V. Lal, *Bittersweet: An Indo-Fijian Experience*. Canberra: Pandanus, 2004.

David S. Landes, *The Unbound Prometheus: Technological Change and Industrial Development in Western Europe from 1560 to the Present*. Cambridge: Cambridge University Press, 2003.

Matthew Lewis, *Journal of a West India Proprietor: Kept during a Residence in the Island of Jamaica*, edited by Judith Terry. Oxford: Oxford University Press, 1999.

Hilary Liftin, *Candy and Me (A Love Story)*. New York: Free Press, 2003.

Liliuokalani, *Queen of Hawaii, Hawaii's Story by Hawaii's Queen*. Rutland, Vt.: Charles E. Tuttle, 1990.

Ann Patton Malone, *Sweet Chariot: Slave Family and Household Structure in Nineteenth-century Louisiana*. Chapel Hill: University of North Carolina Press, 1992.

Teresita Martinez-Vergne, *Capitalism in Colonial Puerto Rico: Central San Vincente in the Late Nineteenth Century*. Gainesville: University Press of Florida, 1992.

Roderick A. McDonald, *Between Slavery and Freedom: Special Magistrate John Anderson's Journal of St. Vincent during the Apprenticeship*. Philadelphia: University of Pennsylvania Press, 2001.

Milton C. McFarlane, *Cudjoe of Jamaica: Pioneer for Black Freedom in the New World*.

Short Hills, N. J.: R. Enslow, 1977.

James E. McWilliams, *A Revolution in Eating: How the Quest for Food Shaped*

America. New York: Columbia University Press, 2005.

Patricia Mercer, *White Australia Defied: Pacific Islander Settlement in North Queensland*. Townsville, Queensland: Dept. of History and Politics, James Cook University, 1995.

Clare Midgley, *Women Against Slavery: The British Campaigns, 1780–1870*. London, New York: Routledge, 1992.

Sidney W. Mintz, *Sweetness and Power: The Place of Sugar in Modern History*. New York: Penguin, 1986.

——*Tasting Food, Tasting Freedom*. Boston: Beacon Press, 1996.

Bernard Moitt, *Women and Slavery in the French Antilles, 1635–1848*. Bloomington: Indiana University Press, 2001.

Roy Moxham, *Tea: Addiction, Exploitation, and Empire*. New York: Carroll and Graf, 2003.

Cecil Northcott, *Slavery's Martyr: John Smith of Demerara and the Emancipation Movement, 1817–1824*. London: Epworth Press, 1976.

Solomon Northup, *Twelve Years a Slave: Narrative of Solomon Northup, a Citizen of New-York, Kidnapped in Washington City in 1841, and Rescued in 1853*. Auburn, N. Y.: 1853; docsouth. unc. edu/fpn/northup/menu. html.

Maria Nugent, *Lady Nugent's Journal of her Residence in Jamaica from 1801 to 1805*. 4th edition. Kingston: Institute of Jamaica, 1966.

D. J. Oddy, "Food, Drink and Nutrition," in *The Cambridge Social History of Britain 1750–1950*, vol. 2, edited by F. L. M. Thompson. Cambridge: Cambridge University Press, 1993.

Gary Y. Okihiro, *Cane Fires: The Anti-Japanese Movement in Hawaii, 1865–1945*. Philadelphia: Temple University Press, 1991.

Robert L. Paquette, *Sugar Is Made with Blood: The Conspiracy of La Escalera and the Conflict between Empires over Slavery in Cuba*. Middletown, Conn.: Wesleyan University Press, 1988.

Richard Pares, *A West-India Fortune*. London: Longmans, Green, 1950.

Orlando Patterson, *The Sociology of Slavery*. Jamaica: Granada Publishing, 1973.

Mark Pendergrast, *For God, Country and Coca-Cola: The Unauthorized History of the Great American Soft Drink and the Company That Makes It*. New York:

Scribner, 1993.

Louis A. Perez, *Slaves, Sugar, and Colonial Society: Travel Accounts of Cuba, 1801–1899*. Wilmington, Del.: Scholarly Resources, 1992.

Jane Pettigrew, *A Social History of Tea*. London: National Trust, 2001.

Marilyn Powell, *Cool: The Story of Ice Cream*. Toronto: Penguin, 2005.

Mary Prince, *The History of Mary Prince, a West Indian Slave. Related by Herself*. London: 1831. Electronic edition, University of North Carolina at Chapel Hill, Academic Affairs Library, 2000, docsouth. unc. edu/neh/prince/prince. html.

Lowell Ragatz, *The Fall of the Planter Class in the British Caribbean, 1763–1833: A Study in Social and Economic History*. New York: Octagon Books, 1963.

Ron Ramdin, *Arising from Bondage: A History of the Indo-Caribbean People*. New York: New York University Press, 2000.

Tim Richardson, *Sweets*. Bloomsbury, N. Y.: Bloomsbury, 2002.

Heather Robertson, *Sugar Farmers of Manitoba: The Manitoba Sugar Beet Industry in Story and Picture*. Altona: Manitoba Beet Growers Association, 1968.

Sergio Roca, *Cuban Economic Policy and Ideology: The Ten Million Ton Sugar Harvest*. Beverly Hills, Calif.: Sage Publications, 1976.

John C. Rodrigue, *Reconstruction in the Cane Fields: From Slavery to Free Labor in Louisiana's Sugar Parishes, 1862–1880*. Baton Rouge: Louisiana State University Press, 2001.

Waverley Lewis Root, *Food: An Authoritative and Visual History and Dictionary of the Foods of the World*. New York: Simon and Schuster, 1980.

Waverley Lewis Root and Richard de Rochemont, *Eating in America: A History*. New York: Morrow, 1976.

Edward Royle, *Modern Britain: A Social History, 1750–1985*. London, Baltimore: Edward Arnold, 1987.

Kirkpatrick Sale, *The Conquest of Paradise: Christopher Columbus and the Columbian Legacy*. New York: Plume, 1991.

George Sanderlin (ed.), *Bartolomé de Las Casas: A Selection of His Writings*. New York: Alfred A. Knopf, 1975.

Keith Albert Sandiford, *The Cultural Politics of Sugar: Caribbean Slavery and Narratives of Colonialism*. Cambridge, New York: Cambridge University Press, 2000.

Kay Saunders, *Indentured Labour in the British Empire, 1834–1920*. London: Croom Helm, 1984.

Francisco A. Scarano, *Sugar and Slavery in Puerto Rico*. Madison: University of Wisconsin Press, 1984.

Stuart B. Schwartz, *Sugar Plantations in the Formation of Brazilian Society*. Cambridge, New York: Cambridge University Press, 1985.

Rebecca J. Scott, *Slave Emancipation in Cuba: The Transition to Free Labor, 1860–1899*. Princeton: Princeton University Press, 1985.

William Grant Sewell, *The Ordeal of Free Labor in the West Indies*. New York: A. M. Kelley, 1968.

Folarin O. Shyllon, *Black Slaves in Britain, 1555–1833*. Oxford: Oxford University Press, 1977.

Folarin O. Shyllon and James Ramsay, *The Unknown Abolitionist*. Edinburgh: Canongate, 1977.

G. B. Singh and S. Solomon (eds.), *Sugarcane: Agro-Industrial Alternatives*. New Delhi: Oxford and IBH Publishing, 1995.

Woodruff D. Smith, "From Coffeehouse to Parlour: The Consumption of Coffee, Tea and Sugar in North-western Europe in the Seventeenth and Eighteenth Centuries," in *Consuming Habits: Drugs in History and Anthropology*, edited by Jordan Goodman et al. New York: Routledge, 1995.

David E. Stannard, *American Holocaust: Columbus and the Conquest of the New World*. Oxford: Oxford University Press, 1992.

Robert Louis Stein, *The French Sugar Business in the Eighteenth Century*. Baton Rouge: Louisiana State University Press, 1988.

Watt Stewart, *Chinese Bondage in Peru*. Durham, N. C.: Duke University Press, 1951.

Roy C. Strong, *Feast: A History of Grand Eating*. Orlando, Fla.: Harcourt, 2002.

Suiker/Sugar. Amsterdam: Amsterdams Historisch Museum, 2006.

Charlotte Sussman, C*onsuming Anxieties: Consumer Protest, Gender, and British*

Slavery, 1713–1833. Stanford: Stanford University Press, 2000.

Kit Sims Taylor, *Sugar and the Underdevelopment of Northeastern Brazil, 1500–1970.* Gainesville: University Press of Florida, 1978.

E. P. Thompson, *The Making of the English Working Class.* London: Gollancz, 1980.

Mary Elizabeth Thurston, *The Lost History of the Canine Race.* Kansas City: Andrews and McMeel, 1996.

Hugh Tinker, *A New System of Slavery.* London, New York: Institute of Race Relations, Oxford University Press, 1974.

Dale W. Tomlich, *Slavery in the Circuit of Sugar: Martinique and the World Economy, 1830–1848.* Baltimore: Johns Hopkins University Press, 1990.

Maguelonne Toussaint-Samat, *A History of Food* (translated by Anthea Bell). Cambridge, Mass.: Blackwell, 1992.

Pamela J. Vaccaro, *Beyond the Ice Cream Cone: The Whole Scoop on Food at the 1904 World's Fair.* St. Louis: Enid Press, 2004.

Anne Vernon, *A Quaker Business Man: The Life of Joseph Rowntree, 1836–1925.* London: Allen and Unwin, 1958.

Margaret Visser, *Much Depends on Dinner.* Toronto: McClelland and Stewart, 1987.

Michael G. Wade, *Sugar Dynasty: M. A. Patout & Son, 1791–1993.* Lafayette: Center for Louisiana Studies, University of Southwestern Louisiana, 1995.

James Walvin, *Black Ivory: Slavery in the British Empire.* Oxford: Blackwell, 2001.

—*Slavery and British Society, 1776–1846.* Baton Rouge: Louisiana State University Press, 1982.

Oliver Warner, *William Wilberforce and His Times.* London: Batsford, 1962.

David Watts, *The West Indies: Patterns of Development, Culture and Environmental Change Since 1492.* Cambridge: Cambridge University Press, 1987.

Alec Wilkinson, *Big Sugar: Seasons in the Cane Fields of Florida.* New York: Alfred A. Knopf, 1989.

Eric Williams, *Capitalism and Slavery.* London: Andre Deutsch, 1964.

—*From Columbus to Castro: The History of the Caribbean, 1492–1969.* London:

Andre Deutsch, 1983.

—*History of the People of Trinidad and Tobago.* London: Andre Deutsch, 1982.

Gomer Williams, *History of the Liverpool Privateers and Letters of Marque, with an Account of the Liverpool Slave Trade.* New York: A. M. Kelley, 1966.

Andrew R. Wilson, *The Chinese in the Caribbean.* Princeton, N. J.: M. Wiener Publishers, 2004.

Ellen Gibson Wilson, *Thomas Clarkson: A Biography.* New York: St. Martin's Press, 1990.

Stephen M. Wise, *Though the Heavens May Fall.* Cambridge, Mass.: Da Capo Press, 2005.

Wendy Woloson, *Refined Tastes: Sugar, Confectionery, and Consumers in Nineteenth-century America.* Baltimore: Johns Hopkins University Press, 2002.

文 章

Ahmed Ali, "Girmit—The Indenture Experience in Fiji," *Bulletin of the Fiji Museum*, no. 5 (1979), www.fijigirmit.org/a_girmit_an_introduction.htm.

Tomás Almaguer, "Racial Domination and Class Conflict in Capitalist Agriculture: The Oxnard Sugar Beet Workers' Strike of 1903," in *Working People of California*, edited by Daniel Conford. Berkeley: University of California Press, 1995.

Henrice Altink, "To Wed or Not to Wed? The Struggle to Define Afro-Jamaican Relationships, 1834–1838," *Journal of Social History*, vol. 38, no. 1 (2004), pp. 81–111.

B. J. Barickman, "Persistence and Decline: Slave Labour and Sugar Production in the Bahian Reconcavo, 1850–1888," *Journal of Latin American Studies*, vol. 28(Oct. 1996), pp. 581–633.

W. Beinart, "Transkeian Migrant Workers and Youth Labour on the Natal Sugar Estates, 1918–1948," *Journal of African History*, vol. 32 (1991), pp. 41–63.

Sheena Boa, "Experiences of Women Estate Workers during the Apprenticeship Period in St. Vincent, 1834–38: The Transition from Slavery to Freedom,"

Women's History Review, vol. 10, no. 3 (2001), pp. 381–408.

Marie Brenner, "In the Kingdom of Big Sugar," *Vanity Fair*, Feb. 2001.

Paolo Carrozza, "Bartolomé de Las Casas, the Midwife of Modern Human Rights Talk," in "From Conquest to Constitutions: Retrieving a Latin American Tradition of the Idea of Human Rights," www.lascasas.org/carrozo.htm.

T. Carroll and B. Carroll, "Accommodating Ethnic Diversity in a Modernizing Democratic State: Theory and Practice in the Case of Mauritius," *Ethnic and Racial Studies*, vol. 23, no. 1 (Jan. 2000), pp. 120–42.

—— "Trouble in Paradise: Ethnic Conflict in Mauritius," *Journal of Commonwealth and Comparative Politics*, vol. 38, no. 2 (July 2000), pp. 25–50.

Center for Responsive Politics, "The Politics of Sugar: Sugar's First Family," www.opensecrets.org/pubs/cashingin_sugar/sugar08.html.

"The Character of a Coffee-House, 1673," pterodactylcoffee. com/fyi/coffee_info_coffeehouse. htm.

Bob Corbett (ed.), "King Ferdinand's letter to the Taino/Arawak Indians," www.hartford-hwp.com/archives/41/038.html.

Gregson Davis, "Jane Austen's Mansfield Park: The Antigua Connection," presented at the Antigua and Barbuda Country Conference, Nov. 13–15, 2003, www.uwichill.edu.bb/bnccde/antigua/conference/paperdex.html.

Seymour Drescher, "Whose Abolition? Popular Pressure and the Ending of the British Slave Trade," in *Past and Present*, May 1994, findarticles.com/p/articles/mi_ m2279/is_n143/ai_15646034.

Richard Follett, "Heat, Sex, and Sugar: Pregnancy and Childbearing in the Slave Quarters," *Journal of Family History*, vol. 28, no. 4 (2003), pp. 510–39.

Daniel Glick, "Big Sugar vs. the Everglades," *Rolling Stone*, May 2, 1996.

Douglas Goff, "Ice Cream History and Folklore," www.foodsci.uoguelph.ca/dairyedu/ichist.html.

George Grantham, "Agricultural Supply During the Industrial Revolution: French Evidence and European Implications," *Journal of Economic History*, vol. 49, no. 1(March 1989), pp. 43–72.

Peter Griggs, "The Origins and Early Development of the Small Cane Farming System in Queensland, 1870–1915," *Journal of Historical Geography*, vol.

23(Jan. 1997), pp. 46–61.

Matthew Pratt Guterl, "After Slavery: Asian Labor, the American South, and the Age of Emancipation," *Journal of World History*, vol. 14, no. 2 (2003); www.historycoperative.org/journals/jwh/14.2/guterl.html.

Rick Halpern, "Solving the 'Labour Problem': Race, Work and the State in the Sugar Industries of Louisiana and Natal, 1870–1910," Journal of Southern African Studies, vol. 30, no. 1 (March 2004), pp. 19–40.

Bonar Ludwig Hernandez, "The Las Casas–Sepúlveda Controversy, 1550–1551, http://userwww.sfsu.edu/~epf/2001/hernandez.html.

Adam Hochschild, "Against All Odds," *Mother Jones*, Jan/Feb. 2004, p. 10.

Shaheeda Hosain, "A Space of Their Own: Indian Women and Land Ownership in Trinidad 1870–1945." Caribbean Review of Gender Studies, issue no. 1 (April 2007), pp. 1–17, www.sta.uwi.edu/crgs/cfp.pdf.

Joseph Inikori, "The 'Wonders of Africa' and the Trans-Atlantic Slave Trade," *West Africa Review* (2000), condor. depaul.edu/~diaspora/html/community/inikori1.html.

Peter J. Kitson, "'The Eucharist of Hell'; or, Eating People Is Right: Romantic Representations of Cannabilism," *Romanticism on the Net*, no. 17 (Feb. 2000), www.erudit.org/revue/ron/2000/v/n17/005892ar.html.

Elizabeth Kolbert, "The Lost Mariner," *The New Yorker*, Oct. 14, 2002.

Ron Laliberte and Vic Satzewich, "Native Migrant Labour in the Southern Alberta Sugar Beet Industry: Coercion and Paternalism in the Recruitment of Labour," *Canadian Review of Sociology and Anthropology*, vol. 36, no. 1 (Feb. 1999), pp. 65–85.

Christian Leuprecht, "Comparing Demographic Policy, Change, and Ethnic Relations in Mauritius and Fiji," May 2005, www.cpsa-acsp.ca/papers-2005/Leuprecht,%20Christian.pdf.

Alex Lichtenstein, "The Roots of Black Nationalism?" *American Quarterly*, vol. 57, no. 1 (2005), pp. 261–69.

"London Debates: 1792," *London Debating Societies 1776–1799* (1994), pp. 318–21, www.british-history.ac.uk/report.asp?compid=38856.

Harriet Martineau, "Agriculture," in *Society in America*, vol. 2. London: 1837;

www2.pfeiffer.edu/~lridener/DSS/Martineau/v2p2c1.html.

Samuel Martinez, "From Hidden Hand to Heavy Hand: Sugar, the State, and Migrant Labor in Haiti and the Dominican Republic," *Latin American Research Review*, vol. 34, no. 1 (1999), pp. 57–84.

Gelien Matthews, "The Rumour Syndrome, Sectarian Missionaries and Nineteenth Century Slave Rebels of the British West Indies," *The Society for Caribbean Studies Annual Conference Papers*, vol. 2 (2001), www.scsonline.freeserve.co.uk/olvol2.html.

David R. Mayhew, letter, America's Civil War, July 2004, The History Net, www.thehistorynet.com/acw/letters_07_04/.

Doug Munro, "Indenture, Deportation, Survival: Recent Books on Australian South Sea Islanders," *Journal of Social History* (Summer 1998).

John Murray, "A Foretaste of the Orient," *International Socialist Review*, vol. 4 (Aug. 1903), pp. 72–79; historymatters.gmu.edu/d/5564.

Diana Paton, "Punishments, Crime, and the Bodies of Slaves in Eighteenth-century Jamaica," Journal of Social History (Summer 2001), p. 8; www.findarticles.com/ p/articles/mi_m2005/is_4_34/ai_7671303.

Jorge F. Perez-Lopez, "Sugar and Structural Change in the Cuban Economy," *World Development*, vol. 17, no. 10 (1989), pp. 1627–46.

John Perkins, "Nazi Autarchic Aspirations and the Beet-Sugar Industry, 1933-9," *European History Quarterly*, vol. 20 (1990), pp. 497–518.

Nicole Phillip, "Producers, Reproducers, and Rebels: Grenadian Slave Women, 1783–1833," presented at the Grenada Country Conference, January 2002, www.cavehill.uwi.edu/bnccde/grenada/conference/papers/phillip.html.

Steven Pincus, "Coffee Politicians Does Create: Coffeehouses and Restoration Political Culture," *Journal of Modern History*, vol. 67, no. 4 (Dec. 1995), pp. 807–34.

Brian H. Pollitt and G. B. Hagelberg, "The Cuban Sugar Economy in the Soviet Era and After," *Cambridge Journal of Economics*, vol. 18 (Dec. 1994), pp. 547–69.

David Richardson, "Shipboard Revolts, African Authority, and the Atlantic Trade," *William and Mary Quarterly*, vol. 58 (Jan. 2001), pp. 69–92.

Paul Roberts, "The Sweet Hereafter: Our Craving for Sugar Starves the Everglades and Fattens Politicians," *Harper's Magazine*, Nov. 1999, www.saveoureverglades.org/news/articles/news_after.html.

Meryl Rutz, "Salt Horse and Ship's Biscuit: A Short Essay on the Diet of the Royal Navy Seaman During the American Revolution," www.navyandmarine.org/ondeck/1776salthorse.htm.

Kirkpatrick Sale, "What Columbus Discovered," *The Nation*, Oct. 22, 1990.

Eduardo Santana, "Saving Tax $$, the Everglades and Birds ... Using Cuban Sugar," *Progreso Weekly*, Nov. 1, 2003, www.progresoweekly.com/2003/11Nov/04week/Santana.htm.

Carole Shammas, "Food Expenditures and Economic Well-Being in Early Modern England," *Journal of Economic History*, vol. 43, no. 1, pp. 89–100.

Mimi Sheller, "Quasheba, Mother, Queen: Black Women's Public Leadership and Political Protest in Post-emancipation Jamaica, 1834–1865," Department of Sociology, Lancaster University, www.comp.lancs.ac.uk/sociology/papers/Sheller-Quasheba-Mother-Queen.pdf.

J. A. Sierra, "The Legend of Hatuey," www.historyofcuba.com/history/oriente/hatuey.htm.

Woodruff D. Smith, "Complications of the Commonplace: Tea, Sugar, and Imperialism," *Journal of Interdisciplinary History*, vol. 23, no. 2 (Autumn 1992), pp. 259–78.

Michael Tadman, "The Demographic Cost of Sugar: Debates on Slave Societies and Natural Increase in the Americas," *The American Historical Review*, vol. 105, no. 5, pp. 1534–75.

James Williams, "A Narrative of Events, Since the First of August, 1834," docsouth. unc. edu/neh/williamsjames/williams. html.

Rob Wilson, "Exporting Christian Transcendentalism, Importing Hawaiian Sugar:The Trans-Americanization of Hawai'i," *American Literature*, vol. 72, no. 3 (Sept. 2000), pp. 521–52.

出版后记

随着本书的面世，作者伊丽莎白·阿伯特带领我们回顾了糖的历史，也更加深刻地认识了糖在全球范围内对现代生活的影响。

首先，本书以宏大的历史视角，详尽地叙述了糖从贵族的奢侈品到现代大众消费品的过程。伊丽莎白·阿伯特通过对新世界甘蔗种植园的细致描绘，让我们看到了糖业背后的艰辛与剥削。糖的历史，是一部充满血泪的奴隶制历史，这一点在书中得到了充分的体现。作者通过大量的历史资料和实证研究，让我们深刻体会到了糖的生产与消费是如何与奴隶制、殖民主义和资本主义紧密相连的。

本书还为我们提供了丰富的历史文献和一手资料，对于历史学、人类学、社会学等学科的研究具有重要的参考价值。它充实了糖的历史研究，更为我们理解它的全球化和国际贸易提供了更多的视角。通过本书，我们看到了政府政策、商业利益集团是如何塑造了糖的生产和消费模式的。

此外，我们也不能忽视糖在现代社会的角色。随着经济的发展和民众生活水平的提高，糖的摄入量在全球范围内不断上升。这不仅带来了健康问题，如肥胖、糖尿病等，也引发了关于食品安全、营养均衡的讨论。这些探讨为我们敲响了警钟,提醒我们在享受甜蜜美味的同时,也要关注健康。

糖的生产对环境的影响,也是本书的一个重要议题。甘蔗种植园的扩张往往伴随着森林砍伐和生态破坏,而糖的生产过程又消耗了大量能源和水资源。在全球气候变化的大背景下,我们如何实现糖业的可持续发展,是一个亟待解决的问题。书中对这些问题的研讨,为我们寻求解决方案提供了思路。

在本书的结尾,我们看到了糖的传播与消费不仅仅是商品的流动,更是文化的交流与融合。从节日庆典到日常饮食,糖已深深植根于世界各地的文化。这种文化的交融,既是全球化的产物,也是人类共同情感的表达。伊丽莎白·阿伯特的作品无疑将激发更多读者的兴趣,从中获得启示,如何在更广阔的社会层面上推动糖业的改革,以及如何在文化层面保持对糖的理性。我们期待这本书能够成为连接甜蜜与苦涩的桥梁,引导我们在甜蜜的诱惑面前,保持清醒的头脑和明智的选择。

后浪出版公司
2025 年 5 月

图书在版编目（CIP）数据

糖与现代世界的塑造：种植园、奴隶制与全球化 /（加）伊丽莎白·阿伯特著；张毛毛译. -- 北京：北京联合出版公司，2025. 11. -- ISBN 978-7-5596-8572-8

Ⅰ. TS245.1

中国国家版本馆 CIP 数据核字第 2025CT5119 号

Sugar: A Bittersweet History by Elizabeth Abbott
Copyright © Elizabeth Abbott, 2008
All rights reserved.
本书简体中文版由银杏树下（上海）图书有限责任公司出版。

北京市版权局著作权合同登记　图字：01-2025-2017
审图号：GS（2025）2949

糖与现代世界的塑造：种植园、奴隶制与全球化

著　　者：[加] 伊丽莎白·阿伯特
译　　者：张毛毛
出 品 人：赵红仕
选题策划：后浪出版公司
出版统筹：吴兴元
编辑统筹：张　鹏
责任编辑：管　文
特约编辑：沙芳洲
营销推广：ONEBOOK
封面设计：许晋维
装帧制造：墨白空间

北京联合出版公司出版
（北京市西城区德外大街 83 号楼 9 层　100088）
河北中科印刷科技发展有限公司印刷　新华书店经销
字数 383 千字　889 毫米 × 1194 毫米　1/32　16.5 印张
2025 年 11 月第 1 版　2025 年 11 月第 1 次印刷
ISBN 978-7-5596-8572-8
定价：108.00 元

后浪出版咨询（北京）有限责任公司　版权所有，侵权必究
投诉信箱：editor@hinabook.com　　fawu@hinabook.com
未经书面许可，不得以任何方式转载、复制、翻印本书部分或全部内容
本书若有印、装质量问题，请与本公司联系调换，电话 010-64072833